普通高等 规划教材

 教育部普通高等教育精品教材

食品生物化学

第二版

胡耀辉　主编

胡　鑫　彭　帅　副主编

化学工业出版社

·北京·

内 容 提 要

　　本书作为普通高等教育"十一五"国家级规划教材，是专门为食品科学与工程及其相关学科的本科学生编写的基础课程教材。本教材是在第一版的基础上，根据使用过程中的反馈意见修订而成的。

　　本教材力求突出"现代"之特点，把生物化学深奥、抽象的理论尽量通俗化，并使之与食品科学与人类健康和食品制造以及相关领域的发展形成有机联系。全书分为绪论、食品物料重要成分化学、酶与维生素、生物氧化、糖代谢、脂类代谢、蛋白质降解与氨基酸代谢、核酸代谢、矿物质代谢、食品的风味、现代生物化学技术在食品中的应用及展望共 11 章。希望能通过该课程的学习，使学生掌握食品物料的化学组成，生物大分子的结构、性质、生物学功能及在人体内的代谢规律，从分子水平认识和理解功能食品成分对人类生命活动的重要意义及对人类健康的重要性，为学生进一步学好专业课及从事该学科相关领域的科研与生产奠定坚实的基础。

　　本教材可供食品领域相关专业的各类研究生、科研和生产一线的科技人员使用与参考。

图书在版编目（CIP）数据

　　食品生物化学/胡耀辉主编. —2 版. —北京：
化学工业出版社，2014.6（2024.9重印）
　　普通高等教育"十一五"国家级规划教材
　　教育部普通高等教育精品教材
　　ISBN 978-7-122-20325-0

　　Ⅰ.①食…　Ⅱ.①胡…　Ⅲ.①食品化学-生物化学-
高等学校-教材　Ⅳ.①TS201.2

　　中国版本图书馆 CIP 数据核字（2014）第 070385 号

责任编辑：赵玉清　　　　　　　　文字编辑：张春娥
责任校对：王素芹　　　　　　　　装帧设计：尹琳琳

出版发行：化学工业出版社（北京市东城区青年湖南街 13 号　邮政编码 100011）
印　　装：北京天宇星印刷厂
787mm×1092mm　1/16　印张 17¾　字数 467 千字　2024 年 9 月北京第 2 版第 8 次印刷

购书咨询：010-64518888　　　　　　售后服务：010-64518899
网　　址：http://www.cip.com.cn
凡购买本书，如有缺损质量问题，本社销售中心负责调换。

定　　价：48.00 元

本书编写人员名单

主　　编　　胡耀辉

副主编　　胡　鑫　彭　帅

编写人员　　（按姓氏笔画排列）

于寒松（吉林农业大学）

王玉华（吉林农业大学）

邓景致（黑龙江八一农垦大学）

朴春红（吉林农业大学）

向泽敏（云南农业大学）

刘俊梅（吉林农业大学）

李琢伟（长春职业技术学院）

张平平（天津农学院）

胡　鑫（吉林大学生命科学学院）

胡耀辉（吉林农业大学）

饶　瑜（西华大学）

徐　宁（东北农业大学）

崔素萍（黑龙江八一农垦大学）

彭　帅（吉林农业大学）

前　言

　　本教材是在第一版的基础上，根据原教材使用过程中的教学改革实践经验全面修订而成。在修订过程中，保留了原教材的体系，继承和发扬了原教材的简明易懂、便于自学等特点；同时，新版教材对原版教材的部分章节进行了较大的改动，使其更适应当前学科发展和教学实际的要求。

　　第二版教材对第4章和第8章进行了重新编写，新编写的章节更符合本教材编写大纲的要求，结构合理，层次分明，通俗易懂。同时根据食品学科特点和发展的需求，新版教材增加了全新的内容，即第10章"食品的风味"，新增的内容更加有利于激发学生对基础学科与实践相结合的认知和学习兴趣。

　　在本书修订过程中，许多食品专业的同行提供了宝贵的意见和建议，在此一并表示感谢。对新版教材仍然存在的问题，欢迎各位专家、同行和读者批评指正。

编　者
2014 年 4 月于长春

第一版前言

　　本教材可作为食品科学与工程学科及相关专业本科学生必修的专业基础课程教材。目前，"食品生物化学"教材有几个版本在使用，内容都很丰富、水平都很高。本教材力求取各家之精华，突出"现代"之特点，把生物化学深奥、抽象的理论尽量通俗化，并使之与食品科学与人类健康和食品制造以及相关领域的发展形成有机联系。希望能通过该课程的学习，使学生掌握食品物料的化学组成、生物大分子的结构、性质、生物学功能及在人体内的代谢规律，从分子水平认识和理解功能食品成分对人类生命活动的重要意义及对人类健康的重要性，为学生进一步学好专业课及从事该学科相关领域的科研与生产奠定坚实的基础。

　　本教材的编写团队以正在"食品生物化学"教学科研一线的年轻博士为主体，以发挥他们思想活跃、具有创新意识和现代理念、对学科前沿熟知的特点。本团队形成共识的教材编写指导思想为：食品生物化学重点介绍生命所需各类营养物质的组成、结构、理化性质、生物学功能及其在体内的代谢过程，物质代谢调控的机理；食品生物化学的研究方法、技术在新食品资源开发、食品加工工艺过程、食品保鲜、保质及贮藏技术中的应用；现代生物化学技术及其新进展。在准确把握经典理论的同时，尽量介绍学科发展的方向和前沿知识，科学拓展、注意应用。特别是注重引导学生的理论学习与实践的结合，经典理论与现代新技术的有机联系，注重培养学生运用理论知识进行创新设计的能力。尽管如此，由于团队能力有限，教材在成稿之后仍感不足，未完全实现上述之指导思想。书中不妥之处恳请同行和读者不吝斧正！本教材是普通高等教育"十一五"国家级规划教材，可作为食品科学与工程等相关专业的本科生、研究生的教材，也可供科研人员及生产一线的科技人员使用与参考。

　　本教材在编写过程中，采取参编作者互审、主编分工复审和终审的方式为书稿把关，充分体现团队精神与智慧。与此同时，得到参编学者所在各单位领导和同仁的多方支持和帮助，在此一并表示感谢！

编　者
2008 年 11 月于长春

目　录

1 绪 论

    生命是物质的一种高级运动形式，生物体内各种物质的化学结构和化学反应过程是生命活动的体现。生物化学（biochemistry）就是以物理、化学及生物学的现代技术研究生物体的物质组成和结构，物质在生物体内发生的化学变化，以及这些物质的结构和变化与生物的生理机能之间的关系，进而在分子水平上深入揭示生命现象本质的一门科学，即生命的化学。

    食品生物化学是生物化学的一个重要分支。它是运用生物化学的原理阐述食品物料中人体所需的主要营养成分的化学组成、结构、性质和加工过程中的变化，以及其在人体内的代谢过程，进而从分子水平认识物质的化学组成、生命活动中所进行的化学变化及其调控规律等生命现象本质的科学。因此，必须循着生物化学的轨迹，对其发展演进历程加以认识、学习和掌握。

1.1 生物化学的研究进展

    生物化学是一门既古老又年轻的学科。所谓古老是因为我们的祖先远在上古时代，就有许多生产、饮食及医药等方面的发明创造，对生物化学的发展做出不可磨灭的贡献。例如，早在公元前 21 世纪就已经发酵酿酒；公元前 2 世纪《黄帝内经》就记载了多种膳食对人体的作用，即"五谷为养，五畜为益，五果为助，五菜为充"；公元 5 世纪对缺乏维生素 B, 引起脚气病的现象已有详细记载；公元 7 世纪对地方性甲状腺肿、维生素 A 缺乏症、糖尿病等均有详尽的描述。当然，当时还不可能出现现在这些分析上述病因的专业术语。所谓年轻是因为直到 1903 年才提出"biochemistry"这一名词，并成为一门独立的学科。在此之前，生物化学的相关内容主要在有机化学和生理学中分别进行研究。

    随着科学技术的不断发展，生物化学研究的内容和方法也不断拓展和更加深入。早期的生物化学采用有机化学的方法分析生物体的物质组成，阐述这些成分的理化性质，这个时期可称为"静态生物化学"时代。静态生物化学仅研究生命现象的物质基础，尚不能了解生命的奥秘，更不能满足实践方面的要求。追求促进发展，在静态生物化学的基础上，科学家用离体的器官、组织切片和匀浆以及精制纯酶等方法，进一步研究生物体内组成物质的代谢变化，以及生物活性物质（酶、维生素和激素等）在代谢变化中的作用。这个时期的生物化学是以研究代谢变化为主体，称其为"动态生物化学"阶段。动态生物化学为医学发展和人们的生活生产实践解决了诸多的问题，但是它忽略了代谢变化与生理机能的联系。人们通过不断的科学实践认识了这些问题的存在，在生物科学发展和研究手段改进的基础上，在动态生物化学研究的基础上，进而结合生理机能，并注意了环境对机体代谢的影响，使生物化学进入了"机能生物化学"时期。当然，这种划分并不是绝对的，它只是表明生物化学发展的趋势和规律。人们只有对生命的物质组成有了一定了解后，才能着手研究其代谢变化；只有对生命的物质组成和代谢变化有了一定认识，才能进一步研究它们与生理机能之间的关系。而且很明显，生物化学发展到今天，仍远远未能彻底了解生命的物质组成、代谢变化及其调控机理，它们仍然是当前与未来生物化学研究的重要范畴。

生物化学的研究曾经历了一个缓慢发展的时期。随后，尤其是近 20 年来，由于各学科的相互促进，特别是现代新技术的利用，使生物化学研究有了突飞猛进的发展。由于生物化学的发展，特别是对于蛋白质和核酸的结构和功能的深入了解和高效利用，使人们不仅在分子水平上认识了生命的本质和规律，并且运用生物化学技术和手段调控生命过程，设计生命蓝图，从而推动了生命科学各领域的协调发展，使生命科学进入了"生物技术"的新时代。生物化学研究的一系列重要进展深刻地说明了，虽然生命现象在形式上是多种多样的，但其本质的东西在生物群体中是高度一致的。例如，所有生物的遗传密码都蕴藏在核酸中。生物化学的最新成就不仅全面带动了生物科学各个领域的深入发展，同时也为食品科学与工程领域的发展开辟了美好的前景。

1.2　生命的物质基础

生物化学的研究揭示了生物体是由多种有机和无机物质组成的，它们都是生命活动不可或缺的成分。蛋白质和核酸两大类物质是生命的最基本物质或物质基础。

生物体内存在有种类繁多的蛋白质，它们执行着各种生理功能。例如蛋白质酶具有催化功能，催化各种代谢反应；激素（绝大多数都是蛋白质）起着代谢调节的作用；血红蛋白运输氧；肌肉蛋白进行收缩和舒张；免疫蛋白执行防御功能等。而这些功能的综合表现就是有序的生命活动，因此认为生物的生命活动是通过蛋白质来实现或体现的。

生命现象多种多样，生物界更是丰富多彩，体现生命现象的蛋白质必然数目极其繁多，但是构成蛋白质的氨基酸却只有 20 多种。人们不禁要问，这 20 多种氨基酸是如何构成如此丰富多彩的蛋白质的呢？一个简单的计算即可以回答这个问题：一个由 100 个氨基酸组成的蛋白质是一种比较小的蛋白质，但是 100 个 20 种不同的氨基酸以一定顺序排列就可以提供 20^{100} 个蛋白质，可见在生物进化过程中，由这 20 多种氨基酸构成的蛋白质种类和数目是无限的，从而展示了生物界的千变万化。然而，不同的生物各自有其特定的生命活动特征，并且这种特征又是世代相传的。换句话说，就是每种生物在其生长发育过程中，都要合成其特有的成千上万种蛋白质，并且世代相传。

那么生物是怎样控制其蛋白质的合成，并保持其生命特征呢？这就要靠生命活动的另一种基本物质——核酸。核酸是一种生物大分子，它有两个基本特征和功能：一是核酸能自我复制，因而能够使生命特征世代相传；二是核酸能指导、参与合成生物所特有的蛋白质，并通过蛋白质的生理功能，体现每个生物的生命活动特征。因此，核酸是生物遗传的物质基础。

1.3　生物化学领域重大事件

1897 年，Buchner 发现了酵母细胞质能使糖分子发酵。

1902 年，Fischer 提出了肽键理论。

1904 年，F. Knoop 提出了脂肪酸体内氧化的"β-氧化学说"。

1926 年，Sumner 结晶得到了脲酶，证明酶就是蛋白质。

1932 年，H. A. Krebs(1900—1981) 发现了哺乳动物体内尿素合成的途径，建立了尿素合成的鸟氨酸循环。

1937 年，H. A. Krebs 又提出了各种化学物质代谢反应的中心环节——三羧酸循环的基本过程和理论，并解释了机体内所需能量的产生过程和糖、脂肪、蛋白质的相互联系及相互转变机理。

1940 年，Emben 和 Meyerhof（德国科学家）提出了糖酵解途径。

1944 年，Avery 发现 DNA 是遗传物质，并证明了核酸的生物学功能。

1945 年，F. A. Lipman（1899—1986，德裔美国生物化学家），发现并分离出辅酶 A，证明其对生理代谢的重要性。

1953 年，历经 10 年时间，F. Sanger（英国化学家）完成了牛胰岛素的氨基酸组成结构分析，这是第一个蛋白质组成结构的分析。

1953 年，J. D. Watson 和 F. H. Crick 提出了 DNA 双螺旋三维结构模型。这一模型的建立，从遗传物质结构变化的角度解释了遗传性状突变的原因，为进一步阐明遗传信息贮存、传递和表达，揭开生命的奥秘奠定了结构基础，并标志着遗传学完成了由"经典"时代向"分子"时代的过渡。

1958 年，Crick 提出了中心法则。

1965 年，中国成功地人工合成了牛胰岛素。这是世界上第一个人工合成的蛋白质。

1970 年，R. Yuan 和 H. O. Smith 发现了 DNA 限制性内切酶。

1970 年，Temin 发现了反转录酶，完善了中心法则的内容。

1978 年，F. Sanger 发明了末端终止法以用来测定核苷酸序列。

1982 年，T. R. Cech 等在四膜虫中发现了具有催化活性的 RNA——核酶（ribozyme），从而向酶的化学本质是蛋白质这一传统概念提出了挑战。这一重大发现对于进一步深入了解生命活动过程和本质具有深远的意义。

1985 年，Mullis 等发明了聚合酶链式反应（PCR）的特定核酸序列扩增技术。

1995 年，Cuenoud 等发现了具有酶活性的 DNA 分子，并命名为脱氧核酶（deoxyribozyme 或 DNAzyme）。

1997 年，I. Wilmut（英国科学家）等运用羊的体细胞（乳腺细胞）成功克隆出"多莉"。克隆羊技术是人类在生物科学领域取得的一项重大技术突破，反映了细胞核分化技术、细胞培养和控制技术的进步。

2003 年 4 月 14 日，中、美、日、德、法、英六国科学家宣布人类基因组序列图谱绘制成功。已完成的序列图谱覆盖了人类基因组所含基因区域的 99%，精确率达到 99.99%。

1.4　新陈代谢概论

1.4.1　新陈代谢的概念

恩格斯对新陈代谢作过精辟的阐述，他指出："生命，即通过摄食和排泄来实现的新陈代谢，是一种自我完成的过程，这种过程是为它的体现者——蛋白质所固有的，生来就具备的。没有这种过程，蛋白质就不能存在。"恩格斯在这里一方面指出了生命的物质基础是蛋白质，同时还指明了生命的特征就是不断地进行新陈代谢，这些论断都为现代科学所证实。

研究证实，新陈代谢包括同化和异化两个基本过程。生物体在其生命活动中，不断地从外界摄取氧、水、蛋白质、糖、脂类、无机盐和其他营养物质，通过一系列化学反应，将这些物质转化为其自身的组成成分，这就是同化作用（assimilation）。与此同时，生物体不断地将本身已有陈旧的组成成分分解转化为其他物质排出体外，这就是异化作用（dissimilation)。机体的同化和异化作用称之为物质代谢（substance metabolism），这一过程同时还伴有能量释放、贮存和利用，因此称其为能量代谢（energy metabolism），这些过程统称为新陈代谢（metabolism）。生物体在不断的新陈代谢过程中，演绎着生长发育、繁殖、分泌和运动等生理活动，新陈代谢一旦停止，生命就会终止。

综上所述，新陈代谢分为下列三个阶段：

第一阶段：消化吸收阶段。即在机体的消化器官中，将食物中的营养成分进行机械的、生物学和化学的加工，把它们转化成可吸收的形式，从消化道吸收进入体内。

第二阶段：中间代谢过程。即机体利用消化吸收的物质进行组织的建造和更新，同时把陈旧的组织成分和吸收物质的剩余部分分解、释放能量并产生残余物的过程。

第三阶段：排泄阶段。机体在中间代谢过程中产生的残余物，即不能被机体利用的废物，以粪、尿、汗和呼出气体的方式排出体外。

以上三个阶段不是各自孤立存在的，它们的协调统一构成了一部复杂而有序的"生命交响乐"，三个不同的阶段就是这部生命交响乐的"三部曲"。第一阶段是"序曲"，第二阶段是"高潮"，第三阶段就是"尾声"。生物化学的使命就是演奏"生命交响乐"的高潮。

1.4.2　代谢途径及其相互关系

中间代谢过程是极其复杂的，它包括许许多多的化学反应，且几乎所有这些代谢反应都是以极快的速度发生并完成的。然而这些复杂的代谢过程都是在温和的条件下（体温和 pH 近中性）进行的。其之所以能够如此，是因为几乎所有的代谢过程的化学反应都是在生物催化剂——酶的催化下进行的，同时伴随有一些辅助因子参加。代谢过程的每种物质的合成与分解都经过若干个化学反应历程，按照一定顺序和方向有条不紊地进行。我们常把某一物质经过若干步反应（无论是合成还是分解）生成某一特定产物的一系列过程称为"一个代谢途径"。一个典型的代谢途径可用简图表示如下：

$$A \xrightarrow[X_1]{E_1} B \xrightarrow[X_2]{E_2} C \xrightarrow[X_3]{E_3} D \longrightarrow \longrightarrow \cdots \longrightarrow P$$

E 代表酶；X 代表辅助因子

把参加代谢途径的起始物质 A 称为前体，中间物质 B、C、D 等称为中间产物，最后生成的物质 P 称为终产物。

新陈代谢过程虽然可以分成若干途径来研究，但必须注意代谢过程是一个整体，各个代谢途径之间密切关联而不可分割，它们相互衔接、彼此交错。例如一种前体可有数种代谢途径，产生不同的产物；而同一产物又可由不同的前体经不同的代谢途径产生。各代谢途径相互配合又相互制约，体现或完善着各种生理机能。因此，我们在研究新陈代谢时既要探索每个代谢途径的特点，更要重视研究它们之间的有机联系和调控机制，这样才能掌握生命活动的规律和全貌，用以指导食品科学与工程学科的科学研究和生产实践。

1.5　学习食品生物化学的目的

食品生物化学是食品科学与工程专业、食品质量与安全专业以及与之相关的学科必修的专业基础课。通过生物化学的学习使我们充分理解食品的物质组成、各类营养物质的结构、理化性质、对人体的营养作用以及在人体内的代谢过程与规律；从分子水平上理解人类的物质需要及食品各成分对人类健康的重要作用；理解和认识各类食品成分在食品加工贮藏过程中的化学变化、对人体的影响及重要意义；为从事食品科学与工程的研究和生产奠定良好的科学思维、解决实践问题的技能基础。目前食物短缺和食品加工技术发展的不协调是全球性问题，因此，学习好生物化学知识，掌握现代生物化学技术对开发新食品资源和研发现代食品加工技术有着十分重要的意义。食品与生命密切相关，食品产业是"生命产业"，还有许许多多的谜没有解开，还有许许多多的难题有待解决，食品资源的高效利用、食品加工技术水平的不断提升和食品生物技术的应用拓展都需要生物化学的原理与技术。

（胡耀辉　胡鑫）

2 食品物料重要成分化学

食品物料成分是指食品中含有的可以用化学方法进行分析的各种物质。单从化学意义上讲，食品物料是由多种化学物质成分组成的一种混合物。这也是大多数食品的共同之处，它由外源性物质成分和内源性物质成分组成。食品物料的外源性物质成分包括食品添加剂和污染物质两类，一般在食品中所占比例很小。但是，它们对食品的影响却很大。内源性物质是食品构成中的重要成分，分为有机物和无机物两类，共 15 种成分，其中，无机物成分包括水和无机盐 2 种，有机物成分则包括蛋白质和氨基酸、碳水化合物（含纤维素）、脂质、维生素、核酸、酶、激素、乙醇、生物碱、色素成分、香气成分和呈味成分，共计 13 种。此外，根据食品物料成分的含量，也可以将食品物料大致地划分为 7 种，即：蛋白质、脂肪、碳水化合物（含纤维素）、核酸类、水、维生素和无机质（盐）。其中，前 5 种为主体成分；维生素和无机盐则属于微量成分。食品物料重要成分的含量总和基本上为食品的总量。

从化学分析和营养成分分析的角度看，构成食品的物料成分复杂，结构功能各异，理论上将它们列成若干组分。由于教材的篇幅所限，本章仅就食品物料中部分主体成分进行阐述，包括糖类、脂类、蛋白质和核酸类物质。

2.1 糖类化学

糖类（saccharide）化合物是绿色植物光合作用的直接产物，因此是自然界分布广泛、数量最多的有机化合物。糖类化合物是构成食品的重要组成成分之一。自然界的生物物质中，糖类化合物约占 3/4，从细菌到高等动物都含有糖类化合物，植物体中含量最丰富，约占其干重的 $85\% \sim 90\%$，其中又以纤维素最为丰富。其次是节肢动物，如昆虫、蟹和虾外壳中的壳多糖（甲壳质）。

糖类化合物的分子组成可用通式 $C_n(H_2O)_m$ 表示，统称为碳水化合物。但后来发现有些糖［如鼠李糖（$C_6H_{12}O_5$）和脱氧核糖（$C_5H_{10}O_4$）］并不符合上述通式，而且有些糖还含有氮、硫、磷等成分，显然碳水化合物的统称已经不恰当，但由于沿用已久，至今还仍然在使用这个名词。根据糖类的化学结构特征，可将其定义为多羟基醛或酮及其衍生物和缩合物的总称。

糖类化合物是生物体维持生命活动所需能量的主要来源，是合成其他化合物的基本原料，同时也是生物体的主要结构成分。人类摄取食物的总能量中大约 80% 由糖类提供，因此，糖类化合物是人类及动物生命活动的主要能量源泉。我国传统膳食习惯是以富含糖类化合物的食物为主食，但近十几年来随着动物性食品的逐年增加和食品工业的发展，人们膳食的结构也在逐渐发生变化。

2.1.1 糖类化合物的种类

糖类化合物常按其组成分为单糖、寡糖（低聚糖）和多糖。单糖是一类结构最简单的糖，根据其所含碳原子的数目分为丙糖、丁糖、戊糖和己糖等；根据官能团的特点又分为醛糖和酮糖。寡糖一般是由2～20个单糖分子缩合而成，水解后产生单糖。多糖是由多个单糖分子缩合而成，其聚合度很大。多糖的性质不同于单糖和低聚糖。多糖不溶于水，也没有甜味，其物理化学性质与分子量大小、结构和形状相关。常见的多糖有淀粉、纤维素和果胶等。由相同的单糖组成的多糖称同聚多糖，由不相同的单糖组成的称杂聚多糖；如按其分子中有无支链，则有直链、支链多糖之分；按其功能不同，则可分为结构多糖、贮存多糖、抗原多糖等。

2.1.2 食品中的糖类化合物

食品中的糖类化合物主要以单糖、寡糖及多糖形式存在。

大部分食品物料中都含有糖类化合物。例如，谷物、果蔬等植物都含有复杂的糖类化合物，而作为食品物料的海藻，其干重的3/4都由糖类化合物构成。

作为食品物料的大多数植物中只含有少量蔗糖，大量的膳食用蔗糖是从甜菜或甘蔗中分离得到的，水果和蔬菜中只含少量蔗糖、D-葡萄糖和D-果糖（表2-1～表2-3）。在加工食品中添加蔗糖是比较普遍的，如表2-4所示。

表2-1　豆类中游离糖含量（以鲜重计）　　　　　　　　　　　　/%

豆类	D-葡萄糖	D-果糖	蔗糖	豆类	D-葡萄糖	D-果糖	蔗糖
利马豆	0.04	0.08	2.59	青豌豆	0.32	0.23	5.27
嫩荚青刀豆	1.08	1.20	0.25				

表2-2　水果中游离糖含量（以鲜重计）　　　　　　　　　　　　/%

水果	D-葡萄糖	D-果糖	蔗糖	水果	D-葡萄糖	D-果糖	蔗糖
苹果	1.17	6.04	3.78	甜柿肉	6.20	5.41	0.81
葡萄	6.86	7.84	2.25	枇杷肉	3.52	3.60	1.32
桃	0.91	1.18	6.92	杏	4.03	2.00	3.04
梨	0.95	6.77	1.61	香蕉	6.04	2.01	10.03
樱桃	6.49	7.38	0.22	西瓜	0.74	3.42	3.11
草莓	2.09	2.40	1.03	番茄	1.52	1.51	0.12
温州蜜橘	1.50	1.10	6.01				

表2-3　蔬菜中游离糖含量（以鲜重计）　　　　　　　　　　　　/%

蔬菜	D-葡萄糖	D-果糖	蔗糖	蔬菜	D-葡萄糖	D-果糖	蔗糖
甜菜	0.18	0.16	6.11	洋葱	2.07	1.09	0.89
硬花甘蓝	0.73	0.67	0.42	菠菜	0.09	0.04	0.06
胡萝卜	0.85	0.85	4.24	甜玉米	0.34	0.31	3.03
黄瓜	0.86	0.86	0.06	甘薯	0.33	0.30	3.37
苣菜	0.07	0.16	0.07				

表2-4　普通食品中的糖含量

食品	糖的含量/%	食品	糖的含量/%
可口可乐	9	蛋糕（干）	36
脆点心	12	番茄酱	29
冰淇淋	18	果冻（干）	83
橙汁	10		

谷物只含少量的游离糖，因为大部分游离糖输送至种子中并转变为淀粉。如玉米粒中含有0.2%～0.5%的D-葡萄糖、0.1%～0.4%的D-果糖和1%～2%的蔗糖；小麦粒中这二种

糖的含量分别为小于0.1%、小于0.1%和小于1%。

水果一般是在完全成熟之前采收的，果实有一定硬度利于运输和贮藏。在贮藏和销售过程中，其中的糖类物质在酶的作用下生成蔗糖或其他甜味糖，水果经过这种后熟作用而变甜变软。这种后熟作用和谷物籽粒、植物块茎中的糖转变为淀粉的过程正好相反。

淀粉是植物中最普遍的糖类化合物，甚至树木的木质部分中也存在淀粉，而以植物籽粒、根和块茎中含量最丰富。天然淀粉的结构紧密，在相对湿度较低的环境中容易干燥，同水接触又很快变软，并且能够水解成葡萄糖。

动物产品所含的糖类化合物比其他食品物料少，而肌肉和肝脏中的糖原是一种葡聚糖，结构与支链淀粉相似，以与淀粉代谢相同的方式进行代谢。

乳糖存在于人与动物乳汁中，牛奶中含4.8%，人乳中含6.7%，市售液体乳清中为5%。工业上采取从乳清中结晶的方法制备乳糖。

2.1.3 单糖

单糖是不能再水解成更小分子的糖。从结构上看，单糖属于多羟基醛或多羟基酮。通常将多羟基醛称为醛糖，将多羟基酮称为酮糖。单糖又可根据分子中所含碳原子数目不同而分为丙糖、丁糖、戊糖和己糖。在单糖中，与生命活动关系最为密切的是葡萄糖、果糖、核糖和脱氧核糖等。

单糖的分子量较小，一般含有3~6个碳原子，分子式为$C_m H_n O_p$，它们是D-甘油醛的衍生物，如图2-1所示。单糖在自然界中很少以游离状态存在。在营养学上比较重要的单糖有戊糖（五碳糖）和己糖（六碳糖）。而己糖中最重要的是葡萄糖、果糖和半乳糖。

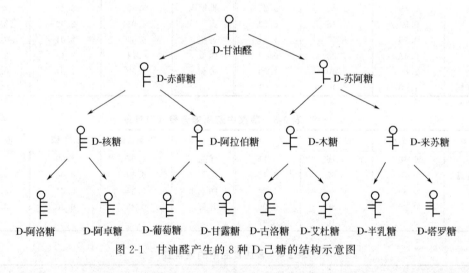

图2-1 甘油醛产生的8种D-己糖的结构示意图

单糖可以形成缩醛和缩酮，糖分子的羰基可以与分子内的一个羟基反应，形成半缩醛或半缩酮。分子内的半缩醛或半缩酮，又进一步形成五元呋喃糖环或更稳定的六元吡喃糖环。

2.1.3.1 单糖的结构

（1）葡萄糖的分子结构

① 链状结构 葡萄糖是己醛糖，分子式为$C_6H_{12}O_6$。在葡萄糖分子中，6个碳原子依次相连成开链状，醛基位于第1位碳原子上，其余5个碳原子上各连有一个羟基。其结构式为：

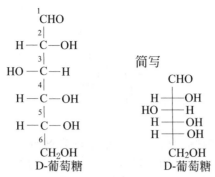

$$
\begin{array}{c}
\overset{1}{CHO} \\
| \\
H-\overset{2}{C}-OH \\
| \\
HO-\overset{3}{C}-H \\
| \\
H-\overset{4}{C}-OH \\
| \\
H-\overset{5}{C}-OH \\
| \\
\overset{6}{CH_2OH} \\
\text{D-葡萄糖}
\end{array}
$$

简写

$$
\begin{array}{c}
CHO \\
H-\!\!\!-\!\!\!-OH \\
HO-\!\!\!-\!\!\!-H \\
H-\!\!\!-\!\!\!-OH \\
H-\!\!\!-\!\!\!-OH \\
CH_2OH \\
\text{D-葡萄糖}
\end{array}
$$

单糖的构型仍沿用 D、L 型标记法，这里只考虑与羰基相距最远的一个手性碳原子（亦称不对称碳原子，为连接四个不同原子或基团的碳原子）的构型。即与羰基相距最远的那个手性碳原子上的羟基在右边的为 D 型；羟基在左边的为 L 型。天然葡萄糖大部分属于 D 型。

② 环状结构　经过科学证明，结晶状态的单糖并不以开链结构存在，而是形成环状结构。由于葡萄糖分子中既有羟基又有醛基，在分子内有可能发生加成反应，一般由分子中 C-1 上的醛基和 C-5 上的羟基作用生成稳定的环状半缩醛结构。糖的环状结构中新生成的 C-1 上的羟基称为半缩醛羟基，又叫苷羟基。由于 C-1 的半缩醛羟基和氢原子的空间位置不同，形成 D-葡萄糖两种不同的构型。通常把半缩醛羟基和 C-5 上原羟基在同侧的称为 α 型，半缩醛羟基和 C-5 上原羟基在异侧的称为 β 型。将 α 型和 β 型的任意一种异构体溶于水时，都会先产生微量的开链结构。当开链结构转变为环状结构时，会同时生成 α 型和 β 型两种异构体。最后，α 型、β 型和开链醛式三种异构体达到互变平衡状态。这种相互转变可表示如下：

$$
\text{α-D-(+)-葡萄糖} \quad\rightleftharpoons\quad \text{开链醛式} \quad\rightleftharpoons\quad \text{β-D-(+)-葡萄糖}
$$

α-D-(+)-葡萄糖（36%）　　开链醛式（微量）　　β-D-(+)-葡萄糖（64%）

葡萄糖的环状结构为氧环式结构，这种由一个氧原子和五个碳原子形成的六元环，类似于含氧六元杂环吡喃，所以称为吡喃型葡萄糖。在平衡体系中，由于只存在微量开链醛式结构，所以难以与亚硫酸氢钠发生加成反应。

为了更清楚地表示葡萄糖分子的空间构型，可以采用哈沃斯式结构表示。哈沃斯式是一种平面环状结构式，即把成环的原子放在同一个平面上，连在各碳原子上的原子或基团分别放在环平面的上方和下方，以表示它们的空间位置。

D-葡萄糖的哈沃斯式结构及平衡体系表示如下：

α-D-(+)-吡喃葡萄糖　　β-D-(+)-吡喃葡萄糖

（2）果糖的分子结构　果糖是己酮糖，分子式为 $C_6H_{12}O_6$，与葡萄糖互为同分异构体。

果糖的开链结构如下：

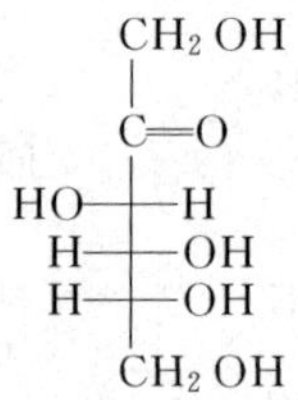

$$
\begin{array}{c}
CH_2OH \\
| \\
C=O \\
HO-\!\!\!-H \\
H-\!\!\!-OH \\
H-\!\!\!-OH \\
| \\
CH_2OH
\end{array}
$$

D-果糖也能形成环状半缩酮结构。游离态的 D-果糖多以六元氧杂环吡喃类形式存在，称为吡喃型果糖；结合态的 D-果糖则多以五元氧杂环呋喃形式存在，称为呋喃型果糖。它们都有 α 型和 β 型两种异构体，在水溶液中同样有环状半缩酮式和开链式结构的混合平衡体系。

2.1.3.2 单糖的化学性质

无色结晶，味甜。由于单糖是具有多羟基的化合物，增加了它的水溶性，所以易溶于水而难溶于有机溶剂，特别是在热水中溶解度极大。单糖溶于水后，其水溶液中存在着占绝大多数的环状半缩醛（酮）式结构与微量开链醛（酮）式结构的平衡体系。同时，分子中有多个羟基，在化学反应中既表现出它们各自的特性，又表现出相互影响而产生的一些性质。下面介绍单糖的主要化学性质。

（1）差向异构化　在冷的稀碱溶液中，D-葡萄糖和 D-甘露糖可以发生分子互变重排，这种现象称为差向异构化，最终形成 D-葡萄糖、D-果糖和 D-甘露糖的平衡混合物。

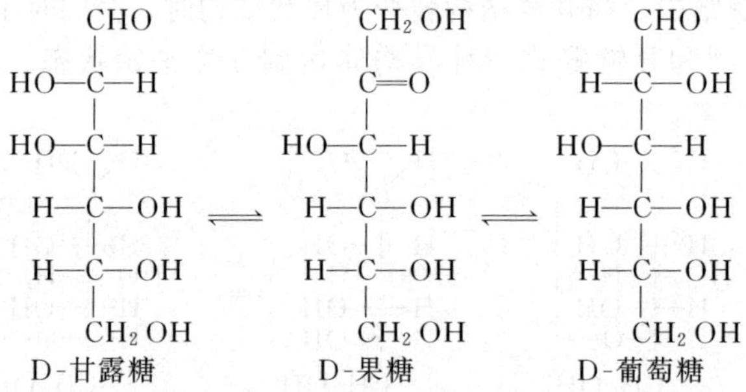

D-甘露糖　　　　　D-果糖　　　　　D-葡萄糖

（2）氧化还原反应　单糖中的醛糖和酮糖都能被碱性弱氧化剂（如费林试剂或班氏试剂、托伦试剂等）氧化，生成复杂的氧化产物。同时将试剂中的 Cu^{2+}（配离子）、Ag^+（配离子）分别还原为 Cu_2O（砖红色沉淀）和 Ag（银镜）。

凡能与上述三种试剂发生反应的糖，均称为还原糖；反之，则称为非还原糖。单糖也可被酸性氧化剂氧化，例如，溴水可将醛糖中的醛基氧化成羧基，生成相应的醛糖酸。此反应对醛糖是专一性的，其氧化性较弱，不能氧化酮糖，因此可利用溴水是否褪色来区别醛糖和酮糖。硝酸氧化性较强，可以将葡萄糖氧化为葡萄糖二酸。

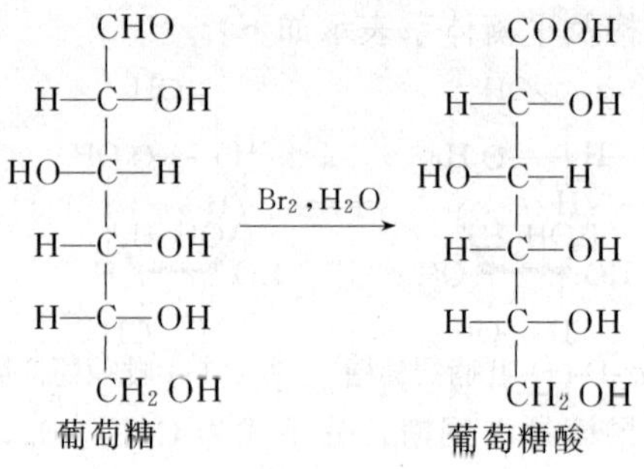

葡萄糖　　　　　　　葡萄糖酸

10

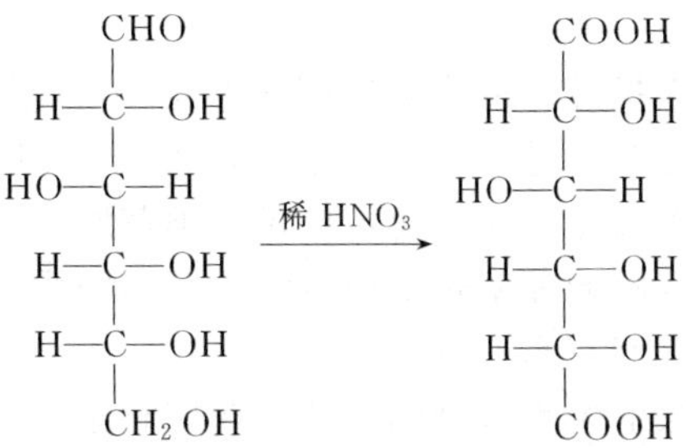

葡萄糖　　　　　　　　　　　葡萄糖二酸

（3）成苷反应　单糖环状结构中的半缩醛（或半缩酮）羟基比较活泼，可与其他羟基化合物（如醇或酚）脱水生成具有缩醛（或缩酮）结构的化合物，称为糖苷。例如，D-葡萄糖与无水甲醇在氯化氢催化下，脱水生成 D-甲基吡喃葡萄糖苷的两种异构体。

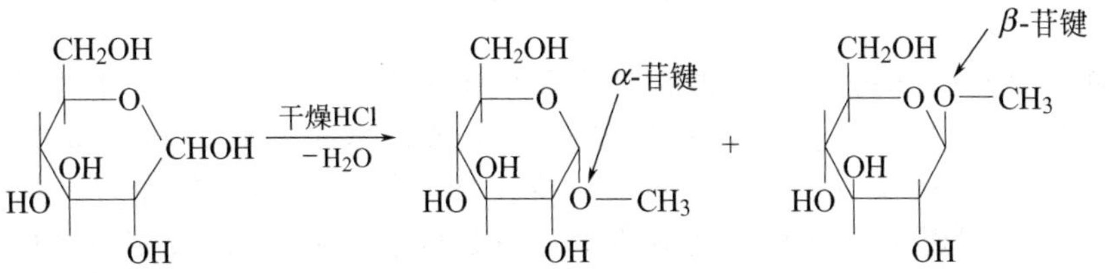

α-D-吡喃葡萄糖和 β-D-　　α-D-甲基吡喃葡萄糖苷　　β-D-甲基吡喃葡萄糖苷
吡喃葡萄糖的混合物

糖苷是糖的衍生物，由糖和非糖两部分组成。糖的部分称为糖苷基，非糖部分称为糖苷配基，糖苷配基可以是简单的羟基化合物，也可以是复杂的羟基化合物，也可以是糖。如果是与糖类糖苷配基缩合成糖苷，即为寡糖（包括双糖）和多糖。例如：单糖形成糖苷后，分子中不再有半缩醛羟基，因此也就不能转变为开链结构，分子稳定性增加，故该类糖苷无还原性。但在酸性条件下可发生水解，生成原来的糖和非糖成分。

糖苷广泛存在于自然界，许多糖苷是中草药的有效成分。例如，具有镇痛作用的水杨苷是由葡萄糖和邻羟基苯甲醇所形成的苷；人参皂苷、洋地黄苷和苦杏仁苷（如图 2-2）等都有不同的生理活性。此外，单糖与含氮杂环生成的糖苷是生命活动中的重要物质——核酸的

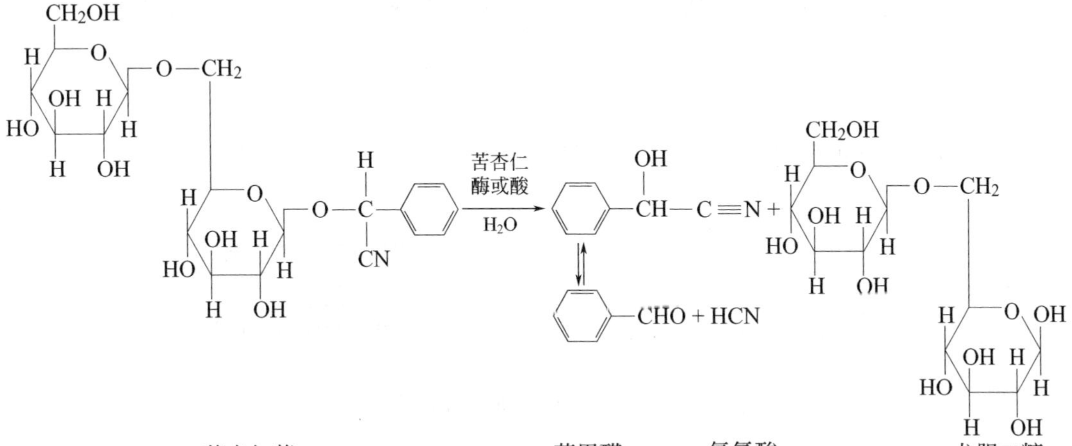

苦杏仁苷　　　　　　　　　苯甲醛　　氢氰酸　　　　　　　龙胆二糖

图 2-2　苦杏仁苷水解物

11

组成成分。

　　人类膳食中除低聚糖和多糖外，还有少量糖苷存在。它们的含量虽然不多，但具有重要的作用，例如天然存在的强心苷（毛地黄苷和毛地黄毒苷）、皂角苷（三萜或甾类糖苷）都是强泡沫形成剂和稳定剂，对液态食品有稳定作用，类黄酮糖苷使食品产生风味和颜色。植物中的糖苷有利于那些不易溶解的配基转变成可溶于水的物质，这对类黄酮和甾类糖苷特别重要，因为糖苷形式有利于它们在水介质中输送。

　　天然糖苷是糖基从核苷酸衍生物（例如腺苷二磷酸和尿苷二磷酸）中转移至适当的配基上形成的产物，所生成的糖苷可以是 α 型或 β 型的，这决定于酶的催化专一性。

　　几种复杂糖苷的甜味很强，例如斯切维苷（stevoside）、奥斯拉津（osladin）和甘草皂苷（glycyrrhizic acid）。但大多数糖苷，特别是当配基部分比甲基大时，则可产生微弱以至极强的苦味、涩味。

　　氧连接的 O-糖苷在中性和碱性 pH 环境中是稳定的，而在酸性条件下易水解。食品中（除酸性较强的食品外）大多数糖苷都是稳定的，只有在糖苷酶的作用下发生水解。

　　某些食物物料中含另一类重要的糖苷即生氰糖苷（图 2-3），在体内降解即产生氢氰酸，它们广泛存在于自然界，特别是杏、木薯、高粱、竹、利马豆中。苦杏仁苷（amygdaloside）、扁桃腈（mandelonitrile）糖苷是人们熟知的生氰糖苷，彻底水解则生成 D-葡萄糖、苯甲醛和氢氰酸。其他的生氰糖苷包括蜀黍苷（dhurrin）（即对羟基苯甲醛腈醇糖苷）和亚麻苦苷（linamarin），后者又称丙酮氰醇糖苷。在体内，这些化合物降解生成的氰化物通常可转变为硫氰酸盐而解除毒性，这种反应体系包括氰化物离子、亚硫酸根离子和硫转移酶（硫氰酸酶）的催化作用，是机体的一种自我保护机制。人体如果一次摄取大量生氰糖苷，将会引起氰化物中毒。曾有很多关于人摄取木薯、利马豆、竹笋、苦杏仁等发生中毒的报道，若进食致死剂量的氰化物食物，则出现神志紊乱、昏迷、全身发绀、肌肉颤动、抽搐等中毒症状，非致死剂量生氰食品引起头痛、咽喉和胸部紧缩、肌肉无力、心悸。为防止氰化物中毒，最好不食用或少食用这类产氰的食品。也可将这些食品在收获后短时期贮存，并经过彻底蒸煮后充分洗涤，尽可能将氰化物去除干净，然后食用。

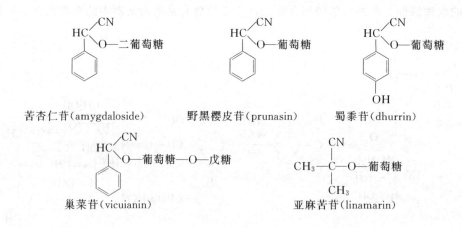

苦杏仁苷（amygdaloside）　　野黑樱皮苷（prunasin）　　蜀黍苷（dhurrin）

巢菜苷（vicuianin）　　　　　　亚麻苦苷（linamarin）

图 2-3　几种常见的生氰糖苷

　　（4）成酯反应　单糖分子中含有多个羟基，这些羟基能与酸脱水成酯。由单糖所形成的磷酸酯是体内许多物质代谢的中间产物。如 1-磷酸葡萄糖（D-吡喃葡萄糖-1-磷酸酯）及 6-

12

磷酸葡萄糖（D-吡喃葡萄糖-6-磷酸酯）。

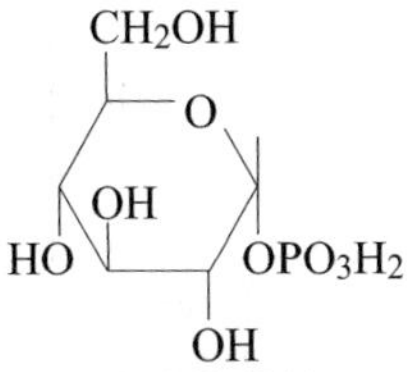

1-磷酸葡萄糖 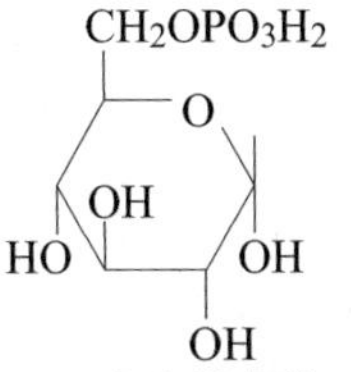　　　　6-磷酸葡萄糖

2.1.3.3 食品中重要的单糖及其衍生物

（1）D-（＋）-葡萄糖　D-葡萄糖在自然界分布极广，在葡萄果实中含量较高，因而得名。动物体内也含有葡萄糖。存在于人体血液中的葡萄糖称作血糖。血糖的正常值为3.9～6.1mmol/L。

葡萄糖是一种重要的营养物质，是人体所需能量的主要来源，尤其是中枢神经系统活动所需的能量完全由葡萄糖氧化提供。因为它不需消化就可直接被人体吸收，所以是婴儿和体弱病人的良好滋补品。

葡萄糖氯化钠注射液在人体失水、失血时用作补充液。工业上葡萄糖是合成维生素C和制造葡萄糖酸钙等药物的原料。

（2）D-（－）-果糖　果糖存在于水果和蜂蜜中。它是天然糖类中最甜的糖。果糖是己酮糖，游离状态时具有吡喃的结构，构成二糖或多糖时则具有呋喃糖的结构。在稀碱溶液中，果糖和葡萄糖可以相互转化。

（3）D-（－）-核糖和D-（－）-2-脱氧核糖　它们都是戊醛糖，是核酸的重要组成部分，其结构式如下：

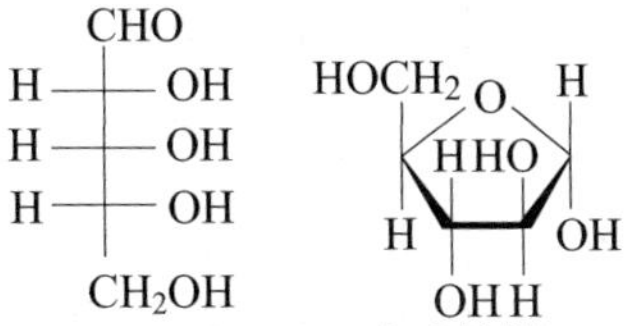

β-D-(-)-呋喃核糖

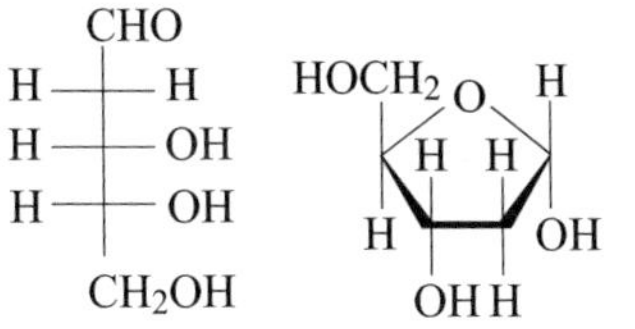

β-D-(-)-2-呋喃脱氧核糖

食品中常见的单糖类化合物如表2-5所示。

2.1.4 寡糖（低聚糖）

2.1.4.1 结构和命名

寡糖（低聚糖）是由2～20个糖单位以糖苷键连接而构成的糖类物质，可溶于水，又称为低聚糖，普遍存在于自然界。自然界中的寡糖的聚合度一般不超过6个糖单位，其中主要是双糖和三糖。寡糖的糖基组成可以是同种的（均低聚糖），也可以是不同种的（杂低聚糖）。其命名通常采用系统命名法。此外，也经常使用习惯名称，如蔗糖、乳糖、麦芽糖、海藻糖、棉籽糖、水苏四糖等。食品中常见的低聚糖如表2-6所示。

表 2-5　食品中存在的糖类

名　称	结 构 式	相对分子质量	熔点/℃	$[\alpha]_D$	存　在
戊糖类					
L-阿拉伯糖 （L-arabinose）		150.1	158(α) 160(β)	+190.6(α) →+104.5	植物树胶中戊聚糖的结构单糖
D-木糖 （D-xylose）		150.1	145.8	+93.6(α) →+18.8	竹笋、木聚糖（秸秆、玉米）、植物黏性物质的结构单糖
D-2-脱氧核糖 （D-2-deoxyribose）		134.1	87～91	−56(最终)	脱氧核糖核酸（DNA）
D-核糖 （D-ribose）		150.1	86～87	−23.1 →+23.7	核糖核酸（RNA）、腺苷三磷酸（ATP）
己糖类					
D,L-半乳糖 （D,L-galactose）		180.1	168(无水) 118～120 (结晶水)	+150.7(α) +52.5(β) →+80.2	广泛存在于动植物中，多糖和乳糖的结构单糖
D-葡萄糖 （D-glucose）		180.1	83(α,含结晶水) 146(无水) 148～150(β)	+113.4(α) +19.0(β) →+52.5	以单糖、低聚糖、多糖、糖苷形式广泛分布于自然界
D-甘露糖 （D-mannose）		180.1	133(α)	+29.3(α) −17.0(β) →+14.2	棕榈、象牙果（Ivo-rynut）、椰子、魔芋等多糖
D-果糖 （D-fructose）		180.1	102～104 (分解)	−132(β) →−92	蔗糖、菊糖（inulin）的结构单糖，果实，蜂蜜，植物体
L-山梨糖 （L-sorbose） （L-木己酮糖）		180.1	165	−43.4(最终)	由弱氧化醋酸杆菌（A. suboxydans）作用于山梨糖醇而得，为果胶的结构单糖

名　称	结　构　式	相对分子质量	熔点/℃	$[\alpha]_D$	存　在
己糖类					
L-岩藻糖 (L-fucose) (6-脱氧-L-半乳糖)		164.2	145	-152.6 $\rightarrow-75.9$	海藻多糖、黄芪胶、树胶、黏多糖、人乳中的低聚糖
L-鼠李糖 (L-rhamnose) (6-脱氧-甘露糖)	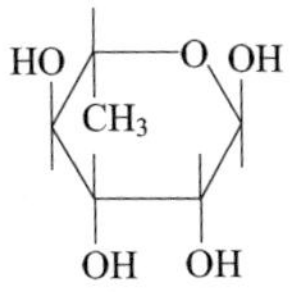	164.2	123~128(β) (无水)	$+38.4(\beta)$ $\rightarrow+8.91$	主要以糖苷的形式存在于黄酮类化合物、植物黏性物质多糖中
D-半乳糖醛酸 (D-galacturonic acid)	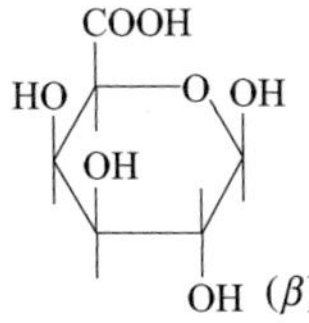	194.1	160(β) 分解	$+31(\beta)$ $\rightarrow+56.7$	果胶、植物黏性物质多糖
D-葡糖醛酸 (D-glucuronic acid)	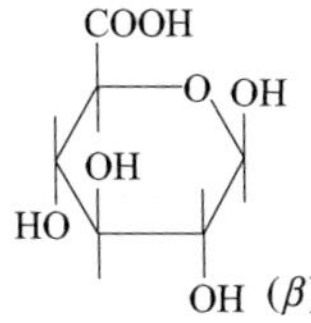	194.1	165分解	$+11.7(\beta)$ $\rightarrow+36.3$	糖苷、植物树胶、半纤维素、黏多糖等
D-甘露糖醛酸 (D-mannuronic acid)	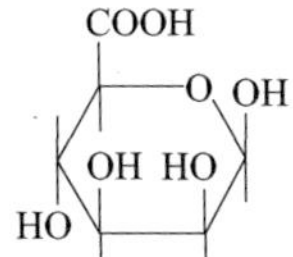	194.1	165~167(β)	$-47.9(\beta)$ $\rightarrow23.9$	海藻酸、微生物多糖
D-葡糖胺 (D-glucosamine) (2-氨基-2-脱氧-D-葡萄糖)	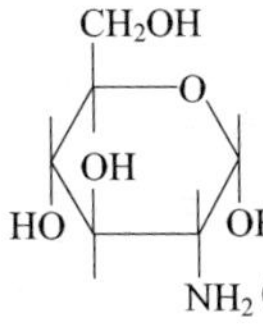	179.2	88(α) 110(β)	$+100(\alpha)$ $+28(\beta)$ $\rightarrow47.5$	甲壳质、肝素、透明质酸,乳汁低聚糖的N-乙酰基
D-山梨(糖)醇 (D-sorbitol) (葡糖醇)	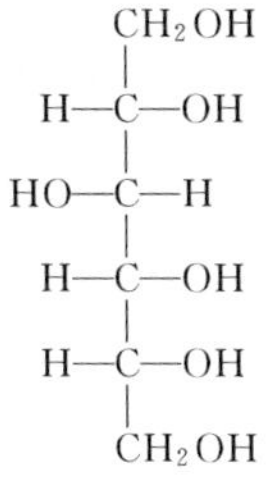	182.1	110~112	-2.0	浆果、果实、海藻类
D-甘露(糖)醇 (D-mannitol)	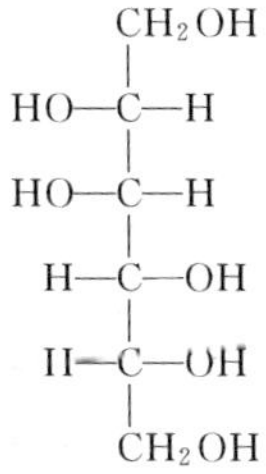	182.1	166~168	$+23~+24$	广泛存在于植物的渗出液甘露聚糖、海藻类
半乳糖醇 (galactitol)	$C_6H_{14}O_6$	182.1	188~189		马达加斯加甘露聚糖

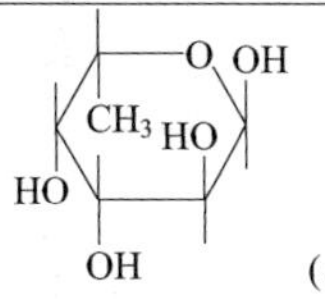

注：液体旋光度 $[\alpha]_D$ 测定即20℃下,1dm长的测定管的含待测液体的溶液使钠光谱D线 ($\lambda=589.3$nm) 的偏振光平面所旋转的角度(°),即溶液旋光度。下表同。

表 2-6 食品中常见的低聚糖

名　称	结　构　式	相对分子质量	熔点/℃	$[\alpha]_D$	存　在
二糖类					
纤维二糖(cellobiose) 4-O-β-D-吡喃葡糖基-D-吡喃葡萄糖	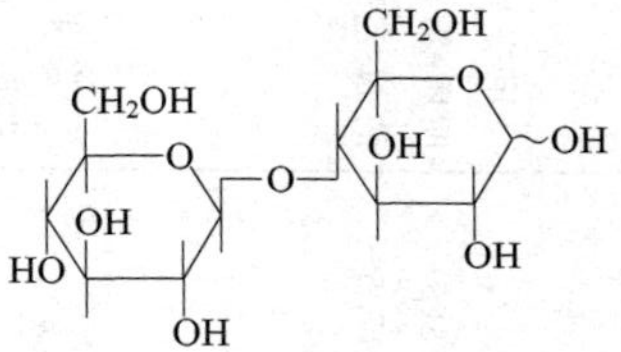	342.3	225 (分解)	+14.2→+36.2	纤维素、玉米嫩枝有游离二糖存在的纤维
龙胆二糖(Gentiobiose) 6-O-β-D-吡喃葡糖基-D-吡喃葡萄糖	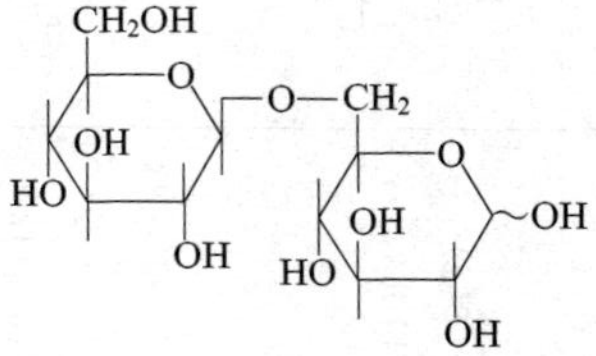	342.3	86(α) 190~195(β)	+31(α)→+9.6 +11(β)→+9.6	树木渗出液，各种糖苷、酵母糖等β-葡聚糖
异麦芽糖(isomaltose) 6-O-α-D-吡喃葡糖基-D-吡喃葡萄糖	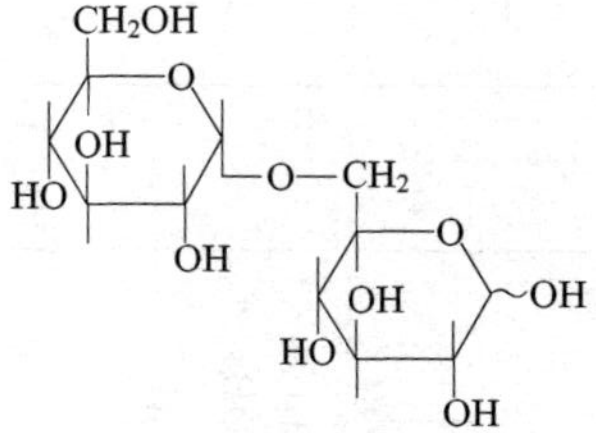	342.3	120	+119→+122	蜂蜜、葡萄糖母液、饴糖、发酵酒
曲二糖(kojibiose) 2-O-α-D-吡喃葡糖基-D-吡喃葡萄糖	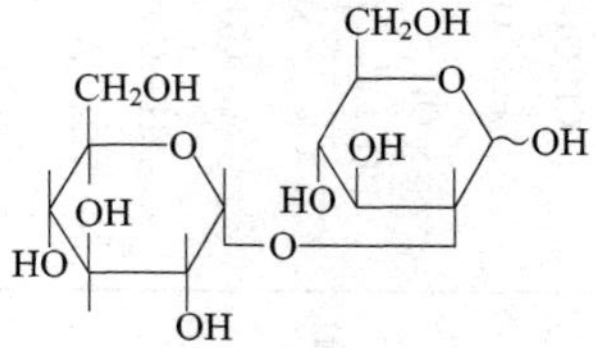	342.3	120	+162→+137	发酵酒
乳糖(lactose) 4-O-β-D-吡喃半乳糖基-D-吡喃葡萄糖	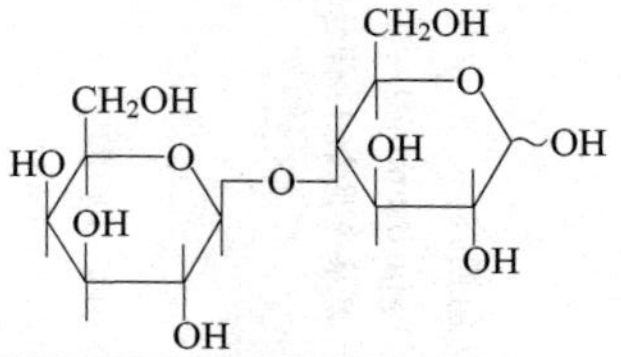	342.3	223(α) 252(β)	+89.4(α)→+55.4 +34.9(β)→+55.4	乳汁

16

名　称	结　构　式	相对分子质量	熔点/℃	[α]$_D$	存　在
二糖类					
昆布二糖（laminaribiose）3-O-β-D-吡喃葡萄糖基-D-吡喃葡萄糖	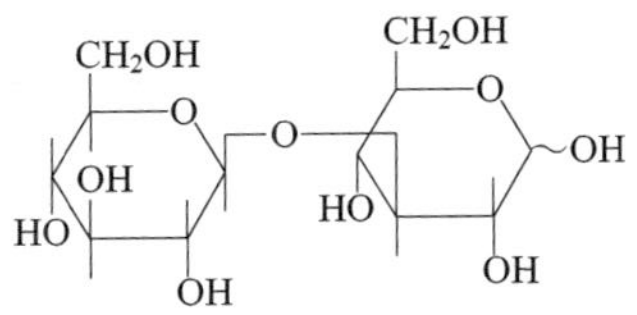	342.3	196~205	+24→+19	海藻、β-(1→3)-葡聚糖
麦芽糖（maltose）4-O-α-D-吡喃葡萄糖基-D-吡喃葡萄糖	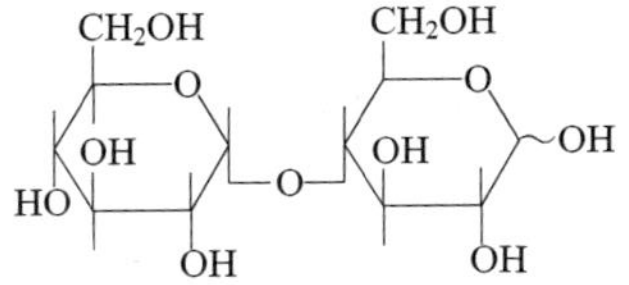	342.3	160.5；102~103(结晶水)	+111.7→+130.4	麦芽汁、蜂蜜，淀粉等多糖。广泛分布于各种植物中
蜜二糖（melibiose）6-O-α-D-吡喃半乳糖基-D-吡喃葡萄糖	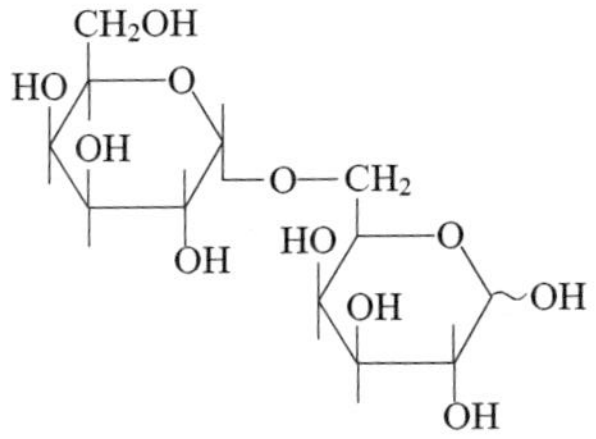	342.3	82~85(β)分解	+111.7(β)→129.5	植物树胶，可可豆
α-葡糖-β-葡糖苷（iso-phorose）α-O-β-D-吡喃葡萄糖基-D-吡喃葡萄糖	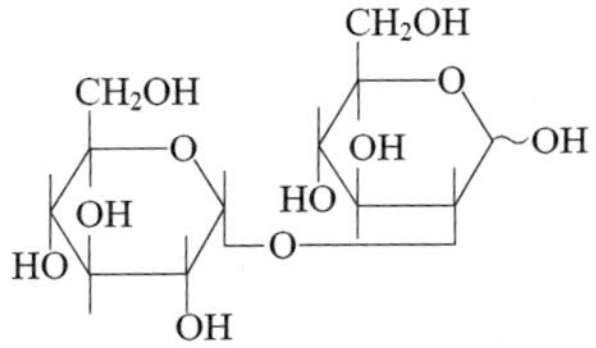	342.3	195~196(结晶水)	+33→+19	糖苷，以游离形式存在于葡萄糖母液中
蔗糖（sucrose）β-D-呋喃果糖基-α-D-吡喃糖苷	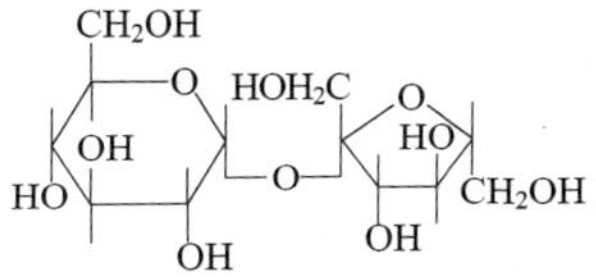	342.3	184~185	+66.5	广泛分布于甘蔗、甜菜等植物中。非还原性糖

名 称	结 构 式	相对分子质量	熔点/℃	$[\alpha]_D$	存 在
二糖类					
黑曲霉二糖(nigerose) 3-O-α-D-吡喃葡萄糖基-D-吡喃葡萄糖	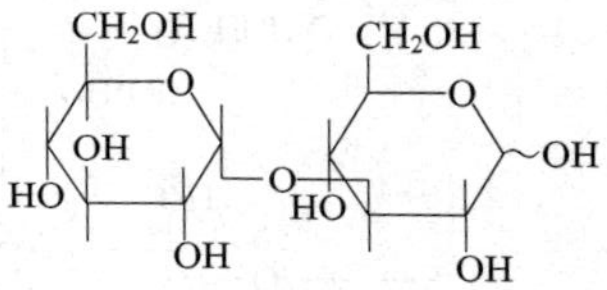 (结构式)	342.3		+134→+138	葡萄糖母液、啤酒
α,α-海藻糖 (α,α-trehalose)	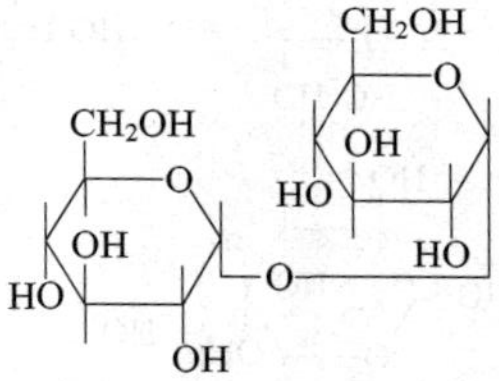 (结构式)	342.3	97	+178.3	鞘翅类昆虫分泌的蜜
三糖类					
松三糖	O-α-D-吡喃葡萄糖基-(1→3)-O-β-D-吡喃果糖基-(2→1)-α-D-吡喃葡萄糖苷	504.4	153~154	+88.2	松柏类树的渗出液、蜂蜜、非还原性糖
棉籽糖(raffinose)	O-α-D-吡喃半乳糖基-(1→6)-O-α-D-吡喃葡萄糖基-(1→2)-β-D-吡喃果糖苷	504.4	118~119(无水)分解	+105.2	棉籽、大豆、甘蔗、甜菜、非还原性糖
水苏四糖(stachyose)	α-D-吡喃半乳糖基-(1→6)-O-α-D-吡喃半乳糖基-(1→6)-O-α-D-吡喃葡萄糖基-(1→2)-β-D-吡喃果糖苷	504.4	101(结晶水)	+131~+132	大豆、甜菜、非还原性糖
环糊精(cyclodextrin)	$\begin{bmatrix}$ α-D-葡萄糖-(1→4)[-α-D-葡萄糖-(1→4)-]$\overline{n}$ α-D-葡萄糖-(1→4) $\end{bmatrix}$—O α,n=6;β,n=7;γ,n=8	α 972 β 1135 γ 1297		α +150.5 β +162.5 γ +177.4	软化芽孢杆菌(Bacillus macerans)淀粉降解而形成的微生物多糖

18

寡糖的糖基单位几乎都是己糖，除果糖为呋喃环结构外，葡萄糖、甘露糖和半乳糖等均是吡喃环结构。

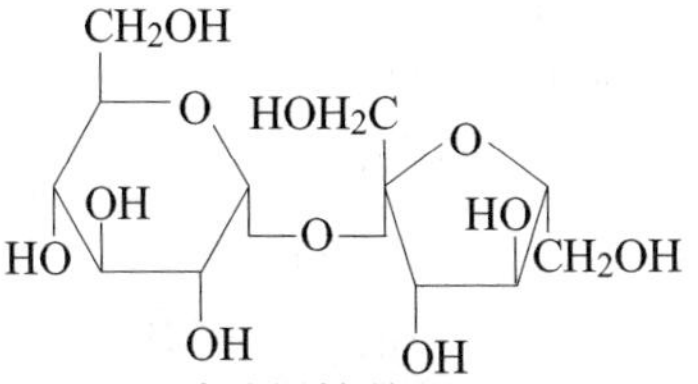

O-β-D-呋喃果糖基-(2→1)-α-D-
吡喃葡萄糖(蔗糖)

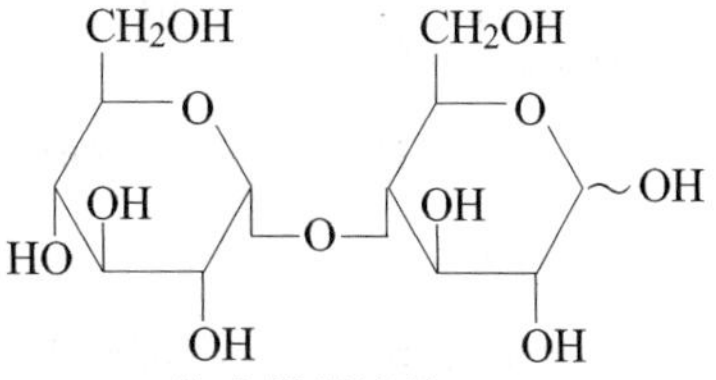

O-α-D-吡喃葡萄糖基-(1→4)-D-
吡喃葡萄糖(麦芽糖)

寡糖也同样存在分支，一个单糖分子同两个糖基单位结合可形成如下的三糖分子结构，它存在于多糖类支链淀粉和糖原的结构中。

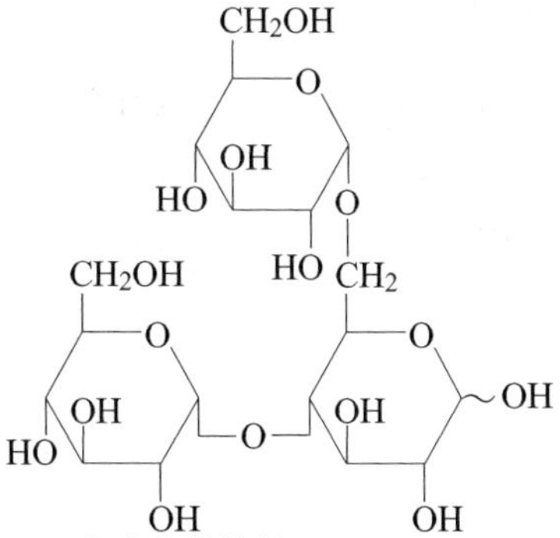

O-α-D-吡喃葡萄糖基-(1→4)-D-[α-D-
吡喃葡萄糖基-(1→6)]-D-吡喃葡萄糖

2.1.4.2 食品中重要的寡糖

寡糖存在于多种天然食品物料中，尤以植物类食品物料较多，如果蔬、谷物、豆科、海藻和植物树胶等。此外，在牛奶、蜂蜜和昆虫类中也含有。蔗糖、麦芽糖、乳糖和环糊精是食品加工中最常用的寡糖，如表2-6所示。许多特殊的寡糖（如低聚果糖、低聚木糖、甲壳低聚糖和低聚魔芋葡甘露糖）具有显著的生理功能，如在机体胃肠道内不被消化吸收而直接进入大肠内为双歧杆菌所利用，是双歧杆菌的增殖因子，有防止龋齿、降低血清胆固醇、增强免疫等功能。

（1）双糖　由两个单糖失去1分子水缩合而成。由同一单糖构成的双糖称为同聚双糖，包括纤维二糖、麦芽糖、异麦芽糖、龙胆二糖和海藻糖，如图2-4所示。市售麦芽糖是采用来自芽孢杆菌属（Bacillus）细菌的淀粉酶水解淀粉制备的，是食品中较廉价的温和甜味剂。

由D-葡萄糖构成的以上五种双糖，除海藻糖外，都含有一个具有还原性的游离半缩醛基，称为还原糖。还原糖具有还原银、铜等金属离子的能力，而糖被氧化成糖醛酸；α-海藻糖不含游离的半缩醛基，因此不容易被氧化，是非还原糖。蔗糖、乳糖、乳酮糖（lactulose）和蜜二糖是杂低聚糖，如图2-5所示。这些双糖中除蔗糖外其余都是还原性双糖。

乳糖存在于牛奶和其他非发酵乳制品（如冰淇淋）中，而在酸奶和奶酪等发酵乳制品中乳糖含量较少。这是因为在发酵过程中乳糖的一部分转变成了乳酸。乳糖在到达小肠前不能被消化，当到达小肠后由于乳糖酶的作用水解成D-葡萄糖和D-半乳糖，因此为小肠所吸收。如果缺乏乳糖酶，会使乳糖在大肠内受到厌氧微生物的作用，发酵生成醋酸、乳酸和其他短链酸，倘若这些产物大量积累则会引起腹泻。

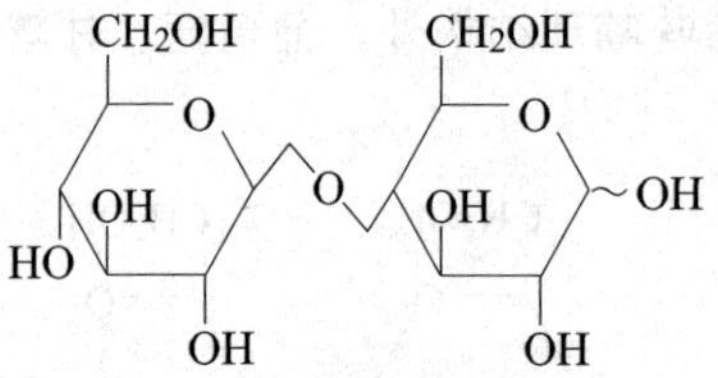

纤维二糖

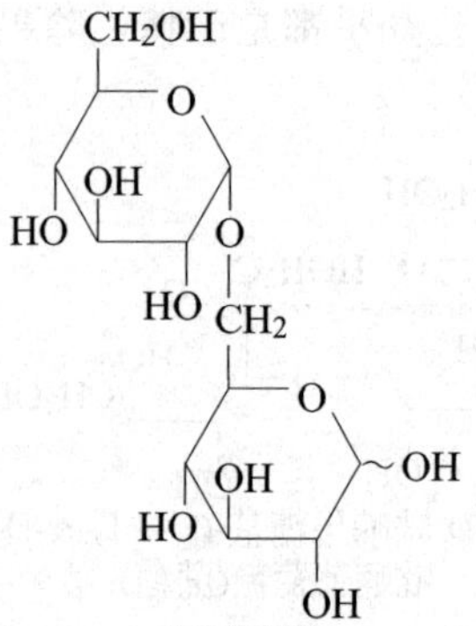

麦芽糖

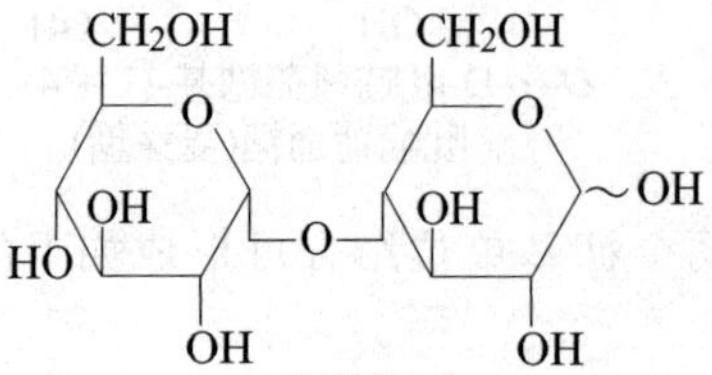

异麦芽糖

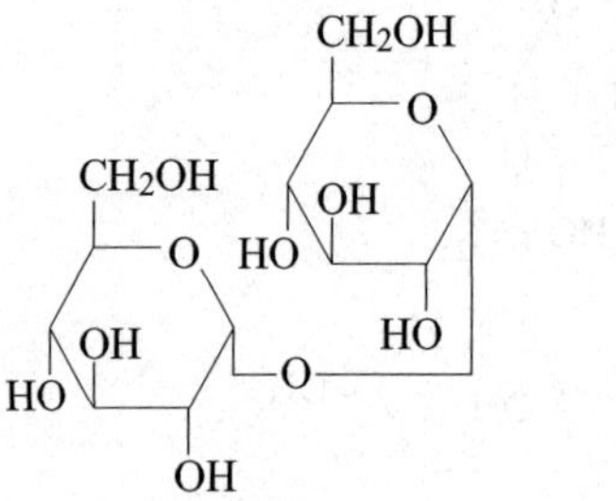

α-海藻糖

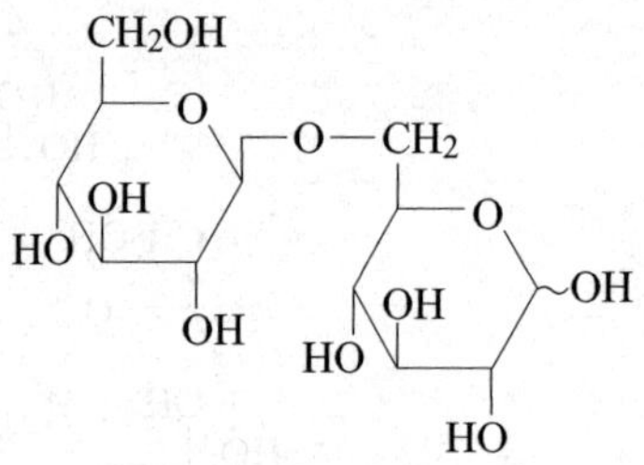

龙胆二糖

图 2-4 同聚双糖结构

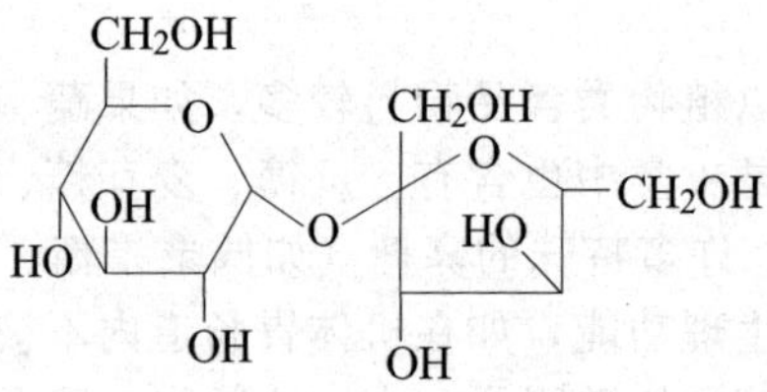

蔗糖

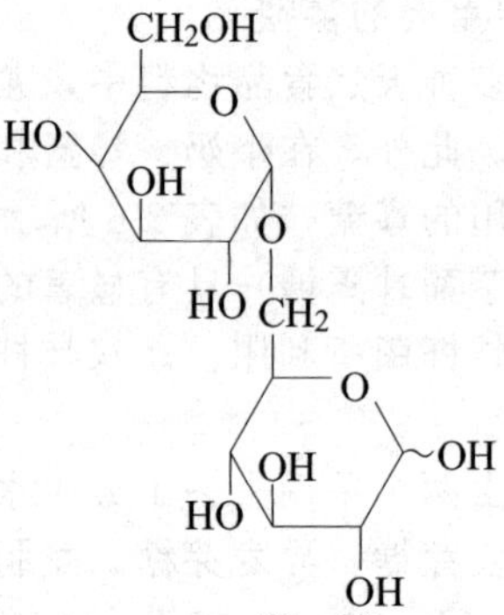

蜜二糖

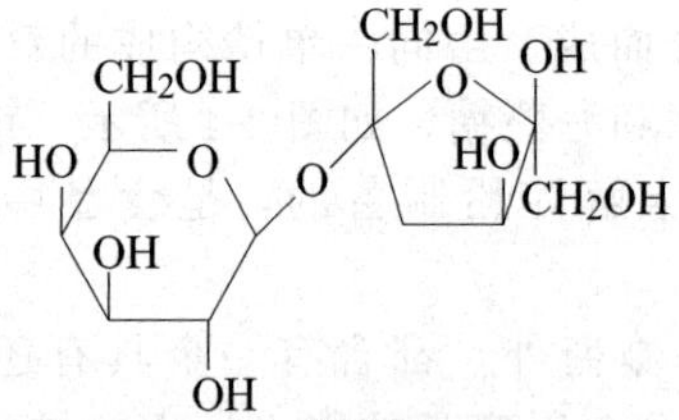

乳酮糖

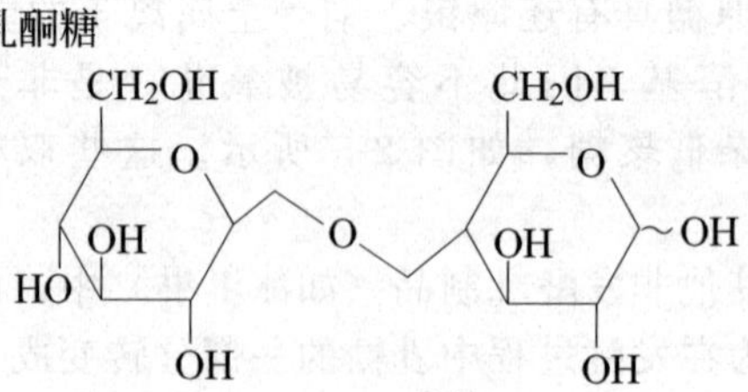

乳糖

图 2-5 杂聚双糖

（2）三糖 是由三分子单糖以糖苷键连接而组成的化合物之总称。自然界较常见的三糖有龙胆属（*Gentiana*）根中的龙胆三糖，广泛分布于甘蔗等植物中的棉籽糖，松柏类分泌的松三糖，以及车前属（*Plantago*）种子中分离出的车前三糖（planteose）等。其他作为多糖部分水解产物的有麦芽三糖等。

三糖是根据结构进行系统命名的。如：棉籽糖命名为 O-α-D-半乳糖吡喃基-（1→6）-α-D-葡糖吡喃基-（1→2）-β-D-果糖呋喃苷。这是以苷（-side）作为词尾，最后的单糖还原基参与糖苷键，也就是表示非还原性三糖。在食品中也有同聚三糖或杂聚三糖。三糖也有还原性与非还原性之分，如麦芽三糖为同聚三糖，是还原性 D-葡萄糖低聚物；甘露三糖为杂三糖，是 D-葡萄糖和 D-半乳糖还原性低聚物；蜜三糖属非还原性的杂聚三糖，是由 D-半乳糖基、D-葡萄糖基和 D-果糖基单位组成的杂三糖（如图 2-6 所示）。

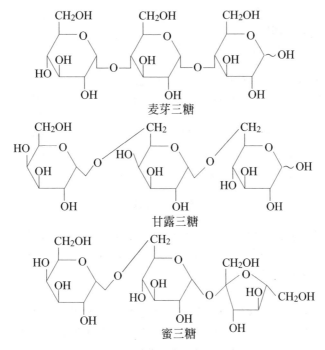

图 2-6 同聚三糖和杂聚三糖

寡糖如同其他糖苷一样容易被酸水解，但对碱较稳定。

2.1.5 多糖

多糖是一类天然高分子化合物，它是由 10 个以上乃至几千个单糖以糖苷键相连形成的线性或支链的高聚物。按质量计，约占天然碳水化合物的 90% 以上。

2.1.5.1 命名和结构

特定单糖同聚物的英文命名是用单糖的名称作为词头，词尾为 an，例如 D-葡萄糖的聚合物称为 D-葡聚糖（D-glucosan）。有些多糖的英文命名过去用 ose 结尾，例如纤维素（cellulose）和直链淀粉（amylose）。其他多糖的名称现在已经作了修改，如琼脂糖（agarose）改为 agaran，有些较老的命名词尾是以 in 为后缀，例如果胶（pectin）和菊糖（dahlin）。

某些多糖以糖复合物或混合物形式存在，例如糖蛋白、糖肽、糖脂、糖缀合物等糖复合

21

物。几乎所有的淀粉都是直链和支链葡聚糖的混合物，分别称为直链淀粉和支链淀粉。商业果胶主要是含有阿拉伯聚糖和半乳聚糖的聚半乳糖醛酸的混合物。纤维素、直链淀粉、支链淀粉、果胶和瓜尔豆聚糖的重复单位及基本结构如图 2-7 所示。

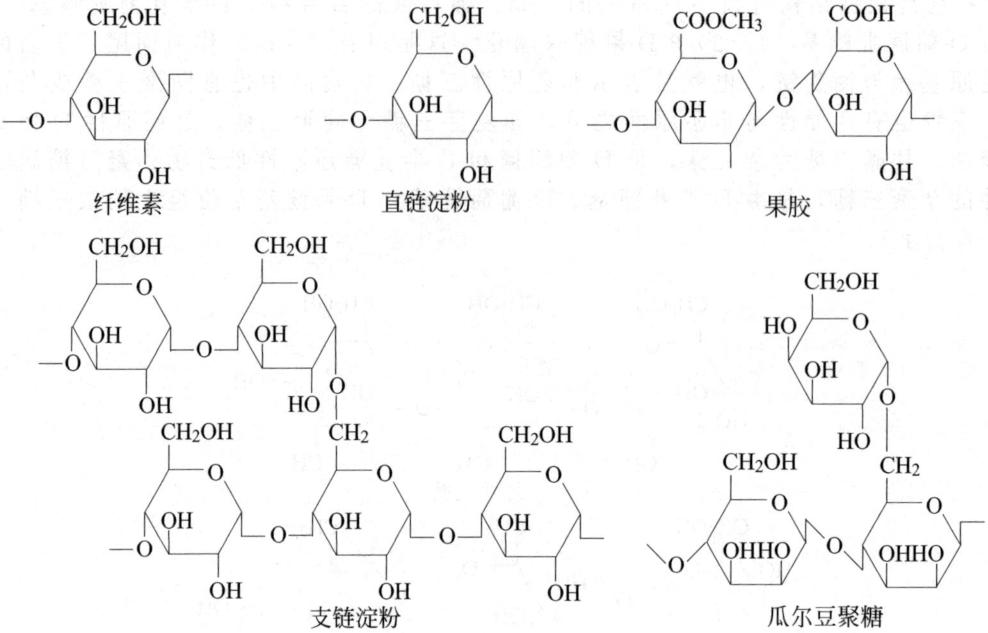

图 2-7　多糖

多糖可以被酸完全水解成单糖，可利用气相色谱法和气-质联用法进行测定。可用化学和酶水解法来了解多糖的结构，酶法水解得到低聚糖，分析低聚糖可以知道多糖序列位置和连接类型。食品中常见的多糖如表 2-7 所示。

2.1.5.2　多糖的特性

食品物料中各种多糖分子的结构、大小以及支链相互作用的方式均不相同，这些因素对多糖的特性有着重要影响。膳食中大量的多糖是不溶于水和不能被人体消化的，它们是组成蔬菜、果实和种子中细胞的细胞壁的纤维素和半纤维素。它们可使某些食品具有物理紧密性、松脆性和良好的口感，同时还有利于促进肠道蠕动。食品物料中的多糖除纤维素外，大都是水溶性的，或者是在水中可分散的。这些多糖在食品加工中起着各种不同的作用，例如硬性、松脆性、紧密性、增稠性、黏着性、形成凝胶和产生口感，并且使食品具有一定的结构和形状。

（1）多糖的溶解性　多糖分子链是由己糖和戊糖基单位构成，链中的每个糖基单位大多数平均含有 3 个羟基，每个羟基均可和一个水分子形成氢键。此外，环上的氧原子以及糖苷键上的氧原子也可与水形成氢键。因此，每个单糖单位能够完全被溶剂化，使之具有较强的持水能力和亲水性，使整个多糖分子成为可溶性的。在食品体系中多糖能控制或改变水的流动性，同时水又是影响多糖物理性质和功能特性的重要因素。因而，食品的许多功能性质，包括质地，都与多糖和水有关。

水与多糖的羟基所形成的氢键，使结构发生了改变，因而自身运动受到限制，通常称这种水为塑化水，在食品中起着增塑剂的作用。它们仅占凝胶和新鲜食品组织中总含水量的一小部分，这部分水能自由地与其他水分子迅速发生交换。

表 2-7 食品中常见的多糖

名　称	结构单糖与结构		相对分子质量	溶解性	存在
同多糖					
直链淀粉 (amylose)	D-葡萄糖	α-(1→4) 葡聚糖直链上形成支链	$10^4 \sim 10^5$	稀碱溶液	谷物和其他植物
支链淀粉 (amylopectin)	D-葡萄糖	直链淀粉的直链上连有 α-(1→6) 键构成的支链	$10^5 \sim 10^6$	水	淀粉的主要组成成分
纤维素 (cellulose)	D-葡萄糖	聚 β-(1→4) 葡聚糖直链	$10^4 \sim 10^5$		植物结构多糖
几丁质 (chitin)	N-乙酰-D-葡萄糖胺	β-(1→4) 键形成的直链状聚合物有支链		稀、浓盐酸或硫酸、碱溶液	甲壳类动物的壳，昆虫的表皮
葡聚糖 (右旋糖酐) (dextran)		α-(1→6) 葡聚糖为主链，α-(1→4)(0~50%)、α-(1→2)(0~0.3%)、α-(1→3)(0~0.6%) 键结合在主链上构成支链，形成网状结构	$10^4 \sim 10^6$		肠膜状明串珠菌 (Leuconostoc mesenteroides) 产生的微生物多糖
糖原 (glycogen)	D-葡萄糖	类似支链淀粉的高度支化结构 α-(1→4) 和 α-(1→6) 键	$3 \times 10^5 \sim 4 \times 10^6$	水	动物肝脏内的贮藏多糖
菊糖 (inulin)	D-果糖	β-(2→1) 键结合构成直链结构	$(3 \sim 7) \times 10^3$	热水	菊科植物大量存在的多聚果糖，大理菊、菊芋的块茎和菊苣的根中最多
甘露聚糖 (manna)	D-甘露糖	种子甘露聚糖：β-(1→4) 键连接成主链，α-(1→6) 键结合在主链上构成支链。酵母甘露聚糖：α-(1→4) 键结合成主链，具有高度支化结构		碱	棕榈科植物如椰子种子胚乳，酵母
木聚糖 (xylan)	D-木糖	β-(1→4) 键结合构成直链结构	$(1 \sim 2) \times 10^4$	稀碱溶液	玉米芯等植物的半纤维素
出芽短梗孢糖或苗霉胶 (pullulan)	D-葡萄糖	$\dashv$(1→6)-α-D-吡喃葡萄糖-(1→4)-α-D-吡喃葡萄糖-(1→4)-α-D-吡喃葡萄糖$\vdash_n$	约 2×10^5	水	一种类酵母真菌苗霉 (Pullularia pullulans) 作用于蔗糖、葡萄糖、麦芽糖而产生的胞外胶质多糖
果胶 (protin)	D-半乳糖醛酸	$\dashv$(1→4)-α-D-吡喃半乳糖$\vdash$		水	植物
杂多糖					
海藻酸 (alginic acid)	D-甘露糖醛酸和 L-古洛糖醛酸的共聚物		约 10^5	碱	褐藻细胞壁的结构多糖
琼脂糖 (agarose)	由 D-半乳糖和 3,6-脱水-L-半乳糖以 β-(1→3) 键相间联结而成的 -(1→3)$\dashv\beta$-D-吡喃半乳糖-(1→4)-3,6-无水-α-L-吡喃半乳糖-(1→3)$\vdash_n$。主链上连接硫酸、丙酮酸和葡萄糖醛酸残基称为琼脂。琼脂为琼脂糖和琼胶的混合物		$(1 \sim 2) \times 10^5$	热水	红藻类细胞的黏性多糖
阿拉伯树胶 (arabic gum)	由 D-半乳糖、D-葡萄糖醛酸、L-鼠李糖、L-阿拉伯糖组成		$10^5 \sim 10^6$	水	金合欢属植物树皮的渗出物
鹿角藻胶 (卡拉胶) (carrageenan)	由半乳糖及脱水半乳糖形成的多糖类硫酸酯的钙、钾、钠、镁盐和 3,6-脱水半乳糖直链聚合物组成。由于其中硫酸酯结合形态不同，即组成和结构不同，卡拉胶可分为 4 种：κ-卡拉胶、ι-卡拉胶、λ-卡拉胶、μ-卡拉胶		$(1 \sim 5) \times 10^5$	热水	红藻类鹿角藻细胞壁结构多糖

多糖作为一类高分子化合物，由于自身的属性而不能增加水的渗透性和显著降低水的冰点，因而在低温下仅能作为低温稳定剂，而不具有低温保护剂的效果。例如淀粉溶液冻结时形成了两相体系，其中一相为结晶水（冰），另一相是由大约70％淀粉与30％非冻结水组成的玻璃态。高浓度的多糖溶液由于黏度特别高，因而体系中的非冻结水流动性受到限制。另一方面，多糖在低温时的冷冻浓缩效应不仅使分子的流动性受到了极大的限制，而且使水分子不能被吸附到晶核和结合在晶体生长的活性位置上，从而抑制了冰晶的生长。上述原因使多糖在低温下具有很好的稳定性。因此在冻藏温度（−18℃）以下，无论是高分子量还是低分子量的多糖，均能有效阻止食品的质地和结构受到破坏，有利于提高产品的质量和贮藏稳定性。

高度有序结构线性的多糖，在大分子糖类化合物中只占少数，分子链因相互紧密结合而形成结晶，最大限度地减少了同水接触的机会，因此不溶于水。仅在剧烈条件下，例如在碱或其他适当的溶剂中，使分子链间氢键断裂才能增溶。例如纤维素，由于它的结构中 β-D-吡喃葡萄糖基单位的有序排列和线性伸展，使得纤维素分子的长链和另一个纤维素分子中相同的部分相结合，导致纤维素分子在结晶区平行排列，使得水不能与纤维素的这些部位发生氢键键合，所以纤维素的结晶区不溶于水，而且非常稳定。然而大部分多糖不具有结晶性，因此易在水中溶解或溶胀。水溶性多糖和改性多糖通常以不同粒度在食品工业和其他工业中作为胶或亲水性物质具有广泛的应用前景。

（2）黏度与稳定性　可溶性大分子多糖都可以形成黏稠溶液。在天然多糖中，阿拉伯树胶溶液（按单位体积中同等质量分数计）的黏度最小，而瓜尔豆胶（瓜尔聚糖及魔芋葡甘露聚糖）溶液的黏度最大。多糖（胶或亲水胶体）在食品中的主要功能是增稠作用，此外还可控制液体食品及饮料的流动性与质地，保持半固体食品的形态及 O/W 乳浊液的稳定性。在食品加工中，多糖的使用量一般在 0.25％～0.50％范围。

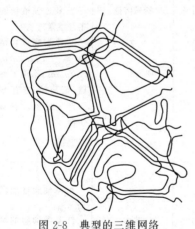

图 2-8　典型的三维网络凝胶结构示意图

（3）胶凝作用　是多糖的又一重要特性。在食品加工中，多糖或蛋白质等大分子，可通过氢键、疏水作用以及范德华引力、离子键或共价键等相互作用，在多个分子间形成多个联结区。这些分子与分散的溶剂水分子缔合，最终形成布满水分子的连续的三维空间网络结构，如图 2-8 所示。

凝胶兼有固体和液体的某些特性。当大分子链间的相互作用超过分子链长的时候，每个多糖分子可参与两个或多个分子连接区的形成，这种作用的结果使原来流动的液体转变为有弹性的、类似海绵的三维空间网络结构的凝胶。凝胶不像连续液体那样具有完全的流动性，也不像有序固体那样具有明显的刚性，而是一种能保持一定形状、可显著抵抗外界应力作用、具有黏性液体某些特性的黏弹性半固体。凝胶中含有大量的水，有时甚至高达99％，例如带果块的果冻、肉冻、鱼冻等。

（4）水解性　多糖在食品加工和贮藏过程中不如蛋白质稳定。在酸或酶的催化下，多糖的糖苷键易发生水解，并伴随黏度降低。

多糖水解的难易程度，除了同它们的结构有关外，还受 pH、时间、温度和酶活力等因素的影响。在某些食品加工和保藏过程中，碳水化合物的水解问题是不可忽视的，因为它能使食品出现非需要的颜色变化，并使多糖失去胶凝能力。糖苷键在碱性介质中是相当稳定的，但在酸性介质中容易断裂。糖苷水解反应机理可用下式表示：

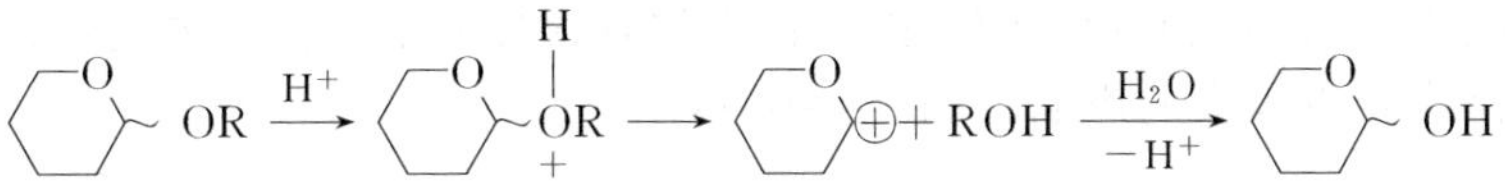

$$\text{(ring)}\!-\!OR \xrightarrow{H^+} \text{(ring)}\!-\!\underset{+}{O}\!R \longrightarrow \text{(ring)}\!-\!\overset{\oplus}{O} + ROH \xrightarrow[-H^+]{H_2O} \text{(ring)}\!-\!OH$$

上述反应中，失去 ROH 和产生共振稳定碳离子（正碳离子）是决定反应速率的一步。由于某些多糖对酸敏感，所以在酸性食品中不稳定，特别在高温下加热更容易发生水解。

糖苷的水解速率随温度升高而急剧增大，符合一般反应速率常数的变化规律，如表 2-8 所示。多糖结构的差异和缔合度的不同可引起水解速率的变化，多糖的水解速率随多糖分子间的缔合度增加而明显地降低。

表 2-8　温度对糖苷水解速率的影响

糖苷(0.5mol/L 硫酸溶液中)	k		
	70℃	80℃	93℃
甲基-α-D-吡喃葡萄糖苷	2.82	13.8	76.1
甲基-β-D-呋喃果糖苷	6.01	15.4	141.0

注：k 为一级反应速率常数，$\times 10^6 s^{-1}$。

在食品加工中常利用酶作催化剂水解多糖，例如果汁加工、果葡糖浆的生产等。从 20 世纪 70 年代开始，工业上采用 α-淀粉酶和葡萄糖糖化酶水解玉米淀粉得到近乎纯的 D-葡萄糖。然后用异构酶使 D-葡萄糖异构化，形成由 54％ D-葡萄糖和 42％ D-果糖组成的平衡混合物，称为果葡糖浆。这种廉价甜味剂可以代替蔗糖。据报道，美国糖的消费以果葡糖浆为主体。我国也生产这种甜味剂，并部分用于非酒精饮料、糖果和点心类食品的生产。果葡糖浆的组成和相对甜度如表 2-9 所示。

表 2-9　果葡糖浆的组成和相对甜度

组成和相对甜度	果葡糖浆类型		
	普通果葡糖浆(42％果糖)	55％果糖	90％果糖
葡萄糖	52	40	7
果糖	42	55	90
低聚糖	6	5	3
相对甜度	100	105	140

淀粉是生产果葡糖浆的原料。果葡糖浆的生产有两种不同方法：

第一种方法是酸转化法。淀粉（30％～40％水匀浆）用盐酸调整使其浓度近似为 0.12％，于 140～160℃加热煮 15～20min 或直至达到要求的右旋糖当量（dextrose equivalent, DE）值，水解结束即停止加热。用碳酸钠调至 pH4～5.5，离心沉淀、过滤、浓缩，即得到酸转化果葡糖浆。

第二种是酸-酶转化法，即淀粉经酸水解后再用酶处理。酸处理过程与第一种方法相同，采用的酶有 α-淀粉酶、β-淀粉酶和葡萄糖糖化酶。选用何种酶取决于所得到的最终产品。例如生产 62DE 果葡糖浆是先用酸转化至 DE 值达到 45～50，经过中和、澄清处理后再添加酶制剂，通常用 α-淀粉酶转化，使 DE 值达到大约 62，然后加热使酶失活。

高麦芽糖糖浆就是一种酸 酶转化糖浆，即先用酸处理至 DE 值达到 20 左右，经过中和、澄清后添加 β-淀粉酶转化至 DE 值达到要求为止，然后加热使酶失活。

2.1.6　食品中糖类的功能

2.1.6.1　亲水功能

糖类化合物对水的亲和力是其基本的物理性质之一，这类化合物含有许多亲水性羟基，使糖及其聚合物发生溶剂化或者增溶，因而在水中有很好的溶解性。糖类化合物的结构对水的结合速度和结合量有极大的影响，如表 2-10 所示。

表 2-10　糖吸收潮湿空气中水分的含量 　　　　　　　　　　　　　　　　　/%

糖	不同相对湿度(RH)和时间水的吸收量(20℃)		
	60%,1h	60%,9d	100%,25d
D-葡萄糖	0.07	0.07	14.5
D-果糖	0.28	0.63	73.4
蔗糖	0.04	0.03	18.4
麦芽糖(无水)	0.80	7.0	18.4
含结晶水麦芽糖	5.05	5.1	—
无水乳糖	0.54	1.2	1.4
含结晶水乳糖	5.05	5.1	—

糖类化合物结合水的能力和控制食品中水的活性是最重要的功能性质之一，结合水的能力通常称为保湿性。根据这一性质可以确定不同种类食品是需要限制从外界吸入水分还是控制食品中水分的损失。例如糖霜粉可作为前一种情况的例子，糖霜粉在包装后不应发生黏结，添加不易吸收水分的糖（如乳糖或麦芽糖）能满足这一要求。另一种情况是控制水的活性，防止水分损失，如糖果蜜饯和焙烤食品，必须添加吸湿性较强的糖，即玉米糖浆、高果糖浆或转化糖、糖醇等。

2.1.6.2　风味结合功能

糖类化合物在脱水工艺过程中对于保持食品的色泽和挥发性风味成分起着重要作用，特别是喷雾或冷冻干燥的食品。

$$糖-水＋风味剂 \rightleftharpoons 糖-风味剂＋水$$

食品中的双糖和低聚糖比单糖能更有效地保留挥发性风味成分。这些风味成分包括多种羰基化合物（醛和酮）和羧酸衍生物（主要是酯类）。环糊精因能形成包合结构，所以能有效地截留风味剂和其他小分子化合物。

大分子糖类化合物是一类很好的风味固定剂。应用最广泛的是阿拉伯树胶。阿拉伯树胶在风味物颗粒的周围形成一层厚膜，从而可以防止水分的吸收、蒸发和化学氧化造成的损失。阿拉伯树胶和明胶的混合物用于微胶囊和微乳化技术，这是食品风味固定方法的一项重大进展。阿拉伯树胶还用作柠檬、莱姆、橙和可乐等乳浊液的风味乳化剂。

2.1.6.3　糖类化合物褐变产物和食品风味

非氧化褐变反应除了产生深颜色类黑精色素外，还生成多种挥发性风味物质，这些挥发性风味物质有些是需要的。例如花生、咖啡豆在焙烤过程中产生的褐变风味。褐变产物除了能使食品产生风味外，它本身可能具有特殊的风味或者能增强其他风味的作用，具有这种双重作用的焦糖化产物是麦芽酚和乙基麦芽酚。

麦芽酚　　　　　　　　　　乙基麦芽酚

糖类化合物的褐变产物均具有强烈的焦糖气味，可以作为甜味增强剂。麦芽酚可以使蔗糖甜度的检出阈值降低至正常值的一半。另外，麦芽酚还能改善食品质地并产生更可口的感觉。据报道，异麦芽酚增强甜味的效果为麦芽酚的 6 倍。糖的热分解产物有吡喃酮、呋喃、呋喃酮、内酯、羰基化合物、酸和酯类等。这些化合物总的风味和香味特征是使某些食品产生特有的香味。

异麦芽酚

羰氨褐变反应也可以形成挥发性香味剂，这些化合物主要是吡啶、吡嗪、咪唑和吡咯。葡萄糖和氨基酸的混合物（质量比1:1）加热至100℃时，所产生的风味特征包括焦糖香味、黑麦面包香味和巧克力香味。羰氨褐变反应产生的特征香味随着温度改变而变化。如缬氨酸加热到100℃时可以产生黑麦面包风味，而当温度升高至180℃时，则有巧克力风味。脯氨酸在100℃时可产生烤焦的蛋白质香气，加热至180℃，则散发出令人有愉悦感觉的烤面包香味。组氨酸在100℃时无香味产生，加热至180℃时则有如同玉米面包、奶油或类似焦糖的香味。含硫氨基酸和葡萄糖一起加热可产生不同于其他氨基酸加热时形成的香味。例如甲硫氨酸和葡萄糖在温度100℃和180℃反应可产生马铃薯香味，盐酸半胱氨酸形成类似肉、硫黄的香气，胱氨酸所产生的香味很像烤焦的火鸡皮的气味。褐变能产生风味物质，但是食品中产生的挥发性和刺激性产物的含量应限制在能为消费者所接受的水平，因为过度增加食品香味会使人产生厌恶感。

2.1.6.4 甜味

低分子量糖类化合物的甜味是最容易辨别和令人喜爱的风味之一。蜂蜜和大多数果实的甜味主要取决于蔗糖、D-果糖或D-葡萄糖的含量。人所能感觉到的甜味因糖的组成、构型和物理性质不同而异，如表2-11所示。

表 2-11　糖的相对甜度（质量分数）　　　　　　　　　　　　　　　　　　/%

糖	溶液的相对甜度[①]	结晶的相对甜度	糖	溶液的相对甜度[①]	结晶的相对甜度
蔗糖	100	100	β-D-甘露糖	苦味	苦味
β-D-果糖	100~175	180	α-D-乳糖	16~38	16
α-D-葡萄糖	40~79	74	β-D-乳糖	48	32
β-D-葡萄糖	<α-葡萄糖	82	β-D-麦芽糖	46~52	—
α-D-半乳糖	27	32	棉籽糖	23	1
β-D-半乳糖	—	21	水苏四糖	—	10
α-D-甘露糖	59	32			

① 以蔗糖的甜度为100作为比较标准。

糖醇可用作食品甜味剂。有的糖醇（例如木糖醇）的甜度超过其母体糖（木糖）的甜度，并具有低热量或抗龋齿等优点，我国已开始生产木糖醇甜味剂。某些糖醇的相对甜度如表2-12所示。

表 2-12　糖醇的相对甜度（25℃溶液）　　　　　　　　　　　　　　　　　/%

糖　醇	相对甜度[①]	糖　醇	相对甜度[①]
木糖醇	90	麦芽糖醇	68
山梨糖醇	63	乳糖醇	35
半乳糖醇	58		

① 以蔗糖的甜度为100作为比较标准。

2.1.7 食品中的功能性多糖化合物

功能性多糖化合物广泛且大量分布于自然界，在食品加工和贮藏过程中有着重要的意义。它是构成动植物基本结构骨架的物质，如植物的纤维素、半纤维素和果胶，动物体内的几丁质、黏多糖等。某些多糖还可作为生物代谢储备物质而存在，像植物中的淀粉、糊精、菊糖以及动物体内的糖原等。有些多糖化合物则具有重要的生理功能，如人参多糖、香菇多糖、灵芝多糖和茶叶多糖等，有的则具有显著的增强免疫、降血糖、降血脂、抗肿瘤、抗病毒等药理活性。食品加工中常利用这些功能性多糖化合物作为增稠剂、胶凝剂、结晶抑制剂、澄清剂、稳定剂（用作泡沫、乳胶体和悬浮液的稳定）、成膜剂、絮凝剂、缓释剂、膨胀剂和胶囊剂等。

2.1.7.1 糖原

糖原又称动物淀粉，是肌肉和肝脏组织中储存的主要糖类化合物，因为其在肌肉和肝脏中的浓度都很低，因此糖原在食品中的含量很少。

糖原是同聚糖，与支链淀粉的结构相似，含 α-D-(1→4) 和 α-D-(1→6) 糖苷键。但糖原比支链淀粉的分子量更大，支链更多。从玉米淀粉或其他淀粉中也可分离出少量植物糖原（phytoglycogen），它属于低分子量和高度支化的多糖。

2.1.7.2 纤维素及其衍生物

纤维素是植物细胞壁的主要结构成分，通常与半纤维素、果胶和木质素结合在一起，其结合方式和程度对植物食品的质地产生很大的影响。而植物在成熟和后熟时质地的变化则是由果胶物质发生变化引起的。人体消化道不存在纤维素酶，因此纤维素连同其他惰性多糖构成植物性食品物料中不可消化成分，如蔬菜、水果和谷物中的不可消化的糖类化合物统称为膳食纤维。除草食动物能利用纤维素外，其他动物的体内消化道也不含纤维素酶。纤维素和改性纤维素作为膳食纤维，不能被人体消化，也不能提供营养和热量，但具有促进肠道蠕动的作用。

纤维素的聚合度（DP）是可变的，取决于植物的来源和种类，聚合度范围为1000～14000（相当于相对分子质量162000～2268000）。纤维素由于分子量大且具有结晶结构，所以不溶于水，而且溶胀性和吸水性都很小。例如纯化的纤维素常作为配料添加到面包中，增加持水力和延长货架期，是一种低热量食品。

（1）羧甲基纤维素　纤维素经化学改性，可制成纤维素基食物胶。最广泛应用的纤维素衍生物是羧甲基纤维素钠，它是用氢氧化钠-氯乙酸处理纤维素制成的，一般产物的取代度DS为0.3～0.9，聚合度为500～2000，其反应如下所示：

纤维素　　　　　　　　　　　　　　羧甲基纤维素钠盐

羧甲基纤维素（carboxymethylcellulose，CMC）分子链长，具有刚性，带负电荷，在溶液中因静电排斥作用使之呈现高黏度和稳定性，它的这些性质与取代度和聚合度密切相关。低取代度（DS≤0.3）的产物不溶于水而溶于碱性溶液；高取代度（DS＞0.4）羧甲基纤维素易溶于水。此外，溶解度和黏度还取决于溶液的pH值。

取代度0.7～1.0的羧甲基纤维素可用来增加食品的黏性，溶于水可形成非牛顿型流体，其黏度随着温度上升而降低，pH5～10时溶液较稳定，pH7～9时稳定性最大。羧甲基纤维素一价阳离子形成可溶性盐，但当二价离子存在时则溶解度降低并生成悬浊液，三价阳离子可引起胶凝或沉淀。

羧甲基纤维素有助于食品蛋白质的增溶，例如明胶、干酪素和大豆蛋白等。在增溶过程中，羧甲基纤维素与蛋白质形成复合物。特别是在蛋白质的等电点附近，可使蛋白质保持稳定的分散体系。

羧甲基纤维素具有适宜的流变学性质，无毒，且不被人体消化，因此在食品中得到广泛的应用，如在馅饼、牛奶蛋糊、布丁、干酪涂抹料中作为增稠剂和黏合剂。由于羧甲基纤维素对水的结合容量大，因此在冰淇淋和其他食品中用以阻止冰晶的生成，防止糖浆中产生糖结晶。此外，还用于增加蛋糕及其他焙烤食品的体积和延长货架期，保持色拉调味汁乳胶液的稳定性，使食品疏松，增加体积，并改善蔗糖的口感。在低热量碳酸饮料中羧甲基纤维素用于阻止 CO_2 的逸出。

（2）甲基纤维素和羟丙基甲基纤维素　甲基纤维素（methylcellulose，MC）是纤维素的醚化衍生物，其制备方法与羧甲基纤维素相似，在强碱性条件下将纤维素同三氯甲烷反应即得到甲基纤维素，取代度依反应条件而定，市售产品的取代度一般为 1.1～2.2。

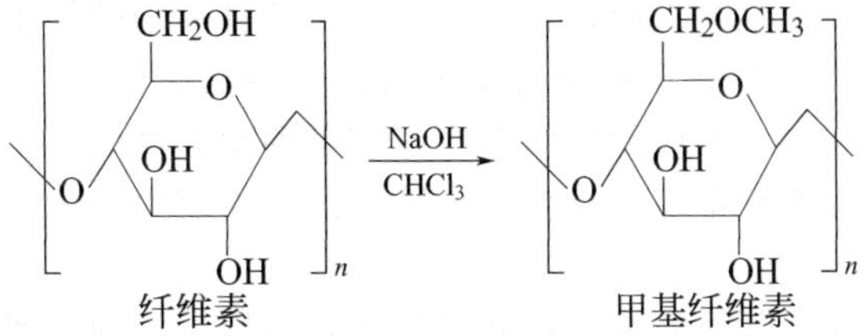

甲基纤维素具有热胶凝性，即溶液加热时形成凝胶，冷却后又恢复溶液状态。甲基纤维素溶液加热时，最初黏度降低，然后迅速增大并形成凝胶，这是由于各个分子周围的水合层受热后破裂，聚合物之间的疏水作用增强引起的。例如电解质 NaCl 和非电解质蔗糖或山梨醇均可使胶凝温度降低，因为它们争夺水分子的作用很强。甲基纤维素不能被人体消化，是膳食中的无热量多糖。

羟丙基甲基纤维素（hydroxypropylmethylcellulose，HPMC）是纤维素与氯甲烷、环氧丙烷在碱性条件下反应制备的，取代度通常在 0.002～0.3 范围（图 2-9）。其同甲基纤维素一样，可溶于冷水，这是因为在纤维素分子链中引入了甲基和羟丙基两个基团，从而干扰了羟丙基甲基纤维素分子链的结晶堆积和缔合，因此增加了纤维素的水溶性，但由于极性羟基减少，其水合作用降低。纤维素被醚化后，使分子具有表面活性且易在界面吸附，这有助于乳浊液和泡沫稳定。

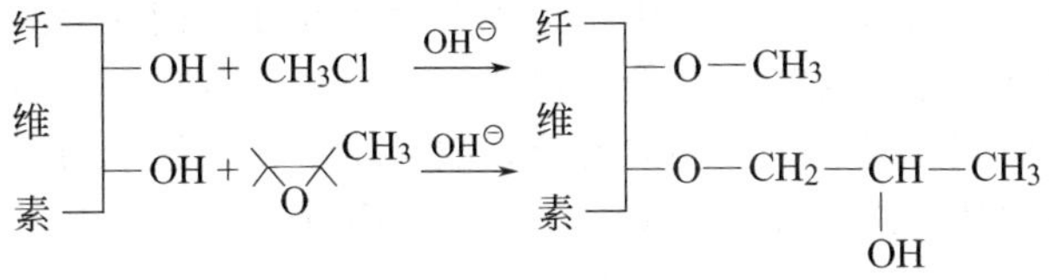

图 2-9　羟丙基甲基纤维素的合成

甲基纤维素和羟丙基甲基纤维素可增强食品对水的吸收和保持，特别可使油炸食品不致过度吸收油脂。在某些保健食品中甲基纤维素起脱水收缩抑制剂和填充剂的作用。在不含面筋的加工食品中作为质地和结构物质。在冷冻食品中用于抑制脱水收缩（特别是沙司、肉、水果、蔬菜），在色拉调味汁中可作为增稠剂和稳定剂。

2.1.7.3　半纤维素

植物细胞壁是纤维素、木质素、半纤维素和果胶所构成的复杂结构。半纤维素是一类聚合物，水解时生成大量戊糖、葡萄糖醛酸和某些脱氧糖。半纤维素在食品焙烤中最主要的作用是提高面粉对水的结合能力，改善面包面团的混合品质，降低混合所需能量，有助于增加蛋白质的含量，增大面包体积。相较于不含半纤维素的面包，含植物半纤维素的面包变干硬的时间可推迟。

食物半纤维素对人体的重要性还不十分了解，它作为食物纤维的来源之一，在体内能促进胆汁酸的消除和降低血清中胆固醇含量，有利于肠道蠕动和粪便排泄。包括半纤维素在内的食物纤维素对减少心血管疾病和结肠失调的危险有一定的作用，特别是结肠癌的预防。糖尿病人采用高纤维膳食可减少病人对胰岛素的需要量。但是，多糖树胶和纤维素对某些维生素和必需微量矿物质在小肠内的吸收会产生不利的影响。

2.1.7.4 其他

（1）果胶（pectinic） 广泛分布于植物体内，存在于植物细胞的胞间层，是由 α-(1→4)-D-吡喃半乳糖醛酸单位组成的聚合物，主链上还存在 α-L-鼠李糖残基，在鼠李糖富集的链段中，鼠李糖残基呈现毗连或交替的位置。果胶的伸长侧链还包括少量的半乳聚糖和阿拉伯聚糖。各种果胶的主要差别是它们的甲氧基含量或酯化度不相同。原果胶是未成熟的果实、蔬菜中高度甲酯化且不溶于水的果胶，它使果实、蔬菜具有较硬的质地。

果胶酯酸（pectinic acid）是甲酯化程度不太高的果胶，原果胶在原果胶酶和果胶甲酯酶的作用下转变成果胶酯酸。果胶酯酸因聚合度和甲酯化程度的不同，可以是胶体或水溶性的，水溶性果胶酯酸又称为低甲氧基果胶。果胶酯酸在果胶甲酯酶的持续作用下，甲酯基可全部脱去，形成果胶酸。

果胶的胶凝作用不仅与其浓度有关，而且因果胶的种类而异，普通果胶在浓度1％时可形成很好的凝胶。

商业上生产果胶是以橘子皮和压榨后的苹果渣为原料，在 pH 1.5～3、60～100℃条件提取，然后通过离子（如 Al^{3+}）沉淀纯化，使果胶形成不溶于水的果胶盐，用酸性乙醇洗涤沉淀，以除去添加的离子。果胶常用于制作果酱和果冻、生产酸奶的水果基质，以及饮料和冰淇淋的稳定剂与增稠剂。

（2）瓜尔豆胶和角豆胶 是重要的增稠多糖，广泛用于食品和其他工业中。瓜尔豆胶是所有天然胶和商品胶中黏度最高的一种。瓜尔豆胶或称瓜尔聚糖（guaran）是豆科植物瓜尔豆（*Cyamposis tetragonolobus*）种子中的胚乳多糖，此外，在种子中还含有10％～15％水分、5％～6％蛋白质、2％～5％粗纤维和0.5％～0.8％矿物质。瓜尔豆胶原产于印度和巴基斯坦，由（1→4）-D-吡喃甘露糖单位构成主链，主链上每间隔一个糖单位连接一个（1→6）-D-吡喃半乳糖单位侧链。其相对分子质量约220000，是一种较大的聚合物。

瓜尔豆胶能结合大量的水，在冷水中迅速水合生成高度黏稠的溶液，其黏度大小与体系温度、离子强度和食品成分有关。分散液加热时可加速树胶溶解，但温度很高时树胶将会发生降解。由于这种树胶能形成非常黏稠的溶液，因此通常在食品中的添加量不超过1％。

瓜尔豆胶溶液呈中性，黏度几乎不受 pH 变化的影响，可以和大多数食品成分共存于体系中。盐类对溶液黏度的影响不大，但大量蔗糖可降低黏度并推迟达到最大黏度的时间。

瓜尔豆胶与小麦淀粉和某些其他树胶可显示出黏度的协同效应，在冰淇淋中可防止大的冰晶生成，并在稠度、咀嚼性和抗热刺激等方面都起着重要作用，阻止干酪脱水收缩，焙烤食品添加瓜尔豆胶可延长货架期，降低点心糖衣中蔗糖的吸水性，还可用于改善肉制品品质，例如提高香肠的品质。沙司和调味料中加入0.2％～0.8％瓜尔豆胶，能增加黏稠性和产生良好的口感。

角豆胶（carob bean gum）又名利槐豆胶（locust bean gum），存在于豆科植物角豆树（*Ceratonia siliqua*）种子中，主要产自中东和地中海地区。这种树胶的主要结构与瓜尔豆胶相似，平均相对分子质量为310000，是由 β-D-吡喃甘露糖残基以 β-(1→4) 键连接成主链，通过（1→6）键连接 α-D-半乳糖残基构成侧链，甘露糖与半乳糖的比例为（3～6）∶1。但 D-吡喃半乳糖单位为非均一分布，保留一长段没有 D-吡喃半乳糖基单位的甘露聚糖链，这种结构导致它产生特有的增效作用，特别是和海藻的鹿角藻胶（carrageenan）合并使用时可通过两种交联键形成凝胶。角豆胶的物理性质与瓜尔豆胶相似，两者都不能单独形成凝胶，但溶液黏度比瓜尔豆胶低。角豆胶用于冷冻甜食中，可保持水分并作为增稠剂和稳定剂，添加量为0.15%~0.85%。在软干酪加工中，它可以加快凝乳的形成和减少固形物损失。此外，还用于混合肉制品，例如作为肉糕、香肠等食品的黏结剂。在低面筋含量面粉中添加角豆胶，可提高面团的水结合量。同能产生胶凝作用的多糖合并使用可产生增效作用，例如0.5%琼脂和0.1%角豆胶的溶液混合所形成的凝胶比单独琼脂生成的凝胶强度提高5倍。

（3）阿拉伯树胶　在植物的渗出物多糖中，阿拉伯树胶（gum arabic）是最常见的一种，它是金合欢树（*Acacia*）皮受伤部位渗出的分泌物，收集方法和制取松脂相似。

阿拉伯树胶是一种复杂的蛋白杂聚糖，相对分子质量为260000~1160000，多糖部分一般由L-阿拉伯糖、L-鼠李糖、D-半乳糖和D-葡萄糖醛酸构成。

阿拉伯树胶能防止糖果产生糖结晶，稳定乳胶液并使之产生黏性，阻止焙烤食品的顶端配料糖霜或糖衣吸收过多的水分。在冷冻制品（如冰淇淋、冰水饮料、冰冻果子露）中，有助于小冰晶的形成和稳定。在饮料中，阿拉伯树胶可作为乳化剂和乳胶液与泡沫的稳定剂。在粉末或固体饮料中，能起到固定风味的作用，特别是在喷雾干燥的柑橘固体饮料中能够保留挥发性香味成分。阿拉伯树胶的这种表面活性是由于它对油的表面具有很强的亲和力，并有一个足够覆盖分散液滴的大分子，使之能在油滴周围形成一层空间稳定的厚的大分子层，防止油滴聚集。通常将香精油与阿拉伯树胶制成乳状液，然后喷雾干燥制备固体香精。阿拉伯树胶的另一个特点是与高浓度糖具有相容性，因此，可广泛用于糖果（如太妃糖、果胶软糖和软果糕）中，以防止蔗糖结晶和乳化，分散脂肪组分，阻止脂肪从表面析出产生"白霜"。

（4）黄芪胶（gum tragacanth）　是一种豆科植物树皮渗出胶液，来源于紫云英属（*Astragalus*）的几种植物。这种树胶像阿拉伯树胶一样，是沿用已久的一种树胶，大约有2000多年的历史，主要产地是伊朗、叙利亚和土耳其。采集方法与阿拉伯树胶相似，割伤树皮后收集渗出液。

黄芪胶的化学结构很复杂，与水搅拌混合时，其水溶性部分称为黄芪质酸，占树胶质量的60%~70%，相对分子质量约800000，水解可得到43% D-半乳糖醛酸、10%岩藻糖、4%D-半乳糖、40%D-木糖和L-阿拉伯糖；不溶解部分为黄芪胶糖（bassorin），相对分子质量840000，含有75% L-阿拉伯糖、12% D-半乳糖和3% D-半乳糖醛酸甲酯以及L-鼠李糖。黄芪胶水溶液的浓度低至0.5%仍有很大的黏度。

黄芪胶对热和酸均很稳定，可作色拉调味汁和沙司的增稠剂，在冷冻甜点心中提供适宜的黏性、质地和口感。另外，还用于冷冻水果饼馅的增稠，并产生光泽和透明性。

（5）海藻胶　食品中重要的海藻胶包括琼脂（agar）、鹿角藻胶和褐藻胶（algin）。

① 琼脂　作为细菌培养基已为人们所熟知，它来自红水藻（*Clase rhodophyceae*）及其他各种海藻，主要产于日本海岸。琼脂是一个非均匀的多糖混合物，可分离成为琼脂聚糖（agran）和琼脂胶（agaropectin）两部分。琼脂凝胶最独特的性质是当温度大大超过胶凝起始温度时仍然保持稳定性。例如1.5%琼脂的水分散液在30℃形成凝胶，熔点35℃。琼脂凝胶具有热可逆性，是一种最稳定的凝胶。

琼脂在食品中的应用包括防止冷冻食品脱水收缩，形成适宜的质地。用于加工的干酪和奶油干酪中使之具有稳定性和良好的质地，对焙烤食品和糖霜可控制水活性并阻止其变硬。此外，还用于肉制品罐头。琼脂通常可与其他聚合物（例如黄芪胶、角豆胶或明胶）合并使用，用量一般为0.1%~1%。

② 鹿角藻胶（carrageenans）　又名卡拉胶，是从鹿角藻中提取的一种多糖。鹿角藻产

自爱尔兰、英国、法国和西班牙。鹿角藻胶是一种结构复杂的混合物，至少含有被定为 κ、λ、μ、ι 和 υ 五种在性质上截然不同的聚合物，其中 κ-鹿角藻胶、ι-鹿角藻胶和 λ-鹿角藻胶在食品中是比较重要的 3 种。鹿角藻胶是由 D-半乳糖和 3,6-脱水半乳糖残基以 1→3 和 1→4 键交替连接，部分糖残基的 C-2、C-4 和 C-6 羟基被硫酸酯化形成硫酸单酯和 2,6-二硫酸酯。多糖中硫酸酯含量为 $15\%\sim40\%$。

鹿角藻胶硫酸酯聚合物如同所有其他带电荷的线性大分子一样，具有较高的黏度，即使在较宽泛的 pH 范围内都是很稳定的，溶液的黏度随着浓度增大呈指数增加。聚合物的性质明显依赖于硫酸酯的含量和位置，以及被结合的阳离子，例如 κ-鹿角藻胶和 ι-鹿角藻胶，与 K^+ 和 Ca^{2+} 结合，通过双螺旋交联形成具有三维网络结构的热可塑性凝胶，这种凝胶有着较高的浓度和稳定性，即使聚合物浓度低于 0.5%，也能产生胶凝作用。

鹿角藻胶因含有硫酸酯阴离子，当结合钠离子时，聚合物可溶于冷水，但并不发生胶凝。鹿角藻胶能和许多其他食用树胶（特别是角豆胶）产生协同效应，能增加黏度、凝胶强度和凝胶的弹性，这种协同效应与浓度有关。

鹿角藻胶稳定牛奶的能力取决于分子中硫酸酯基的数目和位置。鹿角藻胶阴离子和牛奶中的酪蛋白反应，可形成稳定的胶态悬浮体蛋白质-鹿角藻胶盐复合物，例如 κ-鹿角藻胶与酪蛋白反应形成易流动的弱触变凝胶。在牛奶中的增稠效果为水中的 $5\sim10$ 倍。因此，可利用鹿角藻胶的这种特性，在巧克力牛奶中添加 0.03% 鹿角藻胶以阻止脂肪球分离和巧克力沉淀，也可用作冰淇淋、牛奶布丁和牛奶蛋糊的稳定剂。在干酪产品中鹿角藻胶具有稳定乳胶液的作用，在冷冻甜食中能抑制冰晶形成。这些食品的生产中，一般将鹿角藻胶与羧甲基纤维素、角豆胶或瓜尔豆胶配合使用。此外，鹿角藻胶还可作为面团结构促进剂，使焙烤产品增大体积，改善蛋糕的外观质量和质地，减少油炸食品对脂肪的吸收，阻止新鲜干酪的脱水收缩。在低脂肉糜制品中 κ-鹿角藻胶和 ι-鹿角藻胶可以改善质构和提高汉堡包的质量，有时还用作部分动物脂肪的代替品。

(6) 微生物多糖　是由微生物合成的食用胶，例如葡聚糖和黄原胶（xanthan）。

① 葡聚糖　是由 α-D-吡喃葡萄糖单位构成的多糖。各种葡聚糖的糖苷键和数量都不相同，据报道，肠膜状明串珠菌 NRRL B512（L. mesenteroides NRRL B512）产生的葡聚糖 1→6 键约为 95%，其余是 1→3 键和 1→4 键。由于这些分子在结构上的差别，故此有些葡聚糖是水溶性的，而另一些不溶于水。

葡聚糖可提高糖果的保湿性、黏度和抑制糖结晶，在口香糖和软糖中作为胶凝剂，以及防止糖霜发生糖结晶，在冰淇淋中抑制大冰晶的形成，对布丁混合物可提供适宜的黏性和口感。

② 黄原胶　是几种黄杆菌所合成的细胞外多糖，生产上用的菌种是甘蓝黑腐病黄杆菌（X. campestris）。这种多糖的结构，是连接有低聚糖基的纤维素链，主链在 O-3 位置上连接有一个 β-D-吡喃甘露糖-(1→4)-β-D-吡喃葡萄糖醛酸-(1→2)-α-D-吡喃甘露糖三糖基侧链，平均每隔一个葡萄糖残基出现一个三糖基侧链。分子中 D-葡萄糖、D-甘露糖和 D-葡萄糖醛酸的物质的量之比为 $2.8:2:2$，部分糖残基被乙酰化，相对分子质量大于 2×10^6。在溶液中三糖侧链与主链平行，形成稳定的硬棒状结构，当加热到 100℃ 以上，这种硬棒状结构转变成无规则线团结构，在溶液中黄原胶通过分子间缔合形成双螺旋，进一步缠结成为网状结构。黄原胶易溶于热水或冷水，在低浓度时可以形成高黏度的溶液，但在高浓度时胶凝作用较弱。它是一种假塑性黏滞悬浮体，并显示出明显的剪切稀化作用（shear thinning）。温度在 $60\sim70$℃ 范围内变化对黄原胶的黏度影响不大，在 pH6～9 范围内黏度也不受影响，甚至 pH 超过这个范围黏度变化仍然很小。黄原胶能够和大多数食用盐和食用酸共存于食品体

系之中，与瓜尔豆胶共存时产生协同效应，黏性增大，与角豆胶合并使用则形成热可逆性凝胶。

黄原胶可广泛应用在食品工业中，如用于饮料可增强口感和改善风味，用于橙汁中能稳定混浊果汁，由于它具有热稳定性，在各种罐头食品中用作悬浮剂和稳定剂。在淀粉增稠的冷冻食品（例如水果饼馅）中添加黄原胶，能够明显提高冷冻-解冻稳定性和降低脱水收缩作用。由于黄原胶的稳定性，也可用作含高盐分或酸食品的调味料。黄原胶-角豆胶形成的凝胶可以用来生产以牛奶为主料的速溶布丁，这种布丁不黏结并有极好的口感，在口腔内可发生假塑性剪切稀化，能很好地释放出布丁风味。黄原胶的这些特性与其线性的纤维素主链和阴离子三糖侧链结构有关。

某些多糖树胶的性质概括于表 2-13。

表 2-13 某些多糖树胶的性质

名 称	主要单糖组成	来 源	可供区别的性质
瓜尔豆胶	D-甘露糖 D-半乳糖	瓜尔豆	低浓度时形成高黏度溶液
角豆胶	D-甘露糖 D-半乳糖	角豆树	与鹿角藻胶产生协同作用
阿拉伯胶	D-半乳糖 D-葡糖醛酸 D-半乳糖醛酸	阿拉伯胶树	水中溶解性大
黄芪胶	D-半乳糖，L-岩藻糖，D-木糖，L-阿拉伯糖	黄芪属植物	在广泛 pH 范围内性质稳定
琼脂	D-半乳糖；3,6-脱水-L-半乳糖	红海藻	形成极稳定的凝胶
鹿角藻胶	硫酸化 D-半乳糖，硫酸化 3,6-脱水-D-半乳糖	鹿角藻	与 K^+ 以化学方式凝结成为凝胶
海藻酸盐	D-甘露醛酸，L-古洛糖醛酸	褐藻	与 Ca^{2+} 形成凝胶
葡聚糖	D-葡萄糖	肠膜状明串珠菌属	在糖果或冷冻甜食中防止糖结晶
黄原胶	D-葡萄糖，D-甘露糖，D-葡萄糖醛酸	甘蓝黑腐黄杆菌、*Xanthomonas campestris*	分散体为强假塑性

2.2 脂类化学

脂类是生物体中所有能够溶于有机溶剂（如苯、乙醚、氯仿、乙醇等）的多种化合物总称。它们在化学结构上本不属于一类化合物，但因溶解性质相似，都不溶于水，易溶于有机溶剂，而且它们在代谢上和生理功能上也存在着密切联系，故在生物化学中统归为一类，叫做脂类。其中 99% 左右的脂肪酸甘油酯（即酰基甘油）是我们常称的脂肪，习惯上一般把在室温时呈固体（态）的称为脂，液体（态）的称为油。

除了溶解性质和代谢上的密切关系之外，"脂类"化合物还存在如下一些共性：它们都是由生物体产生的，并能被生物体所利用；在分子组成上大都是脂肪酸与醇所组成的酯，也有些不含脂肪酸的脂类化合物是异戊二烯的聚合物，如胡萝卜素类和固醇类化合物；有些脂类化合物分子结构具有亲水的极性端和疏水的脂链（或脂环）结构。这种结构特点与磷脂的成膜作用、胆汁酸对脂肪的乳化作用等生理功能有密切关系。

2.2.1 脂类的种类

脂类化合物没有统一规定的分类方法，通常根据分子组成和结构特点分为简单脂类、复合脂类和衍生脂类。后两者也称为类脂。

2.2.1.1 简单脂类

由脂肪酸和醇类所形成的酯称为简单脂，主要有甘油三酯和蜡。

（1）甘油三酯

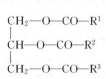

① 结构　甘油三酯也叫真脂或中性脂，是由三个脂肪酸分别与甘油的三个羟基脱水缩合所形成的酯。根据在室温下的物理状态不同又分为油和脂：室温下呈液态者称为油；呈固态者称为脂。前者含不饱和脂肪酸和短链脂肪酸较多；后者含饱和脂肪酸多。甘油三酯的结构通式如左所示。因为甘油是三元醇，它可以形成甘油一酯、甘油二酯和甘油三酯，按新的命名法应分别称为单脂酰甘油、二脂酰甘油和三脂酰甘油。

② 脂肪酸　从动物、植物、微生物中分离到的天然脂肪酸已达100多种，有饱和脂肪酸与不饱和脂肪酸之分。天然脂肪酸都是一个长的碳氢链，在其一端带一个羧基。碳氢链大多是直链，分支者或环状者很少。不饱和脂肪酸包括：一个双键的单烯不饱和脂肪酸；几个双键的多烯不饱和脂肪酸。不同脂肪酸之间的区别主要在碳氢链的长度、饱和与否及双键的数目和位置。一些重要的天然脂肪酸如表2-14所示。

③ 脂肪的甘油三酯种类　甘油三酯有两种分类法：一种是根据其化学结构；另一种是根据其来源。甘油三酯的化学组成是1分子甘油与3分子高级脂肪酸，故又称为脂肪，如果其中3分子脂肪酸是相同的，构成的甘油三酯称为单纯甘油酯，如三油酸甘油酯。如果其中三分子脂肪酸是不同的，则称为混合甘油酯，如1-软脂酸-2-油酸-3-硬脂酸甘油酯。人体的甘油三酯一般为单纯甘油酯和混合甘油酯的混合物，所含的脂肪酸主要是软脂酸和油酸。

根据来源将甘油三酯分成动物性脂肪和植物性脂肪。动物性脂肪又有两大类：一类为水产动物脂肪，如鱼类、虾等，其中的脂肪酸大部分是不饱和脂肪酸，所以这一类脂肪的熔点低，并且也很易消化；另一类是陆生动物脂肪，其中大部分含饱和脂肪酸和较少量的不饱和脂肪酸。奶类中脂肪除含有一般的饱和与不饱和脂肪酸外，经常还有大量短链（$C_4 \sim C_8$）脂肪酸，这些脂肪酸是婴儿发育所需要的。植物性脂肪如棉籽油、花生油、菜籽油、豆油等，其脂肪中主要含不饱和脂肪酸，而且多不饱和脂肪酸（亚油酸）含量很高，占脂肪总量的40%～50%。但椰子油中的脂肪酸主要是饱和脂肪酸。

（2）蜡　是高级脂肪酸与高级饱和一元醇所形成的酯，是不溶于水的固态脂，如蜂蜡，是软脂酸与$C_{26} \sim C_{34}$的蜡醇所形成的酯。蜡一般都在生物体表面起保护作用。

2.2.1.2 复合脂类

由简单脂与非脂性成分组成的脂类化合物称为复合脂。重要的复合脂有磷脂和糖脂两类。

（1）磷脂　包括各种含磷的脂类。它们在自然界的分布很广，种类繁多。按其化学组成大体上可分为两大类：一类是分子中含甘油的，称为甘油磷脂；另一类是分子中含鞘氨醇的，称为鞘磷脂。甘油磷脂又按性质的不同再分为中性甘油磷脂和酸性甘油磷脂两类：前者如磷脂酰胆碱（卵磷脂）、磷脂酰乙醇胺（脑磷脂、缩醛磷脂）、溶血磷脂酰胆碱等；后者如磷脂酸、磷脂酰丝氨酸、二磷脂酰甘油（心磷脂）等。鞘磷脂中的鞘氨醇是一系列碳链长度不同的不饱和氨基醇，其中最常见的是含18个碳原子，在磷脂中常以酰胺即神经酰胺形式

表 2-14　某些天然存在的脂肪酸

	习惯名称	简写符号	系统名	结构式	熔点/℃
饱和脂肪酸	月桂酸	12：0	n-十二烷酸	$CH_3(CH_2)_{10}COOH$	44.2
	豆蔻酸	14：0	n-十四烷酸	$CH_3(CH_2)_{12}COOH$	53.9
	软脂酸	16：0	n-十六烷酸	$CH_3(CH_2)_{14}COOH$	63.1
	硬脂酸	18：0	n-十八烷酸	$CH_3(CH_2)_{16}COOH$	69.6
	花生酸	20：0	n-二十烷酸	$CH_3(CH_2)_{18}COOH$	76.5
	山嵛酸	22：0	n-二十二烷酸	$CH_3(CH_2)_{20}COOH$	—
	掬焦油酸	24：0	n-二十四烷酸	$CH_3(CH_2)_{22}COOH$	86.0
	蜡酸	26：0	n-二十六烷酸	$CH_3(CH_2)_{24}COOH$	
	褐煤酸	28：0	n-二十八烷酸	$CH_3(CH_2)_{26}COOH$	
不饱和脂肪酸	棕榈油酸	$16：1^{\Delta9}$	9-十六碳烯酸	$CH_3(CH_2)_5CH{=}CH(CH_2)_7COOH$	
	油酸	$18：1^{\Delta9}cis$	9-十八碳烯酸（顺）	$CH_3(CH_2)_7CH{=}CH(CH_2)_7COOH$	13.4
	亚油酸	$18：2^{\Delta9,12}$	9,12-十八碳二烯酸	$CH_3(CH_2)_4CH{=}CHCH_2CH{=}CH(CH_2)_7COOH$ (cis,cis)	−5
	亚麻酸	$18：3^{\Delta9,12,15}$	9,12,15-十八碳三烯酸	$CH_3CH_2CH{=}CHCH_2CH{=}CHCH_2CH{=}CH(CH_2)_7COOH$ (all,cis)	−11
	花生四烯酸	$20：4^{\Delta5,8,11,14}$	5,8,11,14-二十碳四烯酸	$CH_3(CH_2)_4(CH{=}CHCH_2)_3CH{=}CH(CH_2)_3COOH$ (all,cis)	−49.5
少见脂肪酸	结核硬脂酸			$CH_3(CH_2)_7\overset{\displaystyle |}{C}H(CH_2)_8COOH$ 支链 CH_3	
	结核菌酸			$CH_3(CH_2)_3CH(CH_2)_5CH(CH_2)_9CHCH_2COOH$ 支链 CH_3 CH_3 CH_3	
	乳杆菌酸			$CH_3(CH_2)_6HC{-}CH(CH_2)_9COOH$ $\diagdown CH_2\diagup$	
	脑羟脂酸		α-羟二十四烷酸	$CH_3(CH_2)_{21}CHCOOH$ 支链 OH	
	桐油酸	$18：3^{\Delta9,11,13}$	9,11,13-十八碳三烯酸	$CH_3(CH_2)_3CH{=}CHCH{=}CHCH{=}CH(CH_2)_7COOH$	
	神经酸	$24：1^{\Delta15}cis$	15-二十四碳烯酸	$CH_3(CH_2)_7CH{=}CH(CH_2)_{13}COOH$	
	大枫子酸		13-(2-环戊烯)十三酸	$HC{=}\overset{CH}{}CH{-}(CH_2)_{12}COOH$ $H_2C{-}CH_2$	
	蓖麻酸		12-羟-9-十八碳烯酸	$CH_3(CH_2)_5CHCH_2CH{=}CH(CH_2)_7COOH$ 支链 OH	
	芥子酸	$22：1^{\Delta13}$	13-二十二碳烯酸	$CH_3(CH_2)_7CH{=}CH(CH_2)_{11}COOH$	

存在，如胆碱鞘磷脂、甘油鞘磷脂等。几种主要的磷脂结构如下：

磷脂酰乙醇胺（脑磷脂）

$$\begin{array}{l} CH_2O{-}COR' \\ R''OC{-}O{-}C{-}H \quad O \\ \quad CH_2O{-}\overset{\displaystyle O}{\underset{\displaystyle O^-}{P}}{-}OCH_2CH_2{\overset{+}{N}}H_3 \end{array}$$

磷脂酰丝氨酸

$$\begin{array}{l} CH_2O{-}COR' \\ R''OC{-}O{-}C{-}H \quad O \\ \quad CH_2O{-}\overset{\displaystyle O}{\underset{\displaystyle O^-}{P}}{-}OCH_2CHCOO^- \\ \qquad\qquad\qquad\qquad {\overset{+}{N}}H_3 \end{array}$$

胆碱鞘磷脂

$$CH_3(CH_2)_{12}\overset{H}{\underset{H}{C{=}C}}CHCHCH_2O{-}\overset{\displaystyle O}{\underset{\displaystyle O^-}{P}}{-}OCH_2CH_2\,{\overset{+}{N}}(CH_3)_3$$
$$\qquad HO\ NHCOR$$

（2）糖脂　组成生物膜的糖脂主要为甘油糖脂和鞘氨醇糖脂。甘油糖脂是指甘油二酯与糖类（主要是半乳糖、甘露糖）或脱氧葡萄糖结合而形成的化合物。鞘糖脂由鞘氨醇、脂肪酸和糖类物质结合而成，又可分为脑苷脂和神经节苷脂。植物和细菌的细胞膜中的糖脂主要是甘油糖脂，动物细胞膜中主要是鞘糖脂。

2.2.1.3　衍生脂类

（1）固醇和类固醇　固醇又叫甾醇，是脂类中不被皂化，在有机溶剂中容易结晶出来的化合物。固醇分子结构都有一个环戊烷多氢菲环，最常见的是胆固醇，又叫胆甾醇。胆固醇是人和动物体内重要的固醇类之一，大部分胆固醇与脂肪酸结合成为胆固醇酯的形式存在。胆固醇在 7、8 位上脱氢后的化合物是 7-脱氢胆固醇，它存在于皮肤和毛发，经阳光或紫外线照射后能转变为维生素 D_3。一些激素类物质如雄性激素睾酮、雌性激素雌二醇等属于类固醇。

（2）萜类物质　广泛存在于动物、植物、微生物体中，已发现的有 350 多种，都是异戊二烯聚合而成的高度共轭的多烯类化合物，如胡萝卜素、叶黄素、番茄红素等。

2.2.1.4　血浆脂蛋白

脂蛋白存在于血浆、线粒体、微粒体、细胞膜中，是由脂类和蛋白质结合而成。根据血浆脂蛋白的相对密度或电泳速度可分为高密度脂蛋白（缩写 HDL，亦称 α-脂蛋白）、低密度脂蛋白（缩写 LDL，亦称 β-脂蛋白）、极低密度脂蛋白（缩写 VLDL，亦称前 β-脂蛋白）和乳糜微粒（缩写 CM）四部分。

这些脂蛋白内的脂类成分有磷脂、胆固醇、胆固醇酯和甘油三酯，蛋白质有 apoA（A-Ⅰ、A-Ⅱ、A-Ⅳ）、apoB、apoC（C-Ⅰ、C-Ⅱ、C-Ⅲ）、apoD（A-Ⅲ）、apoE（E_1、E_2、E_3、E_4）、apoF 等。其化学组成如表 2-15 所示。

表 2-15　血浆脂蛋白的化学组成

脂蛋白种类	化学组成/%				
	蛋白质	甘油三酯	胆固醇	胆固醇酯	磷脂
高密度脂蛋白	50	4	2	20	24
低密度脂蛋白	23	10	10	36	21
极低密度脂蛋白	10	52	5	13	20
乳糜微粒	2	87	2	4	5

脱辅基蛋白（apo）中有一部分的结构已搞清楚，如 apoA-Ⅰ 是一条由 243 个氨基酸残基组成的多肽链，N 端为天冬氨酸，C 端为谷氨酰胺。apoA-Ⅱ 含有两条完全相同的由 77 个氨基酸残基组成的多肽链，两条肽链在第 6 位残基上由二硫键连接成二聚体，它类似 apoA-Ⅰ。

脂蛋白颗粒的结构常呈球状，在颗粒的表面是极性分子，如蛋白质、磷脂，它们的亲水基团暴露在外，而疏水基团则处于颗粒之内。磷脂的极性部分与 apo 结合，非极性部分和其他脂类结合，将甘油三酯、胆固醇包裹在颗粒内。三种脂蛋白的结构如图 2-10 所示。

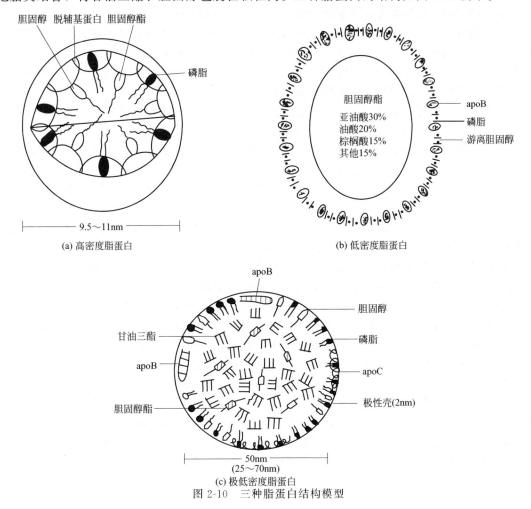

(a) 高密度脂蛋白

(b) 低密度脂蛋白

(c) 极低密度脂蛋白

图 2-10　三种脂蛋白结构模型

2.2.2　脂类的理化性质

2.2.2.1　脂肪酸和脂肪的性质

（1）溶解性　脂肪酸分子是由极性烃基和非极性烃基所组成。因此，它具有亲水性和疏水性两种不同的性质。所以有的脂肪酸能溶于水，有的不能溶于水。烃链的长度不同对溶解度有影响，低级脂肪酸（如丁酸）易溶于水。碳链增加则溶解度减小。碳链相同，有无不饱和键对溶解度无影响。

脂肪一般不溶于水，易溶于有机溶剂，如乙醚、石油醚、氯仿、二硫化碳、四氯化碳、苯等。由低级脂肪酸构成的脂肪则能在水中溶解。脂肪的相对密度小于 1，故浮于水面上。脂肪虽不溶于水，但经胆酸盐的作用而变成微粒，就可以和水混匀，形成乳状液，此过程称为乳化作用。

（2）熔点　饱和脂肪酸的熔点依其分子量不同而不同，分子量愈大，其熔点就愈高。不饱和脂肪酸的双键愈多，熔点愈低。纯脂肪酸和由单一脂肪酸组成的甘油酯，其凝固点和熔点是一致的；而由混合脂肪酸组成的甘油酯的凝固点和熔点则不同。

脂肪的熔点各不相同，几乎所有的植物油在室温下是液体，但几种热带植物油例外，例如棕榈果、椰子和可可豆的脂肪在室温下是固体。动物性脂肪在室温下是固体，并且熔点较高。脂肪的熔点决定于脂肪酸链的长短及其双键数的多寡。脂肪酸的碳链愈长，则脂肪的熔点愈高。带双键的脂肪酸存在于脂肪中能显著地降低脂肪的熔点。

（3）吸收光谱　脂肪酸在紫外和红外区显示出特有的吸收光谱，可用来对脂肪酸进行定性、定量或结构研究。饱和脂肪酸和非共轭脂肪酸在 220nm 以下的波长区域有吸收峰。共轭脂肪酸中的二烯酸在 230nm 附近、三烯酸在 260～270nm 附近、四烯酸在 290～315nm 附近各显示出吸收峰。测定吸光度就能计算出其含量。

红外吸收光谱可有效地应用于检测脂肪酸的结构。它可以区别有无不饱和键，是反式还是顺式，脂肪酸侧链的情况，以及检出过氧化物等特殊原子团。

（4）皂化作用　脂肪内脂肪酸和甘油结合的酯键容易被氢氧化钾或氢氧化钠水解，生成甘油和水溶性的皂类。这种水解作用称为皂化作用。通过皂化作用得到的皂化价［皂化 1g 脂肪所需氢氧化钠质量（mg）］可以粗略反映脂肪的分子量。因为单位质量的脂肪如果分子量越大，则摩尔浓度越小，所需氢氧化钠越少。一般油脂的皂化值为 200。

（5）加氢作用　脂肪分子中如果含有不饱和脂肪酸，其所含的双键可因加氢而变为饱和脂肪酸。含双键数目愈多，则吸收氢量也愈多。

植物脂肪所含的不饱和脂肪酸比动物脂肪多，在常温下是液体。植物脂肪加氢后变为比较饱和的固体，它的性质也和动物脂肪相似，人造黄油就是一种加氢的植物油。

（6）加碘作用　脂肪分子中的不饱和双键可以加碘，每 100g 脂肪所吸收碘的质量（g）称为碘价，其与油脂的不饱和程度呈正比。即脂肪所含的不饱和脂肪酸愈多，或不饱和脂肪酸所含的双键愈多，碘价愈高。根据碘价高低可以知道脂肪中脂肪酸的不饱和程度。

（7）氧化和酸败作用　脂肪分子中的不饱和脂肪酸可受空气中的氧或各种细菌、霉菌所产生的脂肪酶和过氧化物酶所氧化，形成一种过氧化物，最终生成短链酸、醛和酮类化合物。这些物质能使油脂散发刺激性的臭味，这种现象称为脂肪酸败作用。常以中和 1g 油脂所需要的氢氧化钠的质量（mg）作为酸价来检测脂肪的酸败程度，我国规定食用油脂的酸价必须≤5。

酸败过程能使油脂的营养价值遭到破坏，脂肪的大部分或全部已变成有毒的过氧化物。酸败产物在烹调中不会被破坏。长期食用变质的油脂，机体会出现中毒现象，轻则会引起恶心、呕吐、腹痛、腹泻，重则使机体内几种酶系统受到损害，或罹患肝疾。有的研究报告还指出，油脂的高度氧化产物能引起癌变。因此，酸败的油脂或含酸败油脂的食品不宜食用。

脂类的多不饱和脂肪酸在体内亦容易氧化而生成过氧化脂质，它不仅能破坏生物膜的生理功能，导致机体的衰老，还会伴随某些溶血现象的发生，促使贫血、血栓形成、动脉硬化、糖尿病、肝肺损害等的发生。它也是蛛网膜下出血引起脑血管痉缩，使大脑供血不足而导致死亡的重要原因之一。动物试验还证实，过氧化脂质具有致突变性，可诱发癌症。

（8）乙酰值　以 1g 油脂完全乙酰化后水解，中和所产生的酸需要的氢氧化钠的质量（mg）即为乙酰值。

2.2.2.2　磷脂的性质

磷脂中因含有甘油和磷酸，故可溶于水。它还含有脂肪酸，故又可溶于脂类溶剂。但磷脂不同于其他脂类，在丙酮中不溶解。根据此特点，可将磷脂和其他脂类分开。卵磷脂、脑磷脂及鞘磷脂的溶解度在不同的脂类溶剂中具有显著的差别，可利用这一特性来分离此三种磷脂。其溶解性如表 2-16 所示。

表 2-16　各种磷脂的溶解性

磷　脂	乙　醚	乙　醇	丙　酮
卵磷脂	溶	溶	不溶
脑磷脂	溶	不溶	不溶
鞘磷脂	不溶	溶于热乙醇	不溶

鞘磷脂很稳定，不溶于醚及冷乙醇，但可溶于苯、氯仿及热乙醇。

卵磷脂为白色蜡状物，在空气中极易氧化，迅速变成暗褐色，可能由于磷脂分子中不饱和脂肪酸氧化所致。鞘磷脂对氧较为稳定，这一点与卵磷脂和脑磷脂不同。

卵磷脂有降低表面张力的能力，若与蛋白质或碳水化合物结合则作用更大，是一种极有效的脂肪乳化剂。它与其他脂类结合后，在体内水系统中均匀扩散。因此，能使不溶于水的脂类处于乳化状态。

卵磷脂和脑磷脂均可由酶水解。眼镜蛇与响尾蛇等的毒液中含有卵磷脂酶，具有强烈的溶血作用。此种酶对脑磷脂亦有相似作用，但其产物的溶血能力较差，它使卵磷脂水解，失去 1 分子脂肪酸变成溶血卵磷脂。

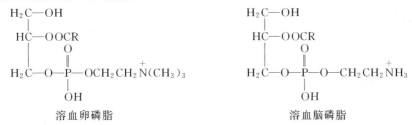

溶血卵磷脂　　　　　　　　　　　　　溶血脑磷脂

2.2.2.3　胆固醇的性质

胆固醇为白色蜡状结晶片，不溶于水而溶于脂肪溶剂，可与卵磷脂或胆盐在水中形成乳状物。胆固醇与脂肪混合时能吸收大量水分，如羊毛脂中含有大量的胆固醇，能吸收水分，用以制成油膏能混入水溶性药物。胆固醇不能皂化，能与脂肪酸结合形成胆固醇酯，为血液中运输脂肪酸的方式之一。脑中含胆固醇很多，约占湿重的 2%，几乎完全以游离的形式存在。胆固醇溶于氯仿，加醋酸酐与浓硫酸少许即成蓝绿色，胆固醇定性的检验方法即根据此原理。洋地黄皂苷可使游离的胆固醇沉淀，如此可将不同的胆固醇分开，分别进行定量分析。胆汁中的胆固醇，由于胆盐的乳化作用，可形成乳状液。若胆汁中胆固醇过多或胆盐过少，胆固醇即可在胆道内沉淀形成胆结石。胆固醇若沉淀于血管壁则易形成动脉粥样硬化。

2.2.2.4　脂蛋白的性质

血浆脂蛋白的性质如表 2-17 所示。

表 2-17　血浆脂蛋白的性质

种　类	分子大小(S_f 值)[①]	上浮率/(g/cm³)	相对密度	电泳位置
HDL[②]	(50×300) Å	0	1.063～1.210	α
LDL	200～250	0～20	1.006～1.063	β
VLDL	250～800	20～400	0.960～1.006	前β
CM	800～5000	>400	<0.960	原点

① 单位 S_f（漂浮系数）是指溶质分子在密度为 1.063g/mL 的食盐溶液中（26℃），每秒每达因（dyn）克离心力的力场[●]下上浮 10^{-13} cm。

② HDL 是长椭球形，故其分子直径以（50×300）Å 表示。

● 厘米·克·秒制中力的专用名称。1 达因（dyn）的力相当于促使质量为 1g 的物体获得 1cm/s² 的加速度的力。1dyn＝10^{-5}N。

另外，植物体内所含有的一些多不饱和脂肪酸，如亚油酸、亚麻酸等，是人体所不能合成的，需由膳食提供，称为必需脂肪酸。这些脂质的缺乏将对人体代谢过程造成重要影响。

2.2.3 油脂的分析技术

2.2.3.1 油脂特征值的分析

在食品中，酸价、皂化值、碘值以及乙酰值是油脂特征值分析的重要指标。

2.2.3.2 油脂氧化稳定性的分析测定指标

（1）过氧化值 用碘量法测定，即在酸性条件下，脂肪中的过氧化物与过量的 KI 反应生成 I_2，用 $Na_2S_2O_3$ 滴定生成的 I_2，求出每千克油脂中所含过氧化物的物质的量（mmol），即为油脂的过氧化值。

（2）硫代巴比妥酸法 此法以油脂的氧化产物丙二醛为测定对象，以此衡量油脂的氧化程度。常用的油脂氧化稳定性的测定方法有：

① 活性氧法 在 97.8℃下，以 2.33mL/s 的速度向油脂中通入空气，测定当过氧化值达到 100（植物油）或 20（动物油）时的时间。

② Schaal 法 油脂在 60℃下贮存达到一定过氧化值所需要的时间。

2.3 蛋白质化学

蛋白质是生物体的重要组成成分，是生命的物质基础，各种生命现象都是通过蛋白质体现的。人体内有 10 万多种蛋白质，不同的蛋白质具有不同的结构和功能。氨基酸是蛋白质的基本组成单位，因此应首先了解氨基酸的结构和性质，才能更好地理解蛋白质的结构、性质和功能。

蛋白质（protein）是动物、植物和微生物细胞结构中最重要的成分，例如蛋白质与 DNA 构成染色体，在质膜、核膜、叶绿体膜、线粒体膜、内质网中蛋白质与脂类构成生物膜，在核糖体中蛋白质与核糖核酸（RNA）结合在一起。此外，所有重要的生命活动都离不开蛋白质。从细胞的有丝分裂、发育分化到光合作用、物质的运输、转移及细胞内复杂而有序的化学变化，都是依靠蛋白质完成的。正如恩格斯所说："生命是蛋白体的存在方式"，这充分说明了蛋白质在生命活动中的重要意义。

研究蛋白质的另一个巨大的推动力是动植物蛋白在人类食物和营养中具有重要的地位。就我国人民的饮食习惯而言，大部分的蛋白质营养取自植物性食物。随着生活水平的提高，从动物性食物中取得蛋白质营养的比重已经逐步增大。但是，动物最终还是从植物取得营养。

从某种意义上来说，饲养业是转化植物蛋白质或必需氨基酸的过程。为了满足人口增长的需要和改善人民生活，必须努力增加植物蛋白的来源，提高植物蛋白质的营养价值。为此，必须对植物蛋白质的结构、特性、品质等方面进行深入的研究。

2.3.1 蛋白质的元素组成

许多蛋白质已经获得结晶的纯品。根据蛋白质的元素分析，所有蛋白质都含有碳、氢、氧、氮四种元素，一些蛋白质还含有其他一些元素，如硫、磷、铁、铜、锌、锰、碘等。一般蛋白质的元素组成如表 2-18 所示。

表 2-18　一般蛋白质的元素组成　/%

元　素	含　量	元　素	含　量
碳	50～55	硫	0.23～2.4
氢	6.5～7.3	磷	0～0.8
氧	19～24	铁	0～0.4
氮	15～19		

生物体组织中所含的氮，绝大部分存在于蛋白质中，而蛋白质中氮的百分含量又比较恒定，一般平均为 16%，这是蛋白质元素组成的一个特点。即每 100g 蛋白质中平均含氮 16g，也就是说蛋白质的氮含量为 100/16=6.25。根据这一关系，当测出样品中氮的含量后，按照下式就可以计算出蛋白质的含量：

$$蛋白质含量=试样中氮含量\times 6.25$$

"6.25"即为蛋白质系数。这种方法正是凯氏定氮法测定蛋白质含量的计算基础，并且常用于农产品粗蛋白分析方面。

2.3.2　氨基酸

从各种生物体中发现的氨基酸（amino acid）已有 180 多种，但组成蛋白质的常见氨基酸只有 20 种，它们均由相应的遗传密码编码。此外，在某些蛋白质中还存在若干种不常见的氨基酸，它们都是在已合成的肽链中由常见的氨基酸经专一酶催化的化学修饰转化而来的。天然氨基酸大多数是不参与蛋白质组成的，这些氨基酸被称为非蛋白质氨基酸，又称为稀有氨基酸。参与蛋白质组成的 20 种氨基酸称为蛋白质氨基酸，又称为基本氨基酸。

2.3.2.1　蛋白质氨基酸

氨基酸是组成蛋白质的基本单位，它们在结构和性质上既有共性又有差异。

（1）蛋白质氨基酸的结构特点及表示方法　蛋白质的基本氨基酸为 20 种，除脯氨酸以外，其余 19 种天然氨基酸在结构上的共同点是与羧基相邻的 α-碳原子上都有一个氨基，因而称为 α-氨基酸；另外除甘氨酸外，其余 19 种氨基酸的 α-碳都是手性碳原子，它们都有 D、L 两种构型。20 种 α-氨基酸之间的差别在于它们的特殊侧链结构，即所谓的 R 基团。蛋白质氨基酸结构通式为：

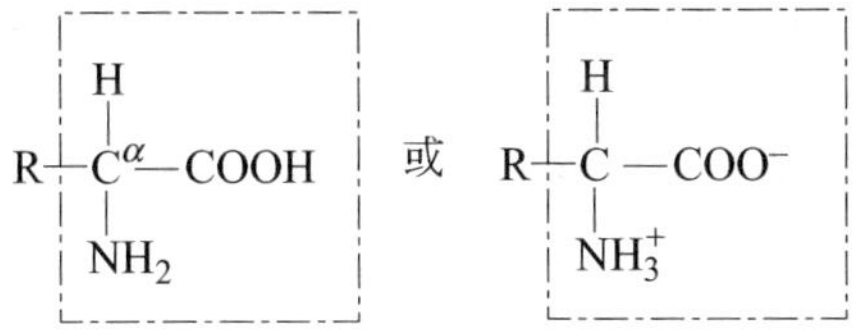

氨基酸的名称一般使用三个字母的简写符号表示，有时也用单字母的简写符号表示。组成蛋白质的氨基酸如表 2-19 所示。

（2）常见的蛋白质氨基酸的分类　按照 α-氨基酸中侧链 R 基团在 pH 值 6.0～7.0 时的极性性质，将 20 种氨基酸分为以下四组：非极性 R 基团氨基酸；不带电荷的极性 R 基团氨基酸；带负电荷的 R 基团氨基酸；带正电荷的 R 基团氨基酸。

① 非极性 R 基团氨基酸　这类氨基酸的侧链 R 基团极性很小，多为烃基，具有疏水性，共有 8 种。其中丙氨酸（Ala）、亮氨酸（Leu）、异亮氨酸（Ile）、缬氨酸（Val）和蛋氨酸（甲硫氨酸，Met）这 5 种氨基酸侧链基团 R 为脂肪族烃基，苯丙氨酸（Phe）和色氨酸（Trp）这两种氨基酸侧链 R 基团为芳香族烃基，脯氨酸（Pro）为一亚氨基酸，可以看成是 α-氨基酸的侧链取代氨基上的一个氢原子所形成的产物。

41

表 2-19　组成蛋白质的氨基酸

名　称	略　号	结　构　式	解离基团的 pK			pI
			pK_1	pK_2	pK_3	
甘氨酸 Glycine	甘 Gly，G	NH_2CH_2COOH	2.34	9.60	—	5.97
丙氨酸 Alanine	丙 Ala，A	$CH_3CH(NH_2)COOH$	2.35	9.69	—	6.02
缬氨酸 Valine	缬 Val，V	$(CH_3)_2CHCH(NH_2)COOH$	2.32	9.62	—	5.96
亮氨酸 Leucine	亮 Leu，L	$(CH_3)_2CHCH_2CH(NH_2)COOH$	2.36	9.60	—	5.98
异亮氨酸 Isoleucine	异 Ile，I	$CH_3CH_2CH(CH_3)CH(NH_2)COOH$	2.36	9.60	—	6.02
丝氨酸 Serine	丝 Ser，S	$HOCH_2CH(NH_2)COOH$	2.21	9.15		5.68
苏氨酸 Threonine	苏 Thr，T	$CH_3CH(OH)CH(NH_2)COOH$	2.63	10.43		6.16
半胱氨酸 Cysteine	半 Cys，C	$HSCH_2CH(NH_2)COOH$	1.96	8.18 (—SH)	10.28 (α-NH_3^+)	5.07
蛋氨酸 Methionine	甲 Met，M	$CH_3S(CH_2)_2CH(NH_2)COOH$	2.28	9.21		5.74
天冬氨酸 Aspartic acid	天 Asp，D	$HOOCCH_2CH(NH_2)COOH$	1.88	3.65	9.60	2.77
天冬酰胺 Asparagine	天胺 Asn，N	$H_2NCOCH_2CH(NH_2)COOH$	2.02	8.80		5.41
色氨酸 Tryptophan	色 Trp，W	$C_8H_5NHCH_2(NH_2)CHCOOH$	2.38	9.39		5.89
酪氨酸 Tyrosine	酪 Tyr，Y	$HOC_6H_4CH_2(NH_2)CHCOOH$	2.20	9.11	10.07 (—OH)	5.66
苯丙氨酸 Phenylalanine	苯丙 Phe，F	$C_6H_5CH_2(NH_2)CHCOOH$	1.38	9.13		5.48
脯氨酸 Proline	脯 Pro，P	$NHCH_2CH_2CH_2CH(COOH)$	1.99	10.60		6.30
谷氨酸 Glutamic acid	谷 Glu，E	$HOOCCH_2CH_2(NH_2)CHCOOH$	2.19	9.67		3.22
赖氨酸 Lysine	赖 Lys，K	$NH_2CH_2CH_2CH_2CH_2CH(NH_2)COOH$	2.18	8.95		9.74
精氨酸 Arginine	精 Arg，R	$NH_2C（NH）NHCH_2CH_2CH_2CH(NH_2)COOH$	2.17	9.04		10.76
组氨酸 Histidine	组 His，H	$(CH)N(CH)C(NH)CH_2CH(NH_2)COOH$	1.82	9.17		7.59

42

由于非极性 R 基团的疏水性，这 8 种氨基酸在水中的溶解度都比较小。其中丙氨酸的 R 基团（—CH₃）疏水性最小。它介于非极性 R 基团氨基酸和不带电荷的极性 R 基团氨基酸之间。

② 不带电荷的极性 R 基团氨基酸　这一组有 7 种氨基酸，这组氨基酸比非极性 R 基团氨基酸易溶于水。它们的侧链中含有不解离的极性基团，能与水形成氢键。丝氨酸（Ser）、苏氨酸（Thr）和酪氨酸（Tyr）分子中侧链的极性是由它们的羟基形成的；天冬酰胺和谷氨酰胺（Gln）的 R 基团极性是它们的酰氨基形成的；半胱氨酸（Cys）则是由于含有巯基（—SH）的缘故。

③ 带负电荷的 R 基团氨基酸（酸性氨基酸）　这一类中的两个成员是天冬氨酸（Asp）和谷氨酸（Glu），每一个氨基酸侧链 R 基团上都有一个完全解离的氨基，pH 值 6.0～7.0 时带负电荷。

④ 带正电荷的 R 基团氨基酸（碱性氨基酸）　在 pH6.0～7.0 时，R 基团带有一个净正电荷的碱性氨基酸。它们包括赖氨酸（Lys），在它的脂肪族链的 ε 位置上带有正电荷氨基；精氨酸（Arg）则带有一个正电荷的胍基，以及组氨酸（His）含有弱碱性的咪唑基。就其性质来看，组氨酸属于边缘氨基酸。在 pH 6.0 时，组氨酸分子 50% 以上质子化，但在 pH 7.0 时，质子化分子低于 10%，这是 R 基团的 pH 值接近于 7.0 的唯一氨基酸。

2.3.2.2　非蛋白氨基酸

非蛋白氨基酸普遍存在于各种生物体中，必然具有某些特殊功能，但至今对其功能的研究还不完全清楚，这里只将比较清楚的功能概括叙述如下：

（1）有些非蛋白氨基酸是某些代谢过程的中间产物或重要代谢物的前体。如：瓜氨酸和鸟氨酸是生物合成精氨酸的鸟氨酸循环的中间产物；酵母氨酸是酵母合成赖氨酸过程的中间产物；高丝氨酸是合成苏氨酸及蛋氨酸的中间产物；而 8-丙氨酸则是维生素泛酸和辅酶 A 的前体。

（2）很多非蛋白氨基酸在可溶性氮素的贮藏和运输中具有一定的作用。例如刀豆氨酸，在刀豆萌发期间，种子中存在的刀豆氨酸很快消失，充分说明它是氮素的一种贮藏形式。又例如花生中 7-亚甲基谷氨酰胺也是贮藏和转运氮素的一种主要成分。

（3）调节生长作用。

（4）杀虫防御作用。如种子中高浓度 5-羟色氨酸能防止毛虫的危害，高精氨酸能抑制细菌的生长。

（5）在柱头组织中的非蛋白氨基酸有抑制异种花粉发芽的作用。因而有学者认为，这些非蛋白氨基酸可能与种间隔离的机理有关。

总之，非蛋白氨基酸种类繁多，其功能各异。而且不同植物中常含有某些特殊的非蛋白氨基酸，它们既具有不同的合成途径，又表现不同的生理功能，因而对各种非蛋白氨基酸的研究，必将为探索生命活动提供更多的信息资料。

2.3.3　蛋白质的结构

蛋白质是一种生物大分子，是由氨基酸以肽键的方式连接而成。这种以特定氨基酸及特定排列顺序连接而成的多肽链称为蛋白质的一级结构。不同的蛋白质其肽链的长度、氨基酸的组成和排列顺序各不相同。肽链经卷曲折叠形成特定的三维空间结构，即蛋白质的二级结构和三级结构。某些蛋白质由多条肽链组成，每条肽链称为一个亚基，亚基之间通过氢键、离子键等非共价键连接而成的特定空间构象，称为蛋白质的四级结构。一般认为，蛋白质的一级结构决定二级结构，二级结构决定三级结构。稳定四级结构的作用力与稳定三级结构的作用力没有本质区别。

蛋白质的生物学功能在很大程度上取决于其空间结构，蛋白质结构、构象多样性导致了其不同的生物学功能。蛋白质结构与功能关系研究是进行蛋白质功能预测及蛋白质设计的基础。蛋白质分子只有处于它自己特定的三维空间结构情况下，才能获得其特定的生物活性；三维空间结构稍有破坏，就很可能会导致蛋白质生物活性的降低甚至丧失。因为它们的特定的结构允许其结合特定的配体分子，例如，血红蛋白和肌红蛋白与氧的结合、酶和底物分子、激素与受体、抗体与抗原等。知道了基因密码，科学家们可以推演出组成某种蛋白质的氨基酸序列，却无法绘制蛋白质空间结构。因而，揭示人类每一种蛋白质的空间结构，已成为后基因组时代的制高点，这也是结构基因组学的基本任务。对于蛋白质空间结构的了解，将有助于对蛋白质功能的确定。同时，蛋白质是药物作用的靶标，联合运用基因密码知识和蛋白质结构信息，药物设计者可以设计出小分子化合物，抑制与疾病相关的蛋白质，进而达到治疗疾病的目的。因此，后基因组时代的研究有非常重大的应用价值和广阔前景。

2.3.3.1 蛋白质分子的一级结构（primary structure）

蛋白质的一级结构是指多肽链氨基酸残基的组成和排列顺序，也是蛋白质最基本的结构。它是由基因上遗传密码的排列顺序所决定的，各种氨基酸按遗传密码的顺序通过肽键连接起来。每一种蛋白质分子都有自己特有的氨基酸组成和排列顺序（即一级结构），由这种氨基酸排列顺序决定它的特定的空间结构。也就是说，蛋白质的一级结构决定了蛋白质的二级、三级等高级结构。

胰岛素的一级结构及不同动物胰岛素在 A 链中的差异见图 2-11。胰岛素（insulin）由 51 个氨基酸残基组成，分为 A、B 两条链。A 链 21 个氨基酸残基，B 链 30 个氨基酸残基。A、B 两条链之间通过两个二硫键联结在一起，A 链另有一个链内二硫键。

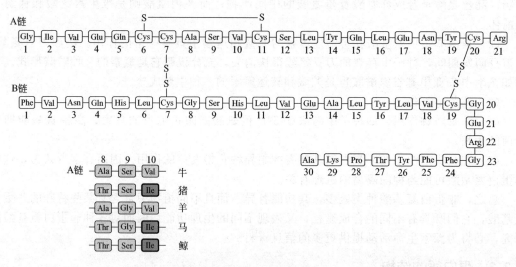

图 2-11　胰岛素的一级结构及不同动物胰岛素在 A 链中的差异

蛋白质分子的一级结构是其生物学活性及特异空间结构的基础。尽管每种蛋白质都有相同的多肽链骨架，而各种蛋白质之间的差别是由其氨基酸组成、氨基酸数目以及氨基酸在蛋白质多肽链中的排列顺序决定的。氨基酸排列顺序的差别意味着从多肽链骨架伸出的侧链 R 基团的性质和顺序对于每一种蛋白质是特异的——因为 R 基团有不同的大小，带不同的电荷，对水的亲和力也不相同。即，蛋白质分子中氨基酸的排列顺序决定其空间构象。

2.3.3.2　蛋白质分子的二级结构（secondary structure）

二级结构是指多肽链借助于氢键沿一维方向排列成具有周期性结构的构象，是多肽链局部的空间结构（构象），主要有 α 螺旋、β 折叠、β 转角等几种形式，它们是构成蛋白质高级结构的基本要素。

（1）α 螺旋（α helix）（图 2-12）　是蛋白质中最常见、最典型、含量最丰富的二级结构元件。在 α 螺旋中，每个螺旋周期包含 3.6 个氨基酸残基，残基侧链伸向外侧，同一肽链上的每个残基的酰胺氢原子和位于它后面的第 4 个残基上的羰基氧原子之间形成氢键。这种氢键大致与螺旋轴平行。多肽链呈 α 螺旋构象的推动力就是所有肽键上的酰胺氢和羰基氧之间形成的链内氢键。在水环境中，肽键上的酰胺氢和羰基氧既能形成内部（α 螺旋内）的氢键，也能与水分子形成氢键。如果后者发生，多肽链呈现类似变性蛋白质那样的伸展构象。疏水环境对于氢键的形成没有影响，因此更可能促进 α 螺旋结构的形成。

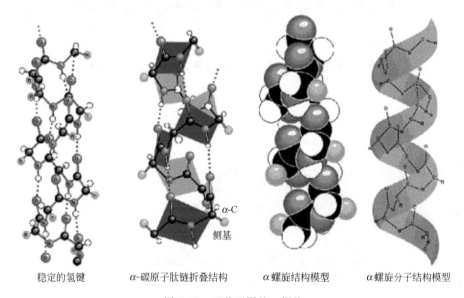

| 稳定的氢键 | α-碳原子肽链折叠结构 | α 螺旋结构模型 | α 螺旋分子结构模型 |

图 2-12　四种不同的 α 螺旋

（2）β 折叠（β sheet）　也是一种重复性的结构，可分为平行式和反平行式两种类型（图 2-13），它们是通过肽链间或肽段间的氢键维系。可以把它们想象为由折叠的条状纸片侧向并排而成，每条纸片可看成是一条肽链，称为 β 折叠股或 β 股（β strand），肽主链沿纸条形成锯齿状，处于最伸展的构象，氢键主要在股间而不是股内。α-碳原子位于折叠线上，由于其四面体性质，连续的酰胺平面排列成折叠形式。需要注意的是，在折叠片上的侧链都垂直于折叠片的平面，并交替地从平面上下两侧伸出。平行折叠片比反平行折叠片更规则，且一般是大结构，而反平行折叠片可以少到仅由两个 β 股组成（图 2-14）。

（3）β 转角（β turn）　是一种简单的非重复性结构（图 2-15）。在 β 转角中第一个残基的 C=O 与第四个残基的 N—H 氢键键合形成一个紧密的环，使 β 转角成为比较稳定的结构，多处在蛋白质分子的表面，在这里改变多肽链方向的阻力比较小。β 转角的特定构象在一定程度上取决于它的组成氨基酸，某些氨基酸（如脯氨酸和甘氨酸）经常存在于其中，由于甘氨酸缺少侧链（只有一个 H），在 β 转角中能很好地调整其他残基的空间位阻，因此是立体化学上最合适的氨基酸；而脯氨酸具有环转结构和固定的角，因此在一定程度上迫使 β 转角形成，促使多肽自身回折，且这些回折有助于反平行 β 折叠片的形成。

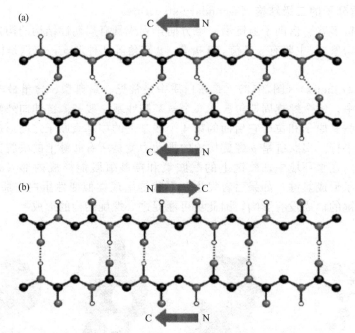

图 2-13 在平行（a）和反平行（b）β折叠片中氢键的排列

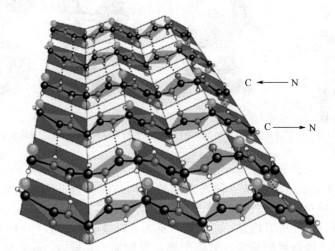

图 2-14 反平行β折叠

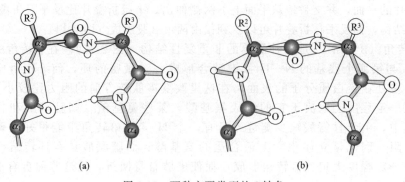

图 2-15 两种主要类型的β转角

其他二级结构元件还有 β 凸起（β bugle）、无规卷曲（randon coil）等。RNase 的某些二级结构见图 2-16。

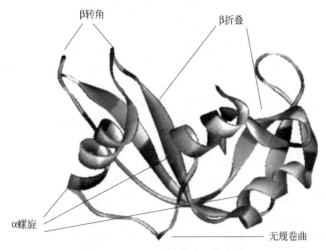

图 2-16　RNase 的某些二级结构

蛋白质可分为纤维状蛋白和球状蛋白。纤维状蛋白通常是水不溶性的，在生物体内往往起着结构支撑的作用；这类蛋白质的多肽链只是沿一维方向折叠。β 折叠以反式平行为主，且折叠片氢键主要是在不同肽链之间形成。球状蛋白一般都是水溶性的，是生物活性蛋白；它们的结构比起纤维状蛋白来说要复杂得多。α 螺旋和 β 折叠在不同的球状蛋白质中所占的比例是不同的，平行和反平行 β 折叠几乎同样广泛存在，既可在不同肽链或不同分子之间形成，也可在同一肽链的不同肽段（β 股）之间形成。β 转角、卷曲结构或环结构也是它们形成复杂结构不可缺少的。

（4）结构域（domain）（图 2-17）　是在二级结构或超二级结构的基础上形成三级结构的局部折叠区，一条多肽链在这个域范围内来回折叠，但相邻的域常被一个或两个多肽片段

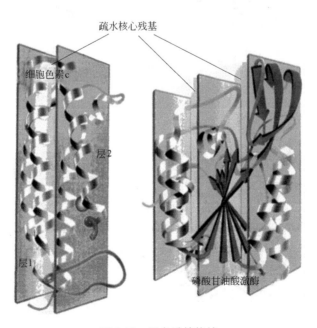

图 2-17　蛋白质结构域

连接。通常由 50～300 个氨基酸残基组成，其特点是在三维空间可以明显区分和相对独立，并且具有一定的生物功能，如结合小分子。模体或基序（motif）是结构域的亚单位，通常由 2～3 个二级结构单位组成，一般为 α 螺旋、β 折叠和环（loop）。

对那些较小的球状蛋白质分子或亚基来说，结构域和三级结构是一个意思，也就是说这些蛋白质或亚基是单结构域的，如红氧还蛋白等；较大的蛋白质分子或亚基其三级结构一般含有两个以上的结构域，即多结构域的，其间以柔性的铰链（hinge）相连，以便相对运动。

结构域有时也指功能域。一般，功能域是蛋白质分子中能独立存在的功能单位，它可以是一个结构域，也可以是由两个或两个以上结构域组成。

结构域的基本类型有 4 种：全平行 α 螺旋结构域，平行或混合型 β 折叠片结构域，反平行 β 折叠片结构域，富含金属或二硫键结构域。

2.3.3.3 三级结构（tertiary structure）

三级结构是主要针对球状蛋白质而言的，是指整条多肽链由二级结构元件构建成的总三维结构（图 2-18～图 2-20），包括一级结构中相距远的肽段之间的几何相互关系、骨架和侧链在内的所有原子的空间排列。在球状蛋白质中，侧链基团的定位是根据它们的极性安排的。蛋白质特定的空间构象是由氢键、离子键、偶极与偶极间的相互作用（范德华力）、疏水作用等作用力维持的，疏水作用是主要的作用力。有些蛋白质还涉及二硫键。

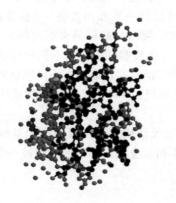

图 2-18　胰岛素的三级结构

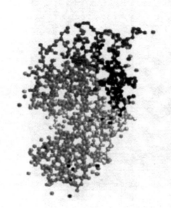

图 2-19　溶菌酶分子的三级结构

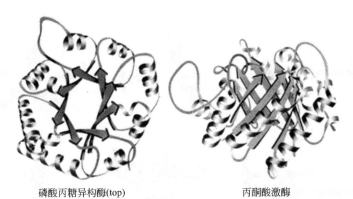

磷酸丙糖异构酶(top)　　　　　　　　　丙酮酸激酶

图 2-20　磷酸丙糖异构酶和丙酮酸激酶的三级结构

如果蛋白质分子仅由一条多肽链组成，三级结构就是它的最高结构层次。

蛋白质的折叠是有序的、由疏水作用力推动的协同过程。伴侣分子在蛋白质的折叠中起着辅助性的作用。蛋白质多肽链在生理条件下折叠成特定的构象是热力学上一种有利的过程。折叠的天然蛋白质在变性因素影响下，变性失去活性。在某些条件下，变性的蛋白质可能会恢复活性。

2.3.3.4　四级结构 （quaternary structure）

四级结构是指在亚基和亚基之间通过疏水作用等次级键结合成为有序排列的特定空间结构。四级结构的蛋白质中每个球状蛋白质称为亚基，亚基通常由一条多肽链组成，有时含两条以上的多肽链，单独存在时一般没有生物活性。亚基有时也称为单体（monomer），仅由一个亚基组成的并因此无四级结构的蛋白质（如核糖核酸酶）称为单体蛋白质，由两个或两个以上亚基组成的蛋白质统称为寡聚蛋白质、多聚蛋白质或多亚基蛋白质。多聚蛋白质可以是由单一类型的亚基组成，称为同多聚蛋白质；或由几种不同类型的亚基组成，称为杂多聚蛋白质。对称的寡聚蛋白质分子可视为由两个或多个不对称的相同结构成分组成，这种相同结构成分称为原聚体或原体（protomer）。在同多聚体中原体就是亚基，但在杂聚体中原体是由两种或多种不同的亚基组成。

蛋白质的四级结构涉及亚基种类和数目，以及各亚基或原聚体在整个分子中的空间排布，包括亚基间的接触位点（结构互补）和作用力（主要是非共价相互作用）（图 2-21）。大多数寡聚蛋白质分子中亚基数目为偶数，尤以 2 和 4 为多；个别为奇数，如荧光素酶分子含 3 个亚基。亚基的种类一般是一种或两种，少数多于两种。

稳定四级结构的作用力与稳定三级结构的作用力没有本质区别。亚基的二聚作用伴随着有利的相互作用力，包括范德华力、氢键、离子键和疏水作用，还有亚基间的二硫键。亚基缔合的驱动力主要是疏水作用，因亚基间紧密接触的界面存在极性相互作用和疏水作用，相互作用的表面具有极性基团和疏水基团的互补排列；而亚基缔合的专一性则由相互作用的表面上的极性基团之间的氢键和离子键提供。

血红蛋白分子就是以两个由 141 个氨基酸残基组成的 α 亚基和两个由 146 个氨基酸残基组成的 β 亚基按特定的接触和排列组成的一个球状蛋白质分子，每个亚基中各有一个含亚铁离子的血红素辅基。四个亚基间靠氢键和八个盐键维系着血红蛋白分子严密的空间构象（图 2-22）。

2.3.3.5　稳定蛋白质三维结构的作用力

稳定蛋白质三维结构的作用力（图 2-23）主要是一些所谓的弱相互作用，或称非共价键或次级键，包括氢键、范德华力、疏水作用和盐键（离子键）。此外，共价二硫键在稳定某些蛋白质的构象方面也起着重要作用。

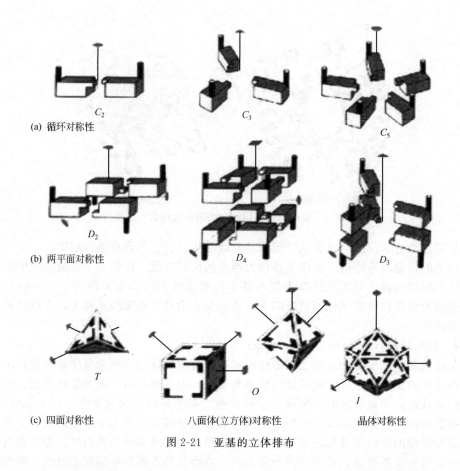

(a) 循环对称性

(b) 两平面对称性

(c) 四面对称性　　　　　八面体(立方体)对称性　　　　晶体对称性

图 2-21　亚基的立体排布

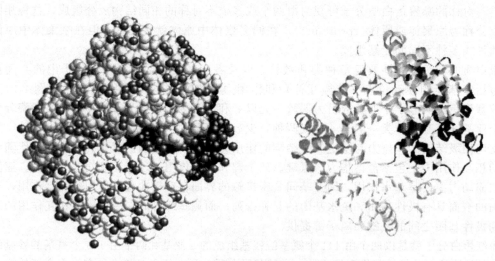

图 2-22　血红蛋白的四级结构

（1）氢键（hydrogen bond）　在稳定蛋白质的结构中起着极其重要的作用。多肽主链上的羰基氧和酰胺氢之间形成的氢键是稳定蛋白质二级结构的主要作用力。此外，还可在侧链与侧链，侧链与介质水，主链肽基与侧链或主链肽基与水之间形成。

由电负性原子与氢形成的基团如 N—H 和 O—H 具有很大的偶极矩，成键电子云分布

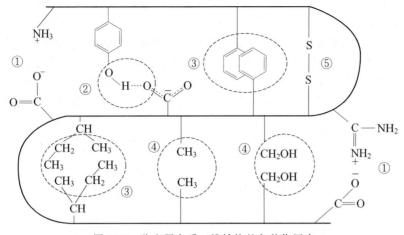

图 2-23　稳定蛋白质三维结构的各种作用力
① 盐键；② 氢键；③ 疏水作用；④ 范德华力；⑤ 二硫键

偏向负电性大的原子，因此氢原子核周围的电子分布就少，正电荷的氢核（质子）在外侧裸露。这一正电荷氢核遇到另一个电负性强的原子时，就产生静电吸引，即所谓氢键（图2-24）。

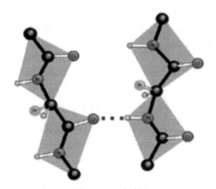

图 2-24　氢键

（2）范德华力（van der Waals force）　广义上的范德华力包括 3 种较弱的作用力：定向效应，诱导效应，分散效应。分散效应（dispersion effect）是在多数情况下起主要作用的范德华力，它是非极性分子或基团间仅有的一种范德华力，即狭义的范德华力，也称 London分散力。这是瞬时偶极间的相互作用，偶极方向是瞬时变化的。

范德华力包括吸引力和斥力。吸引力只有当两个非键合原子处于接触距离（contact distance）（或称范德华距离即两个原子的范德华半径之和）时才能达到最大。某些情况下范德华力是很弱的，但其相互作用数量大且有加和效应和位相效应，因此成为一种不可忽视的作用力。

（3）疏水作用（hydrophobic interaction）　介质中球状蛋白质的折叠总是倾向于把疏水残基埋藏在分子的内部，这一现象称为疏水作用，它在稳定蛋白质的三维结构方面占有突出地位。疏水作用其实并不是疏水基团之间有什么吸引力的缘故，而是疏水基团或疏水侧链出于避开水的需要而被迫接近。

蛋白质溶液系统的熵增加是疏水作用的主要动力。当疏水化合物或基团进入水中时，它周围的水分子将排列成刚性的有序结构，即所谓笼形结构（clathrate structure）。与此相反的过程（疏水作用），排列有序的水分子（笼形结构）将被破坏，这部分水分子被排入自由水中，这样水的混乱度增加，即熵增加，因此疏水作用是熵驱动的自发过程。

（4）盐键　又称盐桥或离子键，它是正电荷与负电荷之间的一种静电相互作用。吸引力 F 与电荷电量的乘积成正比，与电荷质点间的距离平方成反比，在溶液中此吸引力随周围介质的介电常数增大而降低。在近中性环境中，蛋白质分子中的酸性氨基酸残基侧链电离后带负电荷，而碱性氨基酸残基侧链电离后带正电荷，二者之间可形成离子键（图 2-25）。

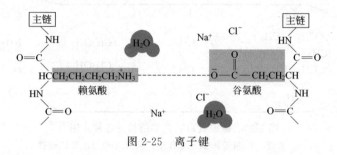

图 2-25　离子键

盐键的形成不仅是静电吸引，而且也是熵增加的过程。升高温度时盐桥（盐键）的稳定性增加，盐键因加入非极性溶剂而加强，加入盐类则减弱。

（5）二硫键　绝大多数情况下二硫键是在多肽链的 β 转角附近形成的。二硫键的形成并不规定多肽链的折叠，然而一旦蛋白质采取了它的三维结构则二硫键的形成将对此构象起稳定作用。假如蛋白质中所有的二硫键相继被还原将引起蛋白质的天然构象改变和生物活性丢失。在许多情况下二硫键可选择性地被还原。

2.3.4　蛋白质的理化性质

蛋白质是由氨基酸组成的大分子化合物，其理化性质一般与氨基酸相似，如两性电离、等电点、呈色反应、成盐反应等，也有不同于氨基酸的性质，如高分子量、胶体性、变性等。

2.3.4.1　蛋白质的胶体性质

蛋白质相对分子质量颇大，介于 1 万～100 万之间，故其分子大小已达到胶粒 1～100nm 范围之内。球状蛋白质的表面多亲水基团，具有强烈地吸引水分子的作用，使蛋白质分子表面常为多层水分子所包围，称为水化膜，从而阻止蛋白质颗粒的相互聚集。

与低分子量物质比较，蛋白质分子扩散速度慢，不易透过半透膜，黏度大。在分离提纯蛋白质过程中，我们可利用蛋白质的这一性质，将混有小分子杂质的蛋白质溶液放于半透膜制成的囊内，置于流动水或适宜的缓冲液中，小分子杂质极易从囊中透出，保留了比较纯化的囊内蛋白质，这种方法称为透析（dialysis）。

蛋白质大分子溶液在一定溶剂中超速离心时可发生沉降。沉降速度与向心加速度之比值即为蛋白质的沉降系数 S。

2.3.4.2　蛋白质的两性电离和等电点

蛋白质是由氨基酸组成的，其分子中除两端的游离氨基和羧基外，侧链中尚有一些可解离基团，如：谷氨酸、天冬氨酸残基中的 γ-羧基和 β-羧基，赖氨酸残基中的 ε-氨基，精氨酸残基的胍基和组氨酸的咪唑基。作为带电颗粒，它们可以在电场中移动，移动方向取决于蛋白质分子所带的电荷。蛋白质颗粒在溶液中所带的电荷，既取决于其分子组成中碱性和酸性氨基酸的含量，又受溶液的 pH 影响。当蛋白质溶液处于某一 pH 时，蛋白质游离成正、负离子的趋势相等，即成为兼性离子（zwitterion，净电荷为 0），此时溶液的 pH 称为蛋白质的等电点（isoelectric point，简写为 pI）。处于等电点的蛋白质颗粒，在电场中并不移动。蛋白质溶液的 pH 大于等电点，该蛋白质颗粒带负电荷，反之则带正电荷。

各种蛋白质分子由于所含的碱性氨基酸和酸性氨基酸的数目不同，因而有各自的等电点。

凡碱性氨基酸含量较多的蛋白质，等电点就偏碱性，如组蛋白、精蛋白等；反之，凡酸性氨基酸含量较多的蛋白质，等电点就偏酸性。人体体液中许多蛋白质的等电点在 pH5.0 左右，所以在体液中以负离子形式存在。

2.3.4.3 蛋白质的变性

天然蛋白质的严密结构在某些物理或化学因素作用下，其特定的空间结构被破坏，从而导致理化性质改变和生物学活性的丧失，如酶失去催化活力、激素丧失活性，称之为蛋白质的变性作用（denaturation）。变性蛋白质只有空间构象被破坏，一般认为蛋白质变性本质是次级键、二硫键的破坏，并不涉及一级结构的变化。

变性蛋白质和天然蛋白质最明显的区别是溶解度降低，同时蛋白质的黏度增加，结晶性破坏，生物学活性丧失，易被蛋白酶分解。

引起蛋白质变性的原因可分为物理和化学因素两类。物理因素有加热、加压、脱水、搅拌、振荡、紫外线照射、超声波的作用等；化学因素有强酸、强碱、尿素、重金属盐、十二烷基磺酸钠（SDS）等。在食品科学领域，变性因素常被应用于消毒及灭菌。反之，注意防止蛋白质变性就能有效地保存蛋白质制剂。

变性并非是不可逆的变化，当变性程度较轻时，如去除变性因素，有的蛋白质仍能恢复或部分恢复其原来的构象及功能。变性的可逆变化称为复性。例如，核糖核酸酶中四对二硫键及其氢键，在 β-巯基乙醇和 8mol/L 尿素作用下，发生变性，失去生物学活性，变性后如经过透析去除尿素、β-巯基乙醇，并设法使巯基氧化成二硫键，酶蛋白又可恢复其原来的构象，生物学活性也几乎全部恢复，此称变性核糖核酸酶的复性。许多蛋白质变性时被破坏严重，不能恢复，称为不可逆性变性。

2.3.4.4 蛋白质的沉淀

蛋白质分子凝聚从溶液中析出的现象称为蛋白质沉淀（precipitation），变性蛋白质一般易于沉淀，但也可不经变性而使蛋白质沉淀，在一定条件下，变性的蛋白质也可不发生沉淀。

蛋白质所形成的亲水胶体颗粒具有两种稳定因素，即颗粒表面的水化层和电荷。若无外加条件，不致互相凝集。然而除掉这两个稳定因素（如调节溶液 pH 至等电点和加入脱水剂），蛋白质便容易凝集析出。如将蛋白质溶液 pH 调节到等电点，蛋白质分子呈等电状态，虽然分子间同性电荷相互排斥作用消失了，但是还有水化膜起保护作用，一般不致发生凝聚作用。如果这时再加入某种脱水剂，除去蛋白质分子的水化膜，则蛋白质分子就会互相凝聚而析出沉淀；反之，若先使蛋白质脱水，然后再调节 pH 到等电点，也同样可使蛋白质沉淀析出。

引起蛋白质沉淀的主要方法有下述几种：

（1）盐析（salting out） 在蛋白质溶液中加入大量的中性盐，以破坏蛋白质的胶体稳定性而使其析出，这种方法称为盐析。常用的中性盐有硫酸铵、硫酸钠、氯化钠等。各种蛋白质盐析时所需的盐浓度及 pH 不同，故可用于混合蛋白质组分的分离。例如用半饱和的硫酸铵来沉淀血清中的球蛋白，饱和硫酸铵可以使血清中的白蛋白、球蛋白都沉淀出来。盐析沉淀的蛋白质，经透析除盐后仍能保持蛋白质的活性。调节蛋白质溶液的 pH 至等电点后，再用盐析法则蛋白质沉淀的效果更好。

（2）重金属盐沉淀蛋白质 蛋白质可以与重金属离子（如汞、铅、铜、银等）结合成盐沉淀，沉淀的条件以 pH 稍大于等电点为宜。因为此时蛋白质分子有较多的负离子，易与重金属离子结合成盐。重金属沉淀的蛋白质常是变性的，但若在低温条件下，并控制重金属离子浓度，也可用于分离制备不变性的蛋白质。

临床医学上利用蛋白质能与重金属盐结合的这种性质，抢救因误服重金属盐而中毒的病人，给病人口服大量蛋白质，然后用催吐剂将结合的重金属盐呕吐出来解毒。

（3）生物碱试剂以及某些酸类沉淀蛋白质 蛋白质又可与生物碱试剂（如苦味酸、钨酸、鞣酸）以及某些酸（如三氯乙酸、过氯酸、硝酸）结合成不溶性的盐沉淀，沉淀的条件应当是 pH 小于等电点，这样蛋白质带正电荷易于与酸根负离子结合成盐。

临床血液化学分析时常利用此原理除去血液中的蛋白质，此类沉淀反应也可用于检验尿中蛋白质。

（4）有机溶剂沉淀蛋白质 可与水混合的有机溶剂，如酒精、甲醇、丙酮等，对水的亲和力很大，能破坏蛋白质颗粒的水化膜，在等电点时使蛋白质沉淀。在常温下，有机溶剂沉淀蛋白质往往引起变性。例如酒精消毒灭菌就是如此，但若在低温条件下，则变性进行得较缓慢，可用于分离制备各种血浆蛋白质。

（5）加热凝固 将接近于等电点附近的蛋白质溶液加热，可使蛋白质发生凝固（coagulation）而沉淀。首先是加热使蛋白质变性，有规则的肽链结构被打开呈松散状不规则的结构，分子的不对称性增加，疏水基团暴露，进而凝聚成凝胶状的蛋白块。如煮熟的鸡蛋，蛋黄和蛋清都凝固。蛋白质的变性、沉淀、凝固相互之间有很密切的关系。但蛋白质变性后并不一定沉淀，变性蛋白质只在等电点附近才沉淀，沉淀的变性蛋白质也不一定凝固。例如，蛋白质被强酸、强碱变性后由于蛋白质颗粒带有大量电荷，故仍溶于强酸或强碱溶液之中。但若将强碱和强酸溶液的 pH 调节到等电点，则变性蛋白质凝集成絮状沉淀物，若将此絮状物加热，则分子间相互盘缠而变成较为坚固的凝块。

2.3.4.5 蛋白质的呈色反应

（1）茚三酮反应（ninhydrin reaction） α-氨基酸与水合茚三酮（苯丙环三酮戊烃）作用时，产生蓝色反应。由于蛋白质是由许多 α-氨基酸组成的，所以也呈此颜色反应。

（2）双缩脲反应（biuret reaction） 蛋白质在碱性溶液中与硫酸铜作用呈现紫红色，称双缩脲反应。凡分子中含有两个以上—CO—NH—键的化合物都呈此反应，蛋白质分子中氨基酸是以肽键相连，因此，所有蛋白质都能与双缩脲试剂发生反应。

（3）米伦反应（Millon reaction） 蛋白质溶液中加入米伦试剂（亚硝酸汞、硝酸汞及硝酸的混合液），蛋白质首先沉淀，加热则变为红色沉淀，此为酪氨酸的酚核所特有的反应，因此含有酪氨酸的蛋白质均呈米伦反应。

此外，蛋白质溶液还可与酚试剂、乙醛酸试剂、浓硝酸等发生颜色反应。

2.3.5 蛋白质的分离纯化

每一生物体内，甚至每一类细胞内都含有成千上万种不同的蛋白质，欲对任何一种蛋白质进行研究，首先必须进行分离（separation）和纯化（purification）。由于目的蛋白在细胞内是与许多其他蛋白质和非蛋白质共存的，加之蛋白质在某些条件下易变性，使得蛋白质的分离纯化工作十分复杂而艰巨。尽管如此，由于现今许多先进技术发展迅速，已有几百种蛋白质得到结晶，上千种蛋白质获得高纯度制剂（preparation）。蛋白质纯化的总目标是增加制品纯度（purity）。虽然蛋白质种类繁多，结构各异，具体分离纯化方法不尽相同，但其基本原则都是通用的。

2.3.5.1 蛋白质分离纯化的一般原则

首先要选择一种含目的蛋白较丰富的材料。分离纯化其中目的蛋白的一般程序可分为前处理、粗分级、细分级和结晶四大步骤。

(1) 前处理（pretreatment） 选择适当的细胞破碎法和适宜的提取介质（一般用一定浓度和一定 pH 值的缓冲液），将蛋白质从细胞中以溶解状态释放出来，保持天然状态，过滤除"渣"后，即得到蛋白质提取液。

(2) 粗分级（rough fractionation） 建立一系列分离纯化的方法，使目的蛋白与其他较大量的杂蛋白分开。

(3) 细分级（fine fractionation） 粗分级后的样品纯度低，在细分级中，也要确立一套适宜的方法，进一步将目的蛋白与少量结构类似的杂蛋白分开，最终使纯度达到预定要求。

(4) 结晶（crystallization） 结晶本身也是进一步提纯的过程。由于结晶中从未发现过变性蛋白质，因此蛋白质结晶不仅是纯度的一个指标，也是确定制品处于天然状态的可靠指标。

2.3.5.2 分离纯化蛋白质的基本原理

现有的各种蛋白质分离纯化技术，主要是根据蛋白质之间某些理化性质上的差异进行的。例如分子大小、溶解度、电离性、吸附性以及生物学功能专一性等。下面仅简要介绍分离蛋白质的基本原理，具体实验技术、操作可参考有关专业书籍。

(1) 按蛋白质分子大小不同的分离

① 透析和超滤 这是利用蛋白质分子颗粒大，不能透过半透膜的胶体性质而设计的。用一张半透膜就能阻留蛋白质分子，使之与其他可通过膜的小分子物质分离开。超滤（ultrafiltration）是在上述基础上增加压力或离心力，迫使蛋白质混合物中的小分子透过滤膜，而使蛋白质分子被阻留在膜上。

② 离心沉降法 蛋白质颗粒在超速离心场内的沉降趋势，不仅与蛋白质的颗粒大小有关，而且和它的密度有关。对于分子大小近似、密度差异较大的蛋白质分子，多采取沉降平衡离心法进行分离、分析；而对于密度近似、大小差异较大的蛋白质分子，则多采取沉降速率离心法进行分离、分析。

③ 凝胶过滤（gel filtration） 也称凝胶色谱（gel chromatography）。凝胶（gel）是具孔网状结构的颗粒，当分子大小不同的蛋白质混合液流经凝胶装成的色谱柱时，比凝胶网孔小的蛋白质进入网孔内，比凝胶网孔大的蛋白质分子则被排阻在外。当用溶剂洗脱时，大分子先被洗脱下来，小分子后被洗脱下来，故可用分部收集法将不同的蛋白质分离开，如图 2-26 所示。

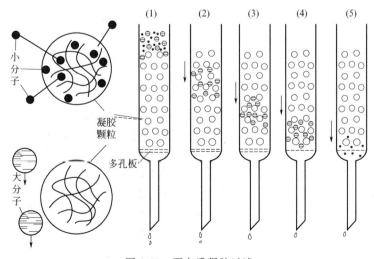

图 2-26 蛋白质凝胶过滤

（2）据蛋白质溶解度的差异进行分离　蛋白质在溶液中的溶解度常随环境 pH 值、离子强度、溶剂的介电常数以及温度等因素改变而改变。这是由于蛋白质各具有其本身特定的氨基酸组成，从而决定了每种蛋白质的电解质行为。所以改变环境条件，控制其溶解度，可以分离不同的蛋白质。

① 等电沉淀（isoelectric precipitation）　利用蛋白质在等电点时溶解度最低的原理，调节混合蛋白质溶液的 pH 值，达到目的蛋白的等电点使其沉淀，其他蛋白质仍溶于溶液中。

② 盐析　向溶液中加入中性盐达一定饱和度，使目的蛋白沉淀析出。最常用的中性盐是硫酸铵，它的溶解度大，在高浓度时也不易引起蛋白质变性，而且使用方便、价廉。

③ 有机溶剂分级分离　蛋白质的溶解度与介质的介电常数有关。在蛋白质溶液中加入介电常数较低而与水能相溶的有机溶剂（如乙醇、丙酮等）能降低水的介电常数，使蛋白质分子中相反电荷间的吸引力增强，加之有机溶剂也有脱去蛋白质分子水化膜的作用，故使蛋白质易于凝聚而沉淀。

（3）据蛋白质的电离性质不同进行分离　蛋白质具有多种电离基团，根据在不同 pH 条件下解离情况不同的特性，可分离各种蛋白质。

① 电泳（electrophoresis）　是当前应用广泛的分离和纯化蛋白质的一种基本手段。当蛋白质在非等电点状态时必定带电荷，在电场中向其所带电荷相反电极方向泳动。不同蛋白质分子所带的电荷性质、数量以及分子大小、形状等不相同，所以其迁移速度各不相同而彼此分离。

带电颗粒在电场中的泳动速度主要决定于它所带的净电荷量以及颗粒的大小和形状。颗粒在电场中发生泳动时，将受到两个方向相反的作用力：

$$F（电场力）\backsim qE$$
$$F_f（摩擦力）\backsim fV$$

式中　q——颗粒所带电量；

E——电场强度或电势梯度；

V——两电极间的电势差。

当颗粒以恒速移动时，$F=F_f$，则 $qE=fV$，即 $V/E=q/f$。

在一定的介质中，对某一蛋白质来说，q/f 是一个定值，因而可知 V/E 也是定值，称作迁移率或泳动度（mobility），以 M 表示：

$$M=V/E$$

M 值可由实验测得，蛋白质的 M 值通常为 $(0.1\sim1.0)\times10^{-4}\ cm^2\ V^{-1}t^{-1}$[●]。$M$ 值以及 pH 和离子强度对 M 值的影响都反映某一特定蛋白质的特性。因此，电泳是分离蛋白质混合物和鉴定其纯度的重要手段，也是研究蛋白质性质很有用的一种物理化学方法。

电泳技术不仅用于蛋白质，而且也用于氨基酸、肽、酶、核苷酸、核酸等生物分子的分离分析和制备。

② 离子交换色谱（ion-exchange chromatography）　也是利用蛋白质两性解离的特点进行分析的技术。由于蛋白质有等电点，当蛋白质处于不同的 pH 条件下，其带电状况也不同。阴离子交换基质结合带有负电荷的蛋白质，所以这类蛋白质被留在柱子上，然后通过提高洗脱液中的盐浓度等措施，将吸附在柱子上的蛋白质洗脱下来。结合较弱的蛋白质首先被洗脱下来。反之，阳离子交换基质结合带有正电荷的蛋白质，结合的蛋白质可以通过逐步增加洗脱液中的盐浓度或是提高洗脱液的 pH 值洗脱下来。

（4）亲和色谱（affinity chromatography）　在生物分子中有些分子的特定结构部位能够

● t 表示恒速移动单位时间。

同其他分子相互识别并结合，如酶与底物、受体与配体、抗体与抗原，这种结合既是特异的，又是可逆的，改变条件可以使这种结合解除。生物分子间的这种结合能力称为亲和力。亲和色谱就是根据这样的原理而设计的蛋白质分离纯化方法。将具有特殊结构的亲和分子制成固相吸附剂放置在色谱柱中，当待分离的蛋白混合液通过色谱柱时，与吸附剂具有亲和能力的蛋白质就会被吸附而滞留在色谱柱中。那些没有亲和力的蛋白质由于不被吸附，直接流出，从而与被分离的蛋白质分开。然后选用适当的洗脱液，改变结合条件，将被结合的蛋白质洗脱下来，这种分离纯化蛋白质的方法称为亲和色谱。对分离纯化蛋白质（特别是酶），此法是一个相当理想的方法。

2.3.6　蛋白质相对分子质量的测定

测定蛋白质相对分子质量，除化学测定方法外，常用的其他方法是根据蛋白质的物理化学性质设计的。主要有超离心沉降速度法、凝胶过滤色谱法、SDS 聚丙烯酰胺凝胶电泳法、渗透压法等。下面仅就部分方法的基本原理进行简单的介绍：

（1）化学测定法　此法是测定特征性化学成分，计算最低相对分子质量。首先利用化学分析方法测定蛋白质中某一特殊成分（某种元素或某种氨基酸）的百分含量。然后，假定蛋白质分子中该元素只有一个原子（或一分子某种氨基酸），据其百分含量可计算出最低相对分子质量：

$$最低相对分子质量 = \frac{已知成分的相对分子质量（或相对原子质量）}{已知成分的百分含量}$$

例如，测得细胞色素 c 的铁元素含量为 0.43%，已知铁相对原子质量为 55.8，则最低相对分子质量（M）为：

$$M = \frac{55.8}{0.0043} \approx 13000$$

因为细胞色素 c 分子只有一个铁卟啉辅基，所以，计算结果与其他方法测得的真实相对分子质量相当。

如果蛋白质分子中所含已知成分不是一个单位，则真实相对分子质量等于最低相对分子质量的倍数。例如，血红蛋白分子中含铁 0.335%，计算出其最低相对分子质量为 1.67 万。只相当于其他方法所得血红蛋白相对分子质量的 1/4。可见，血红蛋白分子中实际含有 4 个铁原子，其真实相对分子质量为最小相对分子质量的 4 倍。

（2）超离心沉降速度法　对蛋白质溶液进行 50000～60000r/min 的高速离心，蛋白质分子会向离心池底部方向移动，离心池上面成为清液，清液与下面的溶液之间出现一个界面。用光学方法测定界面移动的速度，即为蛋白质的离心沉降速度。根据下面的公式可以求出溶质的沉降系数：

$$S = \frac{dx}{dt} \cdot \frac{1}{w^2 x}$$

式中　x——二界面移动的距离；

　　　t——离心的时间；

　　　ω——角速度；

　　　S——沉降系数。

由所得沉降系数 S，可根据斯维得贝格（Svedberg）方程计算蛋白质相对分子质量：

$$M = \frac{RTS}{D(1 - \bar{u}\rho)}$$

式中　R——气体常数，8.314J/(kg·K)；

T——热力学温度，K；

$\bar{u}$——分子的偏微分比体积，即当1g溶质加到大体积的溶剂中时，溶液体积的增量，蛋白质溶于水的偏微分比体积约为0.74cm³/g；

D——扩散系数；

ρ——溶剂（一般用缓冲液）的密度，g/cm³。

S、D、$\bar{u}$ 和 ρ 都可通过实验求出。

沉降系数 S 是文献中经常使用的一个物理量。其物理意义是溶质颗粒在单位离心场中的沉降速度，量纲为秒。一个 S 单位是 1×10^{-13} s，8S 即 8×10^{-13} s。相对分子质量越大，S 越大。蛋白质的沉降系数大都在 $1 \sim 200S$ 之间。

当一种新发现的大分子，其结构、性质和功能都处在研究过程中时，其名称未定，为了描述方便，常用其沉降系数 S 来表示。例如细菌的核蛋白体为70S，有大小两个亚基，小亚基是30S，大亚基是50S。30S亚基的组成包括16S rRNA；50S亚基包括5S rRNA和23S rRNA。

（3）凝胶过滤法　葡聚糖凝胶过滤法是测定蛋白质相对分子质量常用的方法之一。葡聚糖凝胶颗粒有三维网状结构，一定型号的凝胶网孔大小一定，只允许相应大小的分子进入凝胶颗粒内部，大分子则被排阻在外。洗脱时大分子随洗脱液从颗粒间隙先流下来，洗脱液体积小；小分子在颗粒网状结构中穿行，因此其历程长，后被洗脱下来，所以洗脱体积大（如图2-27所示）。

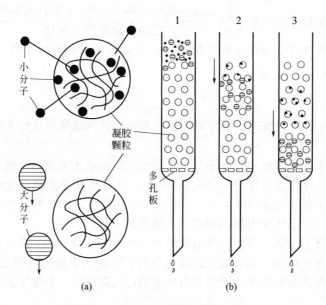

图 2-27　凝胶过滤色谱的原理

（a）小分子由于扩散作用进入凝胶颗粒内部而被滞留，大分子被排阻在凝胶颗粒外面，在颗粒之间迅速通过，大分子行程较短，小分子流程长

（b）1—蛋白质混合物上柱；2—洗脱开始，小分子扩散进入凝胶颗粒内，大分子则被排阻于颗粒之外；3—小分子被滞留，大分子向下移动，大小分子完全分开

若用多种已知相对分子质量的标准蛋白质准确测得各自的洗脱体积（V_e），以 V_e 对相对分子质量对数作图，得标准曲线（如图2-28所示），再用同样条件测定未知样品洗脱体积（V_e），即可从标准曲线上查出样品蛋白质的相对分子质量。凝胶过滤法可测定1万～80万范围内的相对分子质量，误差为±5%。此法设备简单，操作比较容易，结果准确，一般实验室都可进行。

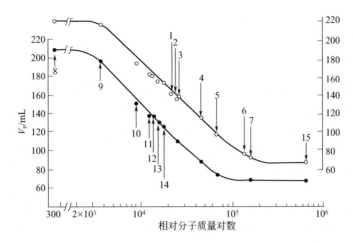

图 2-28　多聚葡聚糖凝胶柱色谱洗脱体积对相对分子质量对数作图

1—大豆胰酶抑制剂；2—细胞色素 c 二聚体；3—胰凝乳蛋白酶原；4—卵清白蛋白；
5—血清白蛋白；6—血清白蛋白二聚体；7—γ-球蛋白；8—蔗糖；9—葡萄肭；10—*Pseudo-
monas* 细胞色素 c-551；11—细胞色素 c；12—核糖核酸酶；13—α-乳清蛋白；14—肌红蛋
白；15—甲状腺珠蛋白

（4）SDS-聚丙烯酰胺凝胶电泳法　普通蛋白质电泳的泳动速率取决于荷质比。若将蛋白质在十二烷基磺酸钠（SDS）溶液中于 100℃ 热处理，并加巯基化合物将二硫键打开。则蛋白质变性，伸展成棒状并与 SDS 结合而带上大量的负电荷，这样一来，蛋白质分子本身的原有电荷被中和。

蛋白质分子大，结合 SDS 多；分子小，结合 SDS 少。因此，不管分子大小如何，荷质比是相同的。可见，荷质比对不同分子量的蛋白质的电泳迁移率的影响不会有什么差别。

凝胶的分子筛效应对长短不同的棒状分子会产生不同的阻力，这是影响迁移率的主要因素。凝胶的浓度（T）和交联度（f）对迁移率也有一定的影响。同一电泳条件下，分子小，受阻小，泳动快，迁移率大；相对分子质量大者，迁移率小。进行 SDS 蛋白质电泳时，用一种染料（如溴酚蓝或甲基绿）作为前沿标记。电泳相对迁移率等于蛋白质泳动的距离和原点到前沿距离的比值：

$$\mu_R = \frac{SDS\ 蛋白质分子泳动的距离}{原点到前沿的距离}$$

迁移率与相对分子质量成一定比例关系，测定几种已知标准相对分子质量的迁移率，并对相对分子质量对数作图，得一直线，如图 2-29 所示。根据未知相对分子质量物质的迁移率，可从图上查得相对分子质量。

这种方法优点是快速，用样品量少，一次实验可同时测几个样品。缺点是误差较大，约为 ±10%。误差来源主要产生于迁移距离的测量误差。这种方法只能测得亚单位肽链的相对分子质量。

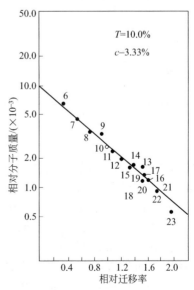

图 2-29　SDS-聚丙烯酰胺凝胶电泳测相
对分子质量的标准曲线

T—凝胶总浓度；c—交联剂浓度

2.4 核酸化学

核酸（nucleic acid）是重要的生物大分子，是生物化学与分子生物学研究的重要对象和工具。现代生物化学建立于 18 世纪下半叶。1868 年瑞士外科医师米歇尔（Friedrich Miescher）由脓细胞中分离提取出一种含磷量很高的酸性物质，称为核素（nuclein），继任者发展了制备不含蛋白质的核酸的方法，1889 年 R. Altmann 最早提出"核酸"一词。核酸的研究改变了整个生命科学的面貌，并由此诞生了分子生物学这一当今发展最迅速、最有活力的学科。

核酸分为两大类：脱氧核糖核酸（deoxyribonucleic acid，DNA）和核糖核酸（ribonucleic acid，RNA）。RNA 根据其结构和功能的不同主要分为三类：信使 RNA（messenger RNA，mRNA）、转运 RNA（transfer RNA，tRNA）和核糖体 RNA（ribosomal RNA，rRNA）。DNA 是遗传信息的贮存和携带者，RNA 主要是转录、传递 DNA 上的遗传信息，直接参与细胞蛋白质的生物合成。在真核细胞中，DNA 绝大部分（约 98%）存在于细胞核染色质中，其余分布于细胞器（如线粒体、叶绿体）中；RNA 绝大部分（约 90%）分布在细胞质中，其余分布在细胞核内。

2.4.1 核酸的分子组成

核酸是一种多聚核苷酸，它的基本结构是核苷酸（nucleotide）。采用不同的降解法，可以将核酸降解成核苷酸，核苷酸还可以进一步降解为核苷和磷酸。核苷再进一步分解生成含氮碱基（base）和戊糖。碱基分两大类：嘌呤碱和嘧啶碱。所以，核酸由核苷酸组成，而核苷酸又由碱基、戊糖与磷酸组成（表 2-20）。

表 2-20　两类核酸的基本化学组成

组成成分		DNA	RNA
碱基	嘌呤碱	腺嘌呤(A)、鸟嘌呤(G)	腺嘌呤(A)、鸟嘌呤(G)
	嘧啶碱	胞嘧啶(C)、胸腺嘧啶(T)	胞嘧啶(C)、尿嘧啶(U)
戊糖		D-2-脱氧核糖	D-核糖
酸		磷酸	磷酸

核酸是一类由碳、氢、氧、氮和磷组成的化合物。其中磷在各种核酸中的含量比较恒定，DNA 的平均含磷量为 9.9%，RNA 的平均含磷量为 9.4%。因此，只要测出核酸样品的含磷量，就可以计算出该样品的核酸含量。

2.4.1.1 核苷酸

核苷酸可分为核糖核苷酸和脱氧核糖核苷酸两类。两者基本化学结构相同，只是所含戊糖不同，个别碱基不同（表 2-21）。核糖核苷酸是 RNA 的结构单位，脱氧核糖核苷酸是 DNA 的结构单位。细胞内还有各种游离的核苷酸和核苷酸衍生物，它们具有重要的生理功能。核苷和磷酸通过磷酸酯键连接而成核苷酸。核糖核苷的戊糖有三个自由羟基，可形成三种核苷酸：2′-核糖核苷酸、3′-核糖核苷酸和 5′-核糖核苷酸。脱氧核糖核苷的戊糖只有两个自由羟基，只能形成两种核苷酸：3′-脱氧核糖核苷酸和 5′-脱氧核糖核苷酸。生物体内游离存在的核苷酸大多数是 5′-核苷酸（"5′-"常可省略不写）。

表 2-21　常见的核苷酸

碱 基	核糖核苷酸	脱氧核糖核苷酸
A	腺嘌呤核苷酸（AMP）	腺嘌呤脱氧核苷酸（dAMP）
G	鸟嘌呤核苷酸（GMP）	鸟嘌呤脱氧核苷酸（dGMP）
C	胞嘧啶核苷酸（CMP）	胞嘧啶脱氧核苷酸（dCMP）
U	尿嘧啶核苷酸（UMP）	—
T	—	胸腺嘧啶脱氧核苷酸（dTMP）

几种核苷酸的结构式列于图 2-30。

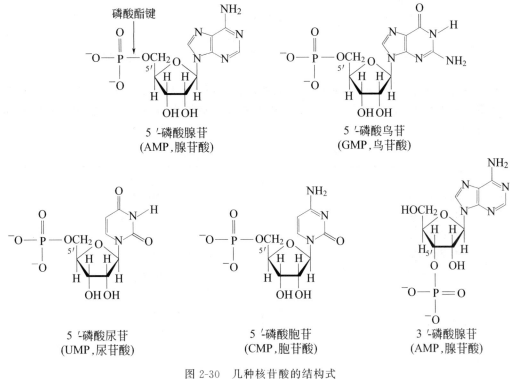

图 2-30　几种核苷酸的结构式

（1）戊糖　有 D-核糖（D-ribose，R）和 D-2-脱氧核糖（D-2-deoxyribose，dR）两种。

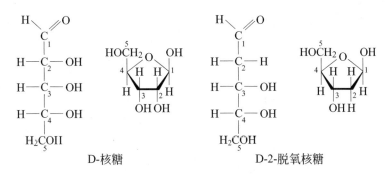

（2）含氮碱基　核酸中的含氮碱称碱基，包括嘌呤碱和嘧啶碱两类。嘌呤碱主要有腺嘌呤（adenine，A）和鸟嘌呤（guanine，G）。嘧啶碱主要有胞嘧啶（cytosine，C）、尿嘧啶（uracil，U）和胸腺嘧啶（thymine，T）。含氮碱杂环中 C 和 N 的编号以不加撇号的 1，2，3…表示。它们的结构式如下：

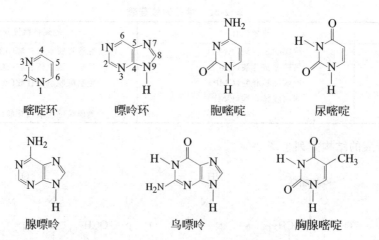

嘧啶环　　　　嘌呤环　　　　胞嘧啶　　　　尿嘧啶

腺嘌呤　　　　　　　鸟嘌呤　　　　　　　胸腺嘧啶

　　某些核酸分子中含有一些微量的稀有碱基，如 2-甲基腺嘌呤、7-甲基鸟嘌呤、5,6-二氢尿嘧啶等（表 2-22）。这些碱基可能是正常碱基被化学修饰形成的。目前已知稀有碱基和核苷达近百种。

表 2-22　核酸中的一些稀有碱基

DNA	RNA
尿嘧啶（U）	5,6-二氢尿嘧啶（DHU）
5-羟甲基尿嘧啶（hm5U）	5-甲基尿嘧啶,即胸腺嘧啶（T）
5-甲基胞嘧啶（m5C）	3-硫尿嘧啶（s3U）
5-羟甲基胞嘧啶（hm5C）	5-甲氧基尿嘧啶（mo5U）
N^6-甲基腺嘌呤（m6A）	N^3-乙酰基胞嘧啶（ac4C）
	2-硫胞嘧啶（s2C）
	1-甲基腺嘌呤（m1A）
	N^6,N^6-二甲基腺嘌呤（m6,6A）
	N^6-异戊烯基腺嘌呤（iA）
	1-甲基鸟嘌呤（m1G）
	N^1,N^2,N^7-三甲基鸟嘌呤（m1,2,7G）

2.4.1.2　核苷（nucleoside）

　　戊糖和碱基通过糖苷键连接而成核苷。糖苷键是由戊糖 C-1′ 上的羟基与嘌呤碱 N-9 或嘧啶碱 N-1 上的氢原子经脱水缩合形成。核苷根据其所含戊糖的不同分为核糖核苷和脱氧核糖核苷（表 2-23）。其中腺嘌呤核苷和胸腺嘧啶核苷的结构式如下：

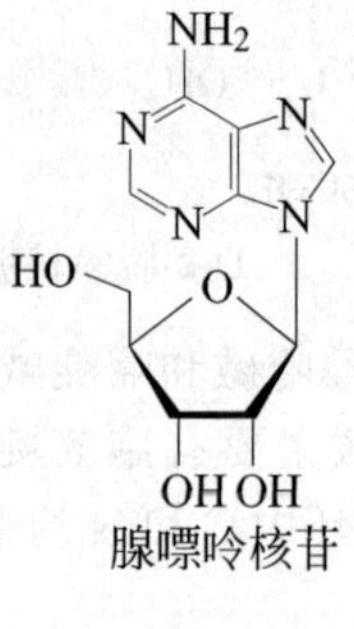

腺嘌呤核苷 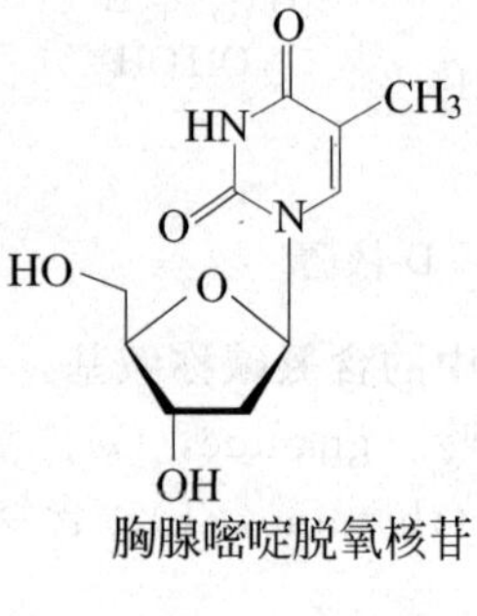　　　　　　胸腺嘧啶脱氧核苷

表 2-23　各种常见核苷

碱　基	核糖核苷	脱氧核糖核苷
A	腺嘌呤核苷（AR）	腺嘌呤脱氧核苷（dAR）
G	鸟嘌呤核苷（GR）	鸟嘌呤脱氧核苷（dGR）
C	胞嘧啶核苷（CR）	胞嘧啶脱氧核苷（dCR）
U	尿嘧啶核苷（UR）	—
T	—	胸腺嘧啶脱氧核苷（dTR）

由稀有碱基形成的核苷称稀有核苷，如假尿嘧啶核苷、次黄嘌呤核苷等。

2.4.1.3　其他核苷酸

（1）多磷酸核苷　生物体内各种 5′-核苷酸和 5′-脱氧核苷酸还可以在 5′ 位上进一步磷酸化，形成二磷酸核苷（NDP 和 dNDP）和三磷酸核苷（NTP 和 dNTP）（表 2-24）。其中 NTP 是合成 RNA 的原料，dNTP 是合成 DNA 的原料。

表 2-24　常见的多磷酸核苷

碱　基	核糖核苷酸			脱氧核糖核苷酸		
	NMP	NDP	NTP	dNMP	dNDP	dNTP
A	AMP	ADP	ATP	dAMP	dADP	dATP
G	GMP	GDP	GTP	dGMP	dGDP	dGTP
C	CMP	CDP	CTP	dCMP	dCDP	dCTP
U	UMP	UDP	UTP	—	—	—
T	—	—	—	dTMP	dTDP	dTTP

ATP（adenosine triphosphate）是体内最重要的高能化合物，分子中含有 3 个磷酸酯键，其中 α-磷酸酯键为低能磷酸酯键，而 β-磷酸酯键、γ-磷酸酯键都是高能磷酸酯键。每 1mol 高能磷酸化合物水解时可释放出自由能大约 20.93kJ。ATP 是人体内各种生命活动的主要的直接供能者，其结构如图 2-31 所示。

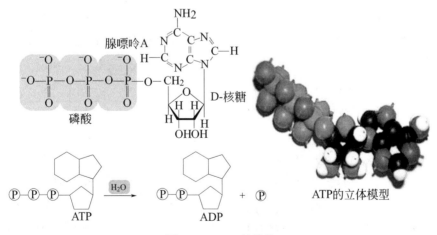

图 2-31　ATP 的结构

（2）辅酶类核苷酸　体内代谢反应中的一些辅酶，也是核苷酸的衍生物。例如尼克酰胺腺嘌呤二核苷酸（NAD$^+$）、尼克酰胺腺嘌呤二核苷酸磷酸（NADP$^+$）、黄素腺嘌呤二核苷酸（FAD）、辅酶 A（CoA）等，其分子中都含有腺苷酸。这些辅酶类核苷酸均参与物质代谢中氢和某些化学基团的传递。

（3）环化核苷酸　组织细胞中还发现了两种环化核苷酸：3′,5′-环化腺苷酸（cAMP）和3′,5′-环化鸟苷酸（cGMP）。它们的含量甚微，但具有重要的生理活性，是一些激素作用的第二信使，在细胞信号转导过程中具有重要调控作用。

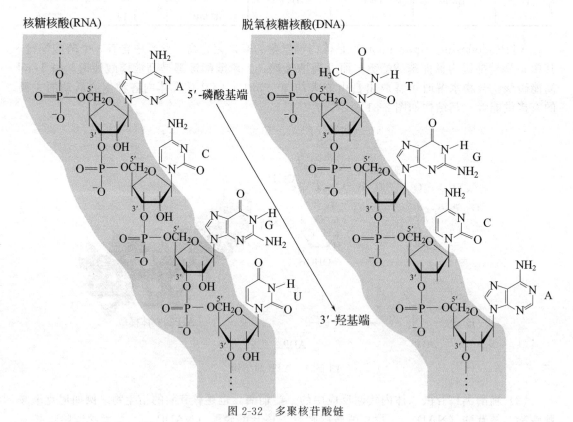

3′,5′-环化腺苷酸　　　　　　　　　3′,5′-环化鸟苷酸
（cAMP）　　　　　　　　　　　（cGMP）

2.4.2　核酸的分子结构

　　一个核苷酸分子戊糖的3′-羟基和另一个核苷酸分子戊糖的5′-磷酸可脱水缩合，形成3′,5′-磷酸二酯键。许多核苷酸借助于磷酸二酯键相连形成的化合物称为多聚核苷酸。多聚核苷酸呈线状展开，称为多聚核苷酸链，它是核酸的基本结构形式。多聚核苷酸链有两个末端，戊糖5′位带有游离磷酸基的一端称为5′末端，戊糖3′位带有游离羟基的一端称为3′末端（图2-32）。

图 2-32　多聚核苷酸链

2.4.2.1　DNA 的分子结构

　　（1）DNA 的碱基组成特点　分析研究表明，DNA 的碱基组成有下列一些特点：

64

① 各种生物的 DNA 分子中腺嘌呤与胸腺嘧啶的物质的量相等，即 A＝T；鸟嘌呤与胞嘧啶的物质的量相等，即 G＝C。因此，嘌呤碱的总数等于嘧啶碱的总数，即 A＋G＝C＋T。

② DNA 的碱基组成具有种属特异性，即不同生物种属的 DNA 具有各自特异的碱基组成，如人、牛和大肠杆菌的 DNA 碱基组成比例是不一样的。

③ DNA 的碱基组成没有组织器官特异性，即同一生物体的各种不同器官或组织 DNA 的碱基组成相似。比如牛的肝、胰、脾、肾和胸腺等器官的 DNA 的碱基组成十分相近而无明显差别。

④ 生物体内的碱基组成一般不受年龄、生长状况、营养状况和环境等条件的影响。这就是说，每种生物的 DNA 具有各自特异的碱基组成，与生物的遗传特性有关。

DNA 碱基组成的这些规律称为 Chargaff 规则，这些规则为研究 DNA 双螺旋结构提供了重要依据。

（2）一级结构　DNA 是由许多脱氧核糖核苷酸通过磷酸二酯键连接起来的多聚核苷酸。DNA 分子中脱氧核糖核苷酸的排列顺序，称为 DNA 的一级结构。它是形成二级结构和三级结构的基础。

（3）二级结构　DNA 的二级结构是一个双螺旋结构，其结构模型于 1953 年由美国的 Watson 和英国的 Crick 两位科学家共同提出，从本质上揭示了生物遗传性状得以世代相传的分子奥秘。其基本内容如下：

① 主干链反向平行　DNA 分子是一个由两条平行的脱氧多核苷酸链围绕同一个中心轴盘曲形成的右手螺旋结构，两条链行走方向相反，一条链为 $5'{\rightarrow}3'$ 走向，另一条链为 $3'{\rightarrow}5'$ 走向。磷酸基和脱氧核糖基构成链的骨架，位于双螺旋的外侧；碱基位于双螺旋的内侧。碱基平面与中轴垂直。

② 侧链碱基互补配对　两条脱氧多核苷酸链通过碱基之间的氢键连接在一起。碱基之间有严格的配对规律：A 与 T 配对，其间形成两个氢键；G 与 C 配对，其间形成三个氢键。这种配对规律，称为碱基互补配对原则（图 2-33）。每一碱基对的两个碱基称为互补碱基，同一 DNA 分子的两条脱氧多核苷酸链称为互补链。

③ 双螺旋立体结构　DNA 双螺旋的平均直径为 2nm，一圈螺旋含 10 个碱基对，每一碱基平面间的轴向距离为 0.34nm，故每一螺旋的螺距为 3.4nm，每个碱基的旋转角度为 36°（图 2-34）。维持 DNA 结构稳定的力量主要是碱基对之间的堆积力，碱基对之间的氢键也起着重要作用。

（4）三级结构　DNA 双螺旋进一步盘曲形成更加复杂的结构，称为 DNA 的三级结构。绝大部分原核生物的 DNA 都是共价封闭的环状双螺旋分子，这种双螺旋分子还需再次螺旋化形成超螺旋结构（图 2-35）。超螺旋是 DNA 三级结构的最常见形式。超螺旋方向与双螺旋方向相反，使螺旋变松者，叫做负超螺旋；超螺旋方向与双螺旋方向相同，使螺旋变紧者，叫做正超螺旋。

在真核生物的染色质中，DNA 的三级结构与蛋白质的结合有关。构成染色质的基本单位是核小体。核小体由核小体核心和连接区组成（图 2-36）。核小体核心由组蛋白八聚体（由 H2A、H2B、H3、H4 各两分子组成）和盘绕其上的一段约含 146 个碱基对（base pair，bp）的 DNA 双链组成，连接区含有组蛋白 H1 和一小段 DNA 双链（约 60 个碱基对）。核小体彼此相连成串珠状染色质细丝，染色质细丝螺旋化形成染色质纤维，后者进一步卷曲、折叠形成染色单体。这样，DNA 的长度被压缩近万倍。

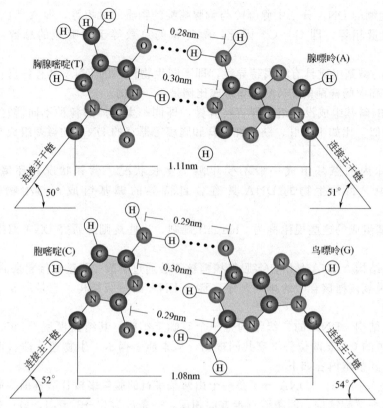

胸腺嘧啶(T)

腺嘌呤(A)

0.28nm

0.30nm

1.11nm

50°   51°

胞嘧啶(C)

鸟嘌呤(G)

0.29nm

0.30nm

0.29nm

1.08nm

52°   54°

连接主干链   连接主干链

图 2-33 碱基互补配对

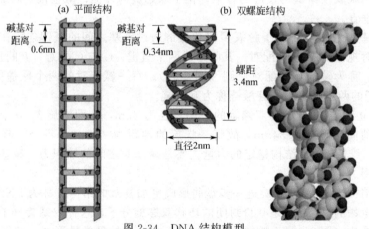

(a) 平面结构   (b) 双螺旋结构

碱基对
距离
0.6nm

碱基对
距离
0.34nm

螺距
3.4nm

直径2nm

图 2-34 DNA 结构模型

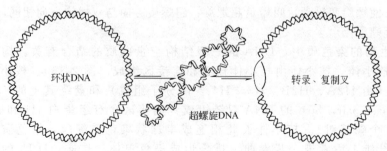

环状DNA   转录、复制叉

超螺旋DNA

图 2-35 环状 DNA 结构示意图

66

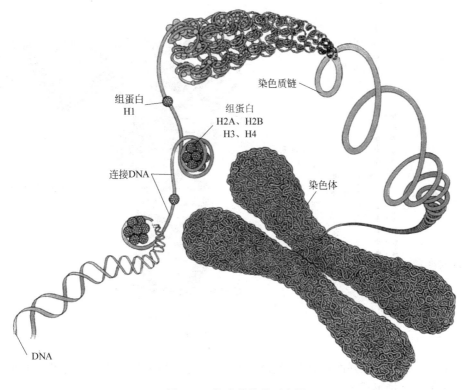

组蛋白
H1

组蛋白
H2A、H2B
H3、H4

连接DNA

染色质链

染色体

DNA

图 2-36　核小体结构示意图

2.4.2.2　RNA 的分子结构

　　RNA 分子中相邻的两个核糖核苷酸也是以 3′,5′-磷酸二酯键连接形成多聚核糖核苷酸链。RNA 的一级结构是指多聚核糖核苷酸链中核糖核苷酸的排列顺序。RNA 分子是单链结构，其核苷酸残基数目在数十至数千之间，相对分子质量一般在数百至数百万之间。

　　RNA 的多核苷酸链可以在某些部分弯曲折叠，形成局部双螺旋结构，此即 RNA 的二级结构。在 RNA 的局部双螺旋区，腺嘌呤（A）与尿嘧啶（U）、鸟嘌呤（G）与胞嘧啶（C）之间进行配对，无法配对的区域以环状形式突起。这种短的双螺旋区域和环状突起称为发夹结构。RNA 在二级结构的基础上进一步弯曲折叠，就形成各自特有的三级结构。

　　(1) tRNA 的结构特点　　tRNA 约含 70～100 个核苷酸残基，是分子量最小的 RNA，占 RNA 总量的 16%，现已发现有 100 多种。tRNA 的主要生物学功能是转运活化了的氨基酸，参与蛋白质的生物合成。

　　各种 tRNA 的一级结构互不相同，但它们的二级结构都呈三叶草形。这种三叶草形结构的主要特征是：含有四个螺旋区、三个环和一个附加叉。四个螺旋区构成四个臂，其中含有 3′末端的螺旋区称为氨基酸臂，因为此臂的 3′-末端都是 C-C-A-OH 序列，可与氨基酸连接。三个环分别用Ⅰ、Ⅱ、Ⅲ表示。环Ⅰ含有 5,6 二氢尿嘧啶，称为二氢尿嘧啶环（DHU环）。环Ⅱ顶端含有由三个碱基组成的反密码子，称为反密码环；反密码子可识别 mRNA 分子上的密码子，在蛋白质生物合成中起重要的翻译作用。环Ⅲ含有胸苷（T）、假尿苷（Ψ）、胞苷（C），称为 TΨC 环；此环可能与结合核糖体有关。tRNA 在二级结构的基础上进一步折叠成为倒 "L" 字母形的三级结构（图 2-37）。

67

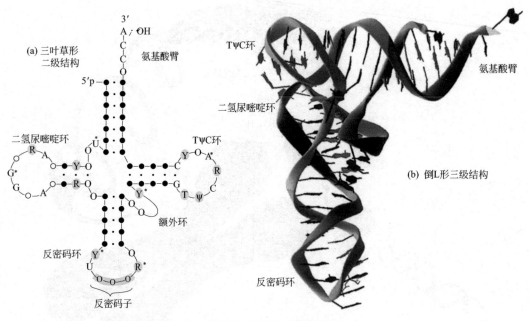

图 2-37　tRNA 的结构

　　tRNA 分子中稀有碱基的数量是所有核酸分子中比例最高的，这些稀有碱基的来源是转录之后经过加工修饰形成的。

　　(2) mRNA 的结构特点　　mRNA 的含量最少，约占 RNA 总量的 2%。mRNA 一般都不稳定，代谢活跃，更新迅速，半衰期短。mRNA 分子中从 5′末端到 3′末端每三个相邻的核苷酸组成的三联体代表氨基酸信息，称为密码子。mRNA 的生物学功能是转录 DNA 的遗传信息，指导蛋白质的生物合成。细胞内 mRNA 的种类很多，分子大小不一，由几百至几千个核苷酸组成。真核生物 mRNA 的一级结构有如下特点：

　　① mRNA 的 3′末端有一段含 30～200 个核苷酸残基组成的多聚腺苷酸（poly A）。此段 poly A 不是直接从 DNA 转录而来，而是转录后逐个添加上去的。有人把 poly A 称为 mRNA 的"靴"。原核生物一般无 poly A 的结构。此结构与 mRNA 由胞核转位胞质及维持 mRNA 的结构稳定有关，它的长度决定 mRNA 的半衰期。

　　② mRNA 的 5′末端有一个 7-甲基鸟嘌呤核苷三磷酸（^{m7}Gppp）的"帽"式结构。此结构在蛋白质的生物合成过程中可促进核蛋白体与 mRNA 的结合，加速翻译起始速度，并增强 mRNA 的稳定性，防止 mRNA 从头水解。

　　在细胞核内合成的 mRNA 初级产物被称为不均一核 RNA(hnRNA)，它们在核内迅速被加工、剪接成为成熟的 mRNA，并透出核膜到细胞质。

　　③ rRNA 的结构特点　　rRNA 是细胞中含量最多的 RNA，约占 RNA 总量的 82%。rRNA 单独存在时不具备生物活性，它与多种蛋白质结合成核糖体，作为蛋白质生物合成的"装配机"。

　　rRNA 的分子量较大，结构相当复杂，目前虽已测出不少 rRNA 分子的一级结构，但对其二级、三级结构及其功能的研究还需进一步深入。原核生物的 rRNA 分三类：5S rRNA、16S rRNA 和 23S rRNA。真核生物的 rRNA 分四类：5S rRNA、5.8S rRNA、18S rRNA 和 28S rRNA。原核生物和真核生物的核糖体均由大、小两种亚基组成。以大肠杆菌和小鼠肝为例，各亚基所含 rRNA 和蛋白质的种类和数目如表 2-25。

表 2-25 核糖体中包含的 rRNA 和蛋白质

来　源	亚　基	rRNA 种类	蛋白质种类数
原核生物(大肠杆菌)	大亚基(50S)	5S,23S	31
	小亚基(30S)	16S	21
真核生物(小鼠肝)	大亚基(60S)	5S,5.8S,28S	49
	小亚基(30S)	18S	33

过去认为，大亚基的蛋白质具有酶的活性，促使肽键形成，故称为转肽酶。20 世纪 90 年代初，H. F. Noller 等证明大肠杆菌的 23S rRNA 能够催化肽键的形成，才证明核糖体是一种核酶，从而根本改变了传统的观点。核糖体催化肽键合成的是 rRNA，蛋白质只是维持 rRNA 构象，起辅助的作用。

2.4.3　核酸的变性、复性和分子杂交

2.4.3.1　核酸的变性与复性

在某些理化因素的作用下，DNA 分子中的碱基堆积力和氢键断裂，空间结构被破坏，从而引起理化性质和生物学功能的改变，这种现象称为核酸的变性。能引起 DNA 变性的理化因素有加热、pH 值改变、乙醇、尿素等。DNA 发生变性后，双螺旋被解开，有更多的碱基共轭双键暴露，对波长 260nm 的紫外光吸收增强，这种现象称为增色效应。如果在连续加热 DNA 的过程中以温度对吸光度作图，所得的曲线称为解链曲线（图 2-38）。从曲线中可以看出，纯 DNA 的变性从开始解链到完全解链，是在一个相当狭窄的温度内完成，在这一范围内，吸光度达到最大值的 50% 时的温度称为 DNA 的解链温度；由于这一现象和结晶的熔解过程类似，又称熔解温度（T_m）。在 T_m 时，核酸分子内 50% 的双链结构被解开。DNA 的 T_m 值一般在 $70\sim85℃$ 之间。DNA 的 T_m 值大小与 DNA 分子中 G、C 的含量有关，因为 G-C 之间有 3

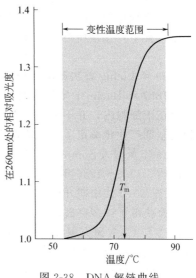

图 2-38　DNA 解链曲线

个氢键，而 A-T 之间只有 2 个氢键，所以 G、C 越多的 DNA，其分子结构越稳定，T_m 值越高。变性 DNA 在适宜条件下，两条彼此分开的链经碱基互补可重新形成双螺旋结构，这一过程称为复性。热变性的 DNA 经缓慢冷却即可复性，这一过程也称为退火。最适宜的复性温度比 T_m 约低 25℃，这个温度叫做退火温度。

2.4.3.2　核酸的分子杂交

不同来源的核酸变性后，合并在一起进行复性，只要它们存在大致相同的碱基互补配对序列，就可形成杂化双链，此过程叫做杂交。杂交分子可以是 DNA/DNA、DNA/RNA 或 RNA/RNA。用同位素标记一个已知序列的寡核苷酸，通过杂交反应就可确定待测核酸是否含有与之相同的序列，这种被标记的寡核苷酸叫做探针。杂交和探针技术对核酸结构和功能的研究，对遗传性疾病的诊断，对肿瘤病因学及基因工程的研究已有比较广泛的应用。

（刘俊梅　胡鑫）

3 酶与维生素

3.1 酶的概述

3.1.1 酶的发展简史

酶（enzyme）是活细胞内产生的在细胞内外均具有催化功能和活性的生物分子，因此称其为生物催化剂。除少数具有催化功能的 RNA 外绝大多数的酶都是蛋白质。生物体在新陈代谢过程中，几乎所有的生物化学反应都是在酶的催化下进行的，可以说没有酶就没有生命。

1859 年 Liebig 首次提出酶是一种蛋白质。1878 年德国学者 Kühne 首先引用"Enzyme"一词。1897 年 Buchner 兄弟俩成功地用不含细胞的酵母液实现发酵，说明具有发酵作用的物质存在于细胞内，并不依赖活细胞，阐述了酵母的酒精发酵及离体酶的作用，这一科学发现为酶制剂产业化奠定了理论依据。1913 年 Michaelis 和 Menten 首次推导酶反应动力学方程。1926 年美国人 Sumner 首次从刀豆中制得脲酶，并进行结晶，进一步证实酶的化学本质是蛋白质。1930～1936 年 Northrop 等制取胃蛋白酶、胰蛋白酶、胰凝乳蛋白酶等的结晶。从 20 世纪 50 年代中期开始在酶学理论方面的研究十分活跃，在蛋白质（或酶）的生物合成理论方面获得了许多突破性进展。

1982 年 Cech 研究组和 Altman 研究组分别发现 RNA 分子具有自我剪接的催化功能，这种具有催化功能的 RNA 称为核酶（ribozyme），目前已知的核酶有催化分子内反应和催化分子间反应两类。因此现代科学认为酶是由活细胞所产生，在细胞内外甚至体外均发挥相同催化作用的一类具有活性中心和特殊结构的生物催化剂，包括蛋白质和核酸，但由于核酸参与的催化反应有限，而且这些反应均可由相应的酶所催化完成，因此蛋白质酶是生物催化剂的主体。

近年来，随着蛋白质分离技术、酶的分子结构、酶作用机理研究的发展，很多酶的结构和作用机理被阐明。

3.1.2 酶的分类

国际酶学委员会（I. E. C）规定，按酶促反应的性质，把酶分成六大类：

（1）氧化还原酶类（oxido-reductases） 是指催化底物进行氧化还原反应的酶类，包括氧化酶和脱氢酶两类。如乳酸脱氢酶、琥珀酸脱氢酶、细胞色素氧化酶、过氧化氢酶等。

（2）转移酶类（transferases） 指催化底物之间进行某些基团的转移或交换的酶类。如转甲基酶、转氨基酶、己糖激酶、磷酸化酶等。

（3）水解酶类（hydrolases） 指催化底物发生水解反应的酶类。这类酶大都属于胞外酶，在生物体内分布最广，种类最多。如淀粉酶、蛋白酶、脂肪酶、磷酸酶等。

（4）裂解酶类（lyases） 指催化从底物分子中移去一个基团或原子形成双键及其逆反应的酶类。如柠檬酸合成酶、醛缩酶等。

（5）异构酶类（isomerases） 指催化各种同分异构体之间相互转化的酶类。如磷酸丙糖异构酶、消旋酶等。

（6）合成酶类（synthetase） 也叫连接酶类（ligases），系指催化两分子底物合成为一分子化合物的酶类。这类反应都是热力学上不能自发进行的必须偶联 ATP 的合成反应。如谷氨酰胺合成酶、丙酮酸羧化酶等。

在每一大类中，根据底物的类别和电子转移的受体还可分成若干亚类和亚亚类。

3.1.3 酶的命名

酶命名的方法主要有习惯命名法和系统命名法。习惯命名法比较简单直观，但缺乏系统性。目前学术界普遍采用的是国际生物化学学会酶学委员会推荐的系统命名法。

（1）习惯命名法 一般采用底物加反应类别来命名，如蛋白水解酶、乳酸脱氢酶、磷酸己糖异构酶等。有些则直接以底物来命名，如蔗糖酶、胆碱酯酶、蛋白酶等。另外，有时在底物名称前冠以酶的来源，如血清谷丙转氨酶、唾液淀粉酶等。

（2）系统命名法 鉴于新酶的不断发现和过去对酶命名的混乱，为避免一种酶有几种名称或不同的酶用同一种名称的现象，1961 年国际生物化学学会酶学委员会提出了一套系统的命名法。该方法规定每一种酶有一个系统名称。

根据酶的分类进行系统编号，它包括酶的系统名和 4 个阿拉伯数字表示分类编号。例如对催化下列反应的酶的命名为 ATP 葡萄糖磷酸转移酶，表示该酶催化从 ATP 中转移一个磷酸到葡萄糖分子上的反应：

$$ATP+D\text{-}葡萄糖 \longrightarrow ADP+6\text{-}磷酸\text{-}D\text{-}葡萄糖$$

它的分类数字是：EC 2.7.1.1，其中 EC 代表按国际生物化学学会酶学委员会，第一个数字"2"代表酶的分类（转移酶类）；第二个数字"7"代表亚类（磷酸转移酶类）；第三个数字"1"代表亚亚类（以羟基作为受体的磷酸转移酶类）；第四个数字"1"代表该酶在亚亚类中的排号（以 D-葡萄糖作为磷酸基的受体）。

3.2 酶催化作用的特性

酶作为生物催化剂，既有与一般催化剂相同的催化性质，又具有生物催化剂本身的特性。

酶与一般催化剂一样，只能催化符合化学热力学要求的化学反应，缩短达到反应平衡的时间，而不改变平衡点；酶在化学反应的前后没有质和量的改变；微量的酶就能催化大量的化学反应；酶和一般催化剂的作用机理一样，都能降低反应的活化能。

然而，酶的化学本质是蛋白质（除核酸外），与一般催化剂相比，酶具有高度专一性、催化效率极高、催化活性的可调控性和易失活等特点。

3.2.1 酶具有高度专一性

酶的催化专一性表现在对催化的反应和底物有严格的选择性。

根据酶催化专一性程度上的差别，分为结构专一性和立体异构专一性（stereospecificity）。结构专一性包括绝对专一性（absolute specificity）、相对专一性（relative specificity）。

3.2.1.1 结构专一性

有些酶只催化一种底物进行一定的反应，称为绝对专一性。如脲酶，只能催化尿素水解成 NH_3 和 CO_2，而不能催化甲基尿素水解。另外一些酶可催化一类化合物或化学键，称为相对专一性。如酯酶既能催化甘油三酯水解，又能水解其他酯键；磷酸酶对一般的磷酸酯都有作用，无论是甘油的还是一元醇或酚的磷酸酯均可被其水解。

3.2.1.2 立体异构专一性

酶对底物立体构型的特异识别，称为立体异构专一性。如 L-乳酸脱氢酶只催化 L-乳酸脱氢，对 D-乳酸无作用；α-淀粉酶只能水解淀粉中 α-1,4-糖苷键，不能水解纤维素中的 β-1,4-糖苷键。

3.2.2 酶具有极高的催化效率

酶是高效生物催化剂，比一般催化剂的效率高 $10^7 \sim 10^{13}$ 倍。酶是通过降低反应活化能来加速化学反应。如：

$$2H_2O_2 \longrightarrow 2H_2O + O_2$$

反应在无催化剂时，需活化能 18000cal/mol；胶体钯存在时，需活化能 11700cal/mol；在过氧化氢酶催化下，仅需活化能不到 2000cal/mol。

3.2.3 酶活性的可调节性

酶作为生物催化剂参与生物体的新陈代谢反应，同时又是新陈代谢的产物，因此酶的催化活性可受许多因素的调节。例如别构酶受别构剂的调节，有的酶受共价修饰的调节，激素和神经体液通过第二信使对酶活力进行调节，以及诱导剂或阻抑剂对细胞内酶含量（改变酶合成与分解速度）的调节等。这些调控机制保证了酶在体内新陈代谢过程中发挥其有序的催化作用，使生命活动中的种种化学反应都能够有条不紊、协调一致地进行。

3.2.4 酶活性的不稳定性

由于绝大多数酶的化学本质是蛋白质，酶所催化的化学反应一般是在比较温和的条件下进行的，因此任何使蛋白质变性的因素都可能使酶变性而失去其催化活性。

3.3 酶的组成

蛋白类酶主要由蛋白质组成，核酶则主要由核糖核酸（RNA）组成。但是两大类别的酶作为生物催化剂，都具有完整的空间结构，具有在催化过程中起主要作用的活性中心，并且多数酶需要有辅助因子参与才能发挥其催化功能。

有些酶仅由单纯蛋白质组成，这种酶称为简单酶类，或称单纯酶。而有些酶除了蛋白质以外，还有非蛋白质成分，这种酶称为结合酶，又叫全酶。结合酶中蛋白质部分称为酶蛋白，其他非蛋白质部分称为酶的辅助因子，包括辅酶和辅基。

辅助因子一般是小分子有机化合物或无机金属离子，具有多方面功能：它们有的是酶活性中心的组成成分；有的在稳定酶分子的构象上起作用；有的作为桥梁使酶与底物相连接。一般把与酶蛋白以共价键相连的辅助因子称为辅基，主要是金属离子，用透析或超滤等方法不能使它们与酶蛋白分开；与酶蛋白结合较疏松的辅助因子称为辅酶，它们多为 B 族维生素，可用透析等方法将其与酶蛋白分开。

体内酶的种类很多，但辅助因子种类并不多。因此一种辅助因子往往与多种酶蛋白结合组成催化功能不同的全酶，但一种酶蛋白只能与一种辅助因子结合组成一种全酶。如 3-磷酸甘油醛脱氢酶和乳酸脱氢酶均以 NAD^+ 作为辅酶。酶催化反应的专一性决定于酶蛋白部分，而辅助因子的作用是参与反应过程中氢原子、电子传递或一些特殊化学基团的传递和转移。

3.4 单体酶、寡聚酶、多酶复合体

根据酶蛋白分子的特点，蛋白质酶又可分为三类。

3.4.1 单体酶

单体酶一般只由一条肽链组成，多为水解酶类，分子量较小。如牛胰核糖酶（EC 2.7.7.16）是由 124 个氨基酸残基连接而成的一条肽链，含有 4 个二硫键；蛋清溶菌酶是由 129 个氨基酸残基连接而成的一条肽链，含有 4 个二硫键。

3.4.2 寡聚酶

寡聚酶是由几个或几十个亚基组成的酶，一般只催化一种反应。寡聚酶中亚基的种类可以相同，也可以不同。由多个相同的亚基组成的称为均一寡聚酶，如铜锌超氧化物歧化酶有两个相同的亚基；过氧化氢酶由 4 个相同的亚基组成等。由不同的亚基组成的称为非均一寡聚酶，如多黏芽孢杆菌天冬氨酸激酶由两个 α 亚基和两个 β 亚基组成等。

3.4.3 多酶复合体

多酶复合体是由多种酶靠非共价键相互嵌合而成。多酶复合体中每一个酶各自催化一个反应，所有的反应依次进行，构成一条代谢途径或代谢途径的一部分。高度有序的多酶复合体提高了酶的催化效率，同时利于对酶的调控。

多酶复合体的相对分子质量很高，例如脂肪酸合成酶复合体相对分子质量为 2200×10^3；$E. coli$ 丙酮酸脱氢酶复合体的相对分子质量为 4600×10^3。

3.5 酶分子的活性中心及其催化作用机制

3.5.1 酶分子的活性中心

酶是生物大分子，在催化反应过程中，只有酶分子的少数基团或特殊的部位直接与底物结合，并催化底物发生化学反应，酶与底物结合的基团或特殊部位称为酶的活性中心（active center）或活性部位（active site）。酶的活性中心包括两个功能基团：一个是结合基团，它与底物结合，决定酶的专一性；另一个是催化基团，催化底物敏感键发生化学变化，它决定酶的催化能力。

构成酶的活性中心的氨基酸有天冬氨酸（Asp）、谷氨酸（Glu）、丝氨酸（Ser）、组氨酸（His）、半胱氨酸（Cys）、赖氨酸（Lys）等，它们的侧链上分别含有羧基、羟基、咪唑基、巯基、氨基等极性基团。这些基团若经化学修饰，如氧化、还原、酰化、烷化等，则酶的活性丧失，因此称这些基团为必需基团。

酶活性中心以外的功能基团在形成并维持酶的空间构象上也是必需的，故称为活性中心以外的必需基团。

73

活性中心以外的、对维持酶空间构象必需的基团，它们不与底物结合，与酶的活性不发生直接关系，而仅仅是维持酶分子的空间构象所必需，因此称其为结构基团。

3.5.2 酶的催化作用机制

酶的催化本质是降低反应所需的活化能，加快反应的速度。关于酶的催化作用机制，有如下几种假说：

（1）锁与钥匙学说　1890 年由 Emil Fischer 提出"锁-钥学说"。酶的活性中心是酶与底物结合并进行催化反应的部位，其形状与底物分子的一部分基团的形状互补。在催化过程中，底物分子或底物分子的一部分就像钥匙一样，只有契合到特定的活性中心部位的某一适当位置，才能进行催化反应，一把钥匙只能开一把锁。这就是锁-钥学说的理论，也称刚性模板理论。此假说能解释酶的立体异构专一性、酶与底物的结合和催化，但不能解释酶的其他专一性及酶催化的逆反应。

（2）中间产物学说　1903 年 Henri 首先提出中间产物学说。研究认为：酶催化某一反应时，首先酶（E）和底物（S）结合生成中间复合物（ES），然后再分解成一种或数种产物（P），同时使酶释放出来，此过程可用下式表示：

$$S+E \underset{k_2}{\overset{k_1}{\rightleftharpoons}} ES \underset{k_4}{\overset{k_3}{\rightleftharpoons}} E+P$$

k_1 和 k_4 为 ES 生成的反应速率常数，k_2 和 k_3 分别代表 ES 分解为 E＋S 和 E＋P 的反应速率常数。ES 的形成，改变了原来反应的途径，可使底物的活化能大大降低，从而使反应加速。中间产物是个极不稳定的复合物，易于分解成产物并使酶重新游离出来；根据中间产物学说，酶促反应分两步进行，而每一步反应的能阈较低，所需的活化能较少。

中间产物学说已为许多实验所证实，由于 ES 的形成速度很快，且很不稳定，一般不易得到 ES 复合物存在的直接证据。但从溶菌酶结构的研究中，已制成它与底物形成复合物的结晶，并得到了 X 射线衍射图，证明了 ES 复合物的存在。

（3）诱导契合学说　1958 年 Koshland 提出了诱导契合学说，认为酶分子与底物分子相互接近时，酶蛋白受底物分子的诱导，酶的活性中心构象发生变化，变得有利于与底物结合，导致彼此互相契合而进行催化反应。对于这一假说，已被许多研究所证实。X 射线衍射结果表明，绝大多数的酶与底物结合时，其活性中心构象均发生某些变化，从而有利于底物与之"契合"。

例如，羧肽酶 A（EC 3.4.17.1）是由含有 307 个氨基酸残基的一条多肽链组成，其活性中心部位由第 145 位的精氨酸（Arg145）、第 248 位的酪氨酸（Tyr248）和第 270 位的谷氨酸（Glu270）组成。当该酶与底物甘氨酰-酪氨酸结合时，Arg145 上带正电荷的胍基移动 0.2nm，Glu270 上的羧基移动 0.2nm，Tyr248 上的酚羟基移动 1.2nm，从亲水的分子表面移至底物肽键附近的疏水区，使之与底物结构互补，有利于与底物分子结合并进行催化。

3.6　酶促反应动力学

酶促反应动力学是研究酶促反应速度及其各种影响因素的科学。其中包括酶浓度、底物浓度、pH、温度、激活剂和抑制剂等。在研究某一因素对酶反应速度的影响时，要使酶催化系统的其他因素不变，并保持严格的反应初速度条件。

酶促反应速度一般用单位时间内底物的减少量或产物的增加量表示。研究酶促反应速度既可阐明酶反应本身的性质，又可了解生物体的正常或异常的新陈代谢。

3.6.1　酶浓度对酶促反应速度的影响

在一定条件下，当底物浓度远大于酶的浓度时，酶促反应速度与酶浓度成正比，即：

$$v = k[E]$$

式中　v——反应速度；

　　　k——反应速率常数；

　　　$[E]$——酶浓度。

3.6.2　底物浓度对酶促反应速度的影响

1902 年，Brown 在研究转化酶催化蔗糖酶解的反应时发现，随着底物浓度增加，反应速度的上升呈双曲线型。即在低蔗糖浓度下，反应速度呈直线上升，表现为一级反应；在高蔗糖浓度下，反应速度上升很少；当蔗糖浓度增加至某种程度时，反应速度达到一个极限值，此时表现为零级反应。底物浓度的改变对酶促反应速度的影响比较复杂。图 3-1 为酶促反应速度对底物浓度在固定酶浓度下的曲线。

零级反应时达到一个极限速度，这时所有的酶活性中心已被底物所饱和，即酶分子与底物结合的部位已被全占据，酶促反应速度不再增加。

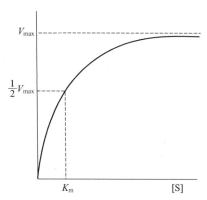

图 3-1　酶促反应速度和底物浓度的关系

$$S + E \underset{k_2}{\overset{k_1}{\rightleftharpoons}} ES \underset{k_4}{\overset{k_3}{\rightleftharpoons}} E + P$$

1913 年 Michaelis 和 Menten 在前人工作的基础上，进行了大量的定量研究，提出了酶促反应动力学的基本原理，并归纳为著名的米氏方程。该方程表明了底物浓度与酶促反应速度之间的定量关系：

设 $\dfrac{k_2 + k_3}{k_1} = K_m$，$V_{max} = k_3[E]_t$（$[E]_t$ 为酶的总浓度），则：

$$v = \frac{V_{max}[S]}{[S] + K_m}$$

该方程式的建立是在三个假设的条件下推出的：

① 在反应初速度条件下，产物浓度很低，那么 E+P 逆向生成 ES 的反应可忽略不计；

② 底物浓度远远大于酶的浓度，ES 形成不会明显降低底物的量；

③ S+E 生成 ES 和由 ES 分解为 E+S 的反应为快反应并很快达到平衡，但 ES 分解为 E+P 的反应为慢反应，酶分解生成产物的速度不足以破坏 E 和 S 之间的平衡，E 和 ES 之间存在平衡。

体内大多数酶促反应均符合上述底物浓度与反应速度的关系。

K_m 值的意义：

米氏方程推导结果 $v = \dfrac{1}{2} V_{max}$ 时，则 $[S] = K_m$。

即，米氏常数 K_m 为酶促反应速度达到最大速度一半时的底物浓度，它的单位是 mol/L，与底物浓度的单位一致。

K_m 是酶的特定物理常数。

① K_m 一般只与酶的性质有关，而与酶的浓度无关。不同的酶，K_m 值不同。

② K_m 也会因外界条件（如 pH 值、温度以及离子强度等因素）的影响而改变。因此

K_m 值作为常数只是对应某一特定的酶反应、特定底物、特定的反应条件而言的。测定酶的 K_m 可以作为鉴别酶的手段。

③ $\dfrac{1}{K_m}$ 可近似地表示酶对底物亲和力的大小，K_m 越小，则达到最大酶促反应速度一半所需要的底物浓度越小，表明酶与底物的亲和力越强；K_m 越大，则表明酶与底物的亲和力越弱。某些酶可以作用于多种底物，对于每一种底物来说各有一个特定的 K_m 值，其中 K_m 最小的那种底物一般称为酶的最适底物或者天然底物。例如，蔗糖是蔗糖酶的天然底物。

米氏方程是一个双曲线函数，直接用它来求酶的两个动力学参数 K_m 和 V_{max} 不方便，一般都是把方程线性化以后作图来求取这些参数。最常用的是 Lineweaver-Burk 双倒数作图法，该法是将米氏方程转化为倒数方程：

$$\frac{1}{v}=\frac{K_m}{V_{max}}\cdot\frac{1}{[S]}+\frac{1}{V_{max}}$$

以 $\dfrac{1}{v}$ 对 $\dfrac{1}{[S]}$ 作图得一条直线（如图 3-2 所示），纵轴截距为 $\dfrac{1}{V_{max}}$，斜率为 $\dfrac{K_m}{V_{max}}$，横轴截距为 $-\dfrac{1}{K_m}$，即可得到 V_{max} 和 K_m。

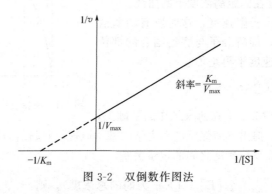

图 3-2　双倒数作图法

如果对某一酶双倒数作图有线性偏离，就说明米氏方程的假设对该酶不适用。要获得较准确的结果，实验时要注意底物浓度范围，一般所选底物浓度需在 K_m 附近。

3.6.3　温度对酶促反应速度的影响

温度对酶促反应速度具有很大的影响，包括导致酶蛋白的变性失活；影响酶和底物的结合；影响酶和抑制剂、激活剂或者辅助因子的结合等。化学反应的速度随温度升高而加速，酶促反应在一定温度范围内也遵循这一规律。温度与酶促反应速度的关系一般是一个钟形的曲线，如图 3-3。

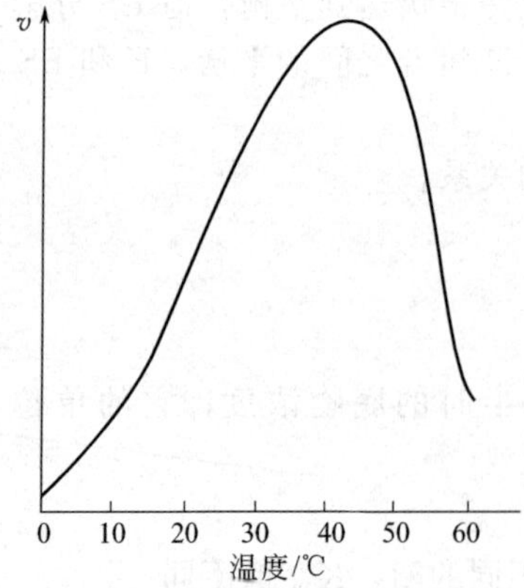

在一定范围内，温度升高，反应物的能量增加，单位时间内有效碰撞次数也增加，促使反应速度增大。但在某一点之后进一步升高温度，酶促反应速度会迅速降低，这是因为温度过高会使得酶蛋白发生变性失活。因此，酶促反应速度随着温度的升高会达到一个最大值，通常称这个温度为该酶的最适温度。酶的最适温度不是酶的特征性常数，它和作用时间、底物浓度、pH、离子强度等许多因素有关。

图 3-3　温度对酶促反应速度的影响

不同来源的酶最适温度不同：一般动物来源的酶，最适温度在 35～50℃ 之间；植物来源的酶最适温度在 40～60℃ 之间；微生物酶的最适温度差别较大，有的酶最适温度可高达 70℃，高温细菌淀粉酶的最适温度达 80～90℃，甚至更高。

3.6.4 pH 对酶促反应速度的影响

pH 可影响酶活性中心的空间构象，从而使酶蛋白中活性部位的结合基团和催化基团的功能受到影响，进而影响酶促反应速度。在动态 pH 条件下测酶活力，可测得在某一 pH 时酶促反应速度最快，这个 pH 称为该酶的最适 pH。用酶促反应速度对 pH 作图，得到钟形曲线，如图 3-4。

多数植物和微生物来源的酶，最适 pH 在 4.5～6.5 左右；动物酶的最适 pH 在 6.5～8.0 左右。个别也有例外，如胃蛋白酶的最适 pH 为 1.5～2.5，精氨酸酶的最适 pH 在 9.8～10.0。

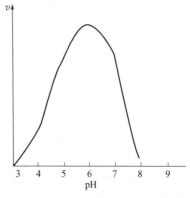

图 3-4 pH 对酶促反应速度的影响

3.6.5 激活剂和抑制剂对酶促反应速度的影响

使酶从无活性的前体转变为有活性的酶或使酶活性增强的物质称为激活剂。激活剂分为以下三种：无机离子、小分子有机化合物和生物大分子。

能使酶活力降低或失活的物质称为酶的抑制剂（inhibitor）。酶的抑制作用是指抑制剂作用下酶活性中心或必需基团发生性质的改变并导致酶活性降低或丧失的过程。按抑制剂作用方式分为可逆抑制和不可逆抑制两类。

3.6.5.1 可逆抑制作用 (reversible inhibition)

抑制剂以非共价键与酶结合，用透析或超滤等物理方法把酶与抑制剂分开，使酶恢复催化活性，称为可逆抑制作用。根据抑制剂、底物与酶三者的相互关系，可逆抑制又可分竞争性抑制（competitive inhibition）、非竞争性抑制（noncompetitive inhibition）和反竞争性抑制（uncompetitive inhibition）三种。

（1）竞争性抑制作用 抑制剂（I）与底物（S）结构相似，它们均能与酶的活性中心结合，两者与酶的结合有竞争作用，分别形成 EI 或 ES 复合物。形成 EI 后抑制了酶的催化作用，由此导致反应系统中游离酶浓度降低，其反应式如下：

$$E + S \longrightarrow ES \longrightarrow E + P$$
$$+$$
$$I$$
$$\downarrow$$
$$EI$$

酶与抑制剂形成 EI 后，EI、E 和 I 之间很快达到平衡，此时若增加底物浓度，即可通过竞争使 EI 解离为 E 和 I，E 和 S 形成 ES。因此，高浓度的底物可以有效解除抑制作用。

经典的例子是丙二酸竞争性地抑制琥珀酸脱氢酶催化琥珀酸脱氢生成延胡索酸的反应。丙二酸与琥珀酸分子结构相似，故可竞争性地结合琥珀酸脱氢酶的活性中心，从而抑制琥珀酸脱氢酶的催化活性。此时增加反应系统中琥珀酸的浓度，可以解除丙二酸对酶的抑制作用。草酰乙酸、苹果酸的化学结构亦与琥珀酸相似，它们亦是琥珀酸脱氢酶的竞争性抑制剂。

在竞争性抑制剂存在下，可以得到如图 3-5 所示的直线。

由图可知，竞争性抑制剂存在时直线的斜率比无抑制剂存在时升高，直线在横轴的截距

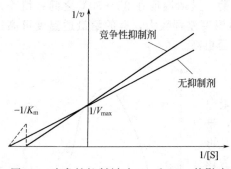

图 3-5 竞争性抑制剂对 K_m 和 V_{max} 的影响

比无抑制剂时要小。也就是说，K_m 值增大，而直线与纵轴相交点 $1/V_{max}$ 并不因抑制剂存在而变化，亦即最大反应速度 V_{max} 不变。

酶的竞争性抑制有重要的应用价值。很多药物是酶的竞争性抑制剂，如磺胺类药物的抑制作用就基于这一原理。细菌利用对氨基苯甲酸、二氢蝶呤及谷氨酸作原料，在二氢叶酸合成酶的催化下合成二氢叶酸，后者还可转变为四氢叶酸，是细菌合成核酸所不可缺的辅酶。磺胺药的化学结构与对氨基苯甲酸相似，故能与对氨基苯甲酸竞争二氢叶酸合成酶的活性中心，造成该酶活性抑制，使菌体四氢叶酸和核酸的合成途径受阻，进而导致细菌生长繁殖停止甚至死亡。

（2）非竞争性抑制作用　非竞争性抑制剂 I 既可以与 E 结合形成 EI，还可与酶-底物复合物结合形成 EIS，由于抑制剂不与底物竞争酶的活性中心，故称为非竞争性抑制作用。非竞争性抑制作用中增加底物浓度不能解除抑制作用。

在非竞争性抑制剂存在下，可以得到如图 3-6 所示的直线。

在有非竞争性抑制剂存在时，直线的斜率升高，直线与纵轴相交点亦比无抑制剂时升高，说明 V_{max} 降低，但直线与横轴相交点与无抑制剂时相同，即 K_m 不受抑制剂影响。

（3）反竞争性抑制作用　有些抑制剂不能与游离酶结合，只能与酶-底物复合物 ES 结合形成 EIS，但 EIS 不能转变为产物。当反应体系加入这类抑制剂时，反应平衡促进

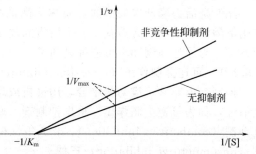

图 3-6　非竞争性抑制剂对 K_m 和 V_{max} 的影响

了 E 与 S 形成 ES 复合物。这种现象与竞争性抑制作用相反，故称反竞争性抑制作用。氰化物对芳香硫酸酯酶的抑制作用属反竞争性抑制类型。

3.6.5.2　不可逆抑制（irreversible inhibition）

抑制剂以共价键与酶的必需基团结合，不能用透析或超滤方法使两者分开，故所造成的抑制作用是不可逆的。

有机磷农药（敌敌畏、敌百虫等）具有与二异丙基氟磷酸（DIFP）类似的结构，它能使乙酰胆碱酯酶的丝氨酸羟基形成共价键，从而抑制酶活性。

氰化物和一氧化碳等这些物质能与金属离子形成稳定的络合物，而使一些需要金属离子的酶的活性受到抑制。如含铁卟啉辅基的细胞色素氧化酶。

3.7　同工酶

1895 年 Fischer 等提出了同工酶的概念。同工酶的存在十分普遍，无论是微生物还是动

物、植物，在其同一物种的不同个体，或是同一个体的不同器官、细胞，或是同一细胞的不同部位，以及生物在生长发育的不同时期和不同的代谢条件，都有同工酶分布。它们催化同一种化学反应，但由于它们的一级结构略有差异，从而导致其理化性质、免疫学性质和电泳行为不同。

同工酶是研究代谢调节、分子遗传、生物进化、个体发育、细胞分化和癌变的有力工具，在生物学、分子酶学、临床医学中均占有重要地位。如血清中的同工酶可作为组织损伤的分子标记物。

目前，已发现的同工酶有很多种，如己糖激酶、乳酸脱氢酶等，其中以乳酸脱氢酶（lactic acid dehydrogenase，LDH）研究得最为清楚。脊椎动物组织中，LDH 有五种同工酶。五种同工酶均由两类亚基组成，包括骨骼肌型（M 型）和心肌型（H 型）亚基，它们以不同比例组成的四聚体构成五种 LDH 形式，即 H_4（LDH_1）、H_3M_1（LDH_2）、H_2M_2（LDH_3）、H_1M_3（LDH_4）和 M_4（LDH_5）。

通常用电泳法可把五种 LDH 分开，LDH_1 向正极泳动速度最快，而 LDH_5 泳动最慢，其他几种介于两者之间，依次为 LDH_2、LDH_3 和 LDH_4。LDH 的组织差异性较大，心肌中以 LDH_1 及 LDH_2 的量较多，而骨骼肌及肝中以 LDH_5 和 LDH_4 为主。不同组织中 LDH 同工酶谱的差异与组织利用乳酸的生理过程有关，LDH_1 和 LDH_2 对乳酸的亲和力大，使乳酸脱氢氧化成丙酮酸，有利于心肌从乳酸氧化过程获得能量。LDH_5 和 LDH_4 对丙酮酸的亲和力大，有使丙酮酸还原为乳酸的作用，这与肌肉在无氧酵解中取得能量的生理过程相适应。在组织病变时这些同工酶释放入血，由于同工酶在组织器官中的分布差异，血清同工酶谱就有了变化。故临床常用血清同工酶谱分析来诊断疾病。

3.8 酶活性的调控

为了使新陈代谢作用能够有条不紊地进行，生物体中的酶还具有自我调节功能，称为酶活性调控。

酶活性的调节控制主要有下列几种方式：

3.8.1 别构调节作用

有些酶的活性中心以外还存在一个特殊调节部位，称其为别构中心。别构中心可以与某些化合物发生非共价结合，引起酶分子的构象发生改变，从而导致酶与底物的亲和力发生改变。这种改变酶活性的调节称为酶的别构调节作用。能引起酶的构象改变的化合物，称为别构效应剂。根据别构效应剂的作用性质，可将其分为激活效应和抑制效应两类。而受别构效应影响发生构象改变的酶称为别构酶或变构酶。

别构酶是一类调节酶，它们均为含有两个或两个以上亚基的寡聚酶，分子量较大，而且具有复杂的空间结构。别构酶可以通过与别构效应剂结合而对本身的催化活性进行调节，在酶活性的快速调节中有重要作用。有些效应剂与酶结合后引起酶分子构象的改变，可以使酶与底物的亲和力增强，这种作用称为正协同效应，正协同效应可以使酶的催化活性显著提高。有些效应剂与酶分子结合后引起酶分子构象改变，结果使酶与底物的亲和力降低，这种作用称为负协同效应，负协同效应使酶难以与底物结合而使酶的催化活性明显降低。

别构调节具有重要的生理意义。在许多酶促反应中，中间产物或终产物就是别构效应剂，因此在反应历程中通过调节别构效应剂浓度变化，即可自动调控酶促反应的进程。

3.8.2　酶的反馈调节作用

代谢途径的中间产物和终产物浓度往往可以影响该代谢途径起始阶段的某一步反应，这种影响称为反馈调节作用。如果该代谢的速度由于反馈调节而加速，称为正反馈，反之则称为负反馈。

反馈调节可通过对酶的诱导、阻遏和变构等方式影响酶的催化活性和酶促反应的方向，因此反馈调节的本质也是变构调节。

3.8.3　可逆共价修饰调节

酶分子上某些基团发生可逆的共价修饰，由此引起酶活性发生改变，即激活或被抑制，称为共价修饰作用。这些酶称为共价修饰调节酶。共价修饰酶具有激活和抑制两种形式，并且可以相互转变，从而调节酶的催化活性。

可逆共价修饰酶的相互转变，大部分是进行磷酸化和脱磷酸化反应，磷酸化的部位一般为丝氨酸残基的羟基，如磷酸化酶 a 和磷酸化酶 b 可以通过酶分子第 14 位的丝氨酸残基的磷酸化和脱磷酸化而使酶的催化活性发生相互转变；磷酸化酶催化糖原磷酸化，生成 1-磷酸葡萄糖和少一个葡萄糖单位的糖原。

已经发现有几十种酶存在可逆共价修饰的调节作用。

3.8.4　酶原激活

有些酶在体内合成或刚刚分泌出来的是以无活性的前体形式存在，称为酶原。根据生理功能需要，通过某种特异性蛋白酶的有限水解，切去一条或数条小肽段之后构象发生变化，转变为有活性的酶而发挥作用的过程称为酶原的激活。这一过程是不可逆的。

酶原激活的本质是切断酶原分子中特异肽键或去除部分肽段后有利于酶活性中心的形成。酶原激活有重要的生理意义，一方面它保证合成酶的细胞本身不受蛋白酶的消化破坏，另一方面使它们在特定的生理条件和规定的部位受到激活并发挥其生理作用。如组织或血管内膜受损后激活凝血因子；胃壁细胞分泌的胃蛋白酶原和胰腺细胞分泌的糜蛋白酶原、胰蛋白酶原、弹性蛋白酶原等分别在胃和小肠激活成相应的活性酶，促进食物蛋白质的消化就是明显的例证。特定肽键的断裂所导致的酶原激活在生物体内广泛存在，是生物体一种重要的调控酶活性的方式。如果酶原的激活过程发生异常，将导致一系列疾病的发生。出血性胰腺炎的发生就是由于蛋白酶原在未进入小肠时就被激活，激活的蛋白酶水解自身的胰腺细胞，导致胰腺出血、肿胀。

3.9　酶活力测定

酶活力测定是酶学研究、酶制剂生产和应用中必不可少的一项工作。酶制剂生产中，从发酵成效的好坏及提取、纯化方法的评价，一直到酶的保存与应用，都是以酶活力测定为依据的。在酒精、白酒生产中，通过测定曲子的酶活力来确定曲子的质量和使用量。在啤酒生产中，通过测定麦芽的酶活力来判断麦芽的好坏。在其他发酵工业的生产过程中，也都无一不涉及酶活力的测定。这说明酶活力测定对指导生产实践极为重要。

3.9.1　酶活力、酶单位、比活力

3.9.1.1　酶活力

因为酶难以纯化，而且很不稳定，所以，要定量描述生物材料或酶制剂中酶的存在数量

时，不能直接用质量或体积表示，通常根据酶具有专一性催化能力的特点，用酶活力来表示酶的存在数量。所谓酶活力就是指酶催化一定化学反应的能力。酶活力的大小，规定用单位制剂中的酶活单位表示。对液体酶制剂，用每毫升酶液中的酶活单位（U/mL）表示；对酶的粉制剂，用每克酶制剂中的酶活单位（U/g）表示。在一定的条件下，酶的活力大小表现在反应速度上。酶促反应速度越大，表明酶活力越高；反之，酶活力就越低。所以，通过测定酶促反应速度，可以了解酶活力大小。测定酶活力时，实质上是在测定酶促反应速度的基础上进行计算的。

3.9.1.2 酶单位（U）

酶单位是人为规定的一个对酶进行定量描述的基本度量单位，其含义是在一定反应条件下，单位时间内完成一个规定的反应量所需的酶量。这里的反应条件是酶反应的最适条件。单位时间有的用 1min，有的用 1h 等。反应量可用底物减少的量表示，也可用产物增加的量表示。在规定条件下，单位时间内完成一个规定的反应量，就代表参加反应的酶制剂的实际酶量为 1 个单位；完成 10 个规定的反应量，制剂中的酶量就有 10U。

实践中，往往对同一种酶，不同作者所定义的酶单位不一样，因此，用酶活单位表达的酶活力也就失去了彼此参比的意义。为此，1961 年国际生物化学学会酶学委员会对酶单位作了统一的规定：在酶作用的最适条件（最适底物、最适 pH、最适缓冲液的离子强度，25℃）下，每分钟催化 1.0μmol 底物转化为产物的酶量为一个酶活力国际单位（IU）。国际单位虽然可以作为统一的标准进行活力的比较，但这种单位在实际应用时，往往显得太烦琐，所以，一般都还采用各自规定的单位。例如，我国标准 QB 546—80 中关于 α-淀粉酶活力单位规定为：每小时分解 1g 可溶性淀粉的酶量为 1 个酶单位。也有规定每小时分解 1mL 2% 可溶性淀粉溶液为无色糊精的酶量为 1 个酶单位的。后者显然比前一个单位小。再如，糖化酶的活力单位规定为：在规定条件下，每小时转化可溶性淀粉产生 1mg 还原糖（以葡萄糖计）所需的酶量为 1 个酶单位。对蛋白酶规定：在规定条件下，每分钟分解底物酪蛋白产生 1μg 酪氨酸所需的酶量为 1 个酶单位。因为一种酶往往有多种测定方法，采用的酶单位也不一样，所以，当应用任何一种酶制剂时，不能只看有多少单位，还要注意所采用的单位是怎样定义的，是在什么条件下进行反应，用什么方法测定的。

3.9.1.3 比活力

单位酶制剂中的酶活单位数，即为酶的比活力。

比活力是酶的定量描述的基本方法。它有多种不同的表达形式，分别适用于不同的场合。前述每克酶制剂中的酶活单位（U/g）或每毫升酶液中的酶活单位（U/mL）都是比活力，是酶学研究以及酶制剂生产、流通和应用领域中最常用的酶量表达形式。前者可相对地反映出粉剂酶中的纯酶质量多少；后者可相对地反映出溶液中酶浓度的大小。

1964 年国际生物化学学会还将酶的"比活力"定义为："每毫克蛋白质所含酶活单位（U/mg 蛋白质）"。通常狭义的酶的"比活力"即指此而言。这是一个表示酶纯度的概念。

在酶的分离纯化过程中，需要跟踪测定比活力，对每步纯化方法作出评价。随着纯化处理，去杂蛋白，酶的比活力会逐步提高。当纯化到不再增加时的比活力，称为恒比活力。恒比活力表示酶制剂已经很纯了，此时的比活力可以认为是每毫克酶蛋白的活力单位。

除此之外，如果酶分子个数或酶活中心数目可以测定的话，比活力的表达方式还有每个酶分子的活力单位或每个催化活性中心的活力单位。它们分别表示每个酶分子或每个酶活中心转换底物能力的大小。

3.9.2 酶促反应的时间进程曲线和初速度

前已述及，酶反应速度可用单位时间内产物或底物的变化量来表示。假如将最适条件下反应的产物量对时间作图，便可得到一条酶反应的时间进程曲线，如图 3-7 所示。这条曲线上每一点的斜率就是该相应时间的瞬时反应速度。

在酶促反应中常用到"初速度"。初速度应该是一个化学反应开始一瞬间的速度，但按照这样一个定义，测定酶促反应的初速度，显然在技术上是困难的。从图 3-7 中可以看出，酶促反应在开始的一段时间内，产物的生成量随反应时间而直线增加，这时的反应速度一般认定为酶促反应的初速度。也有的规定反应体系中底物浓度减少量不超过 5% 时的反应速度为初速度。初速度是所给反应条件下测得的最大反应速度，是进行酶动力学研究的基础。

随着反应时间延长，曲线逐渐弯曲，斜率逐渐减小，表明反应速度越来越低。造成这种现象的原因很多，例如，随着反应的进行，底物浓度降低，产物浓度增加，从而加速了逆反应的进行；产物对酶的抑制作用，以及由于 pH 和温度等因素的影响使酶逐渐失活等。因此，为了确定酶促反应的最大速度，就必须在反应的初速度范围内进行检测。假如不是测定的初速度，则酶活力实质上是被低估了。

从米氏方程的讨论中已知，底物浓度对酶促反应速度的影响极大。当底物浓度 $[S] \gg K_m$ 时，$v = V_{max}$，即酶促反应达到最大速度 V_{max}。

V_{max} 是个理论值，实验中测得的初速度 v 不等于 V_{max}。例如，测酶活力时，通常取底物浓度 $[S]$ 相当于 K_m 值的 20 倍以上，即使如此，初速度 v 也仅仅相当于 95% V_{max}。因此，初速度仅仅是规定条件下的最大反应速度，并非 V_{max}。

在底物浓度已经规定好的最适反应条件下，初速度与酶浓度成正比。由图 3-8 可知，酶浓度越大，初速度越大，但初速度维持的时间越短。因此，为了在规定的底物浓度 $[S]$ 和反应时间内维持初速度，就必须要求酶液具有适当的稀释度，通过测绘时间进行曲线可以验证酶浓度是否合适。测定酶活力时，对酶促反应的观察有隔时取样检测法和利用自动检测记录仪器连续追踪法。前者是常规测定酶活普遍使用的方法，下面仅就此进行讨论。

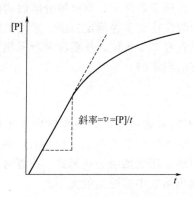

图 3-7 酶促反应时间进程曲线

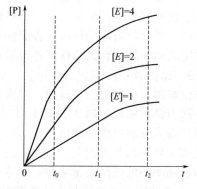

图 3-8 不同酶浓度的反应进程曲线

常规测定酶活力的操作程序为：将样品酶液适当稀释，在最适条件下进行酶促反应，通过化学分析或仪器分析的方法测定反应量，根据酶单位定义和实验数据计算出酶活力，即每毫升酶液或每克酶粉中的酶活单位。以上每个步骤能否正确操作，都会对测定结果产生很大影响。其中，特别是酶的稀释度和酶促反应条件的影响更为突出。下面作简要讨论：

3.9.2.1　关于酶液的稀释

在酶活力测定中，酶液的稀释倍数都必须控制在适宜的范围之内。酶粉剂测定时要溶解和稀释；液体酶（包括生产厂家的发酵液）也要稀释。至于究竟稀释多少倍，要看样品的酶活力大小。初测时，最佳稀释倍数只能通过实验来确定。

根据酶的动力学性质，初速度是最能反映酶的真正活力的，采用初速度法测酶活力是最理想的。因此，无论酶学研究还是生产应用，都应尽量采用此法。

一般酶活力测定方法中，除了明确要求最适 pH、最适温度之外，对底物浓度 [S] 和反应时间也都有明确的规定。因此，要使反应速度在规定的时间内保持恒定不变（初速度法），或者使反应在规定的时间内完成（非初速度法，见下文碘-淀粉显色法测 α-淀粉酶活力），就取决于酶的浓度了。换言之，对酶液进行适当的稀释就成了技术操作的关键。在成熟的酶活力测定方法中，都明确规定了控制酶液稀释度的标准。例如，在福林-酚法测定蛋白酶活力中，规定"须将酶液稀释到吸光度 A 为 0.2～0.4"；用费林试剂定糖法测定淀粉葡萄糖苷酶（糖化酶）活力中，规定"酶液应稀释到样品与空白滴定消耗 0.1mol/L $\left[\frac{1}{2}Na_2S_2O_3\right]$ 的 $Na_2S_2O_3$ 体积之差在 14～20mL 内"；在碘-淀粉显色法测定 α-淀粉酶活力中，规定"酶液稀释到使反应消色时间在 2～2.5min 之内"……

3.9.2.2 关于酶促反应条件及保证措施

测酶活力所用的反应条件应该是最适条件，所谓最适条件包括最适温度、最适 pH、足够大的底物浓度、适宜的离子强度、适当稀释的酶液及严格的反应时间，抑制剂不可有，辅助因子不可缺。有的酶活力测定中没有采用初速度法（如碘-淀粉显色法测 α-淀粉酶活力），在这种情况下，测定标准中硬性规定了一些操作参数（如"反应要在 2～2.5min 内完成"等），测定时必须严格地按照标准去做，这样才能保证分析结果的可重复性。

此外，最适温度需要用恒温槽来控制，因为酶促反应速度随温度变化很大，每相差 1℃，反应速度变化达 10%。要用对酶无抑制作用的、离子强度适当并对下一步测定反应量没有影响的缓冲液维持最适 pH。

反应计时必须准确。反应体系必须预热至规定温度后，加入酶液并立即计时。反应到时，要立即灭酶活性，终止反应，并记录终了时间。

3.9.2.3 关于反应量的测定

测底物减少量或产物生成量均可。只是因为酶促反应所用底物的浓度一般都很高，在反应过程中底物减少量很小，不易甚至无法准确测定，而产物是从无到有，变化量明显，极利于测定，所以大都测定产物的生成量。

3.9.2.4 计算酶活力

酶活力计算是将实验中所用各种参数和所测得的实验数据（反应时间、酶液稀释度和用量、产物生成量等）换算成每毫升（或每克）酶制剂中所含的酶活力单位数。各种数据的换算关系必须符合酶单位的定义和酶活力的表示方法。制剂的单位要与剂型相符，液体酶用毫升，粉剂用克。

3.10 酶的分离、纯化

3.10.1 酶分离纯化一般原则与注意事项

酶是蛋白质，通常用来分离、纯化蛋白质的方法基本上都适用于酶的分离、纯化。由于各种酶的特性和发酵生产方式的差异，以及对酶的纯度要求不尽相同，故酶的分离提纯方法各种各样。

酶一般不太稳定，提纯过程中，酶纯度越高，越不稳定。在酶分离提纯中需要注意以下几个问题：

（1）防止酶蛋白变性 在酶的提纯过程中，要使整个操作尽可能在低温下（5℃以下）

进行，尤其是在用有机溶剂沉淀时更应注意控制低温和缩短时间。调整 pH 时应避免局部过酸或过碱。在选择 pH 时，同时要考虑酶的稳定 pH 范围和酶的溶解度。剧烈搅拌易引起蛋白质变性，因而在提纯中要避免剧烈搅拌和产生泡沫。

有些酶以金属离子或小分子有机化合物为辅助因子，经过透析等方法处理过的制剂，应补充流失的辅助因子。

（2）要随时测定酶活力　在提纯过程的每一步骤中都必须测定酶的活力和蛋白质含量，以便计算酶的总活力和比活力，借以追踪酶的去向，了解每一提纯步骤的回收率和提纯倍数，掌握提纯效果，便于及早发现问题与解决问题。

（3）酶制剂的纯度应与使用目的相适应　酶的纯化过程越长，损失越多，所以，酶制剂的纯度要求应与使用目的相适应，不要片面追求高纯度。例如，食品工业用酶允许含有蛋白质及多糖类杂质，不允许含有有毒物质和大量无机盐。在符合质量标准的前提下，要尽可能缩短流程，以提高收率，降低成本。为研究酶的结构、功能及理化性质使用的酶制剂，必须是纯酶。

在酶制剂工业中，常把微生物培养产酶之后的工艺称为下游技术，主要包括酶的提取、酶液澄清、浓缩及酶的沉淀、干燥和标准化等步骤。下面分别介绍一些重要的下游技术。

3.10.2　菌体细胞的破碎

微生物产生的酶有胞内酶和胞外酶之分，胞内酶是在细胞内合成又在细胞内起作用的酶；胞外酶是在细胞内合成后，分泌到细胞外，在细胞外起作用的酶。除此之外，还有些酶牢固地结合在细胞膜或细胞壁上，称为表面酶。

工业上生产的酶制剂，如果是胞外酶，只要将发酵液过滤或离心，除去菌体细胞后，滤液即可供进一步提纯用。而如果是胞内酶或表面酶，则需先从发酵液中收集菌体，然后将菌体细胞破碎，再用适当的溶剂进行抽提，从而把酶最后精制出来。

微生物菌体细胞破碎的方法很多，常用的有细胞自溶法、机械破碎法、酶法、化学试剂或丙酮粉法等。动植物组织的细胞则常用高速组织捣碎机及匀浆机来破碎。

（1）自溶法　菌体悬液中加入少量甲苯或氯仿，在适宜温度和 pH 下，保温一定时间，使菌体自溶液化。酵母常用此法。

（2）机械磨碎法　研磨是最简单的机械破壁方法。用少量石英砂或氧化铝粉与浓稠的菌体悬液相混并研磨，即可破碎细胞。此外，如匀浆设备和振动球磨设备等都可用于菌体细胞的破碎。

（3）超声波破碎法　将超声波探头置于微生物悬液中。工作频率为 $10\sim25\text{kHz}$。实验室规模功率为 $100\sim500\text{W}$ 即可。此法可使细菌、放线菌细胞破碎。

（4）酶法或化学试剂破壁法　溶菌酶能破坏革兰阳性细菌的细胞壁，使细胞壁降解。一些表面活性剂［如聚乙二醇烷基芳香醚（Triton X-100）等］也能有效地破坏细菌壁。

（5）丙酮法　丙酮能使细胞迅速脱水并破坏细胞壁。首先用离心的方法收集菌体，在低温下加入冷的丙酮，迅速搅拌均匀后，随即抽滤，然后，再用冷丙酮洗涤数次，抽干后低温保存。

3.10.3　酶的抽提

固体发酵法中产生的酶常需提取出来，对于胞内酶等将菌体细胞破坏后也要将酶提取出来，这步工艺即为抽提。大部分酶蛋白都可用稀酸、稀碱或稀盐溶液浸泡抽提。选用何种溶液及其抽提条件取决于酶的溶解特性和稳定性。

抽提液的 pH 一般以 $4\sim6$ 为好。为了达到好的抽提效果，选择的 pH 应该在酶的稳定

pH 范围之内，抽提液的 pH 应远离酶蛋白的等电点，即酸性酶蛋白用碱性溶液抽提，碱性酶蛋白用酸性溶液抽提。关于盐的选择，由于大多数蛋白质在低浓度的盐溶液中更容易溶解，最常用的是 $0.02\sim0.05\,mol/L$ 磷酸缓冲液、$0.15\,mol/L$ 氯化钠溶液及柠檬酸钠溶液等。抽提温度通常控制在 $0\sim4\,℃$，抽提液的用量常为酶原料体积的 $1\sim5$ 倍。

3.10.4　发酵液的预处理

胞外酶虽然在提纯过程中无须破碎菌体细胞，但从酶液中除去菌体细胞的工艺却难易差异很大。有些发酵液，如霉菌的胞外酶发酵液，只要采用过滤或离心等固液分离技术，就很容易除去菌体细胞和混杂的固形物，从而得到澄清酶液。但是，像枯草芽孢杆菌、地衣芽孢杆菌及放线菌等发酵液，因菌体小，有荚膜，密度与水相接近。同时，由于菌体自溶，核酸、蛋白质及其他有机黏性物质的存在，使发酵液的黏性极大。这样的发酵液，过滤、除菌体十分困难，不经过预处理，菌体与酶液就无法分离。

通过预处理，可以从三个方面改变发酵液的物理性状，使之容易进行固液分离：第一，改变发酵液中悬浮颗粒的物理状态，使颗粒变大，硬度增加，或表面性状发生变化；第二，使发酵液中某些可溶性的胶体物质变成不溶性的粒子；第三，改变液体的物理性质，降低其黏度。

向发酵液中加絮凝剂或凝固剂可有效地改变悬浮粒子的物理状态。常用的絮凝剂有离子型和非离子型有机高分子聚合物，例如，聚丙烯酰胺、磺化聚苯乙烯、聚谷氨酸、右旋糖酐等。常用的无机絮凝剂有磷酸钙、氯化钙、硫酸铝等。

不同的絮凝剂作用机理也不相同，有些絮凝剂是电解质，能中和悬浮粒子的表面电荷；有些絮凝剂起架桥作用或吸附裹携作用，能将菌体等悬浮颗粒聚结成絮团。对于我国以农产物豆饼粉、谷物粉或甘薯粉等原料得到的粗料发酵液而言，使用无机絮凝剂经济合理，例如枯草杆菌 α-淀粉酶发酵液中添加 1% 左右的氯化钙和磷酸氢二钠，并伴以均匀地缓慢搅拌和加热处理，可收到很好的絮凝效果。有时候，只用无机絮凝剂还不行，采用无机絮凝剂和有机絮凝剂配合使用的方法，则两类絮凝剂相辅相成，更有成效。例如，在处理 2709 碱性蛋白酶发酵液时，先添加无机絮凝剂硫酸铝（添加量为 0.02%～0.04%），后添加高分子絮凝剂聚丙烯酰胺（添加量为 0.0038%～0.0084%），结果很好地解决了酶液与菌体的分离问题。

乙醇、丙酮等有机溶剂对蛋白质类胶体粒子有凝固作用。在特定条件下，例如在用乙醇沉淀法制取酶制剂时，若发酵液很难过滤，可以在不使酶发生沉淀的限度内，将一部分乙醇先加入发酵液中，使一些杂蛋白先凝固，用以降低滤液黏度，提高过滤效率，这样有助于固液分离，从酶液中除去菌体细胞及杂质。

考虑到酶的热稳定性，在允许的条件下，提高发酵液的温度，也是降低黏度的有效方法。

3.10.5　酶液的浓缩

分离出菌体以后的澄清酶液及酶的抽提液一般浓度都比较低，须经过浓缩，才便于进一步纯化、保存与应用。

对于较少量的酶液，可用葡聚糖凝胶、聚乙二醇、火棉胶袋、超过滤膜等进行浓缩。在工业上酶液的浓缩，一般运用真空浓缩法和逆向渗透法，也越来越多地应用超过滤法。通过浓缩工艺可将低浓度的酶液提高到所要求的浓度。

3.10.6　酶的粉剂和液体制剂

浓缩后的酶液可用盐析等天然蛋白质沉淀技术或喷雾干燥的方法制成酶粉，也可以液体酶的形式直接出售。

目前我国的酶制剂主要是酶粉。粉剂的优点是包装、运输比较方便，稳定性好，不易变性失活。缺点是能耗高，生产成本高，而且污染环境，影响工人健康。冷冻干燥工艺安全可靠，但设备投资和生产成本太高，目前还难以用于酶制剂的大规模生产。

近年来，为了简化生产工艺，缩短生产周期，节约能耗和降低成本，已加速了液体酶的研究与开发工作。有一部分产品，如蛋白酶、糖化酶、α-淀粉酶，已部分改为浓缩液体酶来出售。

液体酶研究与开发的技术关键是酶活力的保护问题。在这方面我国已有厂家和高等院校做了不少有益的工作，取得了明显的效果。当选用适宜的稳定剂和最佳添加量时，液体酶室温贮存 6 个月，失活低于 15％；贮存 1 年，失活低于 22％。国外市场上出售的液体酶指标是在室温下贮存 6 个月，失活不超过 20％。

增强液体酶的稳定性主要是采用添加稳定剂的方法。选用稳定剂的原则是无害、成本低、加量少。已报道过的稳定剂是一些无机或有机的盐类及醇类，实际上，无论是厂家还是研究者都没有将这一技术全部公开。

3.10.7　酶的精制

如果需要高纯度的酶制剂，则需要进行反复的纯化。常用的方法仍是盐析法、等电点沉淀法、有机溶剂沉淀法等。除此之外，还有吸附法、离子交换法、凝胶过滤法、亲和色谱法及蛋白电泳分离等。这些技术的基本原理大都在有关章节中作过介绍，这里仅将亲和色谱技术的基本原理进行简要的讨论。

亲和色谱是新近发展起来的一种色谱分离技术。它是利用生物大分子与其小分子配基之间具有专一性亲和力，能发生可逆的结合，形成络合物的特性，将其一方（例如，酶的底物或抑制剂）固定到水不溶性载体上，装入柱中，做成亲和色谱柱。当含有另一方（例如酶）的样品溶液进入柱中时，便与固定化的配基结合，留在柱中。而其他非酶杂质则从柱中通过。把色谱柱冲洗干净后，再换适当的溶剂将酶从柱上洗脱下来。这样即得到高纯度的酶溶液。

这种利用酶（或其他生物大分子）能够与其配基专一结合的特性，对制品进行分离纯化的技术，称为亲和色谱。其技术要点如图 3-9 所示。

亲和色谱技术操作简便，设备要求不高，分离效果好。对于酶与酶的配基、抗体与抗原、激素与受体等具有专一性互补关系的化合物，任何一方的分离纯化都非常适用。

3.10.8　回收率、纯化倍数和纯度的鉴定

在分离纯化过程中，对每个纯化步骤都必须进行酶活力测定和比活力、总活力的计算、比较，以掌握纯化程度和酶损失情况。这样才能了解所选择的方法和条件是否适宜，当发现问题时才可及时加以改进。

（1）回收率　是酶在提纯以后和提纯之前的总活力之比，它表示提纯过程中酶损失程度的大小。

（2）纯化倍数　酶在提纯以后与提纯之前的比活力之比，它表示提纯过程中纯度提高的程度。

理想的提纯方法是既有较高的纯化倍数，又有较高的回收率。或者说，既能最大限度地除去杂蛋白，又能尽量保护酶蛋白不受损失。因此，在选择提纯方法时，必须根据实际需要而设计方案。工业用酶对纯度要求较低，但用量大，成本价格具有重要意义，故一般应选用

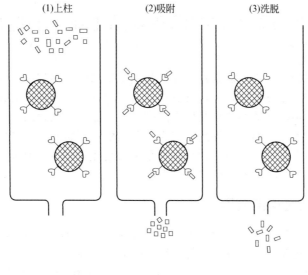

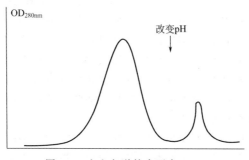

图 3-9　亲和色谱技术要点

□ 酶；▫ 杂质；♡ 专一性的抑制剂

回收率高的方法。食品级和医药级用酶需要量少，纯度要求高，以选用纯化倍数高的方法为宜。

（3）纯度鉴定　高纯度的酶制剂需要进行纯度鉴定。然而，目前还没有什么简单的方法可以对纯度作出肯定的结论。任何一种方法的鉴定结果都是相对的。通过凝胶柱的色谱法进行分析，若制剂只有一个色带，可认为是色谱纯；在蛋白质电泳中，若只有一个区带，可认为是电泳纯；测比活力，若纯化到比活力恒定不变，则可认为是比活力法的纯品。除此之外，超速离心沉降、等电聚焦等也都可以用于酶纯度的鉴定。几种方法互相印证，无疑可使结论更加可靠。

3.10.9　酶制剂的保存

酶制剂易受各种因素的影响而渐渐变性失活，任何酶制剂都难以做到长期保存不变化。一般工业酶制剂，在规定条件下要求半年酶活损失不超过 10%，一年不超过 20%。至于液体酶，在贮存过程中酶活损失更大，这已在前面讨论过了。

酶在贮存过程中，必须注意环境条件，特别是保持低温、干燥和避光。

酶在低温下比较稳定，酶制剂的水分越高，越需要低温保存，最好在 0℃ 以下。酶液在冰冻状态下可长期保存不失活。

酶在干燥状态下稳定性好，若受潮，则易霉变。

光对酶蛋白有破坏作用，所以，避光保存也是必要的。

3.11　酶制剂与酶工程技术在食品工业中的应用

由于酶催化反应的专一性与高效性，在食品加工中酶的应用相当广泛。在食品加工中加入酶的目的通常是为了改良风味，制造合成食品，增加提取食品成分的速度与产量，提高副产物的利用率等。利用酶还能控制食品原料的贮藏性与品质。在食品工业中用得最多的是水解酶，其中主要是糖类化合物的水解酶；其次是蛋白酶和脂肪酶；少量的氧化还原酶类在食品加工中也有应用。食品加工中所用的酶制剂是由可食用的或无毒的动植物原料中提取的，或从非致病、非毒性的微生物经发酵提取制取的。

3.11.1　酶在食品工业中的应用

酶在食品工业中主要应用于淀粉加工、乳品加工、果蔬加工、调味品酿造、酒类酿造、肉制品加工、蛋类和鱼类加工以及面包与焙烤食品的制造等。

用于淀粉加工的酶有 α-淀粉酶、β-淀粉酶、葡萄糖淀粉酶（糖化酶）、葡萄糖异构酶、脱支酶以及环糊精葡萄糖基转移酶等。淀粉加工的第一步是用 α-淀粉酶将淀粉水解成糊精，即液化；第二步是通过上述各种酶的作用，制成各种淀粉糖浆。

用于乳品工业的酶有凝乳酶、乳糖酶、过氧化氢酶、溶菌酶及脂肪酶等。凝乳酶用于制造干酪；乳糖酶用于分解牛奶中的乳糖；过氧化氢酶用于消毒牛奶；溶菌酶添加到奶粉中，可以防止婴儿肠道感染；脂肪酶可增加干酪和黄油的香味；干酪生产中牛乳脂肪通过脂肪酶的适度水解会产生一种很好的风味。

用于水果加工保藏的酶有果胶酶、柚苷酶、纤维素酶、半纤维素酶、橙皮苷酶、葡萄糖氧化酶以及过氧化氢酶等。为了保持混浊果汁的稳定性，常用高温瞬时杀菌或巴氏消毒法使其中的果胶酶失活，因果胶是一种保护性胶体，可保护悬浮溶液中的不溶性颗粒而维持果汁混浊。在番茄汁和番茄酱的生产中，用热打浆法可以很快破坏果胶酶的活性；大多数水果在压榨果汁时，果胶多会使水分不易挤出，且榨汁混浊，如用果胶酶处理，则可提高榨汁率并使汁液澄清；加工水果罐头时应先热烫使果胶酶失活，可防止罐头贮存时果肉过软；在柑橘汁加工过程中采用低温工作、快速榨汁、抽气以减少含氧量，巴氏消毒使抗坏血酸氧化酶失活，可以减少维生素 C 的破坏。

香蕉风味成分的前体是非极性氨基酸和脂肪酸，成熟时经过一系列风味酶的作用转化为芳香族酯、醇类及酸而形成香蕉风味；甘蓝、芥菜、水芹菜等十字花科植物的风味主要来自硫糖苷酶作用于硫糖苷产生的芥菜油。食品在加工过程中大部分挥发性风味化合物受热挥发使食品失去风味，可以添加外来的酶使食品中原先的风味前体成分转变为风味物质，使加工后的食品仍保持特殊风味。

大豆和大豆制品中的异味是由于脂氧合酶催化亚麻酸生成的氢过氧化物继续裂解而产生的。在未经热烫而冷冻的豌豆中，羰基化合物的累积就是由于脂氧合酶引起的，而且热烫不成功的植物组织中仍含有此酶，同样会产生异味。所以，为了减少贮藏蔬菜中脂氧合酶的活性，在冷冻或干燥前必须进行热烫。

在啤酒工业生产中，使用淀粉酶、中性蛋白酶和 β-葡聚糖酶等酶制剂来处理啤酒生产中的大麦、大米、玉米等辅助原料，可以补偿原料中酶活力不足的缺陷，缩短糖化时间。巯基蛋白酶在其活性中心有一个巯基基团，如木瓜蛋白酶、生姜蛋白酶、菠萝蛋白酶及无花果蛋白酶等，这类酶大多存在于植物中，广泛应用于食品加工中。巯基蛋白酶可用作啤酒的澄清剂，啤酒的冷却混浊与蛋白质沉降有关，若用植物蛋白酶将蛋白质水解即能消除这种现象。糖化酶代替麸曲，用于制造白酒、黄酒、酒精，可以提高出酒率、节约粮食、简化设备等。果胶酶、酸性蛋白酶、淀粉酶用于制造果酒，可以改善果实的压榨过滤，使果酒澄清。

在肉制品生产中，丝氨酸蛋白酶包括胰凝乳蛋白酶、胰蛋白酶及弹性蛋白酶等，可用来软化和嫩化肉中的结缔组织，将酶溶液注射到牲畜屠宰体中或涂抹在小块的肉上起到嫩化作用。利用蛋白酶水解废弃的动物血、杂鱼以及碎肉中的蛋白质，可以生产完全的或部分水解的蛋白质水解液，是开发蛋白质资源的有效措施。用葡萄糖氧化酶与过氧化氢酶共同处理除去禽蛋中的葡萄糖，可以消除禽蛋产品"褐变"的现象。螃蟹肉和虾肉若浸渍在葡萄糖氧化酶和过氧化氢酶的混合液中，可抑制其颜色从粉红色变成黄色，因为混合液中的葡萄糖氧化酶能催化葡萄糖吸收氧而形成葡萄糖酸，而过氧化氢酶能催化过氧化氢分解成水和氧。

向陈面粉团添加霉菌的 α-淀粉酶，可以提高面包质量；添加 β-淀粉酶，可以防止糕点老化；加蔗糖酶，可以使糕点中的蔗糖从糖浆中析出；添加蛋白酶，可以使通心面风味佳，延伸性好。将酸性蛋白酶加到面粉中，在焙烤食品中可改变面团的流变性质，因此也就改变了产品的坚实度。小麦中的脂氧合酶对面粉的流变性质有很大的影响，因为揉面时混入了空气中的氧，使脂氧合酶催化蛋白质中的巯基氧化成二硫键，而形成网状结构，改善了面团的弹性。此外，面粉中常常加入大豆粉，这不仅可以增加蛋白质含量，而且可利用大豆粉中的脂氧合酶加强蛋白效果，同时改善面团的流变性质。

3.11.2 酶工程技术应用发展趋势

酶因其具有高选择性、催化反应条件温和、无污染等特点，广泛应用于食品加工、医药和精细化工等行业。但天然酶稳定性差，易失活，不能重复使用，并且反应后灭酶或分离纯化，使其难以在工业中更为广泛地应用。此外，分离和提纯酶以及它们的一次性使用也大大增加了其作为催化剂的成本。在此条件下，固定化酶的概念和技术应运而生并迅速发展。早在 1970 年，中国生物研究所、上海生物化学研究所的酶学工作者同时开始了固定化酶和固定化细胞技术的研究工作。到 20 世纪 70 年代末，这方面的研究已在国内许多科研单位、高等学校和各类企业推广和应用，并取得了明显的效果。现在固定化酶和细胞技术已被用于食品添加剂生产中。

酶制剂产品品种增加，质量提高，成本下降，为食品工业带来了巨大的社会经济效益。酶工程技术加快了新资源的开发，使功能性食品添加剂，如营养强化剂、低热量的甜味剂、食用纤维和脂肪替代品等发展迅速。

例如，脂肪酶是只能在异相系统或不溶性系统的油-水界面水解的酶。由于脂肪酶的不稳定性、底物的水不稳定性、酶的来源狭窄、提纯困难等原因，较长时期以来，其研究进展与蛋白酶、淀粉酶相比要慢得多。近年来，随着细胞工程、固定化技术、基因工程的兴起，脂肪酶的研究取得了显著的进步。

3.12　辅酶与维生素

某些小分子有机化合物与酶蛋白结合并共同完成催化作用，称它们为辅酶（或辅基）。这类化合物是多数酶发挥催化作用不可缺少的组成部分，它们大多数是维生素类。

维生素是生物体维持正常生命活动所必需的一类小分子微量有机化合物。虽然需要量很少，但对维持机体生命活动却十分重要。人体一般不能合成，必须从食物中摄取。

维生素是存在于食物中的一类重要营养素。由于最早分离出来的维生素 B_1 是一种胺类，因此早期称这类物质为 vitamine，即生命胺，后来又改为维生素（vitamin）。

维生素的化学结构各异，功能复杂。因此习惯上根据其溶解性质分成两大类：一类是脂溶性的维生素，包括维生素 A、维生素 D、维生素 E、维生素 K 等；另一类是水溶性维生素，包括 B 族维生素和维生素 C。

维生素在机体内主要作为酶的辅助因子发挥作用，因此在本章仅介绍作为辅酶的维生素或类维生素因子，而其他维生素将由食品营养学课程讲授。

3.12.1 NAD⁺、NADP⁺ 与维生素 B₅

维生素 B_5 又名维生素 PP，也称抗癞皮病因子，是吡啶的衍生物。包括尼克酸（又名烟酸）和尼克酰胺（又名烟酰胺），见图 3-10，在体内主要以烟酰胺的形式存在。

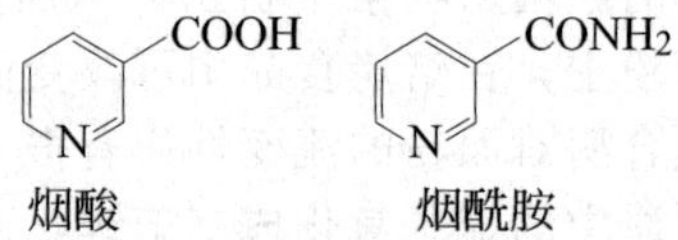

烟酸　　　　　　烟酰胺

图 3-10　烟酸和烟酰胺的结构

维生素 B_5 广泛存在于自然界，在人体内可以将色氨酸转变成烟酸，因色氨酸为必需氨基酸，因此人体的维生素 B_5 主要从食物中摄取。由于大多数蛋白质都含有色氨酸，一般食物中也富含烟酸，所以人体一般不会缺乏。但以玉米和高粱为主食的地区易缺乏，原因是玉米中色氨酸含量很少，高粱中虽不缺色氨酸，但亮氨酸含量高，亮氨酸可抑制喹啉酸核糖转移酶的活性，因而导致色氨酸不能转变为烟酸。

在体内烟酰胺可经几步连续的酶促反应与核糖、磷酸、腺嘌呤组成脱氢酶的辅酶，包括尼克酰胺腺嘌呤二核苷酸（NAD⁺）和尼克酰胺腺嘌呤二核苷酸磷酸（NADP⁺）（见图 3-11），它们是烟酰胺在体内的活性形式。

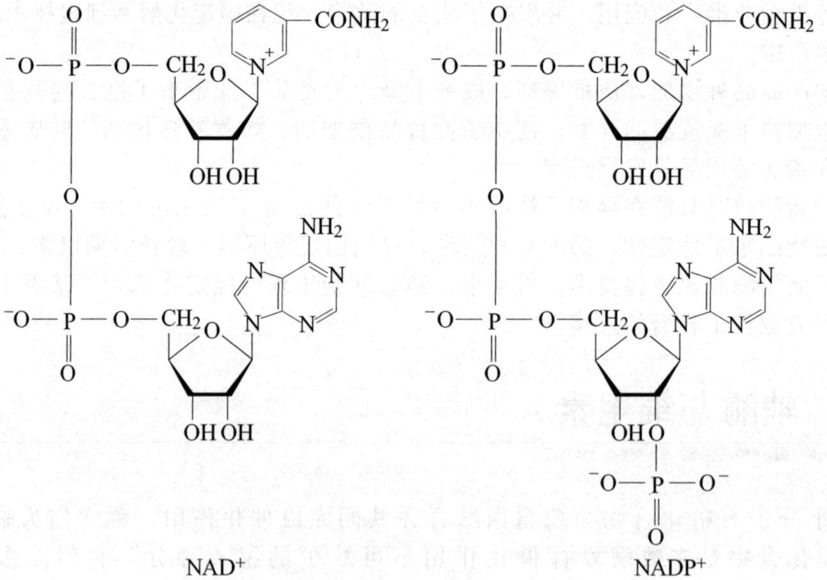

NAD⁺　　　　　　　　　　　　NADP⁺

图 3-11　NAD⁺ 和 NADP⁺ 的结构

NAD⁺ 和 NADP⁺ 在体内参与氧化还原反应，是多种脱氢酶的辅酶，是重要的递氢体。NAD⁺ 也称为辅酶Ⅰ，NADP⁺ 也称为辅酶Ⅱ。

3.12.2 FMN、FAD 和维生素 B₂

维生素 B_2 又称核黄素。核黄素的化学结构中含有二甲基异咯嗪和核醇两部分（图 3-12）。核黄素为橙黄色针状结晶，它的异咯嗪环上的第 1 位及第 10 位氮原子处具有两个活泼的双键，此处可接受或释放氢，因而具有氧化还原性，在机体内起传递氢的作用。

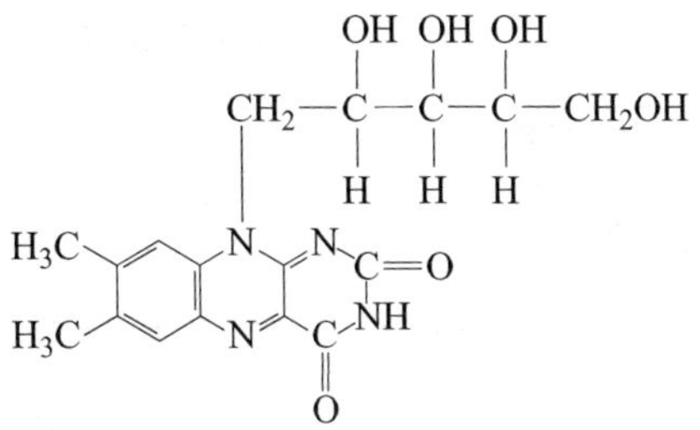

图 3-12　核黄素的结构

核黄素有黄素单核苷酸（FMN）和黄素腺嘌呤二核苷酸（FAD）两种形式（见图 3-13），FMN 及 FAD 是体内一些氧化还原酶（主要是黄素蛋白类）的辅酶，如琥珀酸脱氢酶等。

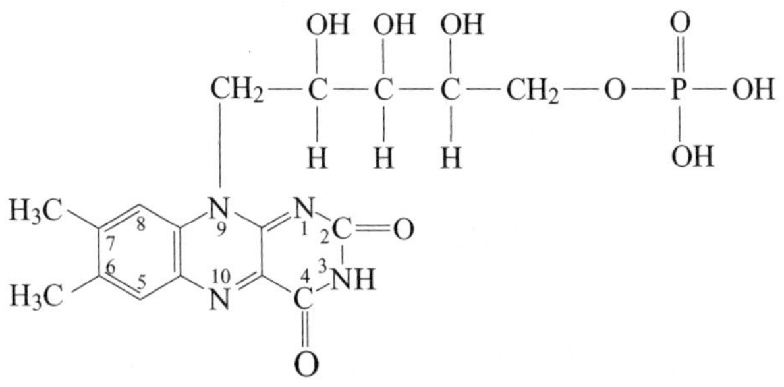

黄素单核苷酸(FMN)

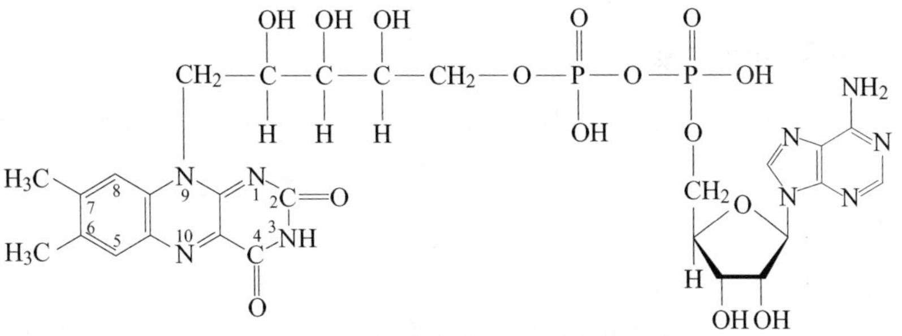

黄素腺嘌呤二核苷酸(FAD)

图 3-13　FMN 和 FAD 的结构

维生素 B_2 在酸性和中性环境中对热稳定，在碱性环境中易被破坏。

3.12.3 辅酶 A 和维生素 B₃

维生素 B_3 又叫泛酸、遍多酸，因在自然界广泛存在而得名。它是由 β-丙氨酸依靠肽键与 α,γ-二羟基-β,β-二甲基丁酸脱水缩合成的有机酸（见图 3-14）。

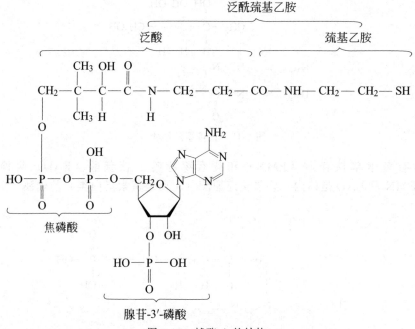

图 3-14 泛酸的结构

泛酸在肠内被吸收进入人体后，与巯基乙胺和 3′-磷酸-AMP 缩合而生成辅酶 A(CoA，结构见图 3-15)。

图 3-15 辅酶 A 的结构

在体内，辅酶 A 是酰基转移酶的辅酶，在代谢途径中起转移酰基的作用。因泛酸广泛存在于生物界，所以一般不出现缺乏症，辅酶 A 的活性部位是在—SH 上，故通常以 HSCoA 表示。辅酶 A 可用作白细胞减少症、肝炎、动脉硬化等疾病的辅助药物。

3.12.4 四氢叶酸和维生素 B_{11}

维生素 B_{11} 又称叶酸，因植物的绿叶中含量十分丰富而得名，由蝶酸和谷氨酸组成（见图 3-16）。人体不能合成对氨基苯甲酸，也不能将谷氨酸接到蝶酸上去，所以人体所需要的叶酸需从食物中供给。

图 3-16 叶酸的结构

叶酸溶于水，见光易失去生理活性，在中性、碱性溶液中对热稳定。叶酸在小肠上段被吸收，在十二指肠及空肠上皮黏膜细胞中含叶酸还原酶（辅酶为 NADPH），在该酶的作用下，叶酸可转变成叶酸的活性形式四氢叶酸（FH_4 或 THFA），其结构见图 3-17。

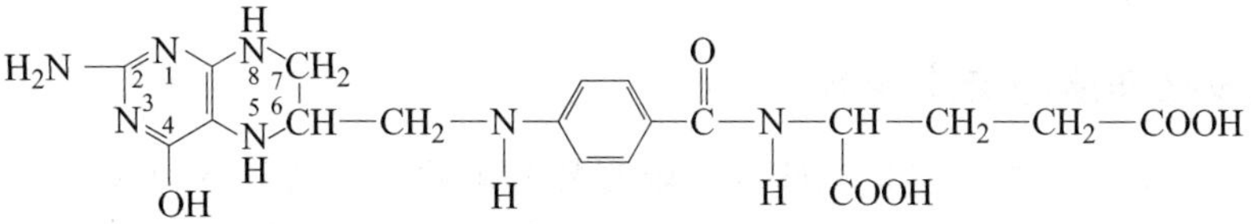

图 3-17 四氢叶酸的结构

四氢叶酸是体内一碳单位（含有一个碳原子的基团）转移酶的辅酶，分子内部第 5 位和第 10 位 N 原子能携带一碳单位。一碳单位在体内参加多种物质的合成，如嘌呤、胸腺嘧啶核苷酸、蛋氨酸的合成等。当叶酸缺乏时，DNA 合成受阻而减少，细胞分裂速度降低，细胞体积增大，核内染色体疏松导致贫血，称巨红细胞性贫血。因此，叶酸可治疗该类贫血症。

叶酸在肉及水果、蔬菜中含量较多，肠道的细菌也能合成，所以一般不发生缺乏症。口服避孕药或抗惊厥药能干扰叶酸的吸收及代谢，如长期服用此类药物时应考虑补充叶酸。抗癌药物甲氨蝶呤因结构与叶酸相似，能抑制二氢叶酸还原酶的活性，使四氢叶酸合成减少，进而抑制体内胸腺嘧啶核苷酸的合成，因此具有抗癌作用。

3.12.5 TPP 和维生素 B_1

维生素 B_1 又名硫胺素，是由嘧啶环和噻唑环以亚甲基连接而成的化合物（见图 3-18）。硫胺素为白色结晶，在有氧化剂存在时易被氧化产生脱氢硫胺素，后者在有紫外线照射时呈蓝色荧光，可利用这一性质进行定性和定量分析。

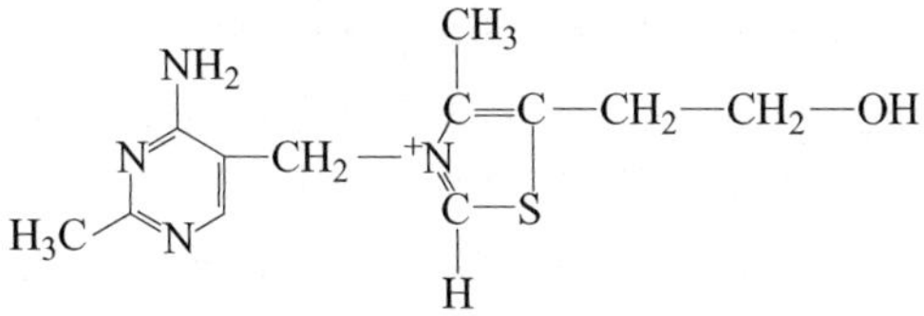

图 3-18 硫胺素的结构

维生素 B_1 易被小肠吸收，入血后主要在肝及脑组织中经硫胺素焦磷酸激酶作用生成焦磷酸硫胺素（TPP）（见图 3-19），为存在于体内的活性形式。

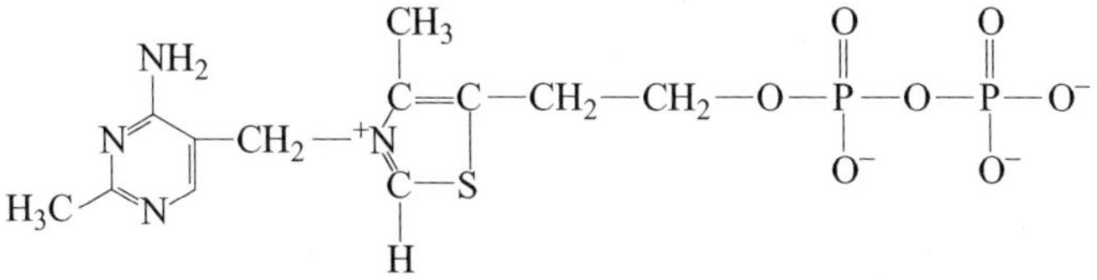

图 3-19 焦磷酸硫胺素的结构

TPP 是脱羧酶的辅酶，主要参与糖代谢中 α-酮酸的氧化脱羧作用。所以维生素 B_1 缺乏时，代谢中间产物 α-酮酸氧化脱羧反应发生障碍，血中的丙酮酸堆积，可导致末梢神经炎及其他神经病变，严重时主要表现为心跳加快，下肢沉重，手足麻木，并有类似蚂蚁在上面爬行的感觉。所以维生素 B_1 又称为抗神经炎维生素。

维生素 B_1 主要存在于种子外皮及胚芽中，对谷物加工过于精细可造成其大量丢失。脚气病主要发生在高糖饮食及食用高度精细加工的米、面的人群中。此外，因慢性酒精中毒而不能摄入其他食物时也可发生维生素 B_1 缺乏，初期表现为末梢神经炎、食欲减退等，进而可发生浮肿、神经肌肉变性等。

3.12.6 磷酸吡哆素与维生素 B_6

维生素 B_6 又名吡哆素，包括吡哆醇、吡哆醛和吡哆胺三种物质（见图 3-20）。维生素 B_6 为无色晶体，在酸性条件下稳定，对光和碱性条件敏感，遇高温易被破坏，易溶于水和乙醇，微溶于脂质溶剂。

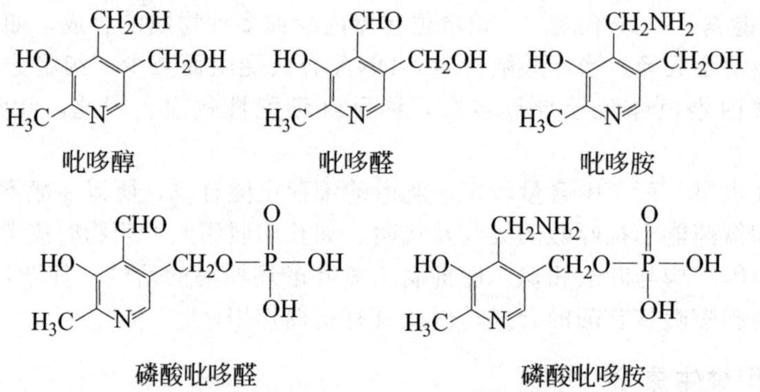

图 3-20 维生素 B_6 及其辅酶的结构

维生素 B_6 在体内常以磷酸酯的形式存在，构成磷酸吡哆醇、磷酸吡哆醛和磷酸吡哆胺（见图 3-20）。磷酸吡哆醛和磷酸吡哆胺是多种酶的辅酶，主要参与氨基酸的代谢。

磷酸吡哆醛是氨基酸代谢中的转氨酶及脱羧酶的辅酶，可促进谷氨酸脱羧生成 γ-氨基丁酸。γ-氨基丁酸是一种抑制性神经递质，能抑制脑组织的兴奋。磷酸吡哆醛还是血红素合成限速酶的辅酶，所以，维生素 B_6 缺乏时可造成低血色素小细胞性贫血。

因食物中富含维生素 B_6，同时肠道微生物可合成维生素 B_6，因此人类很少发生维生素 B_6 缺乏症。但异烟肼能与磷酸吡哆醛结合，使其失去辅酶的作用，结核病患者长期服用异烟肼时需要补充维生素 B_6。

3.12.7 生物素

生物素即维生素 B_7，由一个噻吩环和一分子尿素结合而成，侧链上有戊酸。生物素主要有两种，α-生物素在蛋黄中较多，β-生物素在肝中居多（结构见图 3-21）。生物素为无色针状结晶体，耐酸而不耐碱，氧化剂及高温可使其失活。

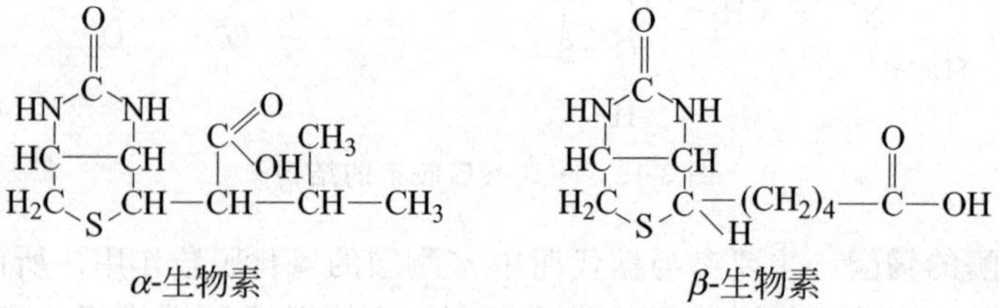

图 3-21 生物素的结构

生物素是体内多种羧化酶的辅酶，如丙酮酸羧化酶，为 CO_2 的传递体。

生物素来源极广泛，人体肠道细菌也能合成，很少出现缺乏症。新鲜鸡蛋中有一种抗生物素蛋白，它能与生物素结合使其失去活性并不被吸收，蛋清加热后这种蛋白被破坏，也就不再妨碍生物素的吸收。长期服用抗生素可抑制肠道细菌生长，也可能造成生物素的缺乏，主要症状是疲乏、恶心、呕吐、食欲不振、皮炎及脱屑性红皮病。

3.12.8　维生素 B_{12}

维生素 B_{12} 又称氰钴胺素（结构见图 3-22），是唯一含金属钴的维生素。维生素 B_{12} 在体内因结合的基团不同，有多种存在形式，如氰钴胺素、羟钴胺素、甲基钴胺素和 5′-脱氧腺苷钴胺素，后两者是维生素 B_{12} 的活性形式，也是血液中的主要存在形式。维生素 B_{12} 是深红色的晶体，在水溶液中稳定，熔点较高（大于 320℃），易被酸、碱、日光等破坏。

维生素 B_{12} 通常以甲基钴胺素和 5′-脱氧腺苷钴胺素的形式作为辅酶参与代谢。

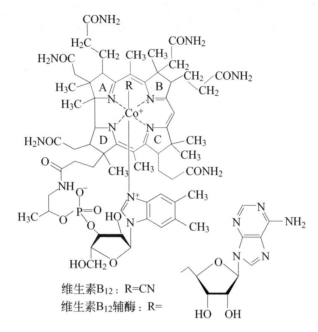

维生素B_{12}：R=CN

维生素B_{12}辅酶：R=

图 3-22　维生素 B_{12} 及辅酶的结构

体内的维生素 B_{12} 参与 DNA 的合成，因此维生素 B_{12} 缺乏会导致核酸的合成障碍，影响细胞分裂，结果发生巨幼红细胞贫血症，也称恶性贫血症。

维生素 B_{12} 多存在于动物的肝中，瘦肉、鱼及蛋类食物中含量丰富。且人和动物肠道细菌均能合成，很难发生维生素 B_{12} 缺乏症。个别维生素 B_{12} 缺乏症患者常见于有严重吸收障碍疾病的人及长期素食者。

3.12.9　硫辛酸

硫辛酸是少数不属于维生素的辅酶，是酵母及一些微生物的生长因子，硫辛酸有氧化型和还原型两种形式，它们之间可以相互转化，其反应式如下：

硫辛酸(氧化型)　　　　　　　硫辛酸(还原型)

硫辛酸是丙酮酸脱氢酶系和 α-酮戊二酸脱氢酶系的辅酶之一，起递氢和转移酰基的作用。

硫辛酸在肝和酵母中含量丰富。在食物中硫辛酸与维生素 B_1 同时存在。

3.12.10 辅酶 Q

辅酶 Q 亦称泛醌,是不属于维生素类的辅酶。存在于线粒体中,是呼吸链的组成成分。辅酶 Q 在氧化还原反应过程中的结构状态如下:

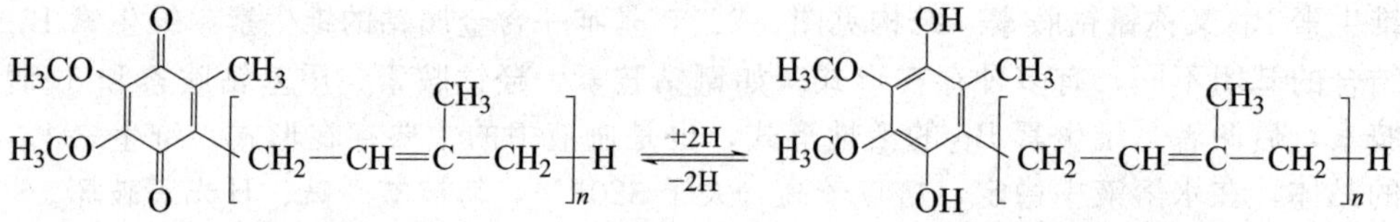

泛醌(辅酶Q)　　　　　　　　　泛氢醌(辅酶Q-2H) $n=6\sim10$

常见的辅酶 Q 的侧链含有 10 个异戊烯结构单元($n=10$),所以通常称为辅酶 Q_{10}。辅酶 Q 的主要功能是作为线粒体呼吸链氧化还原酶的辅酶而传递电子。

(张平平　崔素萍)

4 生物氧化

生物体的生存和生长除需要各种有机物质和无机物质外，还必须获得大量的能量，以满足生物体内各种复杂的化学反应的需要。一些生物体如高等植物和光合细菌以太阳光的辐射能作为能源，而另一些生物体如动物和大多数微生物，则以营养物分子中的化学能作为能源。生物体以不同的方式将这些能量转化成生物大分子的合成、主动运输和运动等需能过程能够利用的能量贮存形式，用于维持生命活动。

4.1 生物氧化的基本知识

4.1.1 生物氧化的概念

一切生物的所有生命活动都需要能量。生命活动所需要的能量来源于糖、脂肪、蛋白质等生物大分子在体内的氧化。糖、脂肪、蛋白质等生物大分子在体内的氧化是在细胞中完成的。生物大分子在细胞中被氧化分解产生二氧化碳和水，同时释放出能量的过程称为生物氧化。生物氧化的过程如同呼吸一样，是利用氧产生二氧化碳，所以又称其为细胞呼吸或组织呼吸。

生物氧化与体外燃烧所释放的能量也是完全相同的。但是体外燃烧通常是在高温高压下进行，能量以骤发的形式释放出来，并伴有光和热的产生；而生物氧化是在活细胞内有水的环境中进行的，且有一系列酶、辅酶和中间传递体的参与，能量被逐步释放出来，储存在ATP的高能磷酸键中，当机体需要的时候再进行释放和能量转换，从而使能量得以高效利用。

4.1.2 生物氧化的特点

生物氧化具有以下特点：

（1）在活细胞内、温和的条件下进行　生物氧化是在生物细胞内进行的酶催化的氧化过程，反应条件温和（水溶液、体温及近于中性 pH），在生物氧化进行过程中，同时伴随有生物还原反应的发生。

（2）由酶催化分阶段逐步进行，能量逐步释放　生物氧化是一个分步进行的过程，每一步都由特殊的酶催化，每一步反应的产物都可以分离出来。这种逐步进行的反应模式有利于在温和条件下逐步氧化并释放能量，提高能量利用率。

（3）释放的能量储存在 ATP 中　在生物氧化过程中产生的能量一般都储存在一些特殊的化合物中，主要是以高能磷酸键的形式储存在 ATP 中。电子由还原型辅酶传递到氧的过程中，形成的大量 ATP 占全部生物氧化产生能量的绝大部分。生物氧化释放的能量，通过与 ATP 合成相偶联，转换成生物体能够直接利用的生物能。

（4）受到严格的调控　生物氧化过程受到生物体的精确调控，这种调控决定了生物体中的生物氧化速率能正好满足生物体对 ATP 的需要。

4.1.3　生物氧化的方式

生物氧化的过程实际上就是有机分子在生物体内进行氧化反应、分解成二氧化碳和水并释放出能量形成 ATP 的过程。生物氧化的一般过程包括脱氢、脱羧和水的生成，其中伴随着 ATP 的形成。主要方式有以下几种。

4.1.3.1　脱氢——生物大分子的氧化过程

进行生物氧化的代谢物分子大多是有机物，它们在氧化时除了失去电子外，还要失去质子，一个电子和一个质子相当于一个氢原子，所以生物氧化反应往往是以脱氢为主要氧化方式，并且总是同时包含两个电子的转移。氧化反应有以下几种形式：

（1）加氧　向底物分子中直接加入氧分子或氧原子，如醛氧化为酸。

$$RCHO + 1/2O_2 \longrightarrow RCOOH$$

（2）脱氢　从底物分子中脱下一对氢原子，如乳酸脱氢生成丙酮酸。

$$\underset{\text{乳酸}}{CH_3-\underset{|}{\underset{OH}{CH}}-COOH} \longrightarrow \underset{\text{丙酮酸}}{CH_3-CO-COOH} + 2H$$

（3）失电子　原子或离子在反应中失去电子。如细胞色素中铁的氧化。

$$Fe^{2+} \longrightarrow Fe^{3+} + e$$

4.1.3.2　脱羧——二氧化碳的生成

生物氧化作用中产生的二氧化碳并不是代谢物中的碳原子与氧直接结合产生的，而是来源于有机酸在酶催化下的脱羧作用。根据脱去二氧化碳的羧基在有机酸分子中的位置，把脱羧作用分为 α-脱羧与 β-脱羧两种类型。脱羧过程中有的伴有氧化过程，称为氧化脱羧；有的没有氧化作用，称为直接脱羧或单纯脱羧。

（1）α-直接脱羧

$$\underset{\text{氨基酸}}{R-\underset{|}{\underset{NH_2}{\overset{\alpha}{CH}}}-COOH} \xrightarrow[\text{（磷酸吡哆醛）}]{\text{氨基酸脱羧酶}} \underset{\text{胺}}{R-CH_2-NH_2} + CO_2$$

（2）α-氧化脱羧

$$\underset{\text{丙酮酸}}{CH_3-CO-COOH} + \underset{\text{辅酶 A}}{HSCoA} \xrightarrow[-2H]{\text{丙酮酸脱氢酶}} CH_3-CO\sim SCoA + CO_2$$

（3）β-直接脱羧

$$\underset{\text{草酰乙酸}}{\overset{\beta}{C}H_2-COOH \atop \overset{\alpha}{C}O-COOH} \xrightarrow{\text{草酰乙酸脱羧酶}} \underset{\text{丙酮酸}}{CH_3 \atop CO-COOH} + CO_2$$

（4）β-氧化脱羧

$$\underset{\text{苹果酸}}{\overset{\beta}{C}H_2-COOH \atop \overset{\alpha}{C}HOH-COOH} \xrightarrow[-2H]{\text{苹果酸酶}} \underset{\text{丙酮酸}}{CH_3 \atop CO-COOH} + CO_2$$

4.1.3.3　耗氧——水的生成

生物氧化过程的最后阶段是分子氧作为电子的最终受体，接受生物氧化中有机物分子中失去的电子和质子形成水。生物体内主要是以脱氢酶、传递体和氧化酶组成生物氧化体系促进水的生成。

4.1.4 高能化合物

在生化反应中，某些化合物随水解或基团转移可以释放出大量的自由能。一般将水解或基团转移反应释放出超过 20.92kJ/mol 自由能的化合物称为高能化合物，并用符号“～”表示分子结构中能裂解释放出大量自由能的高能键。

4.1.4.1 高能化合物的类型

生物体内存在有很多种高能化合物，它们都含有一个或若干个高能键，并且这些高能化合物在酸、碱、热条件下一般都不稳定。根据高能化合物的键型特点，通常把生物细胞中的高能化合物划分为高能磷酸化合物和高能非磷酸化合物两大类，其中尤以高能磷酸化合物在生物体内最为常见，而且含量也较高。具体分类如下：

- 高能化合物
  - 高能磷酸化合物
    - 磷氧键型化合物
      - 酰基磷酸化合物
      - 焦磷酸化合物
      - 烯醇式磷酸化合物
    - 磷氮键型化合物——胍基磷酸化合物
  - 高能非磷酸化合物
    - 硫酯键型化合物
    - 甲酯键型化合物

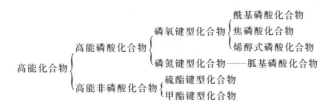

(1) 磷氧键型化合物

a. 酰基磷酸化合物

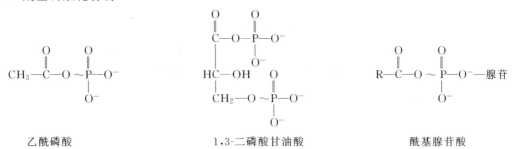

乙酰磷酸

1,3-二磷酸甘油酸

酰基腺苷酸

b. 焦磷酸化合物

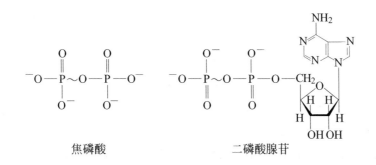

焦磷酸

二磷酸腺苷

c. 烯醇式磷酸化合物

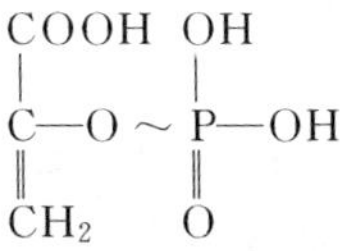

磷酸烯醇式丙酮酸

(2) 磷氮键型化合物　磷氮键型化合物如胍基磷酸化合物：

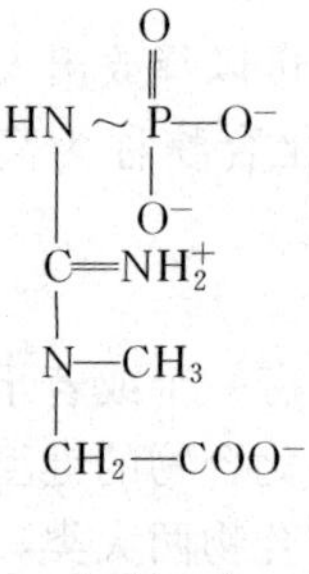

HN~P
磷酸肌酸

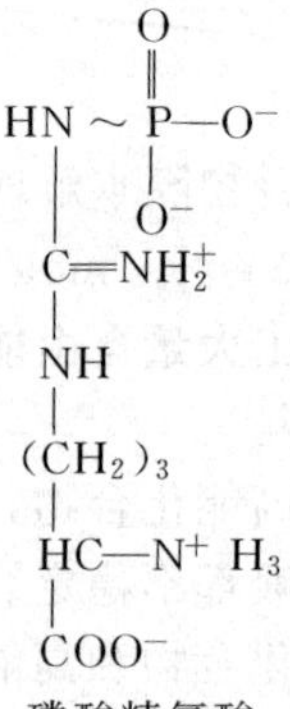

磷酸精氨酸

（3）硫酯键型化合物

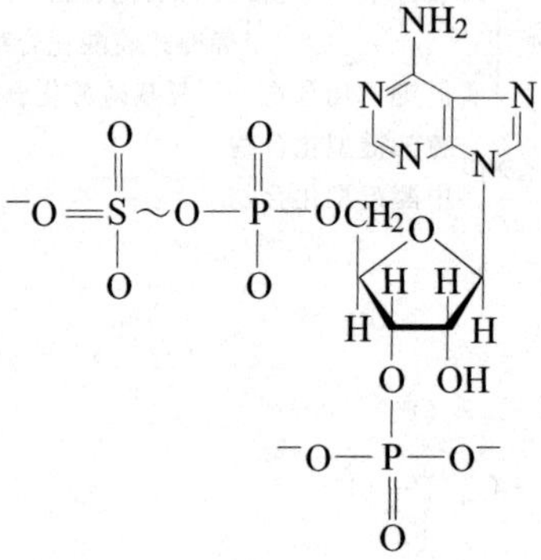

3′-腺苷磷酸′-5-磷酰硫酸

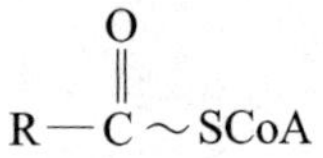

酰基辅酶A

R—C~SCoA

（4）甲硫键型化合物

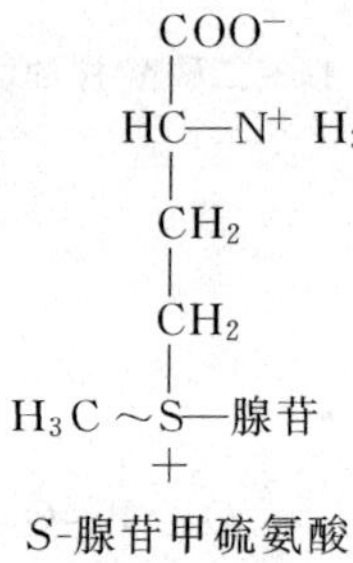

S-腺苷甲硫氨酸

以上列举的高能化合物都含有特定的容易被水解的高能键（即结构式中均以"~"表示的键），水解后释放大量的能量，因此说这些高能化合物都有很高的基团转移势能。

细胞中还存在着其他的高能磷酸化合物，如1，3-二磷酸甘油酸、琥珀酸单酰辅酶A等。但是并非含磷酸基团的化合物都是高能化合物，如6-磷酸葡萄糖、3-磷酸甘油酸和α-磷酸甘油等化合物，它们水解时只能释放出4.2～12.6kJ/mol的自由能，所以不能视为高能磷酸化合物。

表4-1列出了某些磷酸化合物水解时标准自由能的变化和磷酸基团的转移势能。在磷酸基团转移反应中，可用磷酸基团转移势能来衡量磷酸化合物中磷酸基团转移的热力学趋势，它在数值上等于其水解反应的$\Delta G^{O'}$。通常磷酸基团是由转移势能高的分子向转移势能低的分子上转移。

表 4-1   某些磷酸化合物水解时标准自由能的变化和磷酸基团的转移势能

化 合 物	$\Delta G^{O'}$		磷酸基团转移势能($\Delta G^{O'}$)
	kcal/mol	kJ/mol	/(kcal/mol)
磷酸烯醇式丙酮酸	-14.80	-61.9	14.8
1,3-二磷酸甘油酸	-11.80	-49.3	11.8
磷酸肌酸	-10.30	-43.1	10.3
乙酰磷酸	-10.10	-42.3	10.1
磷酸精氨酸	-7.70	-32.2	7.7
ATP(→ADP+Pi)	-7.30	-30.5	7.3
1-磷酸葡萄糖	-5.00	-20.9	5.0
6-磷酸果糖	-3.80	-15.9	3.8
6-磷酸葡萄糖	-3.30	-13.8	3.3
1-磷酸甘油	-2.20	-9.2	2.2

4.1.4.2   ATP 的结构

在所有高能化合物中，三磷酸腺苷是生物体内最重要的高能磷酸化合物，从低等单细胞生物到高等动植物的能量释放、贮存、转移和利用都是以三磷酸腺苷的形式来实现的。

三磷酸腺苷中的两个磷酸基团可以依次移去而生成二磷酸腺苷和一磷酸腺苷。它们的简写符号依次是 ATP、ADP、AMP，如图 4-1 所示。

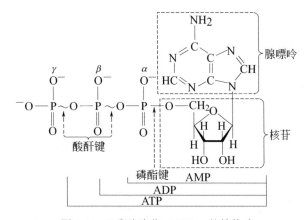

图 4-1   三磷酸腺苷（ATP）的结构式

在生理条件下，ATP 磷酸基团的—OH 都是解离的，这时 4 个负电荷彼此接近，并且互相排斥，要维持这种状态则需要大量的能量，而当 2 个酸酐键的任何一个断开时则摆脱了这种紧张的高能状态，并且释放能量。当末端两个酸酐键（β 或 γ）水解时，有大量的自由能释放出来。

$$ATP+H_2O \rightarrow ADP+Pi \quad \Delta G^{O'}=-30.54 kJ \cdot mol^{-1}$$
$$ADP+H_2O \rightarrow AMP+Pi \quad \Delta G^{O'}=-30.54 kJ \cdot mol^{-1}$$

4.1.4.3   ATP 在能量代谢中的特殊作用

（1）ATP 是细胞内磷酸基团转移的中间载体   由表 4-1 可见，ATP 的磷酸基团转移势能处于常见含磷酸基团化合物的中间位置，所以在磷酸基团转移势能高的供体与转移势能低的受体之间，它可以充当中间载体。如图 4-2 所示为磷酸基团转移图。

（2）ATP 是产能反应和需能反应的重要能量介质   利用 ATP 释放的能量，可以驱动各种耗能的生命活动，如原生质流动、分子和离子跨膜主动运输、腺体分泌、肌肉收缩、神经传导、生物合成等。当生物体内 ATP 的生成速率超过消耗速率时，ATP 可以与肌酸作用生

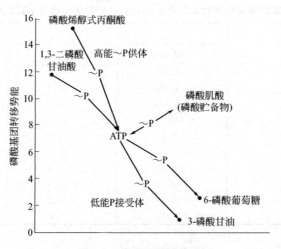

图 4-2　磷酸基团转移图

成磷酸肌酸。在动物体内，磷酸肌酸是其能量贮存形式之一，但是磷酸肌酸不能被直接利用。当 ATP 的生成速率低于消耗速率时（如剧烈运动的肌肉细胞），细胞内的 ATP 浓度降低而 ADP 浓度升高时，磷酸肌酸高能磷酸键中储存的能量和磷酸基团将转移给 ADP 生成ATP，以补充细胞内的能量需求。

$$
\begin{array}{ccc}
\text{磷酸肌酸} & +ADP \rightleftharpoons & \text{肌酸} & +ATP
\end{array}
$$

（3）ATP 是某些酶和代谢途径的调节因子　细胞中有某些别构酶的别构调节物就是ATP。例如，磷酸果糖激酶和 1,6-二磷酸果糖酶这两种别构酶，前者受高浓度 ATP 抑制，后者受高浓度 ATP 激活。因此，当细胞内 ATP 浓度过高时，葡萄糖的分解速率将下降，而由其他非糖物质转变为葡萄糖的糖异生作用将增强。

（4）ATP 断裂生成焦磷酸的特殊作用　萤火虫发光物质（虫荧光酰腺苷酸）的形成就是由 ATP 降解为 AMP 和 PPi 而提供腺苷酸的。在脂肪酸和氨基酸的活化反应中，均以 ATP 水解为 AMP 和 PPi 来提供反应所需要的能量，因为这些反应本身的 $\Delta G^{O'}$ 趋于"0"，即反应几乎接近平衡，所以焦磷酸的进一步水解为反应的进行提供了推动力。

4.2　电子传递链

4.2.1　线粒体的结构

1948 年，E. Kennedy 和 A. Lehninger 发现真核生物氧化磷酸化的场所是线粒体，从而使生物能的研究进入一个新的时期。线粒体含有丙酮酸脱氢酶复合物、柠檬酸循环的酶、催化脂肪酸氧化的酶、电子传递和氧化磷酸化所涉及的酶和氧化还原蛋白，因此，线粒体被称为生命活动的"动力工厂"。由于原核生物没有线粒体，所以原核生物的能量转换是在细胞质膜上进行的。

线粒体的外形很像动物的肾，其大小约在 $0.5 \sim 1.0 \mu m$，典型的真核生物细胞约含 2000 个线粒体，占细胞总体积的五分之一。在电镜下，线粒体是由两层单位膜组成的封闭囊状结构，主要由外膜、内膜、膜间隙（膜间腔）和基质四部分组成。内膜位于外膜内侧，把膜间隙与基质分开，内膜向基质折叠形成嵴。如图 4-3 所示。

（1）外膜　线粒体的外膜平滑，有弹性，透性高。外膜大约由 $30\% \sim 40\%$ 的脂类和 $60\% \sim 70\%$ 的蛋白质组成，磷脂肌醇的含量较高。外膜还含有一种很丰富的膜孔蛋白，它是一种跨膜蛋白，富含 β-折叠结构，该蛋白质特殊的折叠结构，使大量的疏水氨基酸残基外露，形成一个疏水外被，有利于与膜的疏水脂质双分子层相互作用；与此相反，这种折叠使许多亲水的残基在分子内部形成很大的跨膜通道，内部充塞着水，允许相对分子质量在 10000 以下的分子自由扩散。显然，外膜主要的功能是保持线粒体形态。

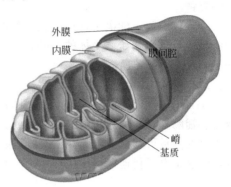

图 4-3　线粒体的结构

（2）内膜　线粒体内膜含有丰富的蛋白质，约占整个内膜物质总量的 80%。因此，内膜的密度比外膜高。内膜所含的脂肪酸是高度不饱和的，心磷脂和二磷脂酰甘油也很丰富，但是内膜缺少胆甾醇。内膜对分子和离子是不可通透的，跨线粒体内膜转运的离子、底物、脂肪酸都是通过膜上特殊的转运蛋白完成的。线粒体内膜连续内折形成嵴，从而为内膜在一个小小的线粒体范围内提供了较大的表面积。

（3）膜间隙和基质　内膜的存在把线粒体分隔成膜间隙和内侧基质，膜间隙位于内膜和外膜之间，一些能够利用 ATP 的酶（如肌酸激酶和腺苷酸激酶）可在这一区域中找到。基质是胶体状的，富含酶和蛋白质，约占线粒体蛋白质总量的 67%。此外，还有 DNA、RNA 和核糖体蛋白等。

线粒体外膜上酶分布较少，内膜和基质中分布的酶种类较多，鼠肝线粒体内膜和基质中存在的主要酶如表 4-2 所示。

表 4-2　鼠肝线粒体内膜和基质中的酶

内　　膜	基　　质
细胞色素	丙酮酸脱氢酶系
NADH-泛醌氧化还原酶	柠檬酸合成酶
琥珀酸-泛醌氧化还原酶	异柠檬酸脱氢酶
细胞色素氧化酶	乌头酸酶
β-羟基丁酸脱氢酶	α-酮戊二酸脱氢酶系
丙酮酸脱氢酶	延胡索酸酶
磷酸甘油脱氢酶	苹果酸脱氢酶
ATP 合成酶	脂肪酸 β-氧化酶系
	谷氨酸脱氢酶
	丙酮酸羧化酶
	氨基甲酰磷酸合成酶
	鸟氨酸氨甲酰转移酶
	转氨酶

103

4.2.2 电子传递链及其排列顺序

糖、脂肪、氨基酸等有机物在代谢过程中形成还原型 NADH 和 $FADH_2$，两者分子上的氢原子分别以质子（H^+）和电子形式脱下，质子由基质向膜间层转运，而电子则沿着一系列按一定顺序排列的电子传递体转移，最后传递给分子氧，并与质子结合形成水，将这一系列电子传递体的总和称为电子传递链。由于电子传递过程需要消耗氧，因此也将该体系称为呼吸链。

线粒体内膜上的电子传递链是典型的多酶氧化还原体系，由多种氧化还原酶组成。根据代谢物脱氢反应初始氢受体的不同，线粒体内膜上的电子传递链可分为 NADH 电子传递链和 $FADH_2$ 电子传递链。

4.2.2.1 NADH 电子传递链

NADH 电子传递链是体内最重要的电子传递链，它是由辅酶Ⅰ、黄素酶复合体、铁硫蛋白、辅酶 Q（CoQ）和细胞色素组成。每对电子通过此电子传递链传递给氧生成水时逐步释放出的能量可合成 3 分子 ATP。乳酸、苹果酸、β-羟丁酸、异柠檬酸、谷氨酸等脱下的氢均由这条电子传递链传递生成水。NADH 电子传递链的组成及作用如图 4-4 所示。

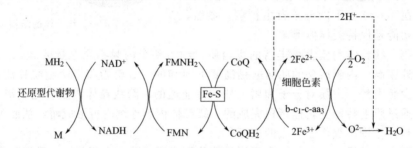

图 4-4 NADH 电子传递链

代谢物（MH_2）在其脱氢酶的作用下脱氢，脱下的 2 个氢原子交给 NAD^+ 生成 NADH 和 H^+，后者又在 NADH 脱氢酶（一种含铁硫蛋白的黄素酶复合体）的作用下脱氢，脱下的 2H 由黄素酶的辅基 FMN 接受生成 $FMNH_2$，$FMNH_2$ 再将 2H 传递给 CoQ 生成 $CoQH_2$。再往下传时由于细胞色素只能接受电子，$CoQH_2$ 脱下的 2H 分解为 $2H^+$ 和 2e，$2H^+$ 游离于介质中，2e 首先由 Cyt b 接受使其中的 $Fe^{3+} \rightarrow Fe^{2+}$ 进而沿着 $b \rightarrow c_1 \rightarrow c \rightarrow aa_3 \rightarrow O_2$ 的顺序逐步传递，最后交给氧生成氧负离子。O^{2-} 很活泼，与介质中的 $2H^+$ 结合成 H_2O。

4.2.2.2 $FADH_2$ 电子传递链

$FADH_2$ 电子传递链由黄素酶复合体、CoQ 及细胞色素体系组成，但没有 NAD^+ 参加，而且经此电子传递链传递每对电子氧化生成 H_2O 所放出的能量只能合成 2 分子 ATP。除此两点外，自 $FADH_2$ 以后，氢与电子的传递均与 NADH 电子传递链相同，其组成及作用如图 4-5 所示。

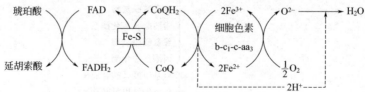

图 4-5 $FADH_2$ 电子传递链

电子传递链的主要组分包括烟酰胺腺嘌呤核苷酸、黄素蛋白、铁硫蛋白、辅酶 Q 以及细胞色素，它们在细胞线粒体内膜上的定位关系与它们在电子传递链的严格顺序是一致的。

4.2.3 电子传递链的组成成分

迄今为止，发现组成电子传递链的成分有 20 多种，共分为五类：烟酰胺脱氢酶类、核素酶类、铁硫蛋白类、辅酶 Q 类、细胞色素类。

4.2.3.1 烟酰胺腺嘌呤核苷酸脱氢酶类

烟酰胺腺嘌呤核苷酸脱氢酶类是一类以 NAD^+ 或 $NADP^+$ 为辅酶，且不需氧的脱氢酶。此类酶催化脱氢时，将代谢物脱下的氢转移到 NAD^+ 或 $NADP^+$ 上，使其还原成 NADH 或 NADPH。当有其他氢受体时，NADH 或 NADPH 又可以重新被氧化脱氢转变成 NAD^+ 或 $NADP^+$。以 NAD^+ 为辅酶的脱氢酶主要参与电子传递链将质子和电子传递给氧，而以 $NADP^+$ 为辅酶的脱氢酶主要是将代谢中间产物脱下的质子和电子传递给需要质子和电子的物质，进行生物合成。

$$NAD^+ + 2H(2H^+ + 2e) \rightleftharpoons NADH + H^+$$
$$NADP^+ + 2H(2H^+ + 2e) \rightleftharpoons NADPH + H^+$$

以 NAD^+ 或 $NADP^+$ 为辅酶的脱氢酶具有立体专一性。其立体专一性表现在两个方面：这类酶中的许多酶只对底物的一种立体异构体有催化作用，如乳酸脱氢酶（辅酶为 NAD^+）只作用于 L-乳酸，对 D-乳酸无作用。另一方面，当 NAD^+ 或 $NADP^+$ 酶促还原时，氢原子只在一个特定的方向加到吡啶环第 4 位碳原子上，有的加到 A 侧，有的加到 B 侧。

一些重要的以 NAD^+ 或 $NADP^+$ 为辅酶的脱氢酶如表 4-3 所示。

表 4-3　一些重要的以 NAD^+ 或 $NADP^+$ 为辅酶的脱氢酶

酶	辅　酶	酶	辅　酶
醇脱氢酶	NAD^+	6-磷酸葡萄糖脱氢酶	$NADP^+$
3-磷酸甘油醛脱氢酶	NAD^+	6-磷酸葡萄糖酸脱氢酶	$NADP^+$
乳酸脱氢酶	NAD^+	β-羟脂酰辅酶 A 脱氢酶	NAD^+
α-酮戊二酸脱氢酶	NAD^+	谷胱甘肽脱氢酶	$NADP^+$
异柠檬酸脱氢酶	$NADP^+$	苹果酸酶	$NADP^+$
苹果酸脱氢酶	NAD^+	类固醇脱氢酶	$NADP^+$
丙酮酸脱氢酶	NAD^+	胱氨酸还原酶	NAD^+
L-谷氨酸脱氢酶	NAD^+ 或 $NADP^+$	胆碱脱氢酶	NAD^+

4.2.3.2 黄素蛋白

有几种需要黄素核苷酸（FMN 和 FAD）作为辅基的酶参与了电子传递，这类酶叫做黄素蛋白或黄素酶。黄素蛋白的辅基或是 FMN，或是 FAD。接受电子的部位是在辅基的异咯嗪环上，在氧化还原反应中可以接受或提供出一个或两个电子。在多数情况下，黄素核苷酸同酶蛋白的结合虽然不是共价的，但结合得很紧密，故有辅基之称。

$$MH_2 + 酶\text{-}FMN \rightleftharpoons M + 酶\text{-}FMNH_2$$

$$MH_2 + 酶\text{-}FAD \rightleftharpoons M + 酶\text{-}FADH_2$$

此类酶所表现出的催化活性与某些金属离子的存在有着密切关系，如 NADH 脱氢酶和琥珀酸脱氢酶中含有非血红素铁原子，这些铁原子能与硫原子结合形成铁硫蛋白或铁硫中心，依赖铁原子的价态变化传递电子。

4.2.3.3　铁硫蛋白

铁硫蛋白是一类非血红素铁蛋白（不含血红素），铁和硫结合到这类蛋白质的半胱氨酸残基上。在铁硫蛋白中，铁和硫通常都是等量存在，2Fe-2S 和 4Fe-4S 是最普遍的铁-硫簇。

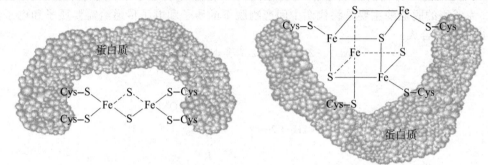

当铁硫蛋白作为电子载体时，其铁-硫簇的铁原子能以氧化型（Fe^{3+}）和还原型（Fe^{2+}）的形式作为电子的受体和供体参与电子的传递。另外，电子从琥珀酸到辅酶 Q 以及从辅酶 Q 到细胞色素 c 的传递中都涉及铁硫蛋白组分。

$$Fe^{3+} + e \rightleftharpoons Fe^{2+}$$

4.2.3.4　辅酶 Q

辅酶 Q（CoQ）也叫做泛醌，是电子传递链中唯一的一种非蛋白质组分。不同来源的 CoQ 的基本结构相同，只是在侧链上的类异戊二烯单位的数目存在差别。动物线粒体的 CoQ 侧链含有 10 个类异戊二烯单位，用 CoQ_{10} 表示，其他种类的生物中含有 $6\sim8$ 个类异戊二烯单位，细菌 CoQ 的侧链中含有 6 个类异戊二烯单位。

CoQ 可被还原为氢醌，这一反应是可逆的，是 CoQ 作为电子载体的基础。CoQ 可以以三种不同的形式存在，即氧化型（泛醌 Q）、半醌型（QH）和还原型（二氢泛醌，QH_2）。

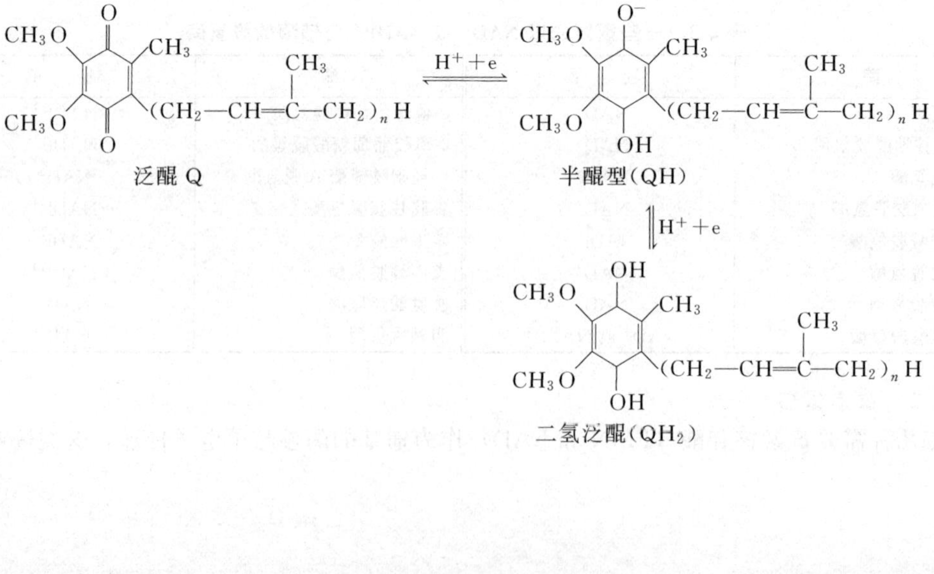

泛醌 Q　　　　　　　　　　半醌型（QH）

二氢泛醌（QH_2）

CoQ 既可以接受一个电子，也可以接受两个电子，它的这种结构上的性质是与它处在电子传递链中的位置相匹配的。来自 NADH 和 $FADH_2$ 上的电子都必须经过 CoQ 最终传递到氧分子上。由于 CoQ 是电子传递链中唯一不与其他蛋白质紧密结合的电子载体，类异戊二烯基尾链是非极性的，它能促进 CoQ 在线粒体内膜的碳氢相中迅速扩散，这就允许它作为一种流动着的电子载体在电子传递链不同组分之间起桥梁作用。

4.2.3.5　细胞色素类

细胞色素是一类以铁卟啉为辅基，通过辅基中铁离子价态的可逆变化传递电子的色素蛋白。这种铁原子处于卟啉结构中心的化合物称为血红素。细胞色素都以血红素为辅基，这类蛋白质只存在于需氧细胞中，在把电子从辅酶 Q 传递到氧分子的过程中起着重要作用。

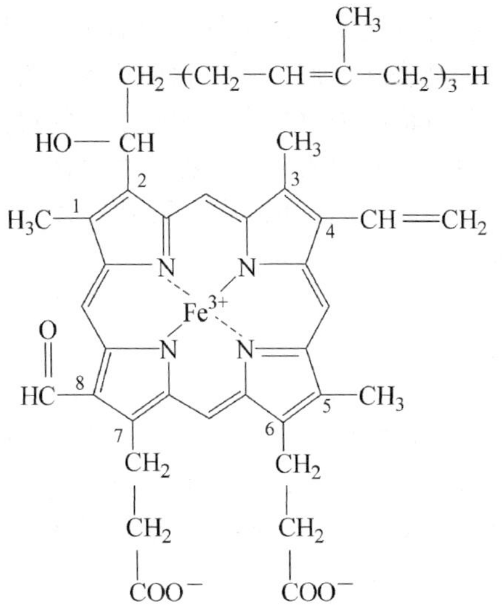

血红素 A
（存在于细胞色素 a 和 a_3）

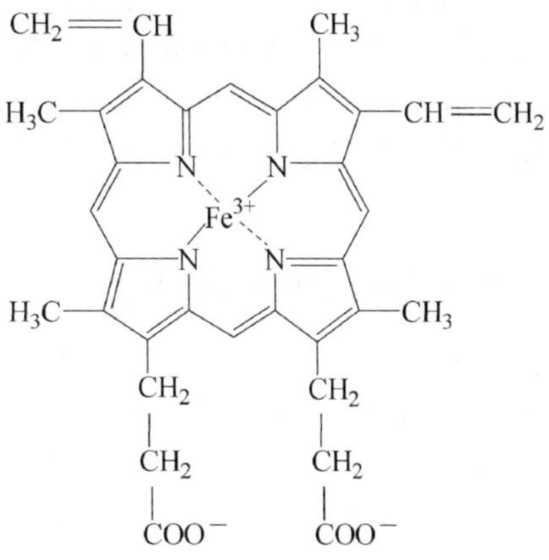

血红素（在细胞色素 b
以及血红蛋白和肌红蛋白中存在）

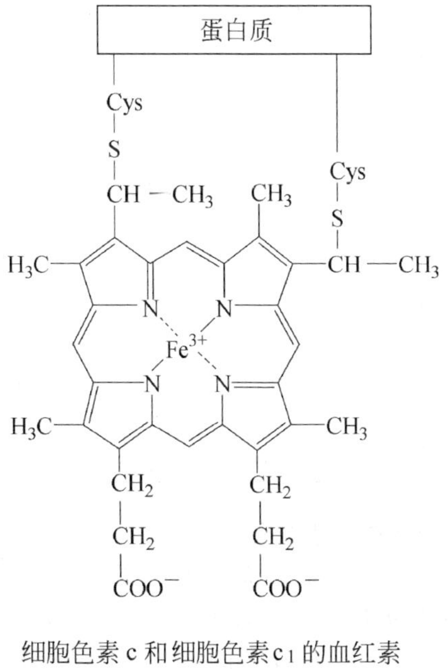

细胞色素 c 和细胞色素 c_1 的血红素

细胞色素在可见光区有 α、β 和 r 三条吸收带，根据 α-吸收带的实际波长可分为 a、b、c 三类细胞色素。在线粒体的电子传递链中至少含有 5 种不同的细胞色素，称为细胞色素 b、细胞色素 c、细胞色素 c_1、细胞色素 a、细胞色素 a_3。细胞色素 c 是目前了解最清楚的蛋白质之一，其氨基酸序列已经被广泛测定，并且该蛋白质的氨基酸序列差异可以作为生物系统发生关系的一个判断指标。细胞色素 b、细胞色素 c_1、细胞色素 c 的辅基都是血红素，而细胞色素 a、细胞色素 a_3 的辅基是血红素 A，它与血红素的区别在于卟啉环上第 2 位的乙烯基被一个长的疏水链替代、第 8 位的甲基被甲酰基所替代。

细胞色素 b 含有两个不同的血红素，一个称为 b_{562}（或 b_H，具有较高的氧化电势，靠近膜间空间），另一个叫做 b_{566}（或 b_L，具有较低的氧化电势，靠近基质）。细胞色素 a 和 a_3 作为一个复合物出现在电子传递链的末端，与电子从细胞色素 c 传递到氧分子直接相关，所以细胞色素 aa_3 又叫做细胞色素 c 氧化酶或细胞色素氧化酶。由于细胞色素 b、细胞色素 c_1 和细胞色素 aa_3 的疏水性质以及它们同线粒体内膜结合在一起，使得它们成为一类难以溶解和难以研究的蛋白质。但是，细胞色素 c 是唯一不与跨膜蛋白复合体紧密结合的可溶性细胞色素，是一个定位于线粒体内膜外表面的周边蛋白。细胞色素 c 的这种特性允许它在细胞色素 c_1 和细胞色素 aa_3 之间起传递电子的桥梁作用。在电子传递链中，所有这些细胞色素都是通过它们的铁原子的价态变化来接受和提供电子。

$$Fe^{3+} + e \rightleftharpoons Fe^{2+}$$

4.2.4 电子传递链的电子传递

Green 等人用毛地黄皂苷、胆酸盐、脱氧胆酸等去垢剂溶解线粒体外膜，首先将电子传递链拆成四种功能复合物（Ⅰ～Ⅳ）以及辅酶 Q 和细胞色素 c。这四种复合物的蛋白质主要包埋在线粒体的内膜中，在空间上具有一定的独立性，但是相互之间又有紧密联系，共同完成 H^+ 的跨膜运输和电子的传递。四种复合物的组成见表 4-4。

表 4-4　线粒体内膜上电子传递链蛋白质复合物的组成

蛋白质复合物	相对分子质量/$\times 10^3$	亚基数	辅基
复合物 Ⅰ （NADH-CoQ 氧化还原酶）	850	46	FMN Fe-S
复合物 Ⅱ （琥珀酸-CoQ 氧化还原酶）	140	4	FAD Fe-S
复合物 Ⅲ （CoQ-细胞色素 c 还原酶）	250	10	血红素 b_{562} 血红素 b_{566} 血红素 c_1 Fe-S
复合物 Ⅳ （细胞色素氧化酶）	200	13	血红素 a 血红素 a_3 Cu_A、Cu_B

4.2.4.1　复合物 Ⅰ（NADH-CoQ 氧化还原酶）

复合物 Ⅰ 又称 NADH 脱氢酶，由约 26 条多肽链组成，总相对分子质量为 850000，以二聚体的形式存在，除了很多亚单位外，还含有 1 个 FMN-黄素蛋白和至少 6 个铁硫蛋白。它是电子传递链中相对分子质量最大、最复杂的酶系，其功能是催化 NADH 上的 2 个电子传递给 CoQ，同时发生质子的跨膜输送。

4.2.4.2 复合物Ⅱ（琥珀酸-CoQ 氧化还原酶）

复合物Ⅱ又称琥珀酸脱氢酶，由 4 条多肽链组成，总相对分子质量为 140000。它含有 1 个 FAD 为辅基的黄素蛋白、2 个铁硫蛋白和 1 个细胞色素 b。它的功能是催化琥珀酸脱氢，并将电子通过 FAD 和铁硫蛋白传递给 CoQ。该复合物只能传递电子，不能使质子跨膜输送。

4.2.4.3 复合物Ⅲ（CoQ-细胞色素 c 氧化还原酶）

复合物Ⅲ由 10 条多肽链组成，总相对分子质量为 250000，在线粒体内膜上以二聚体形式存在。每个单体含有 2 个细胞色素 b（b_{562} 和 b_{566}）、1 个细胞色素 c_1 和 1 个铁硫蛋白。复合物Ⅲ的功能是催化电子从还原型 CoQ 转移给细胞色素 c，同时发生质子的跨膜移位。该复合物既是电子传递体，又是质子移位体。

4.2.4.4 复合物Ⅳ（细胞色素 c 氧化酶）

复合物Ⅳ由 10 条以上多肽链组成，总相对分子质量为 200000，在线粒体内膜上以二聚体形式存在。每个单体含有 1 个细胞色素 a、1 个细胞色素 a_3 和 2 个铜原子。其功能是将从细胞色素 c 接受的电子传递给分子氧而生成水，催化还原型细胞色素 c 氧化。该复合物既是电子传递体，又是质子移位体。

四种复合物在电子传递过程中协调作用，如图 4-6 所示，复合物Ⅰ、Ⅲ、Ⅳ组成主要的电子传递链，即 NADH 电子传递链，催化 NADH 的氧化；复合物Ⅱ、Ⅲ、Ⅳ组成另一条电子传递链，即 $FADH_2$ 电子传递链。CoQ 处在这两条电子传递链的交汇点上，它还接受其他黄素酶类脱下的氢。

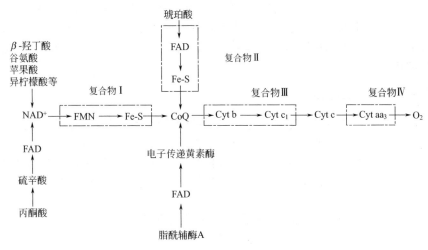

图 4-6 各复合物与电子传递链之间的关联

4.2.4.5 电子传递链中传递体的排列顺序

电子传递链中氢的传递和电子的传递有着严格的顺序和方向。这些顺序和方向是根据四个方面的实验而得到的结论：①各种电子传递体标准氧化还原电位的数值；②在体外将电子传递体拆开和重新组成电子传递链；③特异抑制剂阻断实验；④还原状态电子传递链缓慢给氧实验。

（1）标准氧化还原电位（$E^{O'}$） 在氧化还原反应中，如果反应物的组成原子或离子失去电子，则该物质称为还原剂；如果反应物的组成原子或离子得到电子，则该反应物称为氧化剂。氧化还原反应包括一个矛盾的两个方面：一种物质作为还原剂失去电子，本身被氧化；另一种物质作为氧化剂得到电子，本身被还原。即氧化还原反应是同时进行的，氧化还原反应是电子从还原剂转移到氧化剂的过程。氧化还原反应还可以更广义地理解为：某种物质的电子占有程度降低就是氧化，升高即是还原。生物体内的氧化还原反应中，氧化剂为电子传递链末端上的氧，其还原剂为电子传递链始端的氢原子。

标准氧化还原电位（$E^{O'}$）值越大，越易得到电子而处于电子传递链的末端；$E^{O'}$值越小，越易失去电子而处于电子传递链的始端。在常温常压下，电子总是从低氧化还原电位向高氧化还原电位方向移动。因此，电子传递链中各组分的排列顺序是依$E^{O'}$的大小来进行的（表4-5）。

表4-5　电子传递链中各氧化还原对的标准氧化还原电位

氧化还原对	$E^{O'}$/V	氧化还原对	$E^{O'}$/V
$NAD^+/NADH+H^+$	−0.32	Cyt c_1 Fe^{3+}/Fe^{2+}	0.22
$FMN/FMNH_2$	−0.30	Cyt c Fe^{3+}/Fe^{2+}	0.25
$FAD/FADH_2$	−0.06	Cyt a Fe^{3+}/Fe^{2+}	0.29
Cyt b Fe^{3+}/Fe^{2+}	0.04(或0.10)	Cyt a_3 Fe^{3+}/Fe^{2+}	0.55
$CoQ/CoQH_2$	0.07	$1/2$ O_2/H_2O	0.82

（2）在体外将电子传递体拆开和重新组成　通过匀浆、超声波和去污剂等处理方法，可以破坏线粒体膜，然后分离仍然具有某一部分传递作用的膜碎片，从而可以分离出电子传递链中的各个复合物。

（3）电子传递链特异抑制剂对电子传递的阻断作用　通过加入电子传递链特异抑制剂，分段测定传递体的氧化还原状态，由于这些试剂可以在电子传递链上相应的位置使电子传递中断，阻断位于"上游"的传递体使其均处于还原状态，而"下游"的传递体则处于氧化还原状态，然后根据吸收光谱的改变进行测定。

（4）还原状态电子传递链缓慢给氧实验　所有传递体都处于还原状态时（预先将线粒体悬浮液进行厌氧处理），通入氧气，用快速分光光度技术测定各种电子传递体辅基的光谱差异，可以得到它们氧化顺序的信息。其原理是根据不同的电子传递体的辅基以及各种传递体的还原型和氧化型的光吸收强度都具有差异，可以用于检测分析，进而用于判断电子传递链中各传递体的排列顺序。

4.2.5　电子传递链抑制剂

凡是能够阻断电子传递链中某部位电子传递的物质称为电子传递抑制剂。这些抑制剂可以强烈地抑制电子传递链中的一些酶类，以至于电子传递链中断。所以，这些电子传递抑制剂大多对人类或哺乳类动物乃至需氧生物具有极强的毒性。由于抑制剂阻断部位物质的氧化还原状态能被测定，因而可以根据不同电子传递抑制剂的作用特点推断电子传递顺序。重要的电子传递链抑制剂有：

4.2.5.1　复合物Ⅰ抑制剂（鱼藤酮、安密妥、杀粉蝶菌素）

鱼藤酮、安密妥、杀粉蝶菌素等是复合物Ⅰ的抑制剂，它们的作用是阻断在NADH-CoQ还原酶内的传递，因此阻断了电子由NADH向CoQ的传递。鱼藤酮是一种极毒的植物物质，常用作重要的杀虫剂，其结构如下：

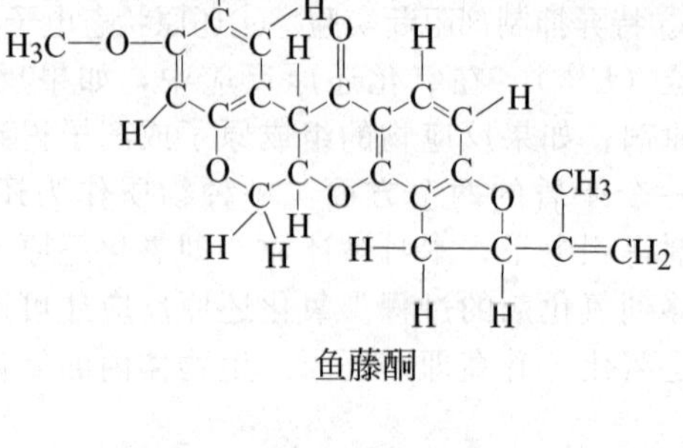

鱼藤酮

4.2.5.2 复合物Ⅲ抑制剂（抗霉素 A）

抗霉素 A 是从灰色链球菌分离出来的一种抗生素，有干扰细胞色素还原酶中电子从细胞色素 b 的传递作用，从而抑制电子从还原型 CoQ 到细胞色素 c_1 的传递作用。

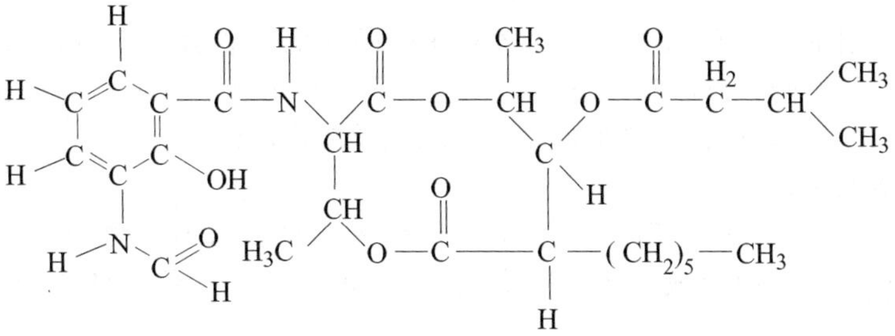

抗霉素A

4.2.5.3 复合物Ⅳ抑制剂（氰化物、叠氮化物、一氧化碳和硫化氢）

氰化物、叠氮化物、一氧化碳和硫化氢等抑制剂均能阻断电子在细胞色素氧化酶上的传递，即阻断细胞色素 aa_3 至 O_2 的电子传递，其中氰化物和叠氮化物能与血红素 a_3 的高铁形式作用而形成复合物，而一氧化碳则抑制血红素 a_3 的亚铁形式。

4.3 氧化磷酸化

4.3.1 氧化磷酸化的概念

氧化磷酸化是指生物氧化作用与 ADP 磷酸化生成 ATP 相偶联的过程。氧化磷酸化是需氧细胞生命活动的主要能量来源，是生物产生 ATP 的主要途径。生物体内通过生物氧化合成 ATP 的方式有三种：底物水平磷酸化、电子传递链氧化磷酸化、光合磷酸化。通常说的氧化磷酸化指的是电子传递链氧化磷酸化。

4.3.1.1 底物水平磷酸化

底物水平磷酸化是指直接由一个代谢中间产物（如磷酸烯醇式丙酮酸）上的磷酸基团转移到 ADP 分子上，而生成 ATP 的反应。其作用特点是 ATP 的形成与中间代谢物进行的磷酸基团转移反应相偶联，因反应无需氧分子参与，所以底物水平磷酸化在有氧或无氧条件下都能发生。底物水平磷酸化可用下式表示：

$$X{\sim}P + ADP \longrightarrow XH + ATP$$

式中的 $X{\sim}P$ 代表底物在氧化过程中形成的高能中间代谢物，例如糖酵解中生成的 1,3-二磷酸甘油酸和磷酸烯醇式丙酮酸以及三羧酸循环中的琥珀酰辅酶 A 等。

4.3.1.2 氧化磷酸化（电子传递氧化磷酸化）

电子从 NADH 或 $FADH_2$ 经电子传递链传递给分子氧并形成水，同时偶联 ADP 磷酸化生成 ATP 的过程，称为电子传递氧化磷酸化或氧化磷酸化，是需氧生物合成 ATP 的主要途径。

在由 NADH 到分子氧的电子传递链中，电子传递过程中自由能有较大变化的部位即是氧化还原电位有较大变化的部位。电子传递链中在 3 个部位有较大的自由能变化，这三个部位每一步释放的自由能都足以保证 ADP 和无机酸形成 ATP。这三个部位分别是：NADH 和 CoQ 之间的部位、细胞色素 b 和细胞色素 c 之间的部位、细胞色素 a 和氧之间的部位。

电子传递过程是产能的过程，而生成 ATP 的过程是贮能的过程，因此可以说电子传递过程与生成 ATP 的过程是相偶联的。

4.3.2 氧化磷酸化机制

生物氧化与 ADP 磷酸化相偶联是构成氧化磷酸化的主要方式，但是 NADH 的氧化和电子的传递过程是如何与 ADP 磷酸化生成 ATP 反应偶联起来的呢？关于这一问题目前至少有三种假说：化学偶联假说、构象偶联假说和化学渗透假说。

4.3.2.1 化学偶联假说

化学偶联假说是 1953 年 Edward Slater 最先提出的。他认为电子传递和 ATP 生成的偶联是通过电子传递中形成一个高能共价中间物，它随后裂解将其能量供给 ATP 的合成。

化学偶联假说可用通式表示：用 AH_2 代表还原型的电子传递体，B 代表电子传递链中在 AH_2 下面的另一个氧化型传递体，C 是第三个偶联因素。当电子从 AH_2 传到 B 上时，假设在 A 和 C 之间形成了高能键（～）。当 A～C 水解时释放出大量的自由能，即供给 ADP 形成 ATP。A～C 即是连接电子传递反应和 ATP 形成反应的共同中间产物。

$$AH_2 + B + C \Longleftrightarrow A \sim C + BH_2$$
$$A \sim C + Pi + ADP \Longleftrightarrow A + C + ATP$$

虽然化学偶联假说对许多研究工作起过指导作用，但是有两个严重的问题：

第一，假设的高能中间产物至今并未在线粒体中发现。因此，许多人认为事实上并不存在这种中间产物。第二，化学偶联假说不能全部解释为什么线粒体内膜的完整性对氧化磷酸化作用是必要条件。

虽然很多人对化学偶联假说提出质疑，但是这一假说仍存在它的可能性。线粒体的双脂层膜的非极性相中，可能有一种不稳定的中间产物，这个产物极不稳定，在液相中极易被水解，因而不断地产生，也不断地被利用。

4.3.2.2 构象偶联假说

构象偶联假说是 1964 年 Paul Boyer 最先提出的。他认为在电子传递过程中引起线粒体内膜上的某些膜蛋白或 ATP 酶构象改变，当此构象再复原时，释放能量促使 ADP 和无机磷酸合成 ATP。

构象偶联假说的例子是 ATP 的形成或水解与肌动球蛋白的结构变化的关系。当将 ATP 提供给肌动球蛋白时，ATP 提供的能量使肌动球蛋白分解成为肌球蛋白和肌动蛋白。这时 ATP 分解为 ADP 和无机磷酸，同时发生的是肌动球蛋白的结构变化。当 ATP 完全水解为 ADP 和无机磷酸后，肌球蛋白和肌动蛋白又重新合成肌动球蛋白。

此外，还有一些实验证据说明构象偶联假说的可能性。例如，当电子沿电子传递链传递时，在线粒体的内膜上确实发生着迅速的物理变化。又例如，当 ADP 加入到进行呼吸作用的线粒体后，即迅速发生超微结构的变化。但是，至今还没有发现更多的支持这种假说的证据。

4.3.2.3 化学渗透假说

化学渗透假说最早由英国生物化学工作者 Peter Mitchell 于 1961 年提出。他认为电子传递释放出的自由能和 ATP 合成是与一种跨线粒体内膜的质子梯度相偶联的。也就是，电子传递的自由能驱动 H^+ 从线粒体基质跨过内膜进入到膜间隙，从而形成跨线粒体内膜的 H^+ 电化学梯度。这个梯度的化学电势驱动 ATP 的合成。化学渗透假说的示意如图 4-7 所示。

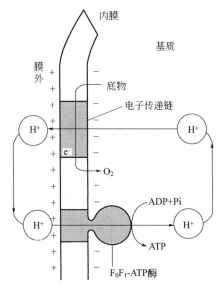

電子传递链是一个H⁺泵(质子泵)。H⁺从线粒体的基质被排到内膜外，导致内膜外面的H⁺浓度比膜内高，即形成一种H⁺浓度梯度。所产生的电化学电势驱动H⁺通过ATP合成酶系统中的F_0F_1-ATP酶分子上的特殊通道，回流到线粒体基质中，同时释放出自由能与ATP的合成相偶联

图 4-7　化学渗透假说示意图（一）

化学渗透假说的要点包括：

（1）在电子传递链中，递氢体和递电子体间隔交替排列，有序定位于完整的线粒体内膜上，使氧化还原反应定向进行。

（2）在电子传递链中，复合物Ⅰ、复合物Ⅲ和复合物Ⅳ中的递氢体具有质子泵的作用，即递氢体在接受线粒体内底物上的氢原子（2H）后，将其中的电子（2e）传递给随后的电子传递体，而将两个 H⁺ 释放到线粒体内膜外侧（膜间隙），所以电子传递系统是一个主动运输质子的体系，3 种复合物都是由电子传递驱动的质子泵。

（3）完整的线粒体内膜具有选择透性，即 H⁺ 不能自由通过。由于泵到膜间隙的 H⁺ 不能自由返回，导致线粒体内膜两侧形成质子浓度梯度。这种跨膜的质子电化学梯度中包含了电子传递过程中释放的能量，如同电池两极的离子浓度差造成电位差而产生电能一样，成为推动 ATP 合成的原动力，也称为质子推动力。如图 4-8 所示。

（4）在线粒体内膜上嵌有 ATP 合酶，它包含 F_1 和 F_0 两个结构单元，由头部、柄部和基部组成，是 ATP 合成的场所，如图 4-9 所示。

① 头部　头部简称 F_1（偶联因子），它是由 α、β、γ、δ、ε 5 种亚基组成的九聚体（$\alpha_3\beta_3\gamma\delta\epsilon$）。此外，$F_1$ 还含有一个热稳定的小分子蛋白质，称为 F_1 抑制蛋白，相对分子质量为 10000，专一地抑制 F_1 的 ATP 酶活力。它可能在正常条件下起生理调节作用，防止 ATP 的无效水解，但不抑制 ATP 的合成。F_1 的总相对分子质量为 370000 左右，其功能是催化 ADP 和 Pi 发生磷酸化而生成 ATP。因为它还有水解 ATP 的功能，所以又称它为 F_1-ATP 酶。

② 基部　基部简称 F_0，由嵌入线粒体内膜的疏水蛋白组成，至少含有 4 条多肽链，总相对分子质量为 70000。F_0 具有质子通道的作用，它能传递质子通过膜到达 F_1 的催化部位。

③ 柄部　柄部连接 F_1 和 F_0，相对分子质量为 18000。这种蛋白质没有催化能力。F_1和 F_0 之间的柄含有寡霉素敏感蛋白（OSCP），因此，柄部简称 OSCP。OSCP 能控制质子的流动，从而控制 ATP 的生成速度。

由于 ATP 合酶是从线粒体内膜上分离出的第五个复合物，所以又称为复合物Ⅴ。复合物的基部 F_0 镶嵌在线粒体内膜中，复合物的"头"F_1 呈球状，与 F_0 结合后这个

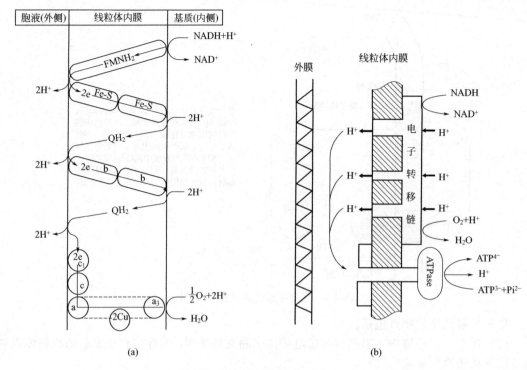

图 4-8　化学渗透假说示意图（二）

（a）化学渗透假说中电子传递链上氧化还原环节
可能的构型；（b）质子移动的氧化磷酸化机理

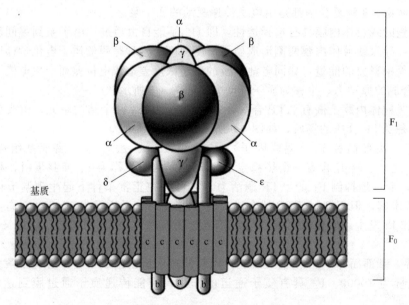

图 4-9　ATP 和酶结构模式图

"头"伸向线粒体膜内的基质中。ATP 合酶是氧化磷酸化作用的关键酶，也是合成
ATP 的关键酶。

由上述化学渗透假说可以知道，ATP 合酶模型必须具备两个条件：一是线粒体内膜必
须是质子不能透过的封闭系统，否则质子梯度将不复存在；二是要求电子传递链和 ATP 合

酶在线粒体内膜中定向地组织在一起，并定向地传递质子、电子和进行氧化磷酸化反应。目前，这两方面都获得了一些实验证据，例如能携带质子穿过线粒体内膜的物质（如2,4-二硝基苯酚）可破坏线粒体内膜对质子的透性壁垒，使质子电化学梯度消失。

4.3.2.4 自由能与ATP生成

根据氧化还原电位计算电子传递释放的能量是否能满足ATP合成的需要。氧化还原反应中释放的自由能 $\Delta G^{O'}$ 与反应底物和产物标准氧化还原电位差（$\Delta E^{O'}$）之间存在着下述关系式：

$$\Delta G^{O'} = -nF\Delta E^{O'}$$

式中，$\Delta G^{O'}$ 为氧化还原反应所释放的自由能；n 代表氧化还原反应中电子转移的数目；F 为法拉第常数；$\Delta E^{O'}$ 代表标准氧化还原电位差值。

已知1个分子ATP水解生成ADP与Pi所释放的能量为30.54kJ，就是说生物氧化过程中凡释放的能量大于30.54kJ，就能生成1个分子ATP，就可能存在有一个偶联部位，根据上式计算，当 $n=2$，$\Delta E^{O'}=0.1583V$ 时可释放30.54kJ能量，所以反应底物与生成物的标准氧化还原电位的变化大于0.1583V的部位均可能存在着一个偶联部位。从图4-10可以看出，在NADH电子传递链中 $NAD^+ \to CoQ$、$Cytb \to Cytc$ 和 $Cytaa_3 \to O_2$ 等三处均符合上述条件，显然这几处均存在着偶联部位。

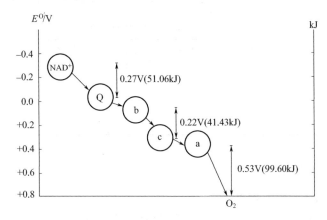

图4-10　ATP生成的数目和部位

根据 $\Delta G^{O'}$ 计算结果，氧化磷酸化偶联的部位及电子传递链传递过程的关系就很清楚了，如图4-11所示。

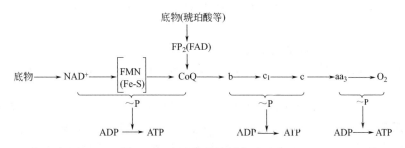

图4-11　电子传递链的传递过程

显然这三处偶联生成3分子ATP，也就是说从ATP开始的一系列传递过程释放的能量足以生成3个ATP（表4-6），而从琥珀酸开始的一系列传递则只经两次偶联，只能生成2个ATP。

115

表 4-6　NADH 电子传递链中三个主要释放能量部位及偶联生成 ATP 数目

偶联部位	NADH→CoQ（复合物 I）	CoQ→Cytc（复合物 III）	Cytc→O$_2$（复合物 IV）
$\Delta E^{O'}$/(V/mol)	0.42	0.15	0.57
$\Delta G^{O'}$/(kJ/mol)	-81.1	-29.0	-110.0
生成 ATP/mol	1	1	1

4.3.2.5　P/O 比值

P/O 比值是指在氧化磷酸化过程中，每消耗 1mol 原子氧时，所消耗的无机磷的物质的量（mol），即每消耗 1mol 原子氧时生成的 ATP 的物质的量（mol）。或指每对电子经电子传递链传递给氧原子所生成的 ATP 物质的量（mol）。P/O 比值实质上指的是呼吸过程中磷酸化的效率。

测定 P/O 比值的方法通常是在一密闭的容器中加入氧化的底物、ADP、Pi、氧饱和的缓冲液，再加入线粒体制剂时就会有氧化磷酸化进行。反应终了时测定 O$_2$ 消耗量（可用氧电极法）和 Pi 消耗量（或 ATP 生成量）就可以计算出 P/O 比值。在反应系统中加入不同的底物（β-羟丁酸、琥珀酸、抗坏血酸、细胞色素 c），可测得各自之间的 P/O 比值（表4-7），结合已知的电子传递链的传递顺序，就可以确定大致的偶联部位了。

表 4-7　离体线粒体的 P/O 比值

底　物	电子传递链的组成	P/O 比值	生成 ATP 数
β-羟丁酸	NAD$^+$→FMN→CoQ→Cyt→O$_2$	2.4～2.8	3
琥珀酸	FAD→CoQ→Cyt→O$_2$	1.7	2
抗坏血酸	Cytc→Cytaa$_3$→O$_2$	0.88	1
细胞色素 c(Fe^{2+})	Cytaa$_3$→O$_2$	0.61～1.68	1

4.3.3　氧化磷酸化的调控

4.3.3.1　ADP 和 ATP 的调节作用

在正常生理条件下，电子传递与氧化磷酸化是紧密偶联的，因此，ATP 的合成关键性地取决于电子的流动，而且还意味着只有当 ATP 需要合成时电子的流动才能发生。这是一种重要的调节机制。氧化磷酸化的必要条件是 NADH、O$_2$、ADP 和 Pi。细胞内的 ADP 浓度不仅作为细胞能量状况的一种量度，而且 ADP 是磷酸化反应的底物。因此，ADP 是调节氧化磷酸化的最重要因素。氧化磷酸化速度受 ADP 调节的方式叫做受体调控。

受体调控的意义是：当 ATP 因代谢而很快消耗时，ATP 的水平降低，ADP 和 Pi 水平升高，这就意味着细胞处在较低的能量状态。ADP 的水平升高，在热力学和动力学上都有利于氧化磷酸化。在这种情况下，调控 ATP 的合成，电子被传递，[ATP] / [ADP] [Pi]返回到正常高度。

细胞内 ATP 和 ADP 相对浓度的变化不仅控制着电子传递和氧化磷酸化的速度，也控制着柠檬酸循环、丙酮酸氧化以及糖酵解的速度。每当 ATP 消耗增高时，电子传递和氧化磷酸化的速度也随之增高。与此同时，丙酮酸经柠檬酸循环被氧化的速度亦增高，为电子传递链提供了更多的电子源，其结果必然是葡萄糖经糖酵解的速度也随之提高，以提供更多的丙酮酸。相反，当 ADP 因用于 ATP 的合成而使其浓度降低时，受体调控降低了电子转移以及磷酸化的速度，糖酵解和柠檬酸循环的速度也随之降低。因为 ATP 是糖酵解磷酸果糖激酶和丙酮酸脱氢酶的别构抑制剂。

4.3.3.2 氧化磷酸化的解偶联和抑制

正常情况下，电子传递与磷酸化是两个紧密偶联在一起的过程。但是，利用某些特殊试剂可以将这两个过程分解成单个反应，这是研究氧化磷酸化中间步骤的有效方法。根据这些试剂的作用方式不同，可将它们分为三类：解偶联剂、氧化磷酸化抑制剂和离子载体抑制剂。

（1）解偶联剂　解偶联剂是指那些不阻断电子传递，但是能抑制 ADP 磷酸化的化合物，也称为氧化磷酸化解偶联剂。最早发现的解偶联剂是 2,4-二硝基苯酚（DNP），它是一种弱酸性亲脂化合物。在 pH 为 7.0 的条件下，DNP 以解离的形式存在，不能通过线粒体内膜。但是在酸性环境中，DNP 转变为脂溶性的非解离形式，可携带质子透过线粒体内膜，这样就破坏了电子传递形成的跨膜质子电化学梯度。所以在解偶联剂存在时，电子传递能正常进行，但是不能偶联产生 ATP，这样就使电子传递所产生的自由能以热的形式被消耗。由于 DNP 只专一性地抑制与电子传递链相偶联的 ATP 形成反应，因此它不会影响底物水平磷酸化。目前，除 DNP 外，已经发现的解偶联剂还有多种，它们大多是带有酸性基团的芳香族化合物，如三氟甲氧基苯腙羰基氰化物。

（2）氧化磷酸化抑制剂　这类抑制剂的作用特点是干扰 ATP 生成过程，结果是既阻断了电子传递，又抑制了 ATP 的形成。但是它们并不与电子传递链上的载体作用，而是直接作用于线粒体内膜上的 ATP 合酶，如寡霉素就属于氧化磷酸化抑制剂，它可与 ATP 合酶柄部的一种蛋白质结合，干扰质子梯度的利用和 ATP 的形成过程，进而也使电子传递不能进行。

（3）离子载体抑制剂　离子载体抑制剂是指那些能与某种离子结合，并作为这些离子的载体携带离子穿过线粒体内膜进入线粒体的化合物。这类抑制剂都是脂溶性物质，它们与解偶联剂的区别在于它们能结合除了 H^+ 以外的其他一价阳离子，例如，缬氨霉素可结合 K^+；短杆菌肽可结合 K^+、Na^+ 和其他一价阳离子穿过线粒体内膜。因此，离子载体抑制剂增大了线粒体内膜对一价阳离子的通透性，从而破坏了膜两侧的电位梯度，最终导致氧化磷酸化过程被抑制。

4.3.4　线粒体外 NADH 的氧化磷酸化作用

NADH 或 NAD^+ 都不能自由穿过线粒体内膜，因此，胞液中由糖酵解途径产生的 NADH 必须通过特殊的穿梭系统才能进入线粒体内。细胞中存在两种穿梭系统，一种是磷酸甘油穿梭系统，另一种是苹果酸天冬氨酸穿梭系统。

4.3.4.1　磷酸甘油穿梭系统

这类穿梭系统是由一对 α-磷酸甘油脱氢酶同工酶来完成的。胞液中的 α-磷酸甘油脱氢酶先将 NADH 中的 H 转移至磷酸二羟丙酮上，形成 α-磷酸甘油，后者扩散至线粒体外膜与内膜的间隙中，并且在内膜表面的 α-磷酸甘油脱氢酶的作用下，将 H 转移到内膜中的 FAD 上，并经 $FADH_2$ 电子传递链氧化。同时，脱氢产生的磷酸二羟丙酮又返回到胞液中，参与下一轮穿梭，如图 4-12 所示。这类穿梭系统主要存在于肌肉和神经组织中。

4.3.4.2　苹果酸-天冬氨酸穿梭系统

在苹果酸脱氢酶的作用下，草酰乙酸接受 NADH、H^+ 中的 2H 转变为苹果酸；苹果酸进入线粒体后，在苹果酸脱氢酶的作用下又转变为草酰乙酸。苹果酸脱下的 H 被苹果酸脱氢酶的辅酶 NAD^+ 接受，NAD^+ 接受 2H 变成 NADH、H^+，这样胞液中的 NADH、H^+ 就生成了线粒体内的 NADH、H^+，后者可进入电子传递链氧化。为了维持胞液中草酰乙酸的水平，草酰乙酸必须返回胞液，但是草酰乙酸不能自由进出线粒体。线粒体中存在谷草转氨酶，可催化谷氨酸和草酰乙酸之间的氨基移换作用，使草酰乙酸转变为天冬氨酸，然后离开

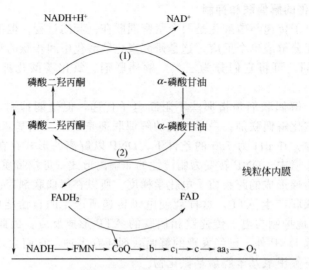

图 4-12　磷酸甘油穿梭系统
（1）胞液 α-磷酸甘油脱氢酶；（2）线粒体内 α-磷酸甘油脱氢酶

线粒体进入胞液；胞液中也存在谷草转氨酶，可催化天冬氨酸和 α-酮戊二酸之间的氨基移换作用，使天冬氨酸又转变为草酰乙酸。这样，胞液中的 NADH、H^+ 就转变成了线粒体中的 NADH、H^+，如图 4-13 所示。

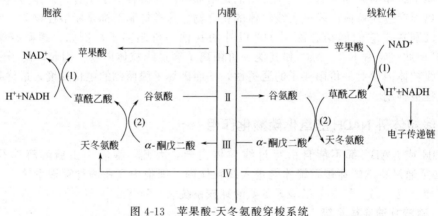

图 4-13　苹果酸-天冬氨酸穿梭系统
（1）苹果酸脱氢酶；（2）谷草转氨酶；Ⅰ、Ⅱ、Ⅲ 分别代表不同的穿膜载体

4.4　非线粒体氧化体系

在高等动植物细胞内，除了上述电子传递链外，还存在一些线粒体外的氧化体系。这些氧化体系一般只产生 H_2O 或 H_2O_2，不产生 ATP，从底物脱下的 H^+ 和电子直接传递到氧形成 H_2O。这些末端氧化酶途径同样具有重要的生理功能，也称为非线粒体氧化体系。

4.4.1　氧化酶和需氧脱氢酶

氧化酶的辅基含有 Cu，催化代谢物脱氢生成 H_2O。这类氧化酶的典型代表是细胞色素氧化酶（细胞色素 aa_3），存在于许多组织细胞中。需氧脱氢酶的辅基为 FMN 或 FAD，催

化代谢物脱氢生成 H_2O_2，如黄嘌呤氧化酶。氧化酶和需氧脱氢酶的对比见表4-8。

表4-8　氧化酶和需氧脱氢酶的对比

类型	受氢体	辅酶	产物
氧化酶	O_2	含Cu	H_2O
需氧脱氢酶	O_2	FMN或FAD	H_2O_2

4.4.2　过氧化物酶氧化体系

受某些生物和非生物胁迫因素，如病原菌、病毒、冷害、盐害、电辐射、重金属等影响，生物体内会积累许多活性氧化物。细胞膜脂、蛋白质、核酸等生物大分子极易受这些活性氧分子的攻击，造成严重损伤，并导致代谢紊乱、疾病甚至死亡。生物体在长期进化过程中形成了一套及时而有效的活性氧清除机制，使活性氧的生成与清除保持动态平衡。过氧化氢酶、过氧化物酶和超氧化物歧化酶就是这个清除体系中的重要成员。

4.4.2.1　超氧化物歧化酶

在有些氧化反应中会产生一些部分还原氧的形式。任何来源的电子，如半胱氨酸的巯基或还原型的维生素C，都很容易使氧发生不完全还原，形成氧自由基。超氧化物歧化酶是动植物和微生物细胞中清除氧自由基最重要的酶。它有三种主要的同工酶形式：Cu-Zn-SOD、Mn-SOD和Fe-SOD。其中Cu-Zn-SOD主要存在于高等植物细胞的叶绿体和细胞质中，Mn-SOD主要分布于真核生物细胞的线粒体中，Fe-SOD主要分布于细菌细胞中。它们在清除活性氧时形成的 H_2O_2 进一步由过氧化氢酶和过氧化物酶清除。

4.4.2.2　过氧化氢的消除和利用

某些组织产生的 H_2O_2 具有一定的生理意义，它可以作为某些反应的反应物。在甲状腺中，H_2O_2 参与酪氨酸的碘化反应；在粒细胞和巨噬细胞中，H_2O_2 可以杀死吞噬的细菌。但是对大多数组织来说，H_2O_2 是一种毒物，可以氧化某些具有重要生理作用的含巯基酶和蛋白质，使之丧失活性；还可以将细胞膜磷脂分子中的高度不饱和脂肪酸氧化成脂质过氧化物，对生物膜造成严重损伤。过氧化氢酶和过氧化物酶可对 H_2O_2 进行处理。

（1）过氧化氢酶　过氧化氢酶是一种色素蛋白，含有4个血红素，主要存在于血液、骨髓、黏膜、肾和肝，其主要功能是对在氧化过程中产生的过氧化氢进行解毒。它可以催化两分子的 H_2O_2 反应，生成水并放出 O_2。

$$2H_2O_2 \xrightarrow{\text{过氧化氢酶}} 2H_2O + O_2$$

过氧化氢酶的催化效率极高，每分子过氧化氢酶在37℃每分钟内可催化2640000分子的 H_2O_2 分解，故体内一般不会发生 H_2O_2 的蓄积中毒。

（2）过氧化物酶　过氧化物酶主要存在于白细胞、血小板等细胞中，以血红素为辅基，利用抗坏血酸、苯醌、细胞色素c等作为电子受体，还原氢过氧化物。过氧化物酶可催化 H_2O_2 直接氧化酚类、胺类等底物，催化底物脱氢，脱下的氢将 H_2O_2 还原成 H_2O。

$$H_2O_2 + A(\text{底物}) \xrightarrow{\text{过氧化物酶}} H_2O + AO$$

或

$$H_2O_2 + AH_2 \xrightarrow{\text{过氧化物酶}} 2H_2O + A$$

（3）谷胱甘肽过氧化物酶　体内还有一种含硒的谷胱甘肽过氧化物酶，它可使过氧化物（ROOH）或 H_2O_2 与还原型谷胱甘肽（GSH）反应，将过氧化物变成无毒的醇类，或将 H_2O_2 分解。

$$\text{ROOH} + 2\text{G-SH} \xrightarrow{\text{谷胱甘肽过氧化物酶}} \text{ROH} + \text{G-S-S-G} + \text{H}_2\text{O}$$

$$\text{H}_2\text{O}_2 + 2\text{G-SH} \xrightarrow{\text{谷胱甘肽过氧化物酶}} \text{G-S-S-G} + 2\text{H}_2\text{O}$$

生成所谓的氧化型谷胱甘肽（GSSG）再在谷胱甘肽还原酶的催化下，由 NADPH 重新还原为 GSH。

$$\text{G-S-S-G} + \text{NADPH} + \text{H}^+ + \text{H}_2\text{O}_2 \xrightarrow{\text{谷胱甘肽还原酶}} 2\text{G-SH} + 2\text{H}_2\text{O} + \text{NADP}^+$$

4.4.3 微粒体氧化体系

微粒体并非独立的细胞器，而是内质网在细胞匀浆过程中形成的颗粒，其中含有各种催化氧化反应的酶类。微粒体氧化体系是指主要在微粒体中进行的一些有氧分子直接参加的生物氧化体系，即催化加氧反应的酶体系，称加氧酶。加氧酶又可根据向底物分子中加入氧原子数目的不同分为加单氧酶和加双氧酶。

4.4.3.1 加单氧酶

加单氧酶种类很多，实际上是一个酶体系，至少包括两种成分：

一种是细胞色素 P_{450}，也是一种以铁卟啉为辅基的 b 族细胞色素，因还原性的细胞色素与一氧化碳结合时，在 450nm 波长处有最大吸收峰，这是不同于其他细胞色素的特征，故称其为细胞色素 P_{450}。它的作用类似于细胞色素 aa_3，能与氧直接反应，也是一种终末氧化酶。

另一种成分是 NADPH（细胞色素 P_{450} 还原酶），辅基是 FAD，催化 NADPH 和细胞色素 P_{450} 之间的电子传递。

各种加单氧酶的底物（RH），在滑面内质网上先与氧化型细胞色素 P_{450}（P_{450}-Fe^{3+}）结合，形成底物复合物（P_{450}-Fe^{3+}-RH），该复合物在 NADPH 细胞色素 P_{450} 还原酶的催化下，由 NADPH 供给电子（H^+ 留于介质中），经 FAD 传递而使氧化型复合物还原成还原型复合物（P_{450}-Fe^{2+}-RH），此复合物可与分子氧作用，产生含氧化合物（P_{450}-Fe^{2+}-RH-O_2^-），后者再接受一个电子（由 NADPH 或 NADH 供给，通过细胞色素 b_5 传递），使分子活化而生成氧化型细胞色素和产物复合物（P_{450}-Fe^{3+}-ROH），同时氧分子中的另一个氧原子即被电子还原，并和介质中的 H^+ 结合成水，然后，复合物释出氧化产物而完成整个氧化过程（图 4-14）。

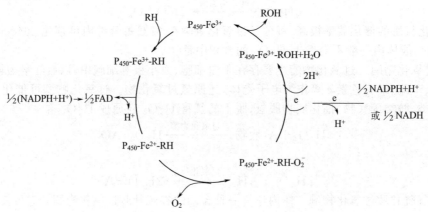

图 4-14 复合物释出氧化产物而完成整个氧化过程

用于还原的 2 个电子各自来自半分子 NADPH，其总和相当于消耗 1 分子 NADPH，其中第二个电子的供体也可以是 NADH，但它的确切传递过程尚未最后肯定，有人认为可能是细胞色素 b5 的作用。

加单氧酶可催化多种化合物的羟化或其他加氧反应，因此该酶与体内很多重要活性物质的合成、灭活，以及外源性药物、毒物（包括致癌物）的生物转化等过程有密切关系。

4.4.3.2　加双氧酶

加双氧酶又叫转氧酶，该酶催化氧分子中的两个氧原子直接加到底物中带双键的两个碳原子上。例如，β-胡萝卜素加双氧酶催化 β-胡萝卜素变成视黄醛。

这类酶中有些酶以铁为辅基，如鼠肝中的尿黑酸加双氧酶可使尿黑酸氧化成丁烯二酰乙酰乙酸，3-羟基邻氨苯甲酸加双氧酶可使 3-羟基邻氨基苯甲酸氧化成吡啶羧酸；也有的酶以血红素为辅基，如鼠肝中的色氨酸加双氧酶（色氨酸吡咯酶）可使色氨酸氧化成 N-甲酰犬尿酸原。

（徐宁　李琢伟）

5 糖 代 谢

5.1 糖与生命活动的关系

糖是有机体重要的能源和碳源,也是机体三大营养物质之一。在生命活动的过程中,糖作为能量物质及结构物质的作用早已被人们所熟悉。随着分子生物学及细胞生物学的发展,糖的其他诸多生理功能不断被认识。

5.1.1 供给能量

供能是糖在体内最重要的生理功能。它提供能量快速而及时,氧化的最终产物为二氧化碳和水,对人体无害。肌肉中储备的糖是肌肉活动最有效的能量来源;心脏的活动主要靠磷酸葡萄糖和糖原氧化供给能量;血中葡萄糖是神经系统所需能量的唯一来源,当血糖降低时,对大脑产生不良影响,出现昏迷、休克甚至死亡。

5.1.2 参与物质构成

糖是机体许多生物活性物质的组成成分。糖蛋白是细胞膜的成分之一,核糖和脱氧核糖分别参与 RNA 和 DNA 的构成,而 DNA 和 RNA 是生物遗传的物质基础;糖脂是构成神经组织和生物膜的主要成分。由此可见,糖参与多种有机物质的构成,与生命活动息息相关。

5.1.3 保肝解毒作用

当肝中糖的储备充足时,肝脏对某些化学毒物(如四氯化碳、酒精、砷等)有较强的解毒能力;对各种细菌感染引起的毒血症也有较强的解毒作用。因此保持肝脏中有丰富的糖储备,对维护和促进肝脏功能是十分重要的。

5.1.4 抗生酮和节约蛋白质作用

当糖供给不足或机体因病(如糖尿病)不能利用碳水化合物时,生命活动所需要的能量将由脂肪分解来供给,而脂肪氧化产生的酮体,是一类酸性物质,在体内积存过多即可引起机体酸中毒。因此,保证机体充足的糖储备有抗生酮的作用。食物中糖储备不足时,会导致机体组织蛋白质过度分解,形成负氮平衡。糖在体内的贮存很少,为保证生命活动的需要,每日必须有足量的糖含量充足的食物供给,以防止机体动用脂肪和蛋白质带来的不良后果。

5.1.5 血糖

血液中所含的葡萄糖,称为血糖。它是糖在体内的运输形式。

正常人血糖的来源主要有 3 条途径:①饭后从食物中消化吸收的葡萄糖,为血糖的主要来源;②空腹时肝糖原分解成葡萄糖进入血液;③乳酸通过糖异生过程转变成葡萄糖进入血液，成为血糖的补充来源。

正常人血糖的去路主要有 5 条：①在细胞中氧化分解成二氧化碳和水，同时释放出大量能量，供机体生命活动需要，这是血糖的主要去路；②进入肝脏转变成肝糖原储存起来；③进入肌肉细胞转变成肌糖原储存起来；④转变为脂肪储存在脂肪组织或包裹在脏器周围；⑤与蛋白质、脂类结合构成细胞的组成部分。

人的正常血糖在一定范围内波动，空腹血糖 $3.4 \sim 6.2 mmol/L$，餐后 2h 血糖不超过 $7.8 mmol/L$。血糖过高、过低都将对人体产生不良的影响，有些危害甚至是终身的、致命的，因此维持血糖平衡，对保证机体正常生命活动和健康水平是十分重要的。

正常人血糖的平衡，主要依靠肝脏、激素及神经系统三者的调节。

（1）肝脏调节　正常生理状态下，餐后糖类吸收入血后血糖升高，葡萄糖迅速通过血液进入肝细胞合成糖原，储存起来以供机体生命活动需要；一部分葡萄糖转化成脂肪。饥饿时，血糖偏低，肝细胞可通过糖原分解及糖异生这两条途径，生成葡萄糖运送入血液，以维持血糖平衡。

（2）激素调节　胰岛素是体内唯一降低血糖的激素。它促进组织细胞摄取和利用葡萄糖，促进肝细胞和肌肉细胞将葡萄糖合成糖原，促进糖类转变为脂肪，抑制糖的异生。胰高血糖素可促进肝糖原分解及减少葡萄糖的利用而使血糖升高；肾上腺素可促使肝糖原分解和肌糖原的酵解，从而升高血糖；糖皮质激素可促进肝脏中糖的异生，抑制肌肉及脂肪组织摄取葡萄糖，从而提高血糖水平；生长激素抑制肌肉和脂肪组织利用葡萄糖，促进肝脏中糖的异生使血糖升高。体内多种激素的协同作用，共同形成一个糖代谢调节系统，维持着血糖的动态平衡。

（3）神经系统调节　中枢神经系统通过交感神经或肾上腺髓质分泌肾上腺素及去甲肾上腺素，抑制胰岛素分泌，使血糖升高。中枢神经系统通过副交感神经，使胰岛素分泌增加而降低血糖。各种应激状态如急性心肌梗死、脑血管意外、外伤、手术、麻醉、严重感染、疼痛、休克及紧张焦虑等，均可使肾上腺皮质激素、胰高血糖素、肾上腺素及去甲肾上腺素分泌增多，引起暂时性的血糖升高。

5.2　糖的分解代谢

由于糖是生命活动的重要能源物质，因此糖代谢的核心是糖的分解代谢。

5.2.1　糖酵解

糖酵解（glycolysis）是葡萄糖在不需氧的条件下在胞浆内分解成 2 分子丙酮酸进而被还原成乳酸，同时释放出能量生成 ATP 的过程。糖酵解途径几乎是具有细胞结构的所有生物所共有的葡萄糖降解的途径。它最初是从研究酵母的酒精发酵发现的，因此称为糖酵解。糖酵解过程是在 1940 年得到阐明的，为纪念在这方面贡献较大的三位生化学家，也称糖酵解过程为 Embden-Meyerhof-Parnas 途径（简称 EMP 途径）。

5.2.1.1　糖酵解的反应历程

糖酵解过程是在细胞液（cytosol）中进行的，是无氧条件下糖的氧化分解过程。其反应历程如图 5-1 所示。

（1）葡萄糖在己糖激酶的催化下，被 ATP 磷酸化，生成 6-磷酸葡萄糖。磷酸基团的转

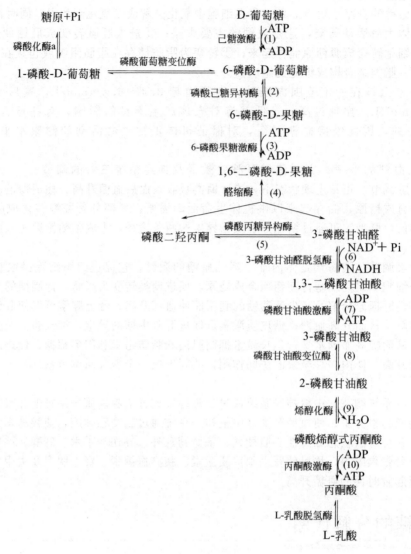

图 5-1 糖酵解途径

移在生物化学中是一个重要而普遍的反应。催化磷酸基团从 ATP 转移到受体上的酶称为激酶（kinase）。己糖激酶是催化从 ATP 转移磷酸基团至各种六碳糖（葡萄糖、果糖）上去的酶。需要 Mg^{2+} 作为辅助因子。

已经从动物组织中分离得到 4 种电泳行为不同的己糖激酶，分别称为Ⅰ、Ⅱ、Ⅲ、Ⅳ型。它们在机体的分布情况不同，催化的性质也不完全相同。Ⅰ型主要存在于脑和肾中，Ⅱ型存在于骨骼和心肌中，Ⅲ型存在于肝脏和肺脏中，Ⅳ型只存在于肝脏中。Ⅰ、Ⅱ、Ⅲ型酶大都存在于基本不能合成糖原的组织中。无机磷酸有解除 6-磷酸葡萄糖和 ADP 对Ⅰ、Ⅱ、Ⅲ型酶抑制的作用。Ⅰ型酶对无机磷酸最为敏感。这和脑细胞需要保持一定的糖酵解速度以维持能量的需要有关，只要有少量的无机磷酸存在，就能解除 6-磷酸葡萄糖的抑制作用，使糖酵解中间产物维持在一定水平。Ⅱ型酶由于对无机磷酸远不及Ⅰ型敏感，当肌肉处于静息状态时，并不要求高的糖酵解速度，而是受6-磷酸葡萄糖的抑制，使糖酵解速度保持低的水平。此外，Ⅰ型酶还可由柠檬酸激

124

活。Ⅳ型酶（葡萄糖激酶）的合成受胰岛素的诱导，使肝脏中的酶Ⅳ维持在较高的水平。

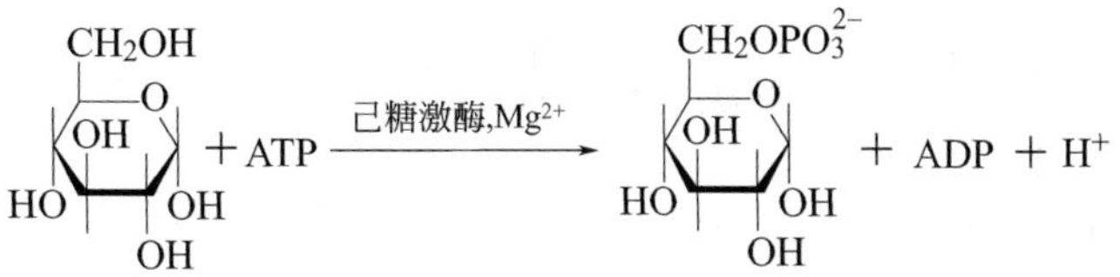

葡萄糖　　　　　　　　　　　　6-磷酸葡萄糖

$$\Delta G' = -16.72 \text{kJ/mol}$$

（2）6-磷酸葡萄糖在磷酸己糖异构酶的催化下，转化为 6-磷酸果糖。

这一反应的标准自由能变化是极其微小的，因此，这一反应是可逆的。在正常情况下，6-磷酸葡萄糖和 6-磷酸果糖保持或接近平衡状态。在这一反应中葡萄糖 C-1 位上的羰基（成环后的半缩醛基）不像 C-6 位上的羟基那样容易磷酸化，所以反应是使葡萄糖分子发生异构化，羰基从 C-1 位转移到 C-2 位，使葡萄糖分子由醛式转变成酮式的果糖，其 C-1 位上即形成了自由羟基。6-磷酸葡萄糖和 6-磷酸果糖的存在形式都是以环式为主，而异构化反应需以开链形式进行。

6-磷酸葡萄糖　　　　　　　　　　　　6-磷酸果糖

（3）6-磷酸果糖在磷酸果糖激酶的催化下，被 ATP 磷酸化，生成 1,6-二磷酸果糖。磷酸果糖激酶是一种变构酶，它的催化效率很低，糖酵解的速率严格地依赖该酶的活力水平。它是哺乳动物糖酵解途径最重要的调控关键酶，该酶的活性受到许多因素的控制。例如，肝中的磷酸果糖激酶受高浓度 ATP 的抑制。ATP 可降低该酶对 6-磷酸果糖的亲和力。ATP 对该酶的变构效应是由于 ATP 结合到酶的一个特殊的调控部位上，调控部位不同于催化部位。但是 ATP 对该酶的这种变构抑制效应可被 AMP 解除。因此 ATP/AMP 的比例关系对此酶也有明显的调节作用。特别是 H^+ 浓度对该酶活性的影响。当 pH 下降时，H^+ 对该酶有抑制作用。在生物体内这种抑制作用具有重要的生物学意义。因为通过它可以阻止整个酵解途径的继续进行，从而防止乳酸的继续形成；这又可防止血液 pH 的下降，有利于避免酸中毒。

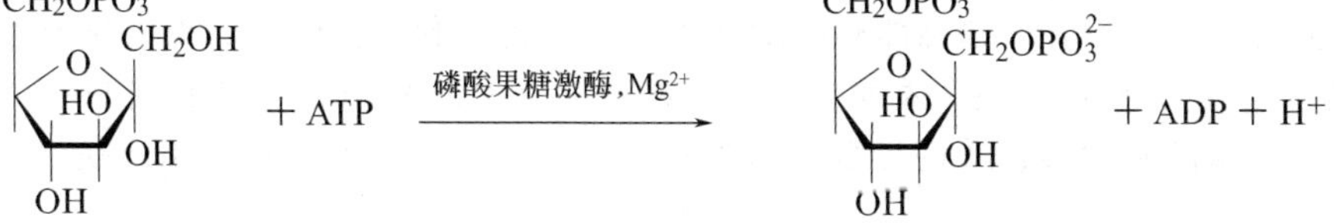

6-磷酸果糖　　　　　　　　　　　　1,6-二磷酸果糖

（4）在醛缩酶的催化下，1,6-二磷酸果糖分子在第三与第四碳原子之间断裂为两个三碳化合物，即磷酸二羟丙酮与 3-磷酸甘油醛。此反应的逆反应为缩合反应，以逆反应命名此酶，称为醛缩酶。

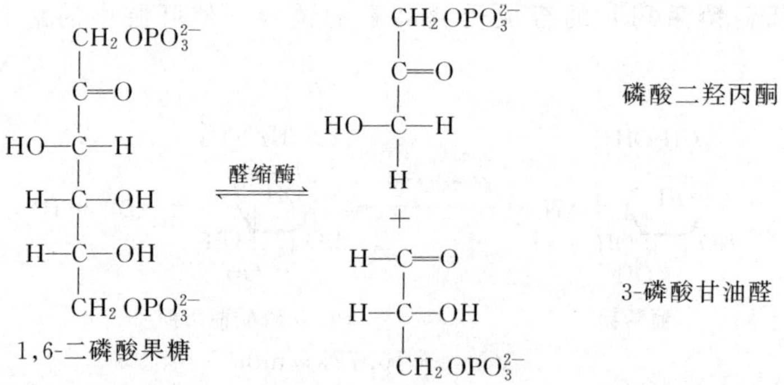

$$\text{1,6-二磷酸果糖} \quad \xrightarrow{\text{醛缩酶}} \quad \text{磷酸二羟丙酮} + \text{3-磷酸甘油醛}$$

（5）在磷酸丙糖异构酶的催化下，两个互为同分异构体的磷酸三碳糖之间有同分异构的互变。这个反应进行得极快并且是可逆的，一旦酶与底物分子相互碰撞，反应就即刻完成。因此，任何加速丙糖磷酸异构酶催化效率的措施都不能再提高它的反应速度。当平衡时，96％为磷酸二羟丙酮。但在正常进行着的酶解系统里，由于下一步反应的影响，平衡易向生成 3-磷酸甘油醛的方向移动。

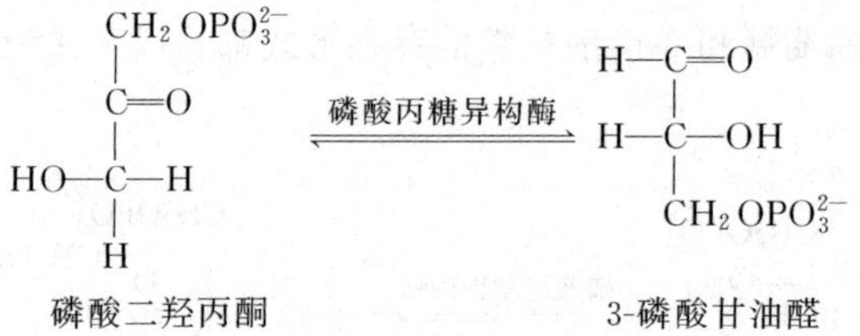

$$\text{磷酸二羟丙酮} \quad \xrightarrow{\text{磷酸丙糖异构酶}} \quad \text{3-磷酸甘油醛}$$

（6）3-磷酸甘油醛氧化为 1,3-二磷酸甘油酸，此反应由 3-磷酸甘油醛脱氢酶催化，由 NAD^+ 和无机磷酸（Pi）参加实现。在此反应中，醛基氧化释放的能量推动了 1,3-二磷酸甘油酸的形成。这是一个酰基磷酸。酰基磷酸是具有高能磷酸基团转移势能的化合物。

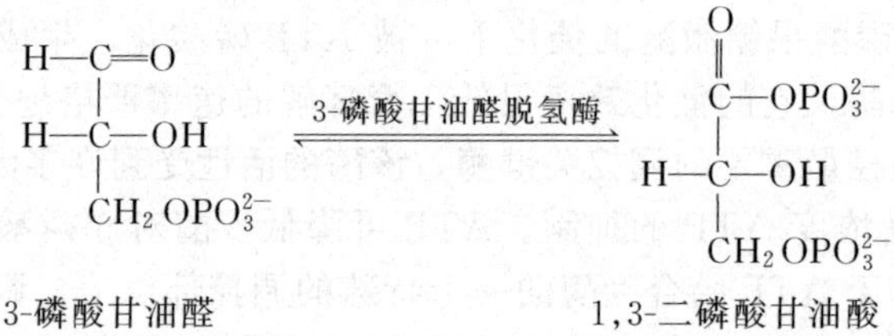

$$\text{3-磷酸甘油醛} \quad \xrightarrow{\text{3-磷酸甘油醛脱氢酶}} \quad \text{1,3-二磷酸甘油酸}$$

3-磷酸甘油醛的氧化是酵解过程中首次发生的氧化作用，3-磷酸甘油醛 C-1 上的醛基转变成酰基磷酸。酰基磷酸是磷酸与羧酸的混合酸酐，具有高能磷酸基团性质，其能量来自醛基的氧化。生物体通过此反应可以获得能量。

（7）1,3-二磷酸甘油酸在磷酸甘油酸激酶的催化下生成 3-磷酸甘油酸。

1,3-二磷酸甘油酸中的高能磷酸键经磷酸甘油酸激酶（一种可逆性的磷酸激酶）作用后转变为 ATP，生成了 3-磷酸甘油酸。因为 1mol 己糖代谢后生成 2mol 丙糖，所以在这个反应及随后的放能反应中有 2 倍高能磷酸键产生。这种直接利用代谢中间物氧化释放的能量产生 ATP 的磷酸化类型称为底物磷酸化。在底物磷酸化中，ATP 的形成直接与一个代谢中间物（如 1,3-二磷酸甘油酸、磷酸烯醇式丙酮酸等）上的磷酸基团的转移相偶联。

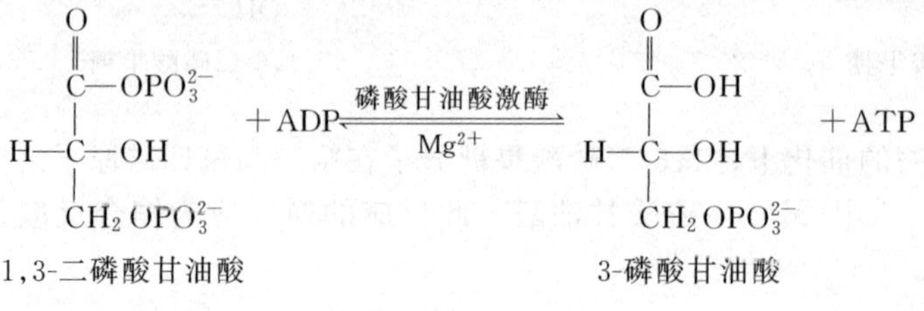

$$\text{1,3-二磷酸甘油酸} + ADP \quad \underset{Mg^{2+}}{\overset{\text{磷酸甘油酸激酶}}{\rightleftharpoons}} \quad \text{3-磷酸甘油酸} + ATP$$

（8）3-磷酸甘油酸转变为 2-磷酸甘油酸，由磷酸甘油酸变位酶催化：

通常将催化分子内化学基团移位的酶称为变位酶。由 3-磷酸甘油酸转变为 2-磷酸甘油酸是为酵解过程的下一步骤作准备。

$$\text{3-磷酸甘油酸} \underset{\text{磷酸甘油酸变位酶}}{\rightleftharpoons} \text{2-磷酸甘油酸}$$

（9）2-磷酸甘油酸脱水形成磷酸烯醇式丙酮酸（PEP）。在脱水过程中分子内部能量重新排布，使一部分能量集中在磷酸键上，从而形成一个高能磷酸键。该反应被 Mg^{2+} 所激活，被氟离子所抑制。烯醇化酶的相对分子质量为 85000。氟化物是该酶强烈的抑制剂，其原因是，氟与镁和无机磷酸形成一个复合物，取代天然情况下酶分子上镁离子的位置，从而使酶失活。

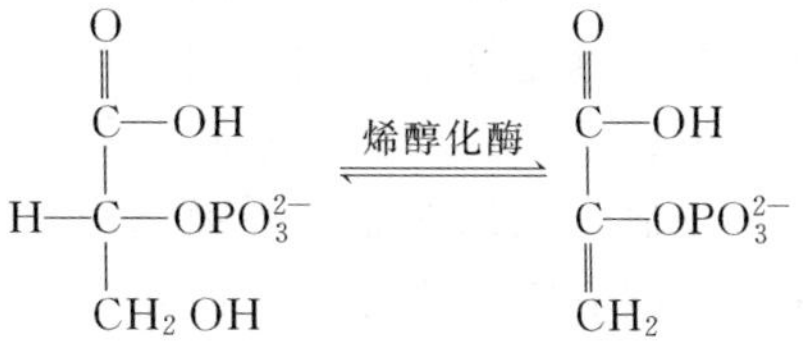

$$\text{2-磷酸甘油酸} \underset{\text{烯醇化酶}}{\rightleftharpoons} \text{磷酸烯醇式丙酮酸}$$

（10）磷酸烯醇式丙酮酸在丙酮酸激酶催化下转变为烯醇式丙酮酸。这是一个偶联生成 ATP 的反应，属于底物磷酸化作用，为不可逆反应。

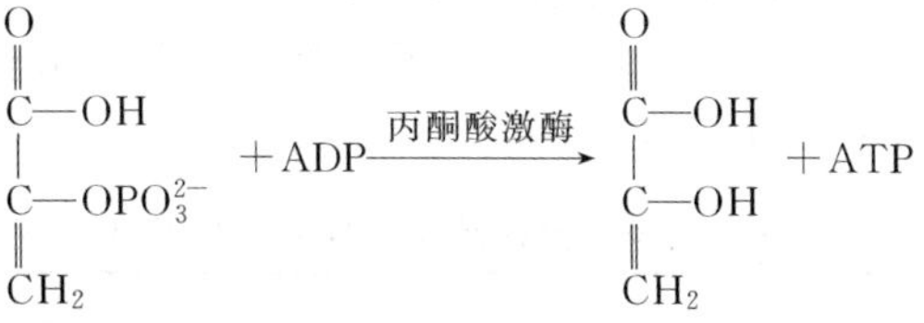

$$\text{磷酸烯醇式丙酮酸} + ADP \xrightarrow{\text{丙酮酸激酶}} \text{烯醇式丙酮酸} + ATP$$

烯醇式丙酮酸极不稳定，不需要酶的催化即可自动转变为比较稳定的丙酮酸。

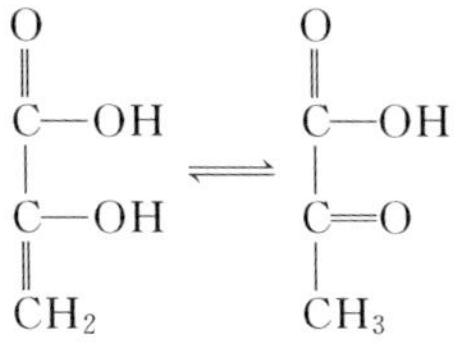

$$\text{烯醇式丙酮酸} \rightleftharpoons \text{丙酮酸}$$

糖酵解的总反应式为：

$$\text{葡萄糖} + 2Pi + 2ADP + 2NAD^+ \longrightarrow 2\,\text{丙酮酸} + 2ATP + 2NADH + 2H^+ + 2H_2O$$

由葡萄糖生成丙酮酸的全部反应见表 5-1。

5.2.1.2　糖酵解的生物学意义与能量计算

糖酵解是生物界普遍存在的供能途径，但其释放的能量不多，而且在一般生理情况下，大多数组织有足够的氧以供有氧氧化之需，很少进行糖酵解，因此这一代谢途径供能意义不大，但少数组织，如视网膜、睾丸、肾髓质和红细胞等组织细胞，即使在有氧条件下，仍需从糖酵解获得能量。

表 5-1 糖酵解的反应及酶类

序号		反 应	酶
(一)	1	葡萄糖+ATP──→6-磷酸葡萄糖+ADP	己糖激酶
	2	6-磷酸葡萄糖⇌6-磷酸果糖	磷酸己糖异构酶
	3	6-磷酸果糖+ATP──→1,6-二磷酸果糖+ADP	磷酸果糖激酶
(二)	4	1,6-二磷酸果糖⇌磷酸二羟丙酮+3-磷酸甘油醛	醛缩酶
	5	磷酸二羟丙酮⇌3-磷酸甘油醛	磷酸丙糖异构酶
(三)	6	3-磷酸甘油醛+NAD^++Pi⇌1,3-二磷酸甘油酸+NADH+H^+	3-磷酸甘油醛脱氢酶
	7	1,3-二磷酸甘油酸+ADP⇌3-磷酸甘油酸+ATP	磷酸甘油酸激酶
	8	3-磷酸甘油酸⇌2-磷酸甘油酸	磷酸甘油酸变位酶
(四)	9	2-磷酸甘油酸⇌磷酸烯醇式丙酮酸+H_2O	烯醇化酶
	10	磷酸烯醇式丙酮酸+ADP──→丙酮酸+ATP	丙酮酸激酶

在某些情况下，糖酵解有特殊的生理意义。例如剧烈运动时，能量需求增加，糖分解加速，此时即使呼吸和循环加快以增加氧的供应量，仍不能满足体内糖完全氧化所需要的氧的量。这时肌肉处于相对缺氧状态，必须通过糖酵解过程，以补充所需的能量。在剧烈运动后，可见血中乳酸浓度成倍地升高，这是糖酵解加强的结果。又如，人们从平原地区进入高原的初期，由于缺氧，组织细胞也往往通过增强糖酵解获得能量。

在某些病理情况下，如严重贫血、大量失血、呼吸障碍、肿瘤组织等，都需通过糖酵解来获取能量。倘若糖酵解过度，可因乳酸产生过多，而导致酸中毒。

糖酵解的中间产物是许多重要物质合成的原料，如丙酮酸是物质代谢中的重要物质，可根据生物体的需要而进一步向许多方面转化。3-磷酸甘油酸可转变为甘油而用于脂肪的合成。糖酵解在非糖物质转化成糖的过程中也起重要作用，因为糖酵解的大部分反应是可逆的，非糖物质可以逆着糖酵解的途径异生成糖，但必须绕过不可逆反应。

每分子葡萄糖在糖酵解过程中形成 2 分子丙酮酸，生成 4 分子 ATP，除去消耗的 2 分子 ATP 净得 2 分子 ATP 和 2 分子 NADH（见表 5-2）。

表 5-2 1 分子葡萄糖经糖酵解消耗和产生的 ATP 分子数

反 应	形成 ATP 的分子数
葡萄糖──→6-磷酸葡萄糖	−1
6-磷酸果糖──→1,6-二磷酸果糖	−1
1,3-二磷酸甘油酸──→3-磷酸甘油酸	$+1\times2$
磷酸烯醇式丙酮酸──→丙酮酸	$+1\times2$
1 分子葡萄糖──→2 分子丙酮酸	+2

在有氧条件下，1 分子 NADH 经呼吸链被氧氧化生成水时，原核细胞可形成 3 分子 ATP，而真核细胞可形成 2 分子 ATP。原核细胞 1 分子葡萄糖经糖酵解总共可生成 8 分子 ATP。按每摩尔 ATP 含自由能 33.4kJ 计算，共释放 $8\times33.4=267.2$kJ，还不到葡萄糖所含自由能 2867.5kJ 的 10%。大部分能量仍保留在 2 分子丙酮酸中。

5.2.1.3 丙酮酸的去向

葡萄糖经糖酵解生成丙酮酸是一切有机体及各类细胞所共有的途径，而丙酮酸的继续转化则有多条途径：

(1) 在有氧条件下，丙酮酸脱羧生成乙酰辅酶 A，进入三羧酸循环，氧化成 CO_2 和 H_2O，同时释放出能量生成 ATP。

(2) 在无氧的情况下丙酮酸在乳糖脱氢酶的催化下还原生成乳酸。

$$
\underset{\text{丙酮酸}}{\underset{|}{\overset{|}{\underset{\text{CH}_3}{\overset{\overset{\text{O}}{\parallel}}{\text{C}-\text{OH}}}}}} + \text{NADH} + \text{H}^+ \underset{}{\overset{\text{乳酸脱氢酶}}{\rightleftharpoons}} \underset{\text{乳酸}}{\underset{|}{\overset{|}{\underset{\text{CH}_3}{\overset{\overset{\text{O}}{\parallel}}{\text{C}-\text{OH}}}}}} + \text{NAD}^+
$$

从葡萄糖酵解成乳酸的总反应式为：

$$C_6H_{12}O_6 + 2Pi + 2ADP \longrightarrow 2\,乳酸 + 2ATP + 2H_2O$$

（3）某些厌氧微生物或肌肉由于剧烈运动而缺氧时，NAD^+的再生是由丙酮酸还原成乳酸来完成的，称此过程为乳酸发酵，乳酸是乳酸发酵的最终产物。乳酸发酵是乳酸菌的生活方式，在生产实践中有重要的意义。

在酵母菌或其他微生物中，在丙酮酸脱羧酶的催化下，丙酮酸脱羧生成乙醛，继而在乙醇脱氢酶的作用下，由 NADH 还原成乙醇。反应如下：

① 丙酮酸脱羧

$$\underset{\text{丙酮酸}}{CH_3COCOOH} \xrightarrow{\text{丙酮酸脱羧酶}} \underset{\text{乙醛}}{CH_3CHO} + CO_2$$

② 乙醛被还原为乙醇

$$\underset{\text{乙醛}}{CH_3CHO} + NADH + H^+ \xrightarrow{\text{乙醇脱氢酶}} \underset{\text{乙醇}}{CH_3CH_2OH} + NAD^+$$

葡萄糖进行乙醇发酵的总反应式为：

$$葡萄糖 + 2Pi + 2ADP + 2H^+ \longrightarrow 2\,乙醇 + 2CO_2 + 2ATP + 2H_2O$$

对高等植物来说，不论是在有氧还是在无氧的条件下，糖的分解都必须先经过糖酵解阶段形成丙酮酸，然后再分别进入其他途径。

$$糖 \longrightarrow 中间产物 \longrightarrow 2\,丙酮酸 \begin{array}{l} \overset{\text{无氧}}{\nearrow} 2\,乙醇 + 2CO_2 + 2ATP \\ \underset{\text{有氧}}{\searrow} 6CO_2 + 6H_2O + 38ATP \end{array}$$

乙醇发酵在生产实践中已经被广泛应用，产生了巨大的经济和社会效益，同时也是极具潜力的研究领域。

5.2.1.4　糖酵解的调控

糖酵解途径具有双重作用：使葡萄糖降解生成 ATP，并为合成反应提供原料。因此，糖酵解的速度根据生物体对能量与物质的需要而受到调节与控制。在糖酵解中，由己糖激酶、磷酸果糖激酶、丙酮酸激酶所催化的反应是不可逆的。这些不可逆的反应均可成为调控糖酵解的限速步骤。催化这些限速反应步骤的酶称为限速酶。

磷酸果糖激酶是糖酵解中最重要的限速酶。磷酸果糖激酶也是变构酶，受细胞内能量水平的调节，它被 ADP 和 AMP 促进，即在能荷低时活性最强；但受高水平 ATP 的抑制，因为 ATP 是此酶的变构抑制剂，可引发变构效应而降低其对底物的亲和力。磷酸果糖激酶受高水平柠檬酸的抑制，柠檬酸是三羧酸循环的早期中间产物，柠檬酸水平高就意味着生物合成的前体很丰富，糖酵解就会减慢或暂停。当细胞既需要能量又需要原材料时，如 ATP/AMP 值低及柠檬酸水平低时，则磷酸果糖激酶的活性提高。而当物质与能量都丰富时，磷酸果糖激酶的活性几乎等于零。

丙酮酸激酶是糖酵解的第二个重要的调节点。1,6-二磷酸果糖是丙酮酸激酶的变构激活剂，而 ATP 则有抑制作用。此外，在肝内丙氨酸对丙酮酸激酶也有变构抑制作用。丙酮酸激酶还受共价修饰方式调节。依赖 cAMP 的蛋白激酶和依赖 Ca^{2+}、钙调蛋白的蛋白激酶均可使其磷酸化而失活。胰高血糖素可通过 cAMP 抑制丙酮酸激酶活性。

糖酵解的调控如图 5-2 所示。

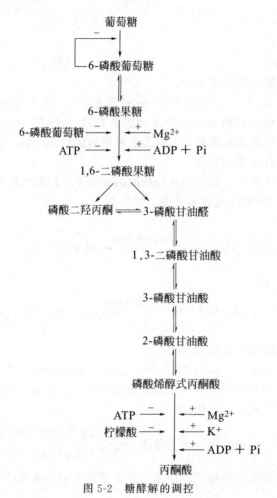

图 5-2　糖酵解的调控

5.2.2　三羧酸循环

机体维持各种生命活动都需要消耗能量。尽管不同的营养物在生物体内氧化成水和二氧化碳、释放出能量经历的代谢过程不同，但是它们具有共同的规律。在高等动物体内，糖、脂肪、蛋白质的氧化大致可分为 3 个阶段：第一阶段为分解成它们各自的基本组成单位（葡萄糖、脂肪酸和甘油、氨基酸），再经过一系列反应生成乙酰辅酶 A；第二阶段为乙酰辅酶 A 进入三羧酸循环经酶促反应生成 CO_2 和 H_2O，并释放能量储存在还原性的电子载体 NADH 和 $FADH_2$ 中；第三阶段为这些还原性辅酶被氧化，即释放 H^+ 和电子，释放的电子通过呼吸链转移给最终的电子受体 O_2，在电子传递过程中释放的能量经氧化磷酸化大部分以 ATP 的形式储存起来。

葡萄糖通过糖酵解转变成丙酮酸。在有氧条件下，丙酮酸通过一个包括二羧酸和三羧酸的循环而逐步氧化分解，直至形成 CO_2 为止。这一反应过程在线粒体基质中进行，因为在这个循环中几个主要的中间代谢物是含有三个羧基的有机酸，所以称其为三羧酸循环（tricarboxylic acid cycle，简称 TCA 循环）。该反应体系的酶，除了琥珀酸脱氢酶是定位于线粒体内膜外，其余均位于线粒体基质中。该循环是英国生化学家 Hans Krebs 首先发现的，故又名 Krebs 循环。由于该循环的第一个产物是柠檬酸，因此又称柠檬酸循环（citric acid cycle）。

三羧酸循环是生物体中的"燃料分子"（即碳水化合物、脂肪酸和氨基酸）氧化的最终共同途径。这些"燃料分子"大多数以乙酰辅酶 A 形式进入该循环而被彻底氧化。

5.2.2.1 丙酮酸氧化脱羧

丙酮酸不能直接进入三羧酸循环，而是先氧化脱羧生成乙酰辅酶 A 进入三羧酸循环。丙酮酸氧化脱羧反应是由丙酮酸脱氢酶系（即丙酮酸脱氢酶复合体）催化的。丙酮酸脱氢酶系是一个非常复杂的多酶体系，其中包括丙酮酸脱羧酶、二氢硫辛酸乙酰转移酶、二氢硫辛酸脱氢酶三种不同的酶及焦磷酸硫胺素（TPP）、硫辛酸、辅酶 A、FAD、NAD^+ 和 Mg^{2+} 6 种辅助因子组装而成。丙酮酸脱氢酶系在线粒体内膜上，催化反应如下：

$$CH_3COCOOH + HSCoA + NAD^+ \xrightarrow[\text{硫辛酸,FAD}]{Mg^{2+},TPP} CH_3COSCoA + CO_2 + NADH + H^+$$

这是一个不可逆反应，分五步进行：①丙酮酸与 TPP 形成复合物，然后脱羧，生成羟乙基-TPP；②羟乙基-TPP 在二氢硫辛酸乙酰转移酶催化下，羟乙基被氧化成乙酰基，与二氢硫辛酸结合，形成乙酰二氢硫辛酸，同时释放出 TPP；③乙酰二氢硫辛酸将乙酰基转给辅酶 A，形成乙酰辅酶 A；④由于硫辛酸在细胞内含量很少，要使上述反应不断进行，硫辛酸必须氧化再生，即将氢递交给 FAD；⑤$FADH_2$ 再将氢转给 NAD^+。

综上所述，1 分子丙酮酸转变为 1 分子乙酰辅酶 A，生成 1 分子 $NADH + H^+$，放出 1 分子 CO_2。所生成的乙酰辅酶 A 随即可进入三羧酸循环被彻底氧化，反应历程如图 5-3 所示。

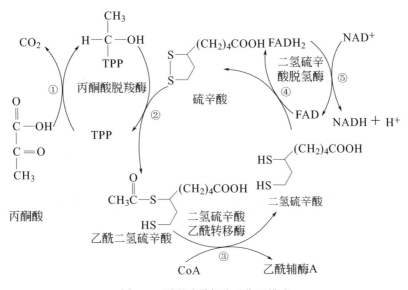

图 5-3 丙酮酸脱氢酶系作用模式

5.2.2.2 三羧酸循环途径

在有氧条件下，乙酰辅酶 A 的乙酰基通过三羧酸循环被氧化成 CO_2。三羧酸循环不仅是糖有氧代谢的途径，也是机体内一切有机物碳素骨架氧化成 CO_2 的必经之路。

柠檬酸循环的起始步骤可看作是由 4 个碳原子的化合物（草酰乙酸）与循环外的 2 个碳原子的化合物（乙酰辅酶 A）形成 6 个碳原子的柠檬酸。柠檬酸经过三步异构化成为异柠檬酸，然后进行氧化（形成 6 个碳原子的草酰琥珀酸），再脱羧失去一个碳原子形成 5 个碳原子的二羧酸化合物（α-酮戊二酸）。5 个碳原子的化合物又氧化脱羧形成 4 个碳原子的二羧酸化合物（琥珀酸）。4 个碳原子的化合物经过三次转化，其间形成一个高能磷酸键（GTP），使 FAD、NAD^+ 分别还原为 $FADH_2$ 和 $NADH+H^+$，最后又形成 4 个碳原子的草酰乙酸。

总反应历程如图 5-4 所示，现分述如下：

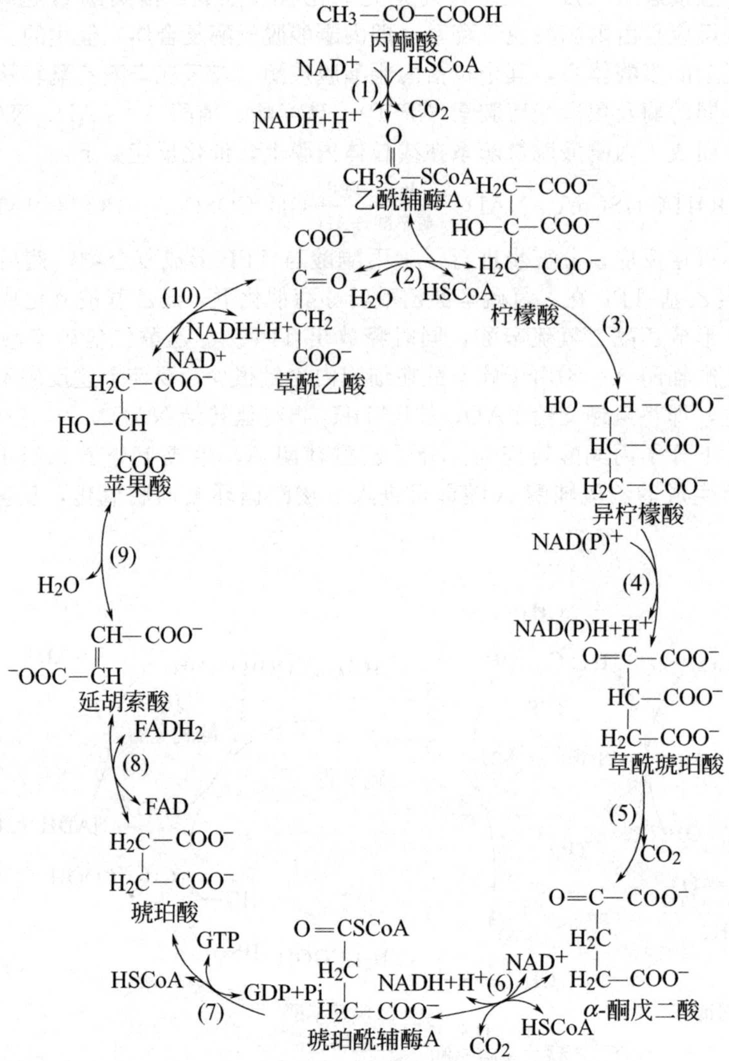

$CH_3-CO-COOH$
丙酮酸

乙酰辅酶A $CH_3C-SCoA$

草酰乙酸

柠檬酸

异柠檬酸

草酰琥珀酸

α-酮戊二酸

琥珀酰辅酶A

琥珀酸

延胡索酸

苹果酸

(1) 丙酮酸脱氢酶复合体；(2) 柠檬酸合成酶；(3) 顺乌头酸酶；(4)、(5) 异柠檬酸脱氢酶；(6) α-酮戊二酸脱氢酶复合体；(7) 琥珀酰辅酶 A 合成酶；(8) 琥珀酸脱氢酶；(9) 延胡索酸酶；(10) L-苹果酸脱氢酶

图 5-4　三羧酸循环

(1) 乙酰辅酶 A 与草酰乙酸缩合成柠檬酸。乙酰辅酶 A 在柠檬酸合成酶催化下与草酰乙酸进行缩合，然后水解成 1 分子柠檬酸。

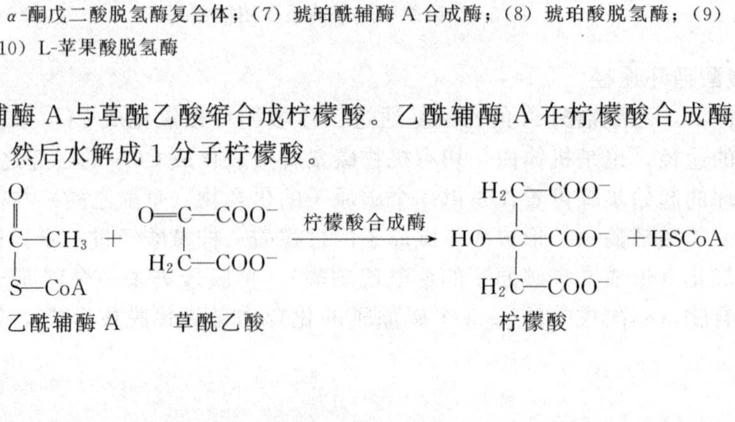

乙酰辅酶 A　　草酰乙酸　　　柠檬酸合成酶　　　柠檬酸　　+HSCoA

132

催化此反应的酶称为柠檬酸合成酶。

柠檬酸合成酶属于调控酶。它的活性受 ATP、NADH、琥珀酰辅酶 A 和脂酰辅酶 A 等的抑制。它是柠檬酸循环中的限速酶。由氟乙酸形成的氟乙酰辅酶 A 可被柠檬酸合成酶催化与草酰乙酸缩合生成氟柠檬酸。它取代柠檬酸结合到顺乌头酸酶的活性部位上，从而抑制柠檬酸循环向下的全部反应。因此由氟乙酰辅酶 A 形成氟柠檬酸的反应称为致死性合成反应。可利用这一特性制造杀虫剂或灭鼠药。各种有毒植物的叶子大都含有氟乙酸，具有天然杀虫剂的效果。

（2）柠檬酸脱水生成顺乌头酸，然后加水生成异柠檬酸。

柠檬酸异构化形成异柠檬酸是适应柠檬酸进一步氧化的需要。因为柠檬酸是一个叔醇化合物，它的羟基所处的位置妨碍着柠檬酸进一步氧化。而异柠檬酸是可以氧化的仲醇。柠檬酸通过失水形成顺乌头酸，然后再加水到顺乌头酸这一不饱和的中间物上，把羟基从原来的位置转移到相邻的碳原子上从而形成异柠檬酸。

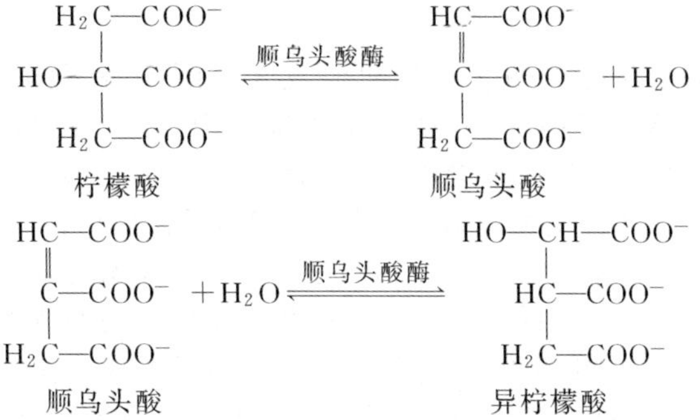

$$柠檬酸 \xrightleftharpoons{-H_2O} 顺乌头酸 \xrightleftharpoons{+H_2O} 异柠檬酸$$

（3）异柠檬酸氧化与脱羧生成 α-酮戊二酸。

在异柠檬酸脱氢酶的催化下，异柠檬酸脱去 2H，其中间产物草酰琥珀酸迅速脱羧生成 α-酮戊二酸。

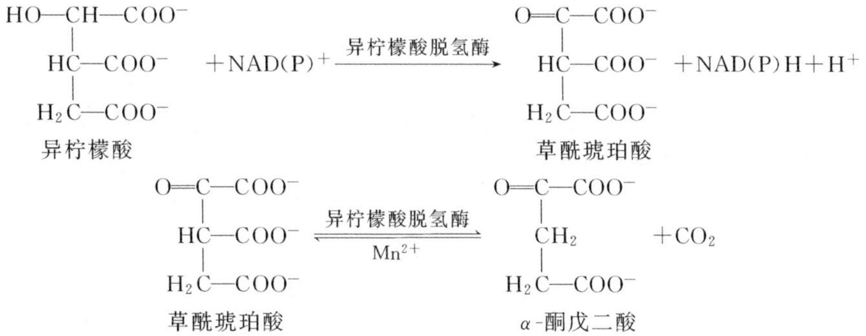

两步反应均为异柠檬酸脱氢酶所催化。现在认为这种酶具有脱氢和脱羧两种催化能力。脱羧反应需要 Mn^{2+}。

此步反应是一分界点，在此之前都是三羧酸的转化，在此之后则是二羧酸的转化。

异柠檬酸脱氢酶催化的反应，在生物化学酶促反应中是具有代表性的。由 β-羟酸氧化为 β-酮酸，从而引起脱羧反应，也就是促进了相邻 C—C 键的断裂，称为 β-裂解。这种 β-裂解是生物化学中最常见的一种 C—C 键的断裂方式。

异柠檬酸脱氢酶催化的氧化脱羧反应还具有重要的生物学意义。即通过这一步反应，使生物体解决了具有 2 个碳原子的乙酰基氧化和降解的问题。

（4）α-酮戊二酸氧化脱羧。

α-酮戊二酸在 α-酮戊二酸脱氢酶复合体作用下脱羧形成琥珀酰辅酶 A，此反应与丙酮酸脱羧相似。总反应如下：

$$\underset{\alpha\text{-酮戊二酸}}{\underset{\mid}{\overset{\mid}{\overset{\displaystyle O{=}C{-}COO^-}{\underset{\displaystyle H_2C{-}COO^-}{CH_2}}}}} + NAD^+ + HSCoA \xrightarrow{\alpha\text{-酮戊二酸脱氢酶}} \underset{\text{琥珀酰辅酶 A}}{\underset{\mid}{\overset{\mid}{\overset{\displaystyle O{=}C\sim SCoA}{\underset{\displaystyle H_2C{-}COO^-}{CH_2}}}}} + CO_2 + NADH + H^+$$

此反应不可逆，大量释放能量，$\Delta G^{O'} = -33.47kJ/mol$，是三羧酸循环中的第二次氧化脱羧，产生 NADH 及 CO_2 各 1 分子。

α-酮戊二酸氧化释放出的能量有三方面的作用：驱使 NAD^+ 还原；促使反应向氧化方向进行并大量放能；相当的能量以琥珀酰辅酶 A 的高能硫酯键形式保存起来。

催化上述反应的酶称为 α-酮戊二酸脱氢酶。该酶和丙酮酸脱氢酶复合体极其相似，也是一个多酶复合体，由 α-酮戊二酸脱氢酶（E_1）、二氢硫辛酰转琥珀酰酶（E_2）、二氢硫辛酰脱氢酶（E_3）组成。

α-酮戊二酸脱氢酶系催化的每步反应机制也和丙酮酸脱氢酶复合体相一致，也需要 TPP、硫辛酸、CoA、FAD、NAD^+、Mg^{2+} 6 种辅助因子。该酶是一个变构调节酶。它受调控的很多方面也和丙酮酸脱氢酶复合体非常相似。α-酮戊二酸脱氢酶受其产物琥珀酰辅酶 A 和 NAD^+ 的抑制，也同样受高能荷的抑制，因此当细胞的 ATP 充裕时，柠檬酸循环进行的速度就减慢。和丙酮酸脱氢酶复合体不同之处是：磷酸化使丙酮酸脱氢酶（E_1）失去活性，而 α-酮戊二酸脱氢酶不受磷酸化、去磷酸化共价修饰的调节作用。

（5）琥珀酰辅酶 A 在琥珀酰辅酶 A 合成酶催化下，转移其高能硫酯键至鸟苷二磷酸（GDP）上生成鸟苷三磷酸（GTP），同时生成琥珀酸。然后 GTP 再将高能键能转给 ADP，生成 1 个 ATP。

该反应的重要之处是产生一个高能磷酸键，它是三羧酸循环中唯一直接生成 ATP 的反应（底物磷酸化）。

$$\underset{\text{琥珀酰辅酶 A}}{\underset{\mid}{\overset{\mid}{\overset{\displaystyle O{=}C\sim SCoA}{\underset{\displaystyle H_2C{-}COO^-}{H_2C}}}}} + Pi + GDP \underset{Mg^{2+}}{\overset{\text{琥珀酰辅酶 A 合成酶}}{\rightleftharpoons}} \underset{\text{琥珀酸}}{\underset{\mid}{\overset{\displaystyle H_2C{-}COO^-}{H_2C{-}COO^-}}} + GTP + HSCoA$$

$$GTP + ADP \rightleftharpoons GDP + ATP$$

（6）琥珀酸被氧化成延胡索酸。琥珀酸脱氢酶催化此反应，该酶结合在线粒体内膜上，是 TCA 循环中唯一与线粒体内膜结合的酶。其辅酶是 FAD，还含有铁硫中心，来自琥珀酸的电子通过 FAD 和铁硫中心，经电子传递链被氧化，生成 2 分子 ATP。

$$\underset{\text{琥珀酸}}{\underset{\mid}{\overset{\displaystyle H_2C{-}COO^-}{H_2C{-}COO^-}}} + FAD \overset{\text{琥珀酸脱氢酶}}{\rightleftharpoons} \underset{\text{延胡索酸}}{\underset{\displaystyle COO^-}{\overset{\displaystyle COO^-}{\underset{\mid}{\overset{\mid}{\underset{HC}{\overset{CH}{\parallel}}}}}}} + FADH_2$$

（7）延胡索酸加水生成苹果酸。催化延胡索酸水合生成苹果酸的酶，称为延胡索酸酶。该酶的催化反应具有严格的立体专一性。

$$\underset{\text{延胡索酸}}{\underset{\displaystyle COO^-}{\overset{\displaystyle COO^-}{\underset{\mid}{\overset{\mid}{\underset{HC}{\overset{CH}{\parallel}}}}}}} + H_2O \overset{\text{延胡索酸酶}}{\rightleftharpoons} \underset{\text{苹果酸}}{\underset{\mid}{\overset{\mid}{\overset{\displaystyle H_2C{-}COO^-}{\underset{\displaystyle COO^-}{HO{-}CH}}}}}$$

（8）苹果酸被氧化成草酰乙酸。TCA 循环的最后反应由苹果酸脱氢酶催化。苹果酸脱氢生成草酰乙酸；脱下的氢由 NAD^+ 接受，生成 $NADH+H^+$。在细胞内草酰乙酸不断地被用于柠檬酸合成，因而这一可逆反应向生成草酰乙酸的方向进行。

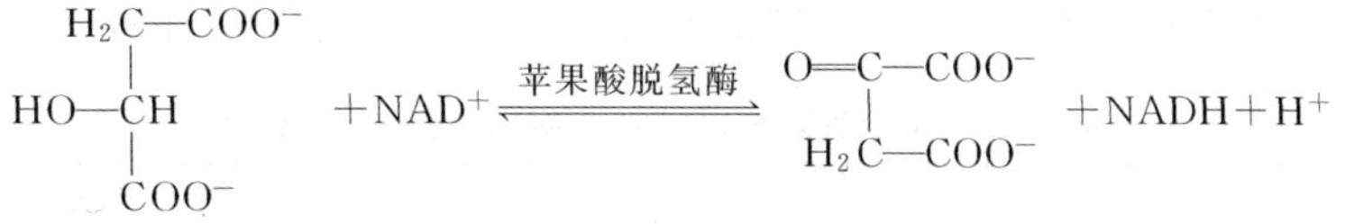

$$H_2C-COO^- \atop HO-CH \atop COO^- \quad +NAD \xrightleftharpoons[]{苹果酸脱氢酶} \quad O=C-COO^- \atop H_2C-COO^- \quad +NADH+H^+$$

苹果酸 　　　　　　　　　　　　　　　　草酰乙酸

至此草酰乙酸又重新形成，又可和另一分子乙酰辅酶 A 缩合成柠檬酸进入三羧酸循环。三羧酸循环每循环一次，消耗 1 分子乙酰辅酶 A（二碳化合物）。而三羧酸、二羧酸并不因参加此循环而有所增减。

三羧酸循环的多个反应是可逆的，但由于柠檬酸的合成及 α-酮戊二酸的氧化脱羧是不可逆的，故该循环是单方向进行的。

由图 5-4 可见，丙酮酸经三次脱羧反应［反应（1）、（5）、（6）］共生成 3 分子 CO_2；通过反应（1）、（4）、（6）、（8）、（10）共脱下 $5\times2H$，再经呼吸链氧化生成 5 分子 H_2O，其中反应（2）、（7）、（9）共用去 3 分子 H_2O，（7）相当于被摄取 1 分子 H_2O。

5.2.2.3　草酰乙酸的回补反应

三羧酸循环不仅产生 ATP，其中间产物也是许多物质生物合成的原料。例如，构成血红素分子中卟啉环的碳原子来自琥珀酰辅酶 A。大多数氨基酸是由 α-酮戊二酸及草酰乙酸合成的。三羧酸循环中的任何一种中间产物被抽走，都会影响三羧酸循环的正常运转，特别是缺少草酰乙酸，乙酰辅酶 A 就不能形成柠檬酸而进入三羧酸循环，所以草酰乙酸必须不断地得以补充。这种补充称为回补反应。

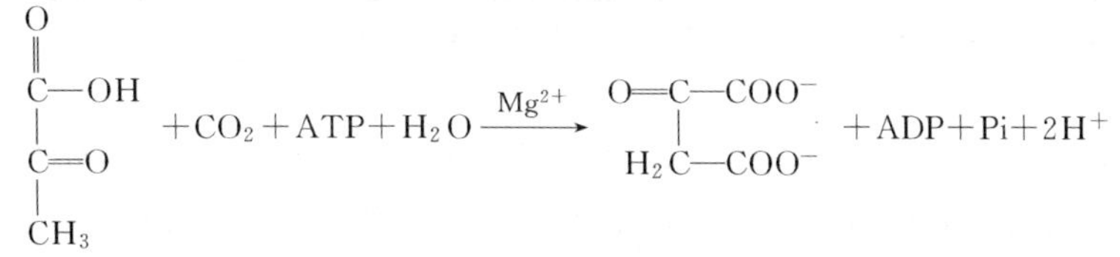

$$\begin{array}{c} O \\ \| \\ C-OH \\ | \\ C=O \\ | \\ CH_3 \end{array} \quad +CO_2+ATP+H_2O \xrightarrow{Mg^{2+}} \quad \begin{array}{c} O=C-COO^- \\ | \\ H_2C-COO^- \end{array} \quad +ADP+Pi+2H^+$$

丙酮酸 　　　　　　　　　　　　　　　　　　草酰乙酸

丙酮酸的羧化支路是生物体内草酰乙酸回补的重要途径。该反应在线粒体中进行，由丙酮酸羧化酶催化，是动物体内最重要的回补反应。由于 TCA 循环中任何一种中间产物的不足而引起循环速度降低会使乙酰辅酶 A 浓度增加，乙酰辅酶 A 是丙酮酸羧化酶的激动剂，结果会促进产生更多的草酰乙酸，从而提高三羧酸循环的速度。过量的草酰乙酸被转运到线粒体外用于合成葡萄糖。

5.2.2.4　三羧酸循环能量计算及其意义

每分子乙酰辅酶 A 经三羧酸循环可产生 12 分子 ATP。若从丙酮酸开始计算，则 1 分子丙酮酸可产生 15 分子 ATP。1 分子葡萄糖可以产生 2 分子丙酮酸，因此，原核细胞每分子葡萄糖经糖酵解、三羧酸循环及氧化磷酸化三个阶段共产生 8（8 或 6）$+2\times15=38$（38 或 36）个 ATP 分子。

三羧酸循环生成 ATP 数量见表 5-3。

在生物界中，动物、植物与微生物都普遍存在着三羧酸循环途径，因此三羧酸循环具有普遍的生物学意义：

（1）三羧酸循环是机体获取能量的主要方式。1 分子葡萄糖经无氧酵解仅净生成 2 分子 ATP，而有氧氧化可净生成 38（38 或 36）分子 ATP，其中三羧酸循环生成 24 分子 ATP，在一般生理条件下，许多组织细胞皆从糖的有氧氧化获得能量。糖的有氧氧化不但释能效率高，而且逐步释能，并逐步储存于 ATP 分子中，因此能量的利用率也很高。1mol 乙酰辅酶 A 燃烧释放的热量为 874.04kJ，生成的 12 分子 ATP 所释放的能量为 353.63kJ，生物体能量的利用效率为 40.5%。由于糖、脂肪及部分氨基酸分解的中间产物为乙酰辅酶 A，均通过三羧酸循环彻底氧化，因此三羧酸循环是生物体内产生 ATP 的最主要途径。

表 5-3   1mol 葡萄糖在有氧分解时所放出的 ATP

反应阶段	反 应	ATP 的生成与消耗			
		消耗	合 成		净得
			底物磷酸化	氧化磷酸化	
酵解	葡萄糖→6-磷酸葡萄糖	1			−1
	6-磷酸果糖→1,6-二磷酸果糖	1			−1
	3-磷酸甘油醛→1,3-二磷酸甘油酸			3×2	6
	1,3-二磷酸甘油酸→3-磷酸甘油酸		1×2		2
	2-磷酸烯醇式丙酮酸→烯醇式丙酮酸		1×2		2
丙酮酸氧化脱羧	丙酮酸→乙酰辅酶 A			3×2	6
三羧酸循环	异柠檬酸→草酰琥珀酸			3×2	6
	α-酮戊二酸→琥珀酰辅酶 A			3×2	6
	琥珀酰辅酶 A→琥珀酸		1×2		2
	琥珀酸→延胡索酸			2×2	4
	苹果酸→草酰乙酸			3×2	6
总计		2	6	34	38[①]

① 如果在葡萄糖氧化过程中通过甘油-3-磷酸穿梭途径转运 NADH，在总结算中应少 2 分子 ATP，即总结算中为 36 个。

（2）三羧酸循环是糖、脂肪和蛋白质三种主要有机物在体内彻底氧化的共同代谢途径。三羧酸循环的起始物乙酰辅酶 A，不但是糖氧化分解产物，它也可来自脂肪的甘油、脂肪酸和蛋白质中的某些氨基酸代谢，因此三羧酸循环实际上是三种主要有机物质在体内氧化供能的共同通路，人体内的有机物大约 2/3 是通过三羧酸循环分解供能的。

（3）糖和甘油在体内代谢可生成 α-酮戊二酸及草酰乙酸等三羧酸循环的中间产物，这些中间产物可以转变成为某些氨基酸；而有些氨基酸又可通过不同途径转变成 α-酮戊二酸和草酰乙酸，再经糖异生的途径生成糖或转变成甘油，因此三羧酸循环不仅是三种主要的有机物质分解代谢的最终共同途径，而且也是它们通过代谢相互转换的联系枢纽。

（4）三羧酸循环所产生的多种中间产物是生物体内许多重要物质生物合成的原料。在细胞迅速生长时期，三羧酸循环可提供多种化合物的碳架，以供细胞生物合成使用。

（5）发酵工业利用微生物三羧酸循环生产各种代谢产物，如柠檬酸、谷氨酸等。因此在生产实践中应用潜力巨大。

5.2.2.5 三羧酸循环的调控

三羧酸循环的主要调节部位有四处（如图 5-5 所示）。这些部位酶活性的调节主要是产物的反馈抑制和能荷调节。

（1）丙酮酸脱氢酶系的调控

① 反馈调节   反应产物乙酰辅酶 A、辅酶 A 竞争与酶蛋白结合，而抑制了硫辛酸乙酰转移酶的活性；反应的另一产物 NADH 能抑制二氢硫辛酸脱氢酶的活性。抑制效应可被相

应的反应物辅酶 A 和 NAD^+ 逆转。

② 共价修饰调节　丙酮酸脱羧酶为共价调节酶，具有活性形式与非活性形式两种状态。当其分子上特定的丝氨酸残基被 ATP 所磷酸化时，酶就转变为非活性形式，丙酮酸的氧化脱羧作用即告停止。而当脱去其分子上的磷酸基团时，酶即恢复活性，丙酮酸脱羧反应就可继续进行。

③ 能荷调节　ADP 是异柠檬酸脱氢酶的变构激活剂。丙酮酸脱羧酶为 GTP、ATP 所抑制，为 AMP 所激活。

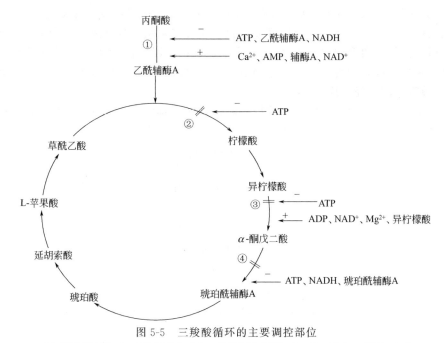

图 5-5　三羧酸循环的主要调控部位
①丙酮酸脱氢酶系；②柠檬酸合成酶；③异柠檬酸脱氢酶；④α-酮戊二酸脱氢酶系

（2）柠檬酸合成酶的调节　由草酰乙酸及乙酰辅酶 A 缩合成柠檬酸是三羧酸循环的一个重要调控部位。乙酰辅酶 A 和草酰乙酸在细胞线粒体中的浓度并不能使柠檬酸合成酶达到饱和的程度，因此该酶对底物催化的速度随底物浓度而变化，也就是酶的活性受底物供给情况所控制。乙酰辅酶 A 来源于丙酮酸，所以它还受到丙酮酸脱氢酶活性的调节。草酰乙酸来源于苹果酸，它与苹果酸的浓度保持一定的平衡关系。ATP 是柠檬酸合成酶的变构抑制剂，ATP 的效应提高其对乙酰辅酶 A 的 K_m 值，使酶对乙酰辅酶 A 的亲和力减小，因而形成的柠檬酸也减少。琥珀酰辅酶 A 对此酶也有抑制作用。

（3）异柠檬酸脱氢酶的调节　该酶也是变构酶，ADP 是异柠檬酸脱氢酶的变构激活剂，可提高酶对底物的亲和力。异柠檬酸、NAD^+、Mg^{2+}、Ca^{2+} 对此酶的活性也有促进作用，NADH 则对此酶有抑制作用。

（4）α-酮戊二酸脱氢酶系的调节　α-酮戊二酸脱氢酶系与丙酮酸脱氢酶系相似，其调控的某些方面也相同。此酶活性受反应产物琥珀酰辅酶 A 和 NADH 所抑制，也受能荷调节，即为 ADP 所促进，为 ATP 所抑制。

5.2.3　磷酸戊糖途径

糖的另一条氧化途径是从 6-磷酸葡萄糖开始的，磷酸戊糖是该途径的中间产物，因而称之为磷酸戊糖途径（pentose phosphate pathway），简称 PPP 途径。磷酸戊糖途径是在细胞质中进行的，主要发生在肝脏、脂肪组织、哺乳期的乳腺、肾上腺皮质、性腺、骨髓和红细胞等部位，生成具有重要生理功能的 NADPH 和 5-磷酸核糖。该过程不是机体产能的方式，全过程中无 ATP 生成。

　　磷酸戊糖途径的存在可以由以下事实来证明：一些糖酵解的典型的抑制剂（如碘乙酸及氟化物）抑制了糖酵解后，葡萄糖仍可被消耗，证明葡萄糖还有其他代谢途径。此外，当用 ^{14}C 标记葡萄糖的 C-1 处或 C-6 处的碳原子时，则 C-1 处的碳原子比 C-6 处的碳原子更容易氧化成 $^{14}CO_2$。如果葡萄糖只能通过糖酵解转化成两个 ^{14}C 丙酮酸（C_3），继而裂解成 $^{14}CO_2$，^{14}C-6 和 ^{14}C-1 会以同样的速度生成 $^{14}CO_2$。这些观察结果促进了磷酸戊糖途径的发现。

　　磷酸戊糖途径的主要特点是葡萄糖直接脱氢和脱羧氧化，脱氢酶的辅酶为 $NADP^+$。整个磷酸戊糖途径分为两个阶段，即氧化阶段与非氧化阶段。前者是 6-磷酸葡萄糖脱氢、脱羧，形成 5-磷酸核糖，后者是经过一系列的分子重排反应，再生成磷酸己糖和磷酸丙糖。

5.2.3.1　磷酸戊糖途径的反应历程

　　该反应体系的起始物为 6-磷酸葡萄糖，经过氧化分解后产生五碳糖、CO_2、无机磷酸和 NADPH（图 5-6）。

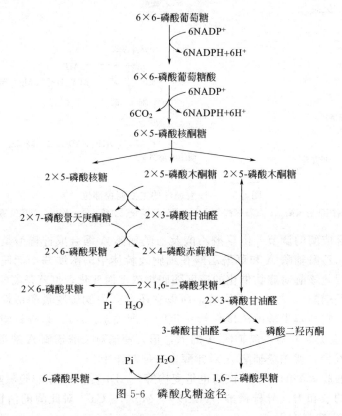

图 5-6　磷酸戊糖途径

（1）氧化阶段

① 6-磷酸葡萄糖脱氢酶以 $NADP^+$ 为辅酶，催化 6-磷酸葡萄糖脱氢生成 6-磷酸葡萄糖酸内酯。

② 6-磷酸葡萄糖酸内酯在内酯酶的催化下，水解为 6-磷酸葡萄糖酸。

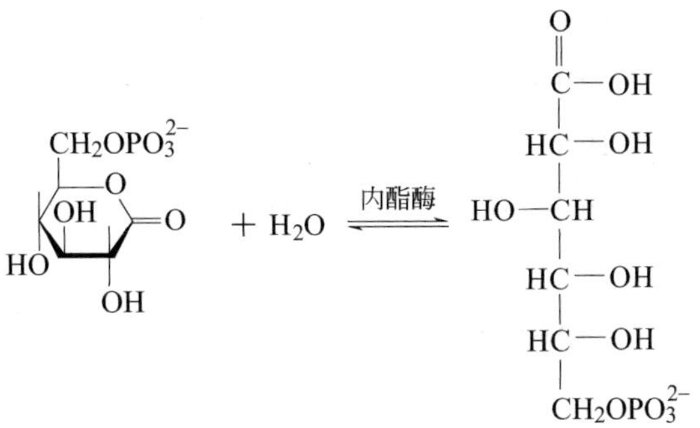

6-磷酸葡萄糖酸内酯   6-磷酸葡萄糖酸

③ 6-磷酸葡萄糖酸脱氢酶以 $NADP^+$ 为辅酶，催化 6-磷酸葡萄糖酸脱羧生成五碳糖。

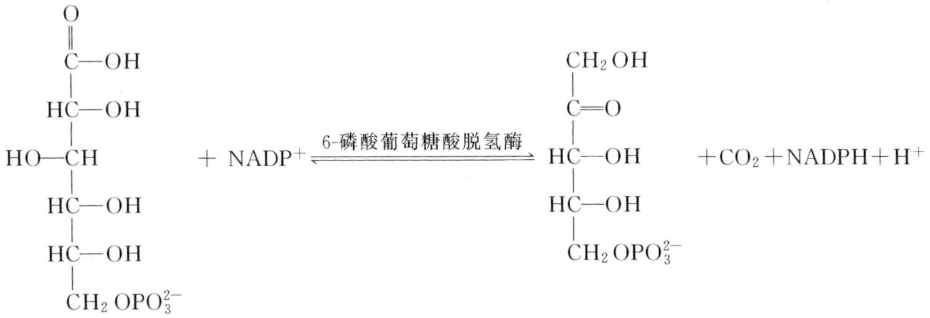

6-磷酸葡萄糖酸   5-磷酸核酮糖

经过基团转移反应第一阶段生成 1 分子磷酸戊糖和 2 分子 NADPH。前者用以合成核苷酸，后者用于许多化合物的合成代谢。但细胞中合成代谢消耗的 NADPH 远比核糖需要量大，因此，葡萄糖经此途径生成多余的核糖。第二阶段反应的意义就在于通过一系列基团转移反应，将核糖转变成 6-磷酸果糖和 3-磷酸甘油醛而进入酵解途径。因此，磷酸戊糖途径也称磷酸戊糖旁路。

（2）非氧化阶段   包括 5-磷酸核酮糖通过形成烯二醇中间步骤，异构化为 5-磷酸核糖。5-磷酸核酮糖还通过差向异构形成 5-磷酸木酮糖，再通过转酮基反应和转醛基反应，将磷酸戊糖途径与糖酵解途径联系起来，并使 4-磷酸赤藓糖再生。

①磷酸戊糖的相互转化   5-磷酸核酮糖在磷酸戊糖异构酶作用下，异构化为 5-磷酸核糖。5-磷酸核酮糖在其差向异构酶作用下转变成 5-磷酸核酮糖的差向异构体 5-磷酸木酮糖。

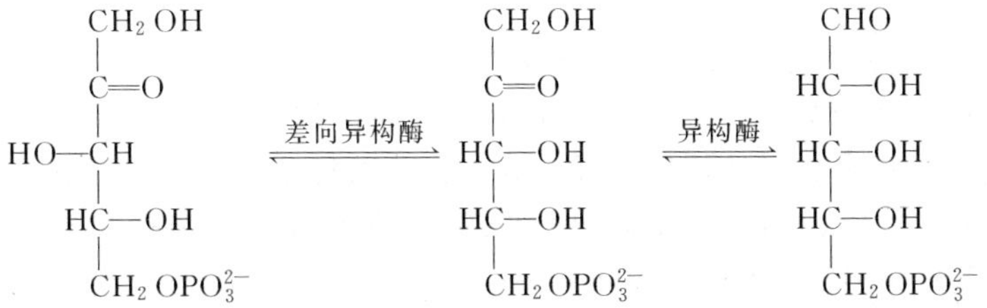

5-磷酸木酮糖   5-磷酸核酮糖   5-磷酸核糖

② 7-磷酸景天庚酮糖的生成   由转酮酶（转羟乙醛酶）催化将生成的木酮糖的酮醇转移给 5-磷酸核糖形成 7-磷酸景天庚酮糖和 3-磷酸甘油醛。

木酮糖不仅具有转酮酶所要求的结构，还通过中间产物三碳糖将磷酸戊糖途径与糖酵解途径有机联结起来。二碳单位转移到 5-磷酸核糖上，结果自身转变为 3-磷酸甘油醛，同时生成 7-磷酸景天庚酮糖。

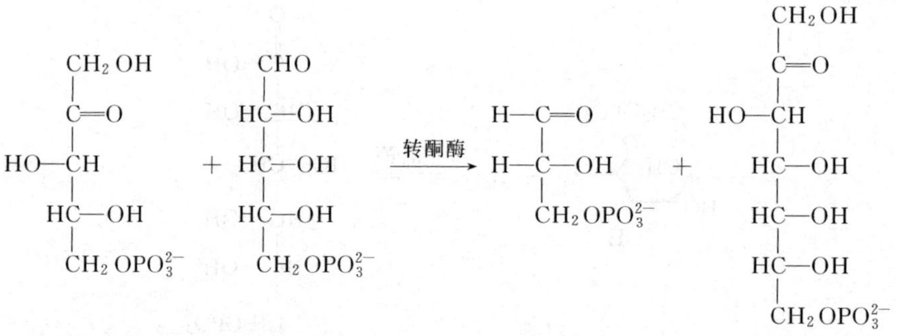

$$\text{5-磷酸木酮糖} \quad + \quad \text{5-磷酸核糖} \quad \xrightarrow{\text{转酮酶}} \quad \text{3-磷酸甘油醛} \quad + \quad \text{7-磷酸景天庚酮糖}$$

③ 转醛酶所催化的反应　生成的 7-磷酸景天庚酮糖由转醛酶（转二羟丙酮基酶）催化，把二羟丙酮基团转移给 3-磷酸甘油醛，生成四碳糖和六碳糖。

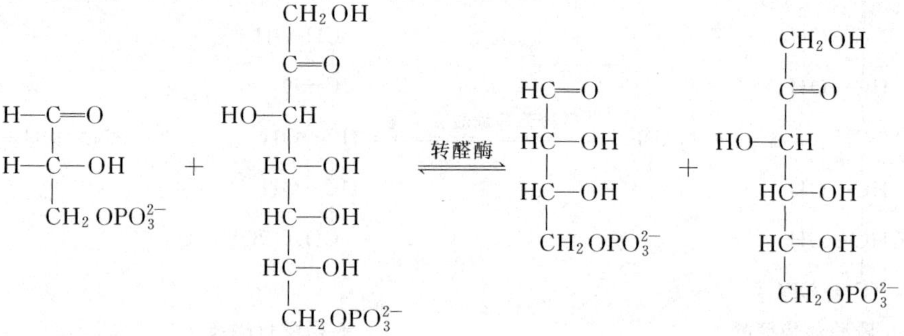

$$\text{3-磷酸甘油醛} \quad + \quad \text{7-磷酸景天庚酮糖} \quad \underset{}{\overset{\text{转醛酶}}{\rightleftharpoons}} \quad \text{4-磷酸赤藓糖} \quad + \quad \text{6-磷酸果糖}$$

④ 四碳糖的转变　4-磷酸赤藓糖并不积存在体内，而是与另一分子的木酮糖进行作用，由转酮酶催化将木酮糖的羟乙醛基团转移给赤藓糖，则又生成 1 分子 6-磷酸果糖和 1 分子 3-磷酸甘油醛。

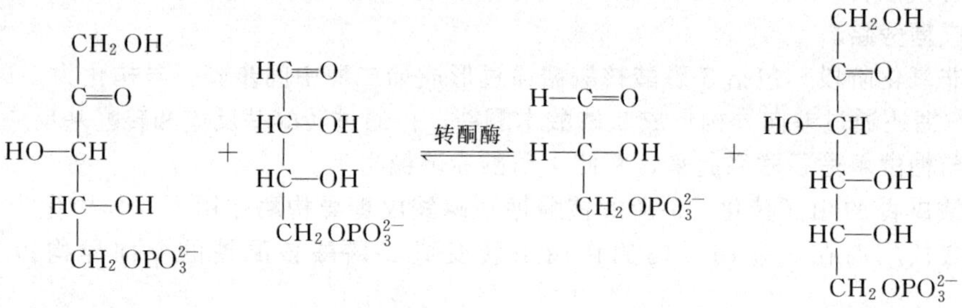

$$\text{5-磷酸木酮糖} \quad + \quad \text{4-磷酸赤藓糖} \quad \underset{}{\overset{\text{转酮酶}}{\rightleftharpoons}} \quad \text{3-磷酸甘油醛} \quad + \quad \text{6-磷酸果糖}$$

5.2.3.2　磷酸戊糖途径的结果及生物学意义

（1）磷酸戊糖途径的结果　上述反应中生成的 6-磷酸果糖可转变为 6-磷酸葡萄糖，由此表明这个代谢途径具有循环的性质，即 1 分子葡萄糖每循环一次，只进行一次脱羧（放出 1 分子 CO_2）和两次脱氢，形成 2 分子 NADPH，总反应结果可概括如下：

$$6(\text{6-磷酸葡萄糖}) + 12\text{NADP}^+ + 7H_2O \longrightarrow$$
$$5(\text{6-磷酸葡萄糖}) + 12\text{NADPH} + 12H^+ + 6CO_2 + Pi$$

（2）磷酸戊糖途径的生物学意义

① 该途径是葡萄糖在体内生成 5-磷酸核糖的唯一途径，故命名为磷酸戊糖通路。5-磷酸核糖是合成核苷酸辅酶及核酸的主要原料，因此对损伤后的组织具有修复和再生的作用（如梗死的心肌、部分切除后的肝脏）。

② NADPH＋H^+ 生成的唯一途径，NADPH＋H^+ 携带的氢不是通过呼吸链氧化磷酸化

140

生成 ATP，而是作为供氢体参与许多代谢反应，具有多种不同的生理意义。

a. 作为供氢体参与体内多种生物合成反应。例如脂肪酸、胆固醇和类固醇激素的生物合成，都需要大量的 $NADPH+H^+$，因此磷酸戊糖通路在合成脂肪及固醇类化合物的肝、肾上腺、性腺等组织中特别旺盛。

b. $NADPH+H^+$ 是谷胱甘肽还原酶的辅酶，对维持还原型谷胱甘肽（GSH）的正常含量有很重要的作用。GSH 能保护某些蛋白质中的巯基，如红细胞膜和血红蛋白上的巯基，因此缺乏 6-磷酸葡萄糖脱氢酶的人，该途径受阻，导致 $NADPH+H^+$ 缺乏，GSH 含量过低，红细胞易被破坏而发生溶血性贫血。

c. $NADPH+H^+$ 参与肝脏生物转化反应。肝细胞内质网含有以 $NADPH+H^+$ 为供氢体的加单氧酶体系，参与激素、药物、毒物的生物转化过程。

d. $NADPH+H^+$ 参与体内嗜中性粒细胞和巨噬细胞产生离子态氧的反应，因而有杀菌作用。

③ 磷酸戊糖途径的酶类已在许多动植物材料中发现，说明磷酸戊糖途径是普遍存在的一种糖代谢方式。该途径在不同的器官或组织中所占的比重不同。

④ 磷酸戊糖途径与植物的关系更为密切，因为循环中的某些酶及一些中间产物（如丙糖、丁糖、戊糖、己糖和庚糖）也是光合碳循环中的酶和中间产物，从而把光合作用与呼吸作用联系起来。磷酸戊糖途径与植物的抗性有关，在植物干旱、受伤或染病的组织中，磷酸戊糖途径更加活跃。

⑤ 磷酸戊糖途径是由 6-磷酸葡萄糖开始的完整、可单独进行的途径，通过 3-磷酸甘油醛及磷酸己糖可与糖酵解沟通，相互配合，因而可以和糖酵解途径相互补充，以增加机体的适应能力。

5.2.3.3 磷酸戊糖途径的调控

磷酸戊糖途径氧化阶段的第一步反应（即 6-磷酸葡萄糖脱氢酶催化的 6-磷酸葡萄糖的脱氢反应）实质上是不可逆的，在生理条件下属于限速反应（rate-limiting reaction），是一个重要的调控点。NADPH 的浓度是控制这一途径的主要因素。NADPH 是反应中形成的产物，当其积累过多时，就会对这一途径产生反馈抑制。而某些合成反应，如脂肪酸合成等需要消耗 NADPH，核苷酸合成需要消耗 5-磷酸核糖，则能间接促进这一反应的进行。

转酮酶和转醛酶催化的反应都是可逆反应，因此根据细胞代谢的需要，磷酸戊糖途径和糖酵解途径可灵活地相互联系。

磷酸戊糖途径中 5-磷酸核糖的去路，可受到机体因对 NADPH、5-磷酸核糖和 ATP 的不同需要而调节。可能有 3 种情况：

第 1 种情况是机体对 5-磷酸核糖的需要远远超过对 NADPH 的需要。这种情况可见于细胞分裂期，这时需要 5-磷酸核糖合成 DNA 的前体核苷酸。为了满足这种需要，大量 6-磷酸葡萄糖通过糖酵解途径转变为 6-磷酸果糖和 3-磷酸甘油醛。由转酮酶和转醛酶将 2 分子 6-磷酸果糖和 1 分子 3-磷酸甘油醛通过反方向磷酸戊糖途径反应转变为 3 分子 5-磷酸核糖。

第 2 种情况是机体对 NADPH 的需要和对 5-磷酸核糖的需要处于平衡状态。这时磷酸戊糖途径的氧化阶段处于优势。通过这一阶段形成 2 分子 NADPH 和 1 分子 5-磷酸核糖。

第 3 种情况是机体需要的 NADPH 远远超过 5-磷酸核糖，于是 6-磷酸葡萄糖彻底氧化为 CO_2。组织对 NADPH 的需要促使以下 3 组反应活跃起来：首先是由磷酸戊糖途径在氧化阶段形成 2 分子 NADPH 和 1 分子 5-磷酸核糖；第 2 组反应是 5-磷酸核糖由转酮酶和转醛酶转变为 6-磷酸果糖和 3-磷酸甘油醛；第 3 组反应是 6-磷酸果糖和 3-磷酸甘油醛通过糖异生作用（见 5.3.1 节）形成 6-磷酸葡萄糖。

5.2.4　糖原的分解

糖原的生物学意义就在于它是贮存能量、容易动员的多糖。当机体细胞中能量充足时，细胞即合成糖原将能量进行贮存；当能量供应不足时，贮存的糖原即降解为葡萄糖从而提供ATP。因此糖原是生物体所需能量的贮存库。糖原的存在保证了机体最需能量供应的脑和肌肉紧张活动时对能量的需要；同时也保证不间断地供给维持恒定水平的血糖。因为组织所利用的葡萄糖直接来源于血糖，如果血糖低于正常水平，会严重影响中枢神经系统的正常功能，以致产生休克和死亡。

糖原以颗粒状存在于细胞液中，其颗粒直径大小不等，约 $10 \sim 40nm$。每个颗粒含有的葡萄糖分子数可高达 12 万个。这些颗粒中不只含有糖原，还含有催化糖原合成和降解的酶以及调节蛋白，使糖原颗粒可随时被动员并可随时形成贮存的糖原颗粒，从两方面确保生命活动所需的能量。一个体重为 70kg 的人，他体液中的葡萄糖只含有约 160kJ（约 40kcal）的能量，而体内的糖原甚至经过一夜饥饿之后所能提供的能量还相当体液所含能量的 15 倍（约 2510kJ 或 600kcal）。机体贮存的糖原作为能源大约可供机体正常活动 12h 的需要。

机体的贮脂比糖原丰富得多，为什么还要选择糖原作为不可缺少的贮能物质？可能有三种意义：首先肌肉不可能像动员糖原那样迅速地动员贮脂；其次，脂肪的脂肪酸残基不可能在无氧条件下进行分解代谢；再者，动物不能将脂肪酸转变为葡萄糖的前体，因此单纯的脂肪酸代谢不可能维持血糖的正常水平。

饥饿时机体首先动用的是肝糖原，肝糖原可在 $1 \sim 2$ 天之内下降至正常含量的 10%。肌肉内糖原的动员不如肝脏迅速，肌肉的糖原主要提供肌肉运动时需要的能量；而肝脏中的糖原在维持血糖水平的稳定方面起着重要作用，人（以 70kg 体重为例）在晚餐后直至第 2 天清晨肝脏能够提供大约 100g 葡萄糖。

人脑中糖的代谢速度很快，在安静状态下它消耗的能量也占全身总能量消耗的 20% 以上。而且脑在正常情况下只利用葡萄糖作为能源，每天的需要量大约为 140g。脑细胞内也含有少量糖原以及水解、合成和调节糖原代谢的各种酶。

糖原的降解需要 3 种酶的作用：糖原磷酸化酶、糖原脱支酶和磷酸葡萄糖变位酶。

5.2.4.1　糖原磷酸化酶作用

糖原磷酸化酶作用于糖原产生 1-磷酸葡萄糖，催化的特点是从糖原分子的非还原性末端水解下一个葡萄糖分子，同时又出现一个新的非还原性末端葡萄糖分子。这样可以连续地将处于末端位置的葡萄糖残基一个个地移去。由于磷酸化酶只能分解 α-1,4-糖苷键，当糖链分解至分支点约 4 个葡萄糖残基时，由于位阻作用，磷酸化酶不能再发挥作用。

5.2.4.2　糖原脱支酶

磷酸化酶使糖原分子从非还原性末端逐个移去葡萄糖残基直至邻近糖原分子 α-1,6-糖苷键分支点前 4 个葡萄糖残基处。它的进一步分解需要糖原脱支酶（包括糖基转移酶）和磷酸化酶的协同作用。

糖原脱支酶的肽链上，实际上具有两个起不同催化作用的活性部位。也可以说，同一个肽链有两种酶存在：一种是起转移葡萄糖残基作用的酶，称为糖基转移酶；另一种是起分解糖苷键作用的酶，称为糖原脱支酶，脱支酶又称 α-1,6-糖苷酶。

5.2.4.3　磷酸葡萄糖变位酶

由磷酸化酶催化的结果是使糖原分子的葡萄糖残基形成 1-磷酸葡萄糖。后者必须转变成 6-磷酸葡萄糖才能参加糖酵解或转变成游离的葡萄糖。催化这一过程磷酸基团转移的酶就是磷酸葡萄糖变位酶。

142

5.2.4.4 糖原分解代谢的调节

磷酸化酶是糖原分解代谢中的限速酶，它受到变构与共价修饰双重调节。

（1）糖原代谢的变构（别构）调节　6-磷酸葡萄糖抑制糖原磷酸化酶阻止糖原分解。ATP 和葡萄糖也是糖原磷酸化酶抑制剂。高浓度 AMP 可激活无活性的糖原磷酸化酶 b 使之产生活性，加速糖原分解。Ca^{2+} 可激活磷酸化酶激酶进而激活磷酸化酶，促进糖原分解。

（2）激素的调节　体内肾上腺素和胰高血糖素可通过 cAMP 连锁酶促反应逐级放大，构成一个调节糖原分解的控制系统。

当机体受到某些因素影响，如血糖浓度下降和剧烈活动时，促进肾上腺素和胰高血糖素分泌增加，这两种激素与肝或肌肉等组织细胞膜受体结合，由 G 蛋白介导活化腺苷酸环化酶，使 cAMP 生成增加。cAMP 又使 cAMP 依赖的蛋白激酶活化，活化的蛋白激酶一方面使有活性的糖原合成酶 a 磷酸化为无活性的糖原合成酶 b；另一方面使无活性的磷酸化酶激酶磷酸化为有活性的磷酸化酶激酶。活化的磷酸化酶激酶进一步使无活性的糖原磷酸化酶 b 磷酸化，转变为有活性的糖原磷酸化酶 a。最终结果是抑制糖原生成，促进糖原分解，使肝糖原分解为葡萄糖释放入血，使血糖浓度升高，肌糖原分解，用于肌肉收缩。

5.3　糖的合成代谢

5.3.1　糖异生作用

糖的异生作用是指从非糖物质前体（如丙酮酸或草酰乙酸）合成葡萄糖的过程。凡能生成丙酮酸的物质都可以异生成葡萄糖，如三羧酸循环的中间产物柠檬酸、异柠檬酸、α-酮戊二酸、琥珀酸、延胡索酸和苹果酸都可转变成草酰乙酸而进入糖异生途径。

大多数氨基酸是生糖氨基酸，它们转变成丙酮酸、α-酮戊二酸、草酰乙酸等三羧酸循环的中间产物进入糖异生途径。

脂肪酸先经 β-氧化作用生成乙酰辅酶 A，2 分子乙酰辅酶 A 经乙醛酸循环，生成 1 分子琥珀酸，琥珀酸经三羧酸循环转变成草酰乙酸，再转变成磷酸烯醇式丙酮酸，而后经糖异生途径生成糖。

5.3.1.1 反应历程

由丙酮酸异生成糖，基本上是靠糖酵解的逆反应，但因为糖酵解过程中有三个激酶（丙酮酸激酶、磷酸果糖激酶和己糖激酶）催化的反应是不可逆的，要完成其逆行的反应，就要绕过这三个不可逆反应。

（1）由丙酮酸激酶催化的反应，可由下列两个反应代替：

① 丙酮酸羧化酶催化此反应　该酶分布在线粒体中，是一种大的变构蛋白，相对分子质量为 660000，是四聚体，需要乙酰辅酶 A 作为活化剂，以生物素为辅酶。丙酮酸羧化生成草酰乙酸反应如下：

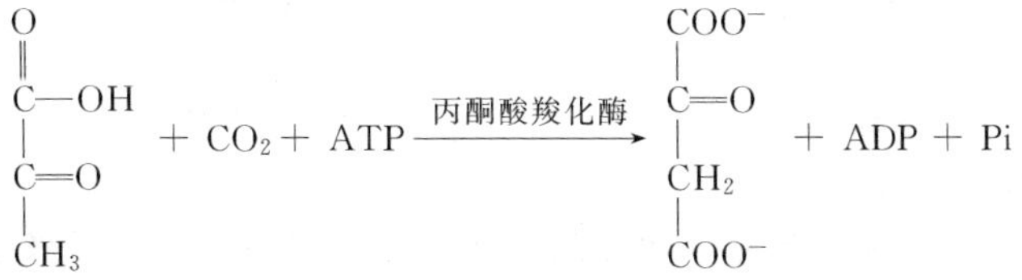

② 磷酸烯醇式丙酮酸的生成　催化该反应的酶存在于胞浆中，将底物磷酸化的同时脱

去 CO_2，将草酰乙酸转化成磷酸烯醇式丙酮酸：

$$\begin{array}{c} COO^- \\ | \\ C=O \\ | \\ CH_2 \\ | \\ COO^- \end{array} + GTP \xrightarrow{\text{磷酸烯醇式丙酮酸羧激酶}} \begin{array}{c} O \\ \| \\ C-OH \\ | \\ C-OPO_3^{2-} \\ \| \\ CH_2 \end{array} + GDP + CO_2$$

草酰乙酸　　　　　　　　　　　　　　　　磷酸烯醇式丙酮酸

由于丙酮酸羧化酶仅存在于线粒体内，故胞液中的丙酮酸必须进入线粒体，才能羧化生成草酰乙酸。而磷酸烯醇式丙酮酸羧激酶在线粒体和胞液中都存在，因此草酰乙酸可在线粒体中直接转变为磷酸烯醇式丙酮酸再进入胞液，也可在胞液中被转变为磷酸烯醇式丙酮酸。但是，草酰乙酸不能直接透过线粒体膜，需借助两种方式将其转运进入胞液：一种是经苹果酸脱氢酶作用，将其还原成苹果酸，然后通过线粒体膜进入胞液，再由胞液中的苹果酸脱氢酶将苹果酸脱氢氧化为草酰乙酸而进入糖异生反应途径；另一种方式是经谷草转氨酶的作用，生成天冬氨酸后再逸出线粒体，进入胞液中的天冬氨酸再经胞液中谷草转氨酶的催化而恢复生成草酰乙酸。在糖异生途径的随后反应中，1,3-二磷酸甘油酸还原成 3-磷酸甘油醛时，需 $NADH+H^+$ 提供氢原子。当以乳酸为原料异生成糖时，其脱氢生成丙酮酸时已在胞液中产生了 $NADH+H^+$ 以供利用；而以丙酮酸或生糖氨基酸为原料进行糖异生时，$NADH+H^+$ 则必须由线粒体提供，这些 $NADH+H^+$ 可来自脂肪酸 β-氧化或三羧酸循环。但 $NADH+H^+$ 需经不同的途径转移至胞液。有实验表明，以丙酮酸或能转变为丙酮酸的某些生糖氨基酸作为原料异生成糖时，以苹果酸通过线粒体方式进行糖异生；而乳酸进行糖异生反应时，常在线粒体生成草酰乙酸后，再转变成天冬氨酸而透出线粒体内膜进入胞浆。至于胞液内草酰乙酸回至线粒体的路线较复杂，在此不详述。

由丙酮酸转变为磷酸烯醇式丙酮酸的总反应如下（此过程需要消耗 2 分子 ATP）：

$$\text{丙酮酸}+\text{ATP}+\text{GTP} \longrightarrow \text{磷酸烯醇式丙酮酸}+\text{ADP}+\text{GDP}$$

（2）磷酸果糖激酶所催化的反应也是不可逆的。由二磷酸果糖酶催化，将 1,6-二磷酸果糖水解脱去一个磷酸基，生成 6-磷酸果糖。

1,6-二磷酸果糖　　　　　　　　　　　6-磷酸果糖

（3）己糖激酶所催化的反应也是不可逆的。由 6-磷酸葡萄糖酶催化，把 6-磷酸葡萄糖转变为葡萄糖。

6-磷酸葡萄糖　　　　　　　　　　　　葡萄糖

5.3.1.2　糖异生的重要意义

（1）保证血糖浓度的相对恒定　饥饿后摄入糖不足时由非糖物质异生成糖；在激烈运动时，肌肉糖酵解生成大量乳酸，后者经血液运到肝脏异生成葡萄糖，葡萄糖进入血液后又可被肌肉摄取。这就构成了一个循环，有利于回收乳酸分子中的能量，更新肌糖原，防止乳酸

导致的酸中毒的发生。

（2）协助氨基酸代谢　实验证实，进食蛋白质后，肝中糖原含量增加；禁食晚期、糖尿病或皮质醇过多时，由于组织蛋白质分解，血浆氨基酸增多，糖的异生作用增强，因而氨基酸经异生途径生成糖可能是氨基酸代谢的重要途径。

5.3.1.3　糖异生的调控

在细胞正常生理状态下，糖异生和糖酵解两条途径的各种酶并非同时具有高活性，它们之间的作用是相互配合的，有许多别构酶的效应物，在保持相反途径的协调作用中起着重要的作用。

（1）酶的调节

① 高浓度的 6-磷酸葡萄糖活化 6-磷酸葡萄糖酶，抑制己糖激酶，促进了糖的异生。

② 糖异生和糖酵解的调控点是 6-磷酸果糖与 1,6-二磷酸果糖的转化。糖异生的关键调控酶是 1,6-二磷酸果糖酶，而糖酵解的关键酶是磷酸果糖激酶。AMP 刺激激酶的活性，抑制磷酸酶；柠檬酸则相反，提高磷酸酶的活性。所以当柠檬酸积累时，促进糖异生过程。

③ 丙酮酸到磷酸烯醇式丙酮酸的转化在糖异生途径中由丙酮酸羧化酶调节，在酵解中被丙酮酸激酶催化。乙酰辅酶 A 促进丙酮酸羧化酶的活性，抑制丙酮酸激酶的活性。因此当线粒体中乙酰辅酶 A 的浓度超过机体分解供能要求时，促进糖的异生，合成葡萄糖。丙酮酸是糖异生合成葡萄糖的原料，但对丙酮酸激酶有抑制作用，所以也促进糖异生过程的发生。

（2）激素对糖异生的调节　激素调节糖异生作用对维持机体的恒稳状态十分重要，激素对糖异生调节实质是调节糖异生和糖酵解这两个途径的调节酶以及控制供应肝脏的脂肪酸。

胰高血糖素促进脂肪组织分解脂肪，增加血浆脂肪酸，所以促进糖异生；而胰岛素的作用则正相反。胰高血糖素和胰岛素都可通过影响肝脏酶的磷酸化修饰状态来调节糖异生作用，胰高血糖素激活腺苷酸环化酶以产生 cAMP，激活 cAMP 依赖的蛋白激酶，后者磷酸化丙酮酸激酶而抑制其活性，这一酵解途径上的调节酶受抑制就刺激糖异生途径，因为阻止磷酸烯醇式丙酮酸向丙酮酸转变。胰高血糖素降低 2,6-二磷酸果糖在肝脏的浓度而促进 2,6-二磷酸果糖转变为 6-磷酸果糖，这是由于 2,6-二磷酸果糖是二磷酸果糖酶的别构抑制物，又是 6-磷酸果糖激酶的别构激活物，胰高血糖素能通过 cAMP 促进双功能酶（6-磷酸果糖激酶 a/果糖 2,6-二磷酸酶）磷酸化。这个酶经磷酸化后就灭活激酶部位却活化磷酸酶部位，因而 2,6-二磷酸果糖生成减少而 6-磷酸果糖增多。这种由胰高血糖素引致的 2,6-二磷酸果糖下降的结果是 6-磷酸果糖激酶 b 活性下降，二磷酸果糖酶活性增高，二磷酸果糖转变为 6-磷酸果糖增多，有利糖异生，而胰岛素的作用正相反。

除上述胰高血糖素和胰岛素对糖异生和糖酵解的短快调节，它们还分别诱导或阻遏糖异生和糖酵解的调节酶，胰高血糖素/胰岛素比例高，诱导大量磷酸烯醇式丙酮酸羧激酶、6-磷酸果糖酶等糖异生酶合成，而阻遏葡萄糖激酶和丙酮酸激酶的合成。

（3）代谢物对糖异生的调节

① 糖异生原料的浓度对糖异生作用的调节　血浆中甘油、乳酸和氨基酸浓度增加时，使糖的异生作用增强。例如饥饿情况下，脂肪动员增加，组织蛋白质分解加强，血浆甘油和氨基酸增高；激烈运动时，血乳酸含量剧增，都可促进糖异生作用。

② 乙酰辅酶 A 浓度对糖异生的影响　乙酰辅酶 A 决定了丙酮酸代谢的方向，脂肪酸氧化分解产生大量的乙酰辅酶 A，可以抑制丙酮酸脱氢酶系，使丙酮酸大量蓄积，为糖异生提供原料，同时又可激活丙酮酸羧化酶，加速丙酮酸生成草酰乙酸，使糖异生作用增强。

此外，乙酰辅酶 A 与草酰乙酸缩合生成柠檬酸，由线粒体内透出而进入细胞液中，可以抑制磷酸果糖激酶，使二磷酸果糖酶活性升高，促进糖异生。

5.3.2 糖原的合成代谢

糖原是动物体内糖的贮存形式。糖原作为葡萄糖贮备的生物学意义在于，当机体需要葡萄糖时，它可以迅速被动用以供急需。肝和肌肉是贮存糖原的主要组织器官，但肝糖原和肌糖原的生理意义有很大不同。肌糖原主要提供肌肉收缩的能量；肝糖原则是血糖的重要来源。

大量的研究证实，糖原合成不是其降解途径的逆转。糖原合成中糖基的供体是 UDP 葡萄糖不是 G-1-P。合成与分解采用不同途径更易满足代谢调节和反应所需的能量需求。

（1）G-1-P 在 UDP 葡萄糖焦磷酸化酶（UDP-glucose pyrophosphorylase）催化下生成 UDP 葡萄糖。

（2）UDP 葡萄糖在糖原合成酶（glycogen synthetase）催化下合成新糖原。

新的葡萄糖残基加在糖原引物的非还原末端葡萄糖残基的 C-4 羧基上，形成 α-1,4-糖苷键，使糖原延长了一个葡萄糖残基。

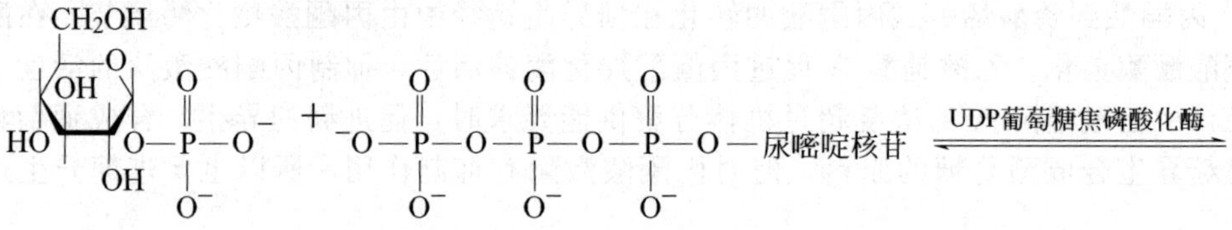

1-磷酸葡萄糖

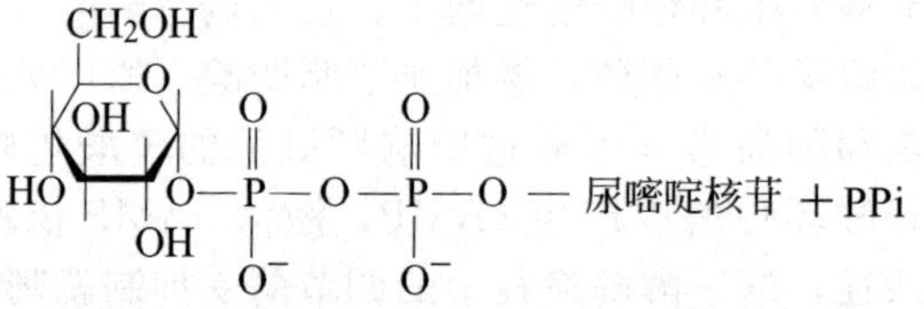

UDP葡萄糖

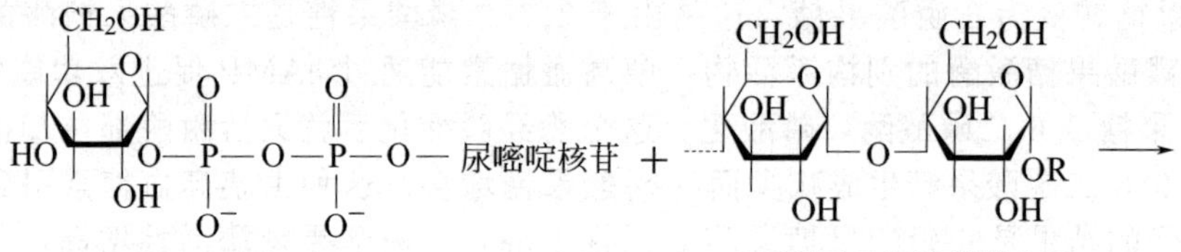

UDP葡萄糖　　　　　糖原(n个葡萄糖分子)

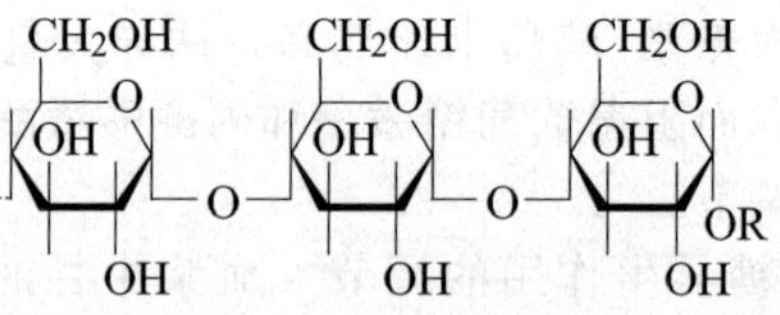

糖原(n+1个葡萄糖分子)

此反应是可逆的，可是由于焦磷酸随即被焦磷酸酶水解，使反应向右进行。

催化反应起始必须有一个 4 个葡萄糖残基以上的引物存在。糖原合成需要糖原起始合成酶及引发蛋白质。

首先将 UDP 葡萄糖逐个与引发蛋白质酪氨酸残基苯酚上的氧原子作用，形成具有 α-1,4-糖苷键的蛋白质引物。然后蛋白质上的寡糖在糖原合成酶及分支酶作用下生成糖原。

糖原合成酶上的特殊丝氨酸可以磷酸化成为无活性的糖原合成酶 b，又称糖原合成酶 D

146

（依赖型），即其活性依赖于变构效应物 6-磷酸葡萄糖的浓度。未磷酸化的糖原合成酶 a 不需 6-磷酸葡萄糖激活，故又称糖原合成酶Ⅰ（不依赖型），见图 5-7。

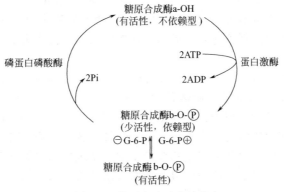

图 5-7　糖原合成酶的调节

（3）合成具有 1,6-糖苷键的有分支的糖原，反应由分支酶催化。

分支酶从至少有 11 个残基的糖链非还原末端将 7 个葡萄糖残基转移到较内部的位置上去，形成具 1,6-糖苷键的新分支链。新形成的分支必须与原有的糖链有 4 个糖残基的距离，见图 5-8。

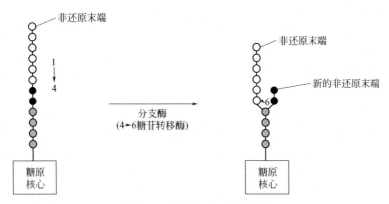

图 5-8　糖原新分支的形成

糖原有较多的末端分支，可增加糖原分解或合成的速率，而且分支使糖原的溶解度加大。

5.4　糖代谢紊乱

5.4.1　血糖水平异常

正常人体内存在一整套精细的调节糖代谢的机制，在一次性食入大量葡萄糖之后，血糖水平不会出现大的波动和持续升高。人体对摄入的葡萄糖具有很大耐受能力的这种现象，被称为葡萄糖耐量（glucose tolerance）或耐糖现象。

糖代谢障碍可导致血糖水平紊乱，常见有以下两种类型：

5.4.1.1　低血糖

空腹血糖浓度低于 3.33～3.89mmol/L 时称为低血糖（hypoglycemia）。低血糖影响脑的正常功能，因为脑细胞所需要的能量主要来自葡萄糖的氧化。当血糖水平过低时，就会影响脑细胞的功能，从而出现头晕、倦怠无力、心悸等，严重时出现昏迷，称为低血糖休克。如不及时给病人静脉补充葡萄糖，可导致死亡。出现低血糖的病因有：①胰腺的胰岛 β-细胞机能亢进、胰岛 α-细胞机能低下等；②患肝癌、糖原累积病等；③内分泌异常导致垂体机能低下、肾上腺皮质机能低下等；④肿瘤；⑤饥饿或不能进食者等。

5.4.1.2　高血糖

临床上将空腹血糖浓度高于 7.22～7.78mmol/L 称为高血糖。当血糖浓度高于 8.89～10.00mmol/L，超过了肾小管的重吸收能力，则可出现糖尿，这一血糖水平称为肾糖阈。持续性高血糖和糖尿，特别是空腹血糖和糖耐量曲线高于正常范围，即为糖尿病。遗传性胰岛素受体缺陷也可引起糖尿病的临床表现。某些慢性肾炎、肾病综合征以及肾脏对糖的重吸收障碍也可出现糖尿，但血糖及糖耐量曲线均正常。生理性高血糖和糖尿可因情绪激动、交感神经兴奋、肾上腺素分泌增加从而使得肝糖原大量分解所致。临床上静脉滴注葡萄糖速度过快，也可使血糖迅速升高并出现糖尿。

5.4.2　糖尿病

糖尿病是一种因部分或完全胰岛素缺失，或细胞胰岛素受体减少，或受体敏感性降低导致的疾病。它是除了肥胖症之外人类最常见的内分泌紊乱性疾病。

由于无法调节血糖水平，故糖尿病患者的血糖水平升高。当血糖水平超过肾糖阈，则使葡萄糖从尿液中排出。糖尿病的特征即为高血糖和糖尿。

临床上将糖尿病分为两种类型：胰岛素依赖型（Ⅰ型）和非胰岛素依赖型（Ⅱ型）。Ⅰ型多发生于青少年，主要与遗传有关，定位于人类组织相容性复合体上的单个基因或基因群，是自身免疫病。Ⅱ型糖尿病和肥胖关系密切，可能是由细胞膜上胰岛素受体丢失所致。

糖尿病患者体内的代谢紊乱主要表现：糖代谢紊乱，肝糖原分解和糖异生增多，糖原合成减少，肝、肌肉和脂肪组织贮存糖能力下降，导致血糖升高；脂代谢紊乱，脂肪分解加速，导致高脂血症和高脂蛋白血症；蛋白质代谢紊乱，蛋白质合成减少，分解代谢加速，可导致机体出现负氮平衡、体重减轻和生长迟缓等现象，蛋白质合成受阻形成低蛋白血症；维生素代谢紊乱，尤其是 B 族维生素的缺乏。糖尿病并发症时体内的代谢紊乱主要是：糖尿病酮症酸中毒昏迷；糖尿病非酮症高渗性昏迷；糖尿病乳酸酸中毒昏迷；糖尿病慢性并发症，大血管、微血管和神经病变等导致眼、肾、神经、心脏和血管等多器官损伤。

糖尿病常伴有多种并发症，包括视网膜毛细血管病变、白内障以及神经轴突萎缩和脱髓鞘（导致运动神经元、传感器和自主神经功能障碍）、动脉硬化性疾病和肾病。这些并发症的严重程度与血糖水平升高的程度直接相关。

5.4.3　先天性酶缺陷导致糖原累积症

糖原累积症是一类遗传性代谢病，其特点为体内某些器官组织中有大量糖原堆积。引起糖原累积症的原因是患者先天性缺乏与糖原代谢有关的酶类。根据所缺陷的酶在糖原代谢中的作用不同、受累的器官部位不同，糖原的结构有所差异，对健康或生命的影响程度也不同。例如，缺乏肝磷酸化酶时，婴儿仍可成长，肝糖原沉积导致肝肿大，并无严重后果。缺乏 6-磷酸葡萄糖酶，以致不能动用糖原维持血糖，则将引起严重后果。溶酶体的 α-糖苷酶可分解 α-1,4-糖苷键和 α-1,6-糖苷键。缺乏此酶则所有组织均受损，常因心肌受损而突然死亡。

5.4.4　果糖代谢障碍

果糖是饮食中糖的一种重要来源，肝、肾和小肠是果糖代谢的主要部位，脂肪组织也参与它的代谢。静脉注入大量果糖可引起高乳酸血症以及肝、肠道细胞超微结构的改变。

果糖代谢障碍主要有下列类型，均为常染色体隐性遗传：

（1）原发性果糖尿　一种无症状的代谢异常，主要表现为营养性的血和尿中果糖浓度增高。这是由于肝、肠道和肾脏皮质中果糖激酶的先天性缺乏，果糖转为 1-磷酸果糖受阻，果糖利用较正常人慢所致。

（2）遗传性果糖不耐症　为隐性遗传，患者多为 6 个月以内的新生儿。特点是婴儿摄取果糖后引起厌食、呕吐和低血糖，长期摄入果糖则出现肝大、黄疸、出血、肝功能衰竭，甚至死亡。发病机理是肝、肾脏皮质和小肠的 1-磷酸果糖醛缩酶缺乏，在不断摄入果糖后，1-磷酸果糖在血中堆积并抑制肝糖原分解和糖的异生作用而致低血糖。若能及时诊断，坚持治疗，不吃含果糖和蔗糖的食物，婴儿基本可健康成长。

（3）遗传性 1,6-二磷酸果糖酶缺乏　一般于婴儿期发病，临床表现为发作性换气过度、呼气暂停、低血糖、酮症和乳酸性酸中毒，可迅速死亡。较大儿童常因感染诱发本病。发病机理是缺乏 1,6-二磷酸果糖酶，1,6-二磷酸果糖转化为 6-磷酸果糖受阻，阻碍了糖的异生作用，糖异生的前驱物——氨基酸、乳酸和酮体堆积。本病与遗传性果糖不耐症不同，这种病人在服果糖后不呕吐、不厌甜食。患者对饥饿的耐受性随年龄而增加。急性发作时，应纠正低血糖和酸中毒，避免饥饿，不吃含果糖和蔗糖的食物。若能早期诊断，正确治疗，预后良好。

5.4.5　半乳糖代谢障碍

一般见于初生儿。目前已知有两种常染色体隐性遗传病，分别由 1-磷酸半乳糖尿苷酸转移酶和半乳糖激酶的缺乏所致。这两种酶是 1-磷酸半乳糖转变为 1-磷酸葡萄糖所必需。若这两种酶缺乏，则摄入的半乳糖在血循环中堆积，产生半乳糖血症。1-磷酸半乳糖尿苷酸转移酶缺乏时，过多的半乳糖进入肝、脑、肾、心及晶状体等组织，引起中毒症状：恶心、呕吐、腹泻、营养不良、生长迟缓、肝病、白内障、智力障碍。患儿血葡萄糖降低，常表现有低血糖的症状，如心慌、出汗、心率增加、神志障碍等。半乳糖激酶缺乏时，主要表现为白内障。血和尿中发现半乳糖有助于诊断；若能证明周围血细胞中上述酶的缺乏，则可确诊。此病患者应进食无半乳糖的食物，否则，可导致进行性肝功能衰竭而引起死亡。

5.4.6　丙酮酸代谢障碍

丙酮酸代谢是糖代谢的重要环节。丙酮酸脱氢酶催化丙酮酸氧化成二氧化碳和乙酰辅酶 A，丙酮酸羧化酶促使二氧化碳与丙酮酸形成草酰乙酸盐，此两种酶中任何一种先天性缺乏，皆可使丙酮酸代谢受阻，血中丙酮酸及其衍生物（乳酸等）堆积，引起神经系统病变，如共济失调、动作幼稚、智力减退、痴呆以及乳酸性酸中毒。感染也可引发这两种酶活性下降或丧失。丙酮酸代谢障碍可继发于维生素 B_1 缺乏、休克等。

（彭帅　李琢伟）

6 脂类代谢

6.1 概述

6.1.1 脂类的主要生理功能

脂类是生物体内一大类重要的有机化合物,包括脂肪和类脂两部分。脂肪是机体的良好能源,通过氧化为生物体提供丰富的热能,每克脂肪氧化分解释放的能量比等量蛋白质或糖所释放的能量高一倍以上。脂类是细胞质和细胞膜的重要组分,细胞内的磷脂类几乎都集中在生物膜中。脂类物质也可为动物机体提供溶解于其中的必需脂肪酸、脂溶性维生素、某些萜类及类固醇质,如维生素 A、维生素 D、维生素 E、维生素 K、胆酸及固醇类激素,具有营养、代谢和调节功能。在机体表面的脂类物质具有防止机械损伤与防止热量散失等保护作用。某些类脂是细胞的表面物质,与细胞识别、种特异性和组织免疫等有密切关系。脂类物质可以增加饱腹感,其在胃内停留时间较长,使人不易感到饥饿。

6.1.2 脂类的吸收和运输

人从食物中摄入脂类,主要在小肠进行消化和吸收。由于脂类不溶于水,其在肠道内的消化不仅需要相应的消化水解酶类,还需要胆汁中胆汁盐的乳化作用。在小肠,脂肪首先被胆汁盐乳化成微粒并均匀分散于水中,有利于胰脏分泌的脂肪酶对其水解,生成脂肪酸和甘油。

胆汁盐包括胆酸、甘氨胆酸和牛磺胆酸,是胆固醇的氧化产物。它的极性端暴露于外侧,而内侧一端是非极性的,这样就形成一个胶质颗粒,即微粒(或微团)。具体来讲,它的疏水部分指向内侧,羧基和羟基部分指向外侧。它不仅有这样的特性,而且还作为载体把脂肪从小肠腔移送到上皮细胞,小肠对脂肪的吸收即在这里发生。对于游离脂肪酸、单酰甘油和脂溶性维生素,微团也参与它们的吸收。对胆管堵塞的患者进行检查证实:小肠只吸收了少量的脂肪,在粪便中有较多的脂肪水解产物(脂肪痢)。可见,胆汁盐可以帮助脂肪进行消化和吸收。

在小肠中被吸收的脂类物质包括脂肪酸(70%)、甘油、β-甘油一酯(25%)以及胆碱、部分水解的磷脂和胆固醇等。其中甘油、β-甘油一酯同脂肪酸在小肠黏膜细胞内重新合成三酰甘油。新合成的三酰甘油与少量磷脂和胆固醇混合在一起,并被一层脂蛋白包围形成乳糜微粒,然后从小肠黏膜细胞分泌到细胞外液,再从细胞外液进入乳糜管和淋巴,最后进入血液。乳糜微粒在血液中留存的时间很短,又通过淋巴系统运送到各种组织,很快被组织吸收。脂质由小肠进入淋巴的过程需要 β-脂蛋白的参与,先天性缺乏 β-脂蛋白的人,脂质进入淋巴管的作用就显著受阻。脂蛋白是血液中载运脂质的工具。

短的和中等长度碳链的脂肪酸在膳食中含量不多,它们被吸收后经门静脉进入肝脏。即短链和中长链的脂肪酸绕过了形成脂蛋白的途径。

胆固醇的吸收需要有脂蛋白存在。胆固醇还可以与脂肪酸结合成胆固醇酯而被吸收。胆固醇酯和脂蛋白起载运脂肪酸的作用。

磷脂在脂肪的消化吸收和转运、细胞内信号传递等方面具有重要作用。

胆汁酸盐为表面活性物质，能使脂肪乳化，同时又可促进胰脂酶的活力，能促进脂肪和胆固醇的吸收。

不被吸收的脂类则进入大肠被细菌分解。

进入血液的脂类有下列三种主要形式：

（1）乳糜微粒　组成为：三酰甘油 $81\% \sim 82\%$、蛋白质 2%、磷脂 7%、胆固醇 9%。餐后血液呈乳状，即由于乳糜微粒的增加而导致。

（2）β-脂蛋白　组成为：三酰甘油 52%、蛋白质 7%、磷脂胆固醇 20%。

（3）未酯化的脂酸（与血浆清蛋白结合）　血浆的未酯化脂肪酸水平是受激素控制的。肾上腺素、促生长素、甲状腺素和促肾上腺皮质激素（ACTH）皆可使之增高，胰岛素可使之降低，其作用机制尚不完全清楚。

上述 3 类脂质进入肝脏后，乳糜微粒的部分三酰甘油被脂肪酶水解成甘油和脂肪酸，进行氧化，一部分转存于脂肪组织，还有一部分转化成磷脂，再运到血液分布给器官和组织。

β-脂蛋白和其他脂肪-蛋白质络合物的三酰甘油部分被脂蛋白脂肪酶水解。水解释出的脂肪酸可以运往脂肪组织再合成三酰甘油储存起来，也可供其他代谢利用。脂蛋白脂肪酶存在于多种组织中，脂肪组织和心肌中含量相当高。肝素对脂蛋白脂肪酶有辅助因子的作用。未酯化的脂肪酸可从储脂和吸收的食物脂肪分解而来。它们的更新率很高，主要作用是供机体氧化。

6.2　脂肪的分解代谢

体内的脂肪经常不断地进行分解消耗，除了不断从食物补充外，机体中亦由糖、蛋白质不断通过代谢过程生成脂肪。各组织中的脂肪不断地进行自我更新，脂肪的分解与合成在正常情况下处于动态平衡。

在分解代谢过程中，脂肪首先经水解作用生成甘油和脂肪酸，然后水解产物各自按不同的途径进一步分解或转化。

6.2.1　脂肪的酶促水解

脂肪酶广泛存在于体内各组织中，除成熟的红细胞外，各组织都有分解脂肪和产物的能力。它能催化脂肪逐步水解产生脂肪酸和甘油。这种作用称为脂肪的动员。

$$\begin{array}{c} CH_2OCOR^1 \\ | \\ CHOCOR^2 \\ | \\ CH_2OCOR^3 \end{array} + 3H_2O \xrightarrow{\text{脂肪酶}} \begin{array}{c} CH_2OH \\ | \\ CHOH \\ | \\ CH_2OH \end{array} + 3RCOOH$$

脂肪　　　　　　　　　甘油　　　　脂肪酸

R 为 R^1、R^2 或 R^3

脂肪水解酶为激素敏感酶。脂肪酶的活性受多种激素的调节，激素参与靶细胞受体作用，激活腺苷酸环化酶，使细胞内 cAMP 增加，激活蛋白激酶，由蛋白激酶激活脂肪酶使脂肪发生上述水解作用。

6.2.2　甘油的分解代谢

脂肪水解产生的甘油，经甘油激酶（肝、肾、泌乳期的乳腺及小肠黏膜等细胞）的催化，由 ATP 供能，生成 α-磷酸甘油，然后在磷酸甘油脱氢酶的催化下脱氢生成磷酸二羟丙酮。其反应如下：

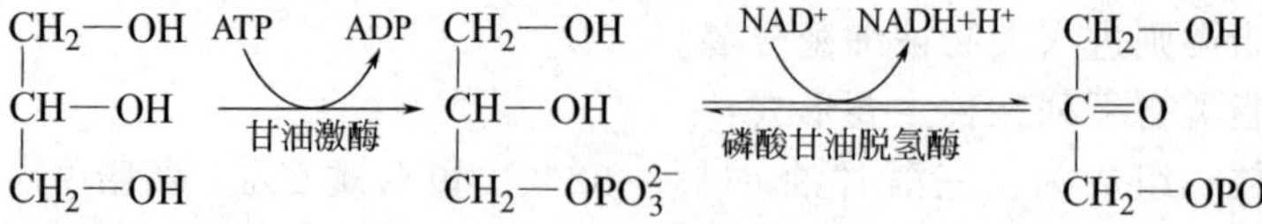

$$
\begin{array}{c}
CH_2-OH \\
|\\
CH-OH \\
|\\
CH_2-OH
\end{array}
\xrightarrow[\text{甘油激酶}]{ATP \quad ADP}
\begin{array}{c}
CH_2-OH \\
|\\
CH-OH \\
|\\
CH_2-OPO_3^{2-}
\end{array}
\xrightarrow[\text{磷酸甘油脱氢酶}]{NAD^+ \quad NADH+H^+}
\begin{array}{c}
CH_2-OH \\
|\\
C=O \\
|\\
CH_2-OPO_3^{2-}
\end{array}
$$

磷酸二羟丙酮再经磷酸丙糖异构酶催化转变为 α-磷酸甘油醛，因此磷酸二羟丙酮在肝脏中有两条途径：一种是进入糖酵解途径，经丙酮酸进入三羧酸循环彻底氧化成 CO_2 和水，同时放出能量，另一种是经糖异生作用合成葡萄糖，进而合成糖原。

6.2.3　脂肪酸的分解代谢

生物体内脂肪酸的氧化分解途径主要是 β-氧化。

1904 年，Franz Knoop 将不同长度脂肪酸的甲基 ω-碳原子与苯基相连接，然后将这些带有苯基的脂肪酸喂狗。在检查尿中的产物时，发现不论脂肪酸链长短，用苯基标记的奇数碳脂肪酸饲喂的动物尿中都能检测到苯甲酸衍生物马尿酸，而用苯基标记的偶数碳脂肪酸饲喂的动物尿中都能检测到苯乙酸衍生物苯乙尿酸。Knoop 从以上结果得出了脂肪酸的 β-氧化学说。他认为偶数碳脂肪酸不论长短，每次水解 2 个碳原子，最终都要形成苯乙酸，与甘氨酸化合成苯乙尿酸；而奇数碳脂肪酸同样每次水解 2 个碳原子，最终都要形成苯甲酸，与甘氨酸化合成马尿酸排出体外，在脂肪酸 β-氧化中水解下的 2 个碳原子是乙酸单元。

继 Knoop 的发现之后，近百年的研究工作结果都支持了他的基本论点。即降解始于羧基端的第 2 位（β-位）碳原子（如图 6-1），在这一处断裂切掉两个碳原子单元，脂肪酸的降解途径被称为 β-氧化（β-oxidation）。现在的观点与 Knoop 的假说相比较，有以下三点差异，即：切掉的两个碳原子单元生成乙酰辅酶 A，而不是乙酸分子；反应体系中的中间产物全部都是结合在辅酶 A 上；降解的起始需要 ATP 水解。

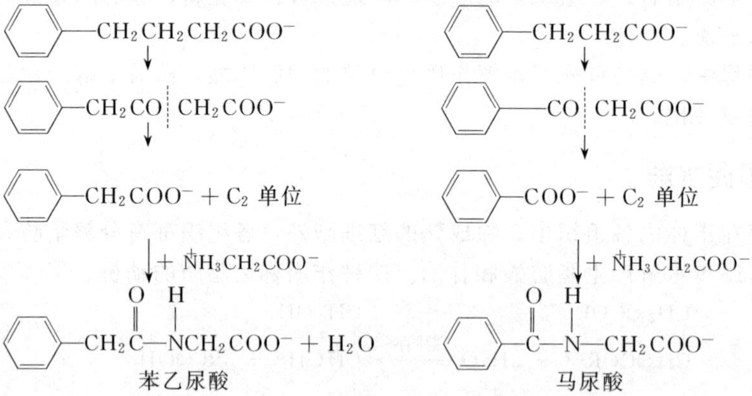

图 6-1　Knoop 的苯基标记的脂肪酸氧化实验结果

脂肪酸在进行 β-氧化作用之前首先需要活化，并且被转运到氧化作用的部位。

6.2.3.1　脂肪酸的活化

脂肪酸的氧化主要是在原核生物的细胞浆及真核生物的线粒体基质中。脂肪酸在进入线粒体之前，要先被活化成脂酰辅酶 A。该反应由脂酰辅酶 A 合成酶催化，此酶存在于线粒体外膜。ATP 推动脂肪酸的羧基与 HSCoA 的疏基之间形成硫酯键。

脂肪酸在脂酰辅酶 A 合成酶催化下，先与 ATP 形成脂酰-磷酸腺苷。脂酰-磷酸腺苷再与辅酶 A 反应，生成脂酰辅酶 A。

$$RCH_2CH_2CH_2COO^- + ATP \longrightarrow RCH_2CH_2CH_2CO\text{-}AMP + PPi$$

脂肪酸   脂酰-磷酸腺苷   焦磷酸

$$RCH_2CH_2CH_2CO\text{-}AMP + HSCoA \rightleftharpoons RCH_2CH_2CH_2CO\sim SCoA + AMP$$

脂酰辅酶 A

在体内，焦磷酸很快被磷酸酶水解，使反应不可逆。

6.2.3.2 脂肪酸转入线粒体

10 个碳原子以下的脂酰辅酶 A 分子可容易地渗透通过线粒体内膜，但是更长链的脂酰辅酶 A 就不能轻易透过其内膜。体内催化脂肪酸氧化分解的酶分布于线粒体基质中，而长链脂肪酸的激活在线粒体外进行，所产生的脂酰辅酶 A 必须进入线粒体内部。脂酰辅酶 A 在肉毒碱（carnitine）存在时可在内膜上生成脂酰肉毒碱，然后通过内膜再生成脂酰辅酶 A 和游离的肉毒碱（如图 6-2）。这一反应由脂酰肉碱移位酶Ⅰ、Ⅱ所催化。

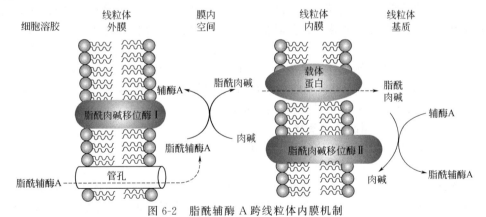

脂酰辅酶A   肉碱   辅酶A   脂酰肉碱
                 (carnitine)   (acylcarnitine)

脂酰肉碱移位酶Ⅰ、Ⅱ是一组同工酶。前者在线粒体内膜外侧，催化脂酰辅酶 A 上的脂酰基转移给肉碱，生成脂酰肉碱；后者则在线粒体内膜内侧将运入的脂酰肉碱上的脂酰基重新转移至辅酶 A，游离的肉碱被运回内膜外侧循环使用。

图 6-2　脂酰辅酶 A 跨线粒体内膜机制

6.2.3.3 脂肪酸的 β-氧化过程

脂酰辅酶 A 进入线粒体后，经历多次 β-氧化作用而逐步降解成多个二碳单位——乙酰辅酶 A。β-氧化作用每循环一次包括以下四步反应：

（1）氧化　脂酰辅酶 A 经脂酰辅酶 A 脱氢酶的催化，在 α-C 和 β-C 原子上共脱去 2 个 H 生成一个带有反式双键的 Δ^2-反-烯脂酰辅酶 A；这一反应需要黄素腺嘌呤二核苷酸（FAD）作为氢的载体。

$$RCH_2CH_2CH_2COSCoA + FAD \rightleftharpoons RCH_2CH=CHCOSCoA + FADH_2$$

脂酰辅酶 A Δ^2-反-烯脂酰辅酶 A

（2）水合 Δ^2-反-烯脂酰辅酶 A 经过水化酶的催化，生成 β-羟脂酰辅酶 A。

$$RCH_2CH=CHCOSCoA + H_2O \rightleftharpoons RCH_2CHOHCH_2COSCoA$$

Δ^2-反-烯脂酰辅酶 A   L-(+)-β-羟脂酰辅酶 A

（3）氧化 L-(+)-β-羟脂酰辅酶 A 经 β-羟脂酰辅酶 A 脱氢酶及辅酶 NAD^+ 的催化，脱去 2 个 H 而生成 β-酮脂酰辅酶 A。

$$RCH_2CHOHCH_2COSCoA + NAD^+ \rightleftharpoons RCH_2COCH_2COSCoA + NADH + H^+$$

L-(+)-β-羟脂酰辅酶 A β-酮脂酰辅酶 A

（4）断裂 最后一个步骤是 β-酮脂酰辅酶 A 经与另一分子辅酶 A 作用发生硫解（硫酯解酶参加），生成 1 分子乙酰辅酶 A 及 1 分子碳链少两个碳原子的脂酰辅酶 A。

$$RCH_2COCH_2COSCoA + HSCoA \rightleftharpoons RCH_2COSCoA + CH_3COSCoA$$

β-酮脂酰辅酶 A   碳链较短的脂酰辅酶 A 乙酰辅酶 A

此碳链较短的脂酰辅酶 A 又经过氧化、水合、氧化、断裂等反应，生成乙酰辅酶 A。如此重复进行，脂肪酸最终全部转变成乙酰辅酶 A。如 1 分子十六碳的软脂酸（棕榈酸，$C_{15}H_{31}COOH$，palmitate）的 β-氧化过程需经历 7 轮 β-氧化作用，生成 8 分子乙酰辅酶 A。

6.2.3.4 脂肪酸 β-氧化过程中的能量变化

脂肪酸在 β-氧化作用前的活化作用需消耗能量，即 1 分子 ATP 转变成了 AMP，消耗了 2 个高能磷酸键，按照 ADP+Pi 生成 ATP 的机制，相当于少生成 2 分子 ATP，因此可将其按消耗 2 分子 ATP 计算。

在 β-氧化过程中，每进行一个循环有 2 次脱氢，自脂酰辅酶 A 脱氢传递给 FAD^+ 生成 $FADH_2$；自 β-羟脂酰辅酶 A 脱氢传递给 NAD^+ 生成 $NADH+H^+$。$FADH_2$ 和 $NADH+H^+$ 在生物氧化过程中被氧化成水，同时分别生成 2 分子及 3 分子 ATP。因而 β-氧化每循环一次可生成 5 分子 ATP。β-氧化作用的产物乙酰辅酶 A 可通过三羧酸循环而彻底氧化成 CO_2 和 H_2O，同时每分子乙酰辅酶 A 可生成 12 分子 ATP。

现以 16 碳的软脂酸（棕榈酸，$C_{15}H_{31}COOH$，palmitate）为例说明脂肪酸 β-氧化过程中的能量转变。软脂酸完全氧化成乙酰辅酶 A 共经过 7 次 β-氧化，生成 7 个 $FADH_2$、7 个 NADH 和 8 分子乙酰辅酶 A。因而 1 分子软脂酸彻底氧化可净生成 ATP 数为：$2×7+3×7+12×8-2=129$。如用热量计直接测定 1mol 软脂酸完全氧化生成 CO_2 和 H_2O 时，可释放出能量 9790.56kJ。由此可见，脂肪酸氧化所产生的能量有 40%（$30.54×129÷9790.56×100\%$）以 ATP 的形式贮存起来并供生命活动使用。

6.2.3.5 奇数碳原子的脂肪酸的氧化

大多数哺乳动物组织中奇数碳原子的脂肪酸是罕见的，但反刍动物（如牛、羊）奇数碳原子脂肪酸氧化提供的能量相当于它们所需能量的 25%。在许多植物及一些海洋生物体内的脂类含有一定量的奇数碳原子脂肪酸。在牛及其他反刍动物的瘤胃中通过糖的发酵作用生成大量的丙酸，这些丙酸吸收入血后可在肝脏及其他组织进行氧化。含奇数碳原子的脂肪酸以与偶数碳原子脂肪酸相同的方式进行氧化，但在氧化降解的最后一轮，产物是丙酰辅酶 A 和乙酰辅酶 A。丙酰辅酶 A 在含有生物素辅基的丙酰辅酶 A 羧化酶、甲基丙二酸单酰辅酶 A 表异构酶、甲基丙二酸单酰辅酶 A 变位酶的作用下生成琥珀酰辅酶 A。琥珀酰辅酶 A 可进入三羧酸循环被氧化。

$$CH_3CH_2COSCoA \xrightarrow[\text{丙酰辅酶 A 羧化酶}]{CO_2+H_2O+ATP} \begin{array}{c} COO^- \\ | \\ H-C-CH_3 \\ | \\ C-SCoA \\ || \\ O \end{array} \xrightarrow[\text{（消旋酶）}]{\text{甲基丙二酸单酰辅酶 A 表异构酶}}$$

丙酰辅酶 A   D-甲基丙二酸单酰辅酶 A

154

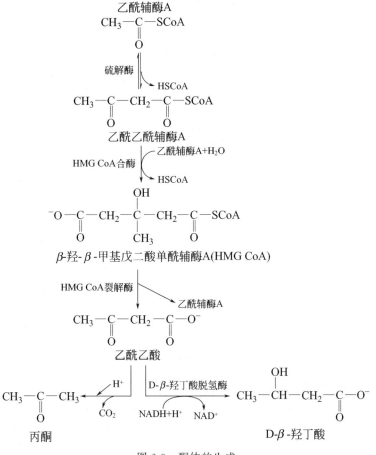

$$\text{L-甲基丙二酸单酰辅酶 A} \xrightleftharpoons[\text{维生素 B}_{12}\text{辅酶}]{\text{甲基丙二酸单酰辅酶 A 变位酶}} \text{琥珀酰辅酶 A}$$

此外，丙酰辅酶 A 也可以经其他代谢途径转变成乳酸及乙酰辅酶 A 进行氧化。

6.2.4 酮体的生成与利用

6.2.4.1 酮体的生成

如果脂肪酸氧化和碳水化合物的降解达到平衡，乙酰辅酶 A 就进入三羧酸循环继续被氧化分解而产生能量，因为这时碳水化合物分解产生的草酰乙酸足够用于乙酰辅酶 A 缩合成柠檬酸。但当脂肪分解占优势时，乙酰辅酶 A 就发生另外的转化。比如在饥饿或患糖尿病时，草酰乙酸常被用于形成葡萄糖而浓度降低。在这种情况下，脂肪酸氧化不完全，2 分子乙酰辅酶 A 可以缩合成乙酰乙酰辅酶 A；乙酰乙酰辅酶 A 再与 1 分子乙酰辅酶 A 缩合成 β-羟-β-甲基戊二酸单酰辅酶 A (HMG CoA)，后者裂解成乙酰乙酸；乙酰乙酸在肝脏线粒体中可还原生成 β-羟丁酸。乙酰乙酸还可以脱羧生成丙酮。乙酰乙酸、β-羟丁酸和丙酮，统称为酮体（如图 6-3）。

图 6-3 酮体的生成

6.2.4.2 酮体的利用

在肝脏中有活力很强的生成酮体的酶，但缺少利用酮体的酶。肝线粒体内生成的酮体可迅速透出肝细胞经血液循环输送至肝外组织。在肝脏中形成的乙酰乙酸和 β-羟丁酸进入血液循环后送至肝外组织，主要在心脏、肾脏、脑及肌肉中通过三羧酸循环氧化。β-羟丁酸首先氧化成酮酸，然后酮酸在琥珀酰辅酶 A 转硫酶（在心肌、骨骼肌、肾、肾上腺组织中）或乙酰乙酸硫激酶（骨骼肌、心及肾等组织中）的作用下，生成乙酰乙酰辅酶 A，再与第 2 个分子辅酶 A 作用形成 2 分子乙酰辅酶 A，乙酰辅酶 A 可以进入三羧酸循环彻底氧化放能，也可作为合成脂肪酸的原料（如图 6-4）。乙酰乙酸可进一步被还原为 β-羟丁酸，也可自发脱羧形成丙酮。丙酮有一部分随尿排出，还有一部分直接从肺部呼出。丙酮在体内也可转变成丙酮酸或甲酰基或乙酰基供其他代谢途径利用，丙酮酸既可以氧化，也可以合成糖原。

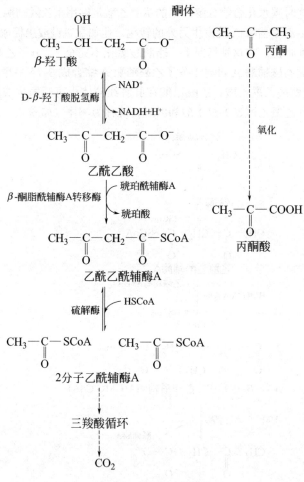

图 6-4　酮体的利用

6.2.4.3 酮体生成的意义

由酮体的代谢可以看出，肝脏组织将脂肪酸转变为酮体，而肝外组织则再将酮体转变为乙酰辅酶 A。这并不是一种无效的循环，而是由于肝内外酶系的不同而决定的乙酰辅酶 A 在体内的特殊利用方式。目前认为，肝脏组织正是以酮体的形式将乙酰辅酶 A 通过血液运送至外周器官中的。骨骼、心脏和肾上腺皮质细胞的能量消耗主要就是来自这些酮体，脑组织在糖饥饿时也能利用酮体作为能源。

酮体在正常血液中少量存在，是人体利用脂肪的一种正常表象。正常情况下，血液中酮体浓度相对恒定，这是因为肝中产生的酮体可在肝外组织迅速利用，尤其是肾脏和心肌具有较强的使乙酰乙酸氧化的酶系，其次是大脑。肌肉组织也是利用酮体的重要组织。对于不能利用脂肪酸的脑组织来说，利用酮体作为能源具有重要意义。但在某些生理或病理情况下（如因饥饿将糖原耗尽后，膳食中糖供给不足时，或因患糖尿病而导致糖氧化功能障碍时），脂肪动员加速，肝脏中酮体生成增加，超过了肝外组织氧化的能力。又因糖代谢减少，丙酮酸缺乏，可与乙酰辅酶 A 缩合成柠檬酸的草酰乙酸减少，更减少酮体的去路，使酮体积聚于血液内，成为酮血症。血中酮体过多，由尿排出，又形成酮尿。酮体为酸性物质，若超过血液的缓冲能力时（酮血症或酮尿出现），就可引起机体酸中毒。

6.3 脂肪的合成代谢

脂肪的生物合成可分为三个阶段：甘油的生成；脂肪酸的生成；由甘油和脂肪酸合成脂肪。

6.3.1 甘油的生物合成

甘油的生物合成在细胞质中进行。合成脂肪的甘油前体 α-磷酸甘油由糖分解途径中间产物磷酸二羟丙酮还原生成，或由甘油激酶催化甘油和 ATP 生成。

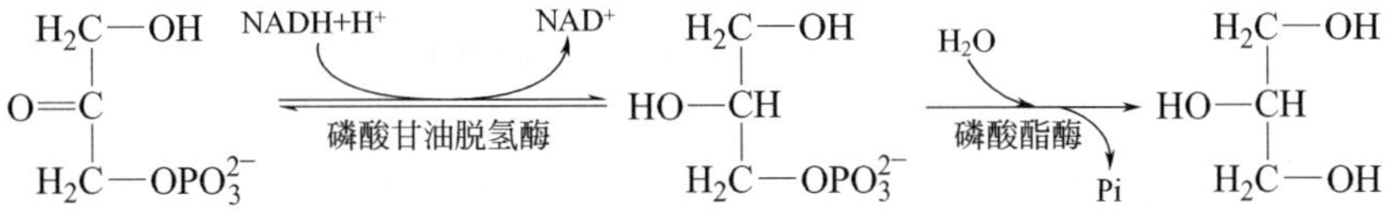

磷酸二羟丙酮 $\xrightarrow[\text{磷酸甘油脱氢酶}]{NADH+H^+ \quad NAD^+}$ α-磷酸甘油 $\xrightarrow[\text{磷酸酯酶}]{H_2O \quad Pi}$ 甘油

甘油 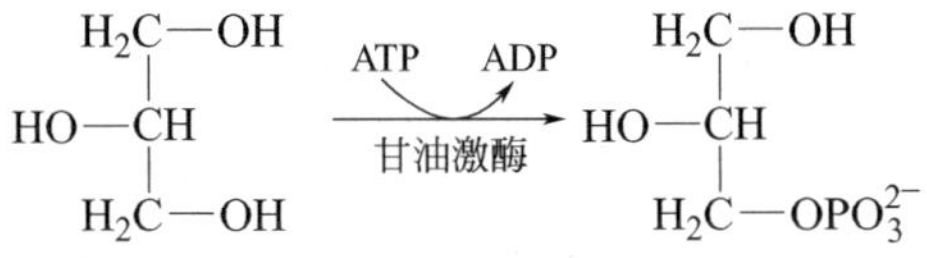 $\xrightarrow[\text{甘油激酶}]{ATP \quad ADP}$ α-磷酸甘油

实际上，在甘油和脂肪酸缩合成脂肪时，需要的是 α-磷酸甘油，而不是游离的甘油。

6.3.2 脂肪酸的合成

脂肪酸的生物合成是一个相当复杂的过程。首先合成饱和脂肪酸，再由饱和脂肪酸转变为不饱和脂肪酸。

饱和脂肪酸的合成过程所需碳源完全来自乙酰辅酶 A。乙酰辅酶 A 由丙酮酸氧化脱羧、氨基酸氧化降解和长链脂肪酸 β-氧化生成。长链饱和脂肪酸的合成分从头合成（合成十六个碳原子的软脂酸）和与之相继的延长合成（形成十八个碳原子以上的饱和脂肪酸）两条途径进行。从头合成途径一般是在细胞质中进行，延长途径则是在内质网和线粒体中进行。

（1）从头合成　这一过程是在细胞质中进行，该过程以乙酰辅酶 A 作为碳源，合成不超过十六碳的饱和脂肪酸。细胞质中含有一种合成脂肪酸的重要体系，它含有可溶性酶系，可以在 ATP、NADPH、Mg^{2+}、Mn^{2+} 及 CO_2 存在下催化乙酰辅酶 A 合成脂肪酸。其过程

大致如下:

① 乙酰辅酶 A 的来源和转运　合成脂肪酸的原料主要是乙酰辅酶 A，它来自丙酮酸氧化脱羧及氨基酸氧化等过程。这些代谢过程都是在线粒体内进行的，而脂肪酸合成发生在线粒体外，由于产生的乙酰辅酶 A 不能直接穿过线粒体内膜，它需要在 ATP 供能的情况下，通过"柠檬酸穿梭"的方式转移到线粒体外。即线粒体内的乙酰辅酶 A 先与草酰乙酸缩合成柠檬酸，通过内膜上的三羧酸载体透过内膜进入胞质溶胶中，然后柠檬酸裂解成乙酰辅酶 A 和草酰乙酸，乙酰辅酶 A 作为原料参与脂肪酸的合成。而草酰乙酸不能直接透过内膜，它必须转变成苹果酸或丙酮酸，由它们经内膜载体返回线粒体，再分别以不同的方式重新生成草酰乙酸，从而完成了乙酰辅酶 A 的一次转运（如图 6-5）。

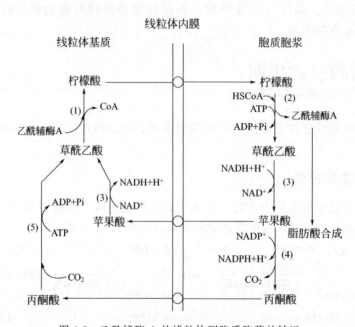

图 6-5　乙酰辅酶 A 从线粒体到胞质胞浆的转运

（1）柠檬酸合成酶；（2）柠檬酸裂解酶；（3）苹果酸脱氢酶；（4）苹果酸酶；（5）丙酮酸羧化酶

② 丙二酸单酰辅酶 A 的生成　在脂肪酸的从头合成过程中，参入脂肪酸链的二碳单位的直接供体并不是乙酰辅酶 A，而是乙酰辅酶 A 的羧化产物——丙二酸单酰辅酶 A。反应式如下:

$$CH_3COSCoA+CO_2 \xrightarrow[\text{ATP,Mn}^{2+}]{\text{乙酰辅酶 A 羧化酶,生物素}} \begin{array}{l} COO^- \\ | \\ CH_2 \\ | \\ COSCoA \end{array}$$

乙酰辅酶 A　　　　　　　　　　　　　　　　　　丙二酸单酰辅酶 A

乙酰辅酶 A 羧化酶为别构酶，催化不可逆反应，是脂肪酸合成的限速步骤。当缺乏别构剂柠檬酸时，即无活性。只有别构部位结合柠檬酸后，才有活性。胞液中柠檬酸浓度是脂肪酸合成的最重要的调节物。

③ 脂肪酸链的形成过程　丙二酸单酰辅酶 A（C_3 片段）与乙酰辅酶 A（C_2 片段）缩合，然后脱羧生成乙酰乙酰基（C_4 片段），是脂肪酸合成的第一步反应。但是在此之前丙二酸单酰基及乙酰基均在转酰酶作用下从辅酶 A 转移到一种蛋白质——酰基载体蛋白（ACP）上。

158

$$CH_3COSACP + \overset{\overset{\displaystyle COO^-}{|}}{\underset{\underset{\displaystyle COSACP}{|}}{CH_2}} \xrightleftharpoons{\beta\text{-酮脂酰 ACP 合成酶}} CH_3COCH_2COSACP + CO_2 + ACP\text{-SH}$$

乙酰 ACP　　丙二酸单酰 ACP　　　　　　　　　　　乙酰乙酰 ACP

然后乙酰乙酰 ACP 在以 NADPH 为辅酶的 β-酮脂酰 ACP 还原酶作用下被还原。

$$CH_3COCH_2COSACP + NADPH + H^+ \xrightleftharpoons{\beta\text{-酮脂酰 ACP 还原酶}}$$

乙酰乙酰 ACP

$$CH_3CHOHCH_2COSACP + NADP^+$$

β-羟丁酰 ACP

β-羟丁酰 ACP 再在 β-羟脂酰 ACP 水化酶的作用下脱水生成 β-烯丁酰 ACP。

$$CH_3CHOHCH_2COSACP \xrightleftharpoons{\beta\text{-羟脂酰 ACP 水化酶}} CH_3CH=\!\!=CHCOSACP + H_2O$$

最后 β-烯丁酰 ACP 再在 β-烯脂酰 ACP 还原酶作用下生成丁酰 ACP。

$$\overset{\overset{\displaystyle CH_3}{|}}{\underset{\underset{\underset{\underset{\displaystyle COSACP}{|}}{CH}}{\|}}{CH}} + NADPH + H^+ \xrightarrow{\beta\text{-烯脂酰 ACP 还原酶}} \overset{\overset{\displaystyle CH_3}{|}}{\underset{\underset{\underset{\underset{\displaystyle COSACP}{|}}{CH_2}}{|}}{CH_2}} + NADP^+$$

此丁酰 ACP（C_4 片段）是脂肪酸合成的第一轮产物，通过这一轮反应，延长了两个碳原子。依上述过程进行多次循环反应即可生成软脂酸。软脂酸是大多数有机体脂肪酸合成酶系的终产物。

软脂酸的从头合成途径可总结如下式：

$$CH_3COSCoA + 7\overset{\overset{\displaystyle COO^-}{|}}{\underset{\underset{\displaystyle COSCoA}{|}}{CH_2}} + 14NADPH + 14H^+ \longrightarrow$$

$$C_{15}H_{31}COO^- + 8HSCoA + 14NADP^+ + 6H_2O + 7CO_2$$

脂肪酸合酶系统（fatty acid synthase system，FAS）是一个多酶复合体（如图 6-6），它包含下列六种酶：乙酰辅酶 A：ACP 转酰基酶、丙二酸单酰辅酶 A：ACP 转酰基酶、β-酮脂酰 ACP 合酶、β-酮脂酰 ACP 还原酶、β-羟脂酰 ACP 水化酶、烯脂酰 ACP 还原酶；此外复合体中还含有一种辅助蛋白——脂酰基载体蛋白（acyl carrier protein，ACP）。

对大肠杆菌的研究证明，上述六种酶以 ACP 为中心，有序地组成松散的多酶复合体。根据 Lynen 的研究，脂肪酸合成的反应机理如下：开始时，乙酰基通过脂酰转移酶的作用转移到多酶体系的外围—SH 上（β-酮脂酰 ACP 合酶活性部位半胱氨酸—SH 基团），而丙二酰基则通过丙二酰转移酶的作用转移到中央—SH 基团上（ACP 的辅基——4-磷酸泛酰巯基乙胺的—SH 基团），然后通过 β-酮脂酰 ACP 合酶作用，将乙酰基转移到脱羧后的丙二酰残基中的次甲基上，形成乙酰乙酰 ACP，经还原、脱水，再还原形成相应的饱和脂酰 ACP。饱和脂酰基转移到外围—SH 上，一个新的丙二酸单酰基又转移到中央 —SH 上使上述过程重复进行（如图 6-7）。一般当饱和脂肪酸链达 16 个

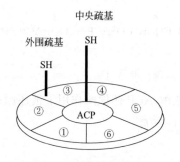

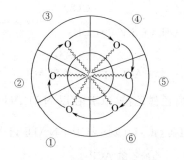

图 6-6　ACP 辅基的作用模式
中央的圆为 ACP，①～⑥为 FAS 的六种酶

图 6-7　FAS 中的活性巯基
中央的圆为 ACP，①～⑥为 FAS 的六种酶

碳原子长度时，脂肪酸的合成即停止，这是由于从 ACP 移去脂酰基的脱酰基酶（硫酯酶）对 16 个碳原子脂酰基表现出最大的活性。另外，β-酮脂酰 ACP 合酶与从 ACP 转来的多于十四碳的脂酰基结合能力很弱，因而使它还未转移到合酶上就被脱酰基酶由 ACP 上裂解出，而多酶体系则可反复地被利用。ACP 的辅基——4-磷酸泛酰巯基乙胺的—SH 基团结构见图 6-8。

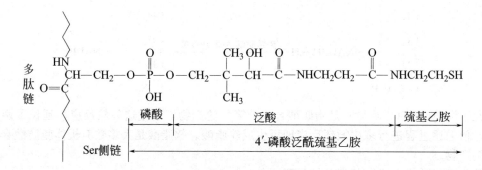

图 6-8　ACP 的辅基结构

（2）延长途径　在植物中软脂酸的碳链延长在胞质中进行，由延长酶系统催化，形成 C_{18}、C_{20} 脂肪酸。在人和动物体中软脂酸链的延长在内质网或线粒体中进行。

在内质网上的延长以软脂酰辅酶 A 为基础，以丙二酸单酰辅酶 A 为二碳供体，以辅酶 A 为酰基载体，经过缩合、还原、脱水、再还原四步反应，生成硬脂酰辅酶 A，然后重复循环，生成 C_{20} 以上的脂酰辅酶 A。

在线粒体中软脂酸的延长是与 β-氧化相似的逆向过程：以软脂酰辅酶 A 与乙酰辅酶 A 进行缩合、还原、脱水、再还原四步反应，生成硬脂酰辅酶 A，然后重复循环，可继续加长碳链（延长到 $C_{24}\sim C_{26}$）。

6.3.3　脂肪的合成

合成甘油三酯的原料是 α-磷酸甘油和脂酰辅酶 A，是由 α-磷酸甘油逐步与 3 分子脂酰辅酶 A 缩合生成的。脂酰辅酶 A 来自脂肪酸的活化，α-磷酸甘油由两条途径合成（见 6.3.1 节）。脂酰辅酶 A 在磷酸甘油脂酰转移酶作用下与 α-磷酸甘油的 α 位酯化生成单酰甘油磷酸（溶血磷脂酸），接着第 2 个脂酰辅酶 A 与甘油 β 位酯化，生成磷酸二酰甘油（磷脂酸），再通过水解去磷酸生成二酰甘油，通过二酰甘油脂酰转移酶与第 3 个脂酰基酯化成三酰甘油，即甘油三酯。

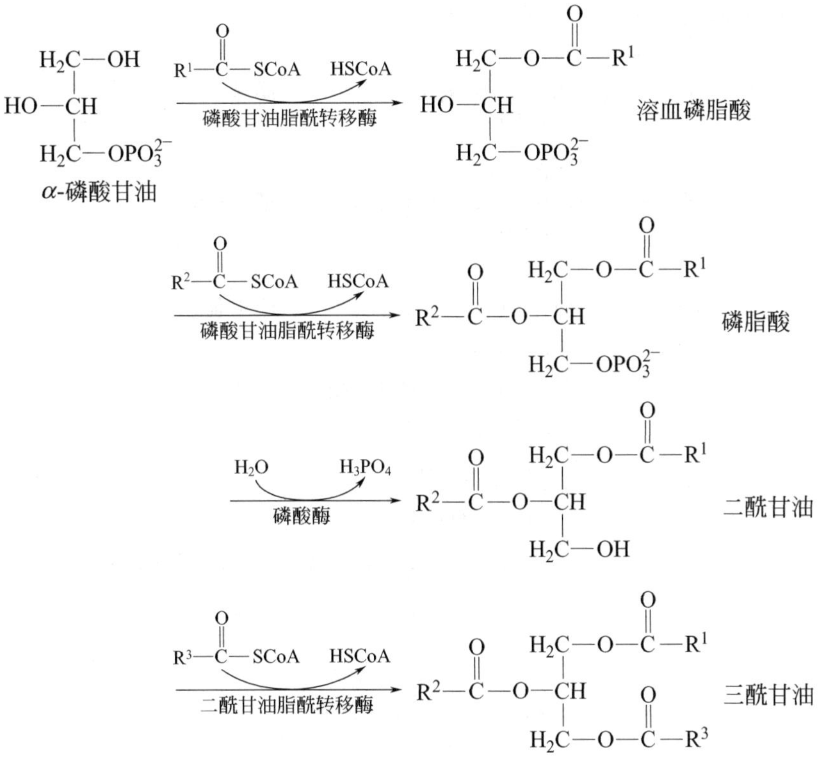

α-磷酸甘油 —磷酸甘油脂酰转移酶 (R¹—C—SCoA, HSCoA)→ 溶血磷脂酸

（磷酸甘油脂酰转移酶，R²—C—SCoA, HSCoA）→ 磷脂酸

（磷酸酶，H_2O, H_3PO_4）→ 二酰甘油

（二酰甘油脂酰转移酶，R³—C—SCoA, HSCoA）→ 三酰甘油

6.4 类脂代谢

6.4.1 磷脂合成代谢

磷脂是生物膜的重要组成成分，红细胞膜脂类的 40%、线粒体膜脂类的 95% 为磷脂。同时磷脂对脂肪的吸收和转运以及不饱和脂肪酸的储存也起着重要作用。体内含量最多的磷脂为卵磷脂和脑磷脂，占磷脂总量的 75% 以上。人类从食物（如蛋黄、瘦肉、肝、脑、肾、大豆）中可以获得磷脂。机体也能自行合成所需要的磷脂，肝脏是磷脂合成最活跃的器官。

卵磷脂和脑磷脂均由四部分组成：甘油、脂肪酸、磷酸、胆碱或胆胺。上述物质可通过食物提供或在体内合成，但甘油的 β 位碳原子上多为必需脂肪酸，仅能从食物获得。

6.4.1.1 胆胺和胆碱的合成

胆胺在体内可由丝氨酸脱去羧基生成。胆胺由 S-腺苷蛋氨酸上获得甲基后转变为胆碱。

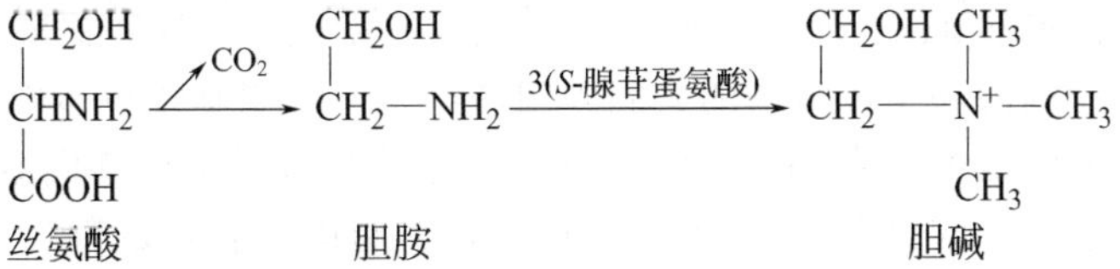

丝氨酸 —（CO_2）→ 胆胺 —（3(S-腺苷蛋氨酸)）→ 胆碱

6.4.1.2 卵（脑）磷脂的合成

胆碱或胆胺在合成卵磷脂或脑磷脂之前，需要经过三磷酸胞苷（CTP）激活，形成胞苷

二磷酸胆碱（CDP-胆碱）或胞苷二磷酸胆胺（CDP-胆胺），然后再与甘油二酯缩合成卵磷脂或脑磷脂。以卵磷脂为例，其合成过程如图 6-9。

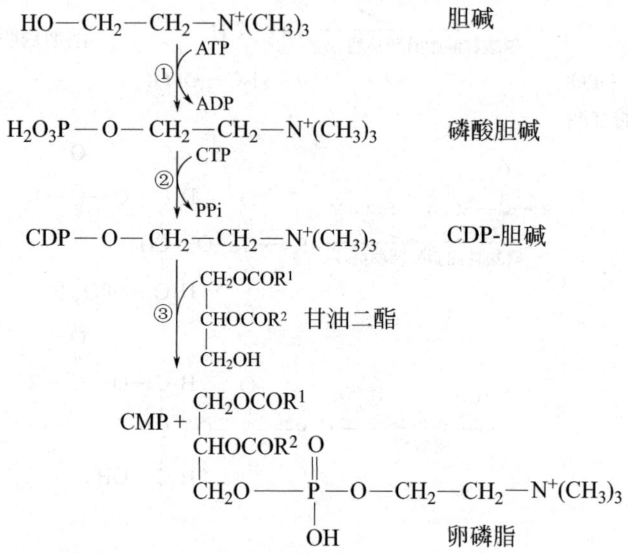

图 6-9　卵磷脂的合成
①胆碱激酶；②磷酸胆碱嘧啶核苷酸转移酶；③磷酸胆碱转移酶

脑磷脂的合成与卵磷脂的合成过程相似。

另外，卵磷脂还可以通过另一条途径合成。即 α-磷酸甘油二酯先与 CTP 作用生成胞苷二磷酸甘油二酯，再与丝氨酸反应生成丝氨酸磷脂，后者脱羧后生成脑磷脂，脑磷脂再甲基化转变为卵磷脂。

磷脂是合成脂蛋白的必需原料，如果磷脂在肝脏合成不足，会使肝中内源性甘油三酯的外运发生障碍。肝脏中脂肪过量堆积，称为脂肪肝。

6.4.2　胆固醇代谢

6.4.2.1　胆固醇的合成代谢

体内胆固醇主要由机体内源合成，每日约产生 1g 左右，多于普通膳食条件下食物中胆固醇的吸收量。各种组织细胞均具有合成胆固醇的能力，而以肝脏的合成作用最强，占全身胆固醇合成总量的 $70\%\sim80\%$；其次是小肠，约占 10%；皮肤、肾上腺皮质、性腺和动脉血管壁等也是胆固醇合成的重要场所；脑合成胆固醇的能力很低。胆固醇的合成在胞液和滑面内质网中进行，来自糖、氨基酸和脂肪酸分解代谢所产生的乙酰辅酶 A 是合成胆固醇的基本原料，同时还需要 NADPH＋H$^+$、ATP 等辅助因素参加。胆固醇的合成过程可分为 3 个阶段：

（1）由 3 分子乙酰辅酶 A 合成六碳的 β-羟-β-甲基戊二酸单酰辅酶 A（HMG CoA）。HMG CoA 是合成胆固醇和生成酮体的共同中间产物。在肝细胞线粒体中生成的 HMG CoA 可裂解生成酮体，而胞液中则由 HMG CoA 还原酶催化生成二羟甲基戊酸（MVA）。形成 1 分子 MVA 需 2 分子 NADPH＋H$^+$，反应不可逆，为胆固醇合成的限速反应。催化此反应的酶是 HMG CoA 还原酶，具有立体专一性，受天然膳食中的胆固醇及内源合成的胆固醇所抑制。

162

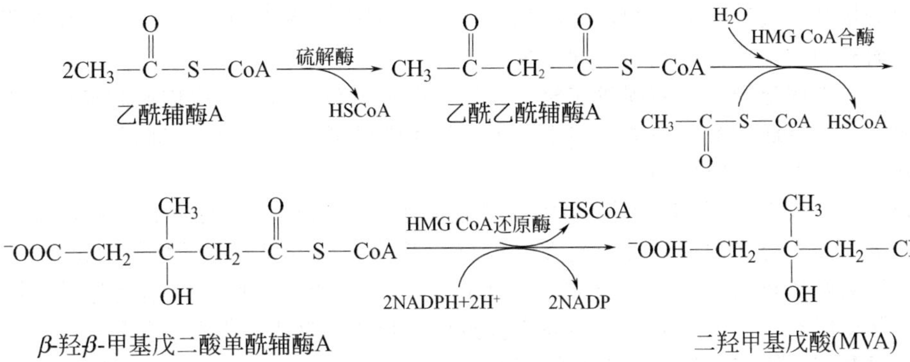

$$2CH_3-\overset{O}{\underset{}{C}}-S-CoA \xrightarrow[HSCoA]{硫解酶} CH_3-\overset{O}{\underset{}{C}}-CH_2-\overset{O}{\underset{}{C}}-S-CoA \xrightarrow[\;\; CH_3-\overset{}{C}-S-CoA \quad HSCoA\;\;]{\overset{H_2O\; HMG\; CoA合酶}{}}$$

乙酰辅酶A　　　　　　　　乙酰乙酰辅酶A

β-羟β-甲基戊二酸单酰辅酶A　　　　　　　　　　　　　　二羟甲基戊酸(MVA)

（2）由 MVA 经三步耗能反应生成异戊烯焦磷酸酯，该产物在异戊烯焦磷酸酯异构酶的催化下转化为 3,3-二甲基丙烯焦磷酸酯，作为胆固醇合成的起始物继续进行胆固醇的合成。

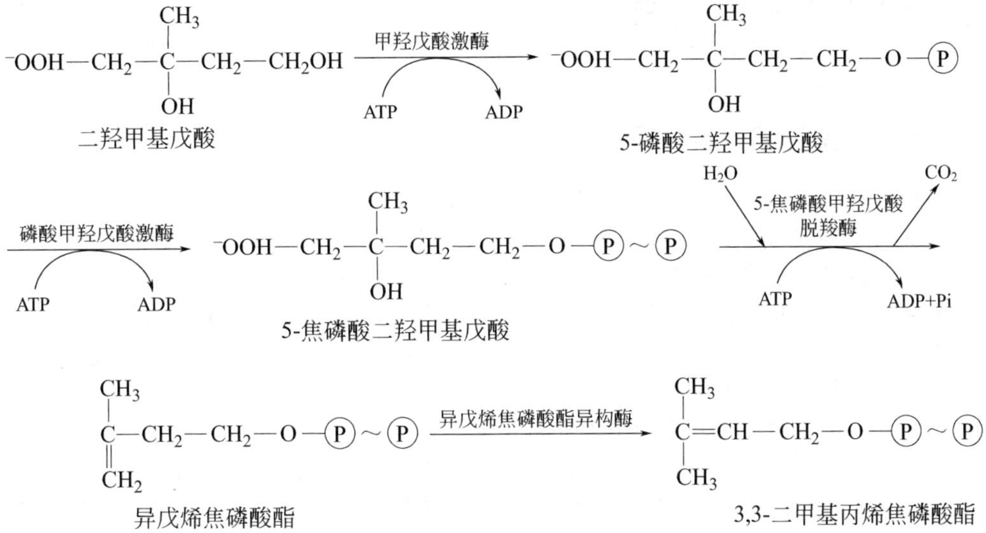

二羟甲基戊酸　　　　　　　　　　　　　　　　　　5-磷酸二羟甲基戊酸

5-焦磷酸二羟甲基戊酸

异戊烯焦磷酸酯　　　　　　　　　　　　　3,3-二甲基丙烯焦磷酸酯

（3）由 6 分子 3,3-二甲基丙烯焦磷酸酯经一系列缩合反应生成 C_{30} 烯烃，即鲨烯（squalene）。鲨烯进一步环化合成羊毛脂固醇，进而经 20 步反应生成胆固醇（cholesterol）。

乙酰辅酶 A 是胆固醇合成的起始原料，合成胆固醇时，需要乙酰辅酶 A、ATP 和 NADPH＋H^+。这些物质大部分来自糖的氧化，因此膳食中糖或热量过多会使机体胆固醇的合成增多，饥饿时胆固醇合成减少。HMG CoA 还原酶在调节胆固醇的合成方面具有决定性意义，许多因素通过改变此限速酶的活性，而影响体内胆固醇的合成。膳食胆固醇能反馈抑制肝脏中胆固醇的合成，就主要是通过对 HMG CoA 还原酶的抑制而发挥作用。肾上腺素和甲状腺素都能促进此还原酶的活性，而使胆固醇合成加强。但甲状腺素又能促进胆固醇转变为胆汁酸，且后一作用大于前者，故总结果是使血浆胆固醇降低。甲状腺机能亢进患者，血浆胆固醇含量较正常值偏低；而甲状腺机能减退的患者常伴有高胆固醇血症及动脉粥样硬化。

6.4.2.2　胆固醇的分解代谢

胆固醇在人体内不能分解成 CO_2 和 H_2O，因此不是能源物质，除了构成生物膜和血浆脂蛋白外，主要的去路是转化成各种生理活性物质，调节代谢反应或随胆汁排出体外。

（1）转变成胆汁酸　体内 75％～80％ 的胆固醇在肝脏转变为胆酸，胆酸与甘氨酸或牛磺酸结合成胆汁酸。胆汁酸的钠盐或钾盐称为胆汁酸盐或胆盐，是胆汁的重要组成成分，随胆汁排入小肠。胆汁酸是一种高效乳化剂，在肠道内对脂类的消化和吸收起着重要作用。胆酸的生成受自身的反馈调节，终产物胆汁酸能够抑制肝脏中 7α-羟化酶的活性，7α-羟化酶是催化胆碱生成的第一步反应的酶，也是该反应途径的限速酶，受产物反馈调节。因此，消胆胺

163

等能抑制胆酸从肠道重吸收的药物，能消耗对 7α-羟化酶的抑制作用，从而促进肝脏胆汁酸的生成，从而有利于降低体内胆固醇的含量。

（2）转变成类固醇激素　胆固醇在肾上腺皮质细胞内转变为肾上腺皮质激素；在卵巢转变为雌二醇、孕酮等雌激素；在睾丸转变为睾酮等雄性激素。这些激素在调节、维持机体正常生理活动过程中发挥重要作用。

（3）转变为 7-脱氢胆固醇　在肝和肠黏膜细胞中，胆固醇转变为 7-脱氢胆固醇。后者贮存于皮肤下，经紫外光照射后转变成维生素 D_3，促进钙磷的吸收和骨骼的钙化。

（4）直接由肠道排出　体内部分胆固醇可由肝细胞直接排入胆管，随胆汁进入肠道排泄。因此，胆道阻塞的病人，血中胆固醇含量会显著升高。胆汁中胆固醇含量过高，又会形成胆固醇结晶并沉淀下来，这是引起胆结石的重要原因。

6.5　血浆脂蛋白代谢

6.5.1　血浆脂蛋白的分类及组成

脂类物质的分子极性小，难溶于水。因此，血液中的脂类与蛋白质结合成可溶性的复合体，这种复合体被称为脂蛋白（lipoprotein），实际上脂蛋白是脂类在血浆中的存在和运输形式。脂肪动员释入血浆中的长链脂肪酸则与清蛋白结合而进行运输。血浆脂蛋白为球形颗粒，其中疏水的三脂酰甘油、胆固醇酯集中在颗粒内核，而蛋白质、磷脂和胆固醇等双性分子以极性基团朝向外侧水相，非极性基团则朝向疏水的内核，并以单分子层包绕脂蛋白颗粒表面，从而形成稳定的球形颗粒。

不同脂蛋白中脂类与蛋白质组成的比例不同，颗粒密度也不同。将血浆在一定密度的盐溶液中进行超速离心，其中所含脂蛋白因密度不同而沉降或漂浮，因此按密度由大到小可将脂蛋白分为四类：高密度脂蛋白（HDL）、低密度脂蛋白（LDL）、极低密度脂蛋白（VLDL）和乳糜微粒（CM）。

CM 含甘油三酯最多，高达颗粒的 80%～95%，蛋白质仅占 1% 左右，故密度最小，血浆静止即会漂浮；VLDL 含甘油三酯亦多，达颗粒的 50%～70%，但其甘油三酯与乳糜微粒的来源不同，主要为肝脏合成的内源性甘油三酯；LDL 组成中 45%～50% 是胆固醇及胆固醇酯，因此是一类运送胆固醇的脂蛋白颗粒；HDL 中蛋白质含量最多，因此密度最高，磷脂占其组成的 25%，胆固醇占 20%，甘油三酯含量很少，仅占 5%。

血浆脂蛋白中的蛋白部分称载脂蛋白（apolipoprotein，apo），而脂类物质有甘油三酯、磷脂、胆固醇及其酯。组成各种脂蛋白的载脂蛋白种类、脂类组成比例及含量都不相同。

6.5.2　血浆脂蛋白的代谢

6.5.2.1　乳糜微粒

CM 的生理功能是运送外源性三脂酰甘油和胆固醇酯。在小肠黏膜细胞中，消化吸收的甘油一酯和脂肪酸重新合成甘油三酯，后者与磷脂、胆固醇酯及载脂蛋白等形成新生的 CM，经淋巴管入血。CM 在血循环中与 HDL 进行成分交换后能激活肌肉、心及脂肪组织毛细血管内皮表面的脂蛋白脂肪酶，脂蛋白脂肪酶水解 CM 中的甘油三酯和磷脂，生成甘油、脂肪酸及溶血磷脂等，被各组织摄取利用。

6.5.2.2　极低密度脂蛋白

VLDL 的生理功能是转运内源性甘油三酯。肝细胞以葡萄糖为原料合成的甘油三酯与

164

磷脂、胆固醇及载脂蛋白等形成 VLDL。另有小部分 VLDL 在小肠黏膜细胞合成。VLDL
入血后，同 HDL 交换，激活肝外组织血管内皮表面的脂蛋白脂肪酶。在脂蛋白脂肪酶的作
用下，VLDL 中的甘油三酯逐步水解，同时磷脂、胆固醇及载脂蛋白向 HDL 转移，而
HDL 的胆固醇酯向 VLDL 转移。在此过程中，VLDL 颗粒变小，密度增加，形成富含载脂
蛋白的中密度脂蛋白（IDL），部分 IDL 进入肝细胞代谢，在肝细胞脂肪酶催化下水解甘油
三酯和磷脂。未被肝细胞摄取的 IDL 在脂蛋白脂肪酶的作用下进一步水解其甘油三酯，最
后仅剩胆固醇酯，IDL 即转变成 LDL。

6.5.2.3 低密度脂蛋白

LDL 的生理功能是从肝脏转运内源性胆固醇到肝外组织，它是 VLDL 在血液中转变形
成的。LDL 有一半在肝脏降解，肾上腺皮质、卵巢和睾丸等组织代谢 LDL 的能力也较强。
在各种水解酶作用下，LDL 中的胆固醇酯被水解为脂肪酸和胆固醇，载脂蛋白被水解为氨
基酸。释放出的游离胆固醇可被细胞利用，具有重要的生理调节作用。

6.5.2.4 高密度脂蛋白

HDL 的生理功能是把胆固醇从肝外组织逆向转运回肝脏进行代谢。HDL 主要在肝脏合
成，小肠也可合成。HDL 也主要在肝脏降解，其中的胆固醇在肝内可合成胆汁酸或随胆汁
排泄。

血浆中 90％的胆固醇酯来自 HDL，其中 70％的胆固醇酯生成后经血浆胆固醇酯
转运蛋白转运到 VLDL 及 LDL 后被清除，10％通过肝脏清除。综上所述，HDL 在代
谢中，从肝外组织获取的胆固醇在血浆脂蛋白中的载脂蛋白及血浆中的卵磷脂胆固
醇脂酰转移酶作用下，转化为胆固醇酯，再由血浆胆固醇酯转运蛋白转运，最后进
入肝代谢。这种将胆固醇从肝外向肝内转运的过程称胆固醇的逆向转运。这一机制
对清除外周组织血管壁及衰老细胞膜上过剩的胆固醇，防止心脑血管脂质沉积和粥
样硬化有重要意义。

6.6 脂类代谢紊乱

脂类的代谢也受神经和激素控制。据动物实验结果，切除大脑半球的小狗，其肌肉及骨
中的脂肪含量均减少，但肝脂略有增加，肝胆固醇亦显著增加，这说明大脑在调节脂类代谢
上具有重要意义。激素对脂代谢的调节更为明显，如果因胰岛功能失调，糖代谢受到抑制，
则脂肪（脂肪酸）代谢即同时受阻。肾上腺素、生长激素、促肾上腺皮质激素、甲状腺素和
性激素有促进储脂动员和氧化的作用，胰岛素可抑制脂肪分解。激素分泌反常会导致脂代谢
障碍，例如性腺萎缩或摘除可引起肥胖。脂代谢失调所导致的常见疾病有酮血症、酮尿症、
脂肪肝、动脉粥样硬化等。

6.6.1 酮血症、酮尿症

肝脏氧化脂肪酸时生成酮体，但由于缺乏琥珀酰辅酶 A 转硫酶和乙酰乙酸硫激酶，不
能利用酮体；肝外组织则相反，不仅在脂肪酸氧化过程中不产生酮体，而且还能从血液摄取
酮体并用于氧化供能。正常情况下，人体血浆中酮体水平可维持低于 0.3mmol/L，长期饥
饿或高脂膳食后升高，约为 1～2mmol/L；未控制的糖尿病患者可增至 12mmol/L 以上，约
为正常时的 40 倍，此时血浆中丙酮量可能占酮体总量的 50％。当肝脏中形成的酮体量超过
肝外组织所能利用和破坏的酮体量时，导致血浆中的酮体水平升高，构成酮血症。随即酮体
会显著地在尿中出现并随尿排出，出现酮尿，称酮尿症。酮血症和酮尿症统称酮症。乙酰乙

165

酸和 β-羟丁酸是中等强度的酸，在血液和组织中被缓冲后持续排出，将造成进行性减少碱储备，引起酸中毒，这对未控制的糖尿病患者可能是致命的。在酮症时血和尿中出现的酮体主要是 D-β-羟丁酸。

6.6.2 脂肪肝

脂类，特别是脂肪，是机体的主要能量贮存形式，脂类是所有营养物质中单位质量含有最多能量的化合物（38kJ/g 或 9.0kcal/g），用它们来贮存能量是最有利的。我们把贮存的脂肪称之为贮存脂肪或脂肪组织。来自膳食的脂肪必须先转化为贮存脂肪。脂肪的贮存和运送是相互联系的过程。当需要脂肪分解代谢提供 ATP 形式的能量时，脂肪酸自脂肪组织转移到肝脏进行分解。我们把脂肪库中贮存的脂肪释出游离脂肪酸的过程称为脂肪动员。这个过程需要酶的作用。脂酶和磷脂酶担负着水解脂肪的作用。释出的游离脂肪酸在线粒体中进行分解代谢，甘油则在细胞溶质中降解。脂肪酸动员是由一系列酶调控，与糖类动员的情况颇相像。脂肪酸一旦从脂肪细胞中游离释出，它们就渗透穿过膜，与血清清蛋白结合，运送到各种组织。

过度的脂肪动员，肝脏被脂肪细胞所浸渗可导致发展成脂肪肝，变成了非功能的脂肪组织。脂肪肝可能因糖尿而产生，由于胰岛素缺欠不能正常动员葡萄糖，此时就必须使用其他营养物质供给能量。典型的情况是脂类的分解代谢加剧，包括过度的脂肪酸动员和肝脏中过度的脂肪酸降解，其结果引起了脂肪肝的发生。脂肪肝的发生还有可能是受化学药品的影响，例如，四氯化碳或吡啶。这些化合物破坏了肝细胞，导致脂肪组织去取代它们，肝的功能就逐步丧失。膳食中缺乏抗脂肪肝剂［即胆碱和甲硫氨酸（蛋氨酸）］时也可导致脂肪肝的出现，因为它们对脂类运送有作用。

胆碱是磷脂酰胆碱的组成成分，已知它的合成需要丝氨酸提供骨架，S-腺苷甲硫氨酸（SAM）提供 3 个甲基。后者是由甲硫氨酸和 ATP 反应形成，它在许多生物化学的甲基化反应中扮演甲基供体的角色。在膳食中甲硫氨酸和胆碱的不足，导致磷脂酰胆碱合成的缺乏，结果致使脂蛋白因合成障碍而缺少。脂蛋白是磷脂和蛋白质环绕着胆固醇和三酰甘油的核构成。脂蛋白的脂类来自肝脏。脂蛋白因合成障碍而减少会导致肝脏中脂类的堆积，结果产生脂肪肝。

6.6.3 动脉粥样硬化

动脉粥样硬化的发病机理非常复杂，目前尚未明了，曾有多种学说从不同角度来阐明，诸如脂肪浸润学说、血栓形成和血小板聚集学说、损伤反应学说和克隆学说等。但多数学者认为，动脉粥样硬化为动脉壁的细胞、细胞外基质、血液成分（特别是单核细胞、血小板和LDL）、局部血液动力学、环境和遗传诸因素间一系列复杂作用的结果，因而不可能有单一的病因。

近年来的损伤反应假说已为人们所公认，亦即动脉粥样硬化病变始于内皮损伤。这一学说认为，多种因素（包括机械的、化学的、免疫的、脂质代谢紊乱等）引起的动脉粥样硬化（atherosclerosis，AS）是引发心脑血管病和周围血管病等的病理基础。

6.6.3.1 动脉粥样硬化的发生机制

动脉粥样硬化是一个长期渐进的病理过程，许多因素（如遗传、饮食结构、生活方式、工作环境、脂质代谢紊乱等）均影响动脉粥样硬化的发生和发展。Ross 提出的损伤反应学说（response to injury hypothesis）认为血管内皮细胞结构和功能的损伤是动脉粥样硬化的始动环节。

血管内皮细胞（vessel endothelial cell，VEC）不仅是血管壁的机械屏障，阻止血浆中有害物质的侵入，也是人体最大的内分泌器官。它所产生的一系列生物活性物质（如内皮素、前列腺素、NO等）共同调节着血管的舒缩状态、脏器的血液供应、凝血与纤溶的平衡。高脂血症、高血压、烟草中的化学成分、氧自由基、细菌或病毒感染等都会引起血管内皮细胞损伤，导致携带大量胆固醇的有害脂蛋白（如氧化LDL等）侵入，引起动脉壁脂质（主要是胆固醇）沉积。侵入动脉壁的脂蛋白可通过激活某些原癌基因（如 *c-sis*），使血管内皮细胞及血管中膜平滑肌细胞（smooth muscle cell，SMC）合成并释放某些生长因子（如血小板源性生长因子，platelet derived growth factor，PDGF），引起血管平滑肌细胞增殖，并向内膜下迁移。增殖的血管膜平滑肌细胞原来的收缩表型转变为肌原纤维较少、内质网和高尔基体增多的合成表型。后者合成并释放出大量胶原纤维、弹力纤维、蛋白多糖等细胞外基质，使动脉壁进一步增厚变硬。血液中单核细胞在损伤的血管内皮细胞释放的细胞黏附分子作用下，进入细胞壁发育成巨噬细胞。巨噬细胞与增殖的血管中膜平滑肌细胞借助清道夫受体大量摄取氧化LDL，形成泡沫细胞。在此基础上发生钙化、血栓形成等复合病变。

损伤反应学说认为：脂蛋白代谢障碍是动脉粥样硬化发生发展的主要因素。

6.6.3.2　脂蛋白与动脉粥样硬化

（1）LDL与AS　LDL是血浆中胆固醇含量最高（50%）的脂蛋白。由于颗粒小，LDL能穿过动脉内膜。大量流行病学调查显示：冠心病的发病率与血浆总胆固醇（T-ch）及LDL-胆固醇（LDLc）的水平呈正相关。同位素示踪试验也证实AS斑块中的胆固醇来自血浆LDL。

（2）VLDL与AS　VLDL与AS的关系一直存在争议，因为VLDL含TG多（50%），胆固醇较少（15%），且颗粒直径大，不易透过动脉内皮。近年来多数学者认为血浆VLDL水平升高是冠心病的独立危险因素。

（3）HDL与AS　HDL被认为是一种抗AS的血浆脂蛋白。流行病学调查显示，人群中HDLc（HDL-胆固醇）水平<0.90mmol/L者较HDLc>1.68mmol/L者冠心病的危险性增加8倍。临床报道显示，心绞痛、心肌梗死和周围血管病患者血浆HDLc含量显著降低，HDL水平与动脉管腔的狭窄程度呈负相关。

（4）Lp(a)与AS　Lp(a)既不由VLDL转变生成，也不转变为其他脂蛋白，被认为是一种独立的脂蛋白。肝脏是Lp(a)主要的合成场所。血浆Lp(a)水平个体间差异很大，但一般低于300mg/L。流行病学调查表明：血浆Lp(a)>300mg/L的人群，即使T-ch正常，冠心病的发病率也较正常人升高2～3倍；如果同时伴有LDLc的升高，则此危险性可达正常人群的5倍。Lp(a)的致AS作用主要与其所含Apo(a)有关，Apo(a)增加了血栓形成的危险。

因此，血管内皮损伤，平滑肌细胞增殖、内迁和表型改变，泡沫细胞生成为AS的典型病理改变。脂蛋白代谢障碍是AS发生发展的必备条件。氧化LDL是致AS的关键脂蛋白；Lp(a)可引起纤溶障碍，促进粥样硬化病灶中的血栓形成；HDL可通过逆向转运胆固醇、抗LDL氧化修饰等作用而成为心血管保护因素。

膳食中脂肪摄入过多，可导致肥胖、心血管疾病等。许多国家纷纷倡导限制和降低脂肪的摄入量，从而预防此类疾病的发生。例如，美国食物和健康委员会建议：①脂肪的摄入量低于总能量的30%；②饱和脂肪酸的摄入量低于总能量的10%；③胆固醇的摄入量不超过300mg/d。我国营养学会对各类人群脂肪摄入量有较详细的推荐，成人脂肪摄入量应低于总能量的20%～30%。因此，为了防止动脉粥样硬化的发生，应合理膳食、控制饮食、降低LDL和VLDL，提高HDL，适当运动。

6.7 与脂类代谢相关的疾病

脂类是三大营养物质之一，不仅可作为能源物质为生命活动提供能量需求，而且在其代谢过程中生成的许多产物亦可参与机体代谢调节过程，脂类代谢的异常紊乱会造成多种疾病的发生，极大地损害人体健康。

6.7.1 脂肪肝

脂肪肝是一种常见的临床现象，而非一种独立的疾病。过度的脂肪动员是导致脂肪肝形成的重要原因，此时肝脏被脂肪细胞所浸渗，变成了无功能的脂肪组织。正常人的肝脏内脂肪动员加强，游离脂肪酸显著增加，这些脂肪酸不能被充分利用，使肝脏的脂肪合成亢进从而引起脂肪肝。Ⅱ型糖尿病患者的脂肪肝发病率为40%～50%，且大多为中度以上。

营养不良肥胖者容易得脂肪肝，临床上也常发现有的人很瘦却患有脂肪肝，这是由于长期营养不良，缺少某些蛋白质和维生素，因而引起营养缺乏性脂肪肝。如有人因患有慢性肠道疾病，长期厌食、节食、偏食、素食，吸收不良综合征及胃肠旁路手术等原因，造成低蛋白血症，缺乏胆碱、氨基酸或去脂物质，这时脂肪动员增加，大量脂肪酸从脂肪组织中释放进入肝脏，使肝内脂肪堆积，形成脂肪肝。

药物性肝损害占成人肝炎的10%，脂肪肝是常见类型，有数十种药物与脂肪肝有关，如四环素、乙酰水杨酸、糖皮质类固醇、合成雌激素、胺碘酮、硝苯地平、某些抗肿瘤药及降脂药等。它们抑制脂肪酸的氧化，引起脂蛋白合成障碍，减少脂蛋白从肝内的释放，从而促进脂肪在肝内积聚。

此外，某些工业毒物，如砷、铅、铜、汞、苯、四氯化碳、DDT等也可导致脂肪肝。妊娠、遗传或精神、心理与社会因素，如多坐、少活动、生活懒散等亦与脂肪肝发生有关系。

6.7.2 酮体代谢病

正常情况下，人体血液中的酮体含量很少，只有0.03～0.5mmol/L，这对人体不会造成任何影响。但在饥饿、高脂饮食或糖尿病等病理条件下，糖的来源或氧化供能障碍，脂肪动员增强，酮体产量升高，当超过肝外组织的利用能力时就会造成酮体的堆积，使血中酮体含量升高，导致酮血症（acetonemia）；若血中酮体超过肾阈值，部分酮体随尿排出，就会出现酮尿症（acetonuria）。乙酰乙酸和β-羟丁酸都是酸性物质，因此酮体在体内大量堆积会引起酮症酸中毒，严重危害人体健康。

酮体代谢异常和糖尿病有密切联系。当胰岛素依赖型糖尿病患者胰岛素治疗中断或注射量不足，非胰岛素依赖型糖尿病患者遭受各种应激时，糖尿病代谢紊乱加重，脂肪分解加快酮体生成，其含量增多超过利用而积聚时，血中酮体堆积，出现酮血症。当酮体积聚而发生代谢性酮中毒时称为糖尿病酮症酸中毒。此时除血糖增高、尿酮体呈阳性外，血pH值下降。如病情严重时可发生昏迷，称糖尿病酮症酸中毒昏迷。糖尿病酮症酸中毒是糖尿病的严重并发症，在胰岛素应用之前是糖尿病的主要死亡原因，胰岛素问世后其死亡率大大降低，目前仅占糖尿病患者病死率的1%。糖尿病酮症酸中毒的临床表现主要有：早期疲乏软弱，四肢无力，极度口渴，多饮多尿；出现酮体时会有食欲缺乏、恶心呕吐、腹痛等现象，尤以小儿多见，有时被误诊为胃肠炎、急腹症。患有冠心病者可伴发心绞痛，甚而发生心肌梗死、心律失常、心力衰竭或心源性休克而猝死。当 pH＜7.2 时呼吸深大，中枢神经受抑制而出现倦怠、嗜睡、头痛、全身痛、意识渐模糊，终至昏迷。

6.7.3　鞘脂代谢病

鞘磷脂病亦称尼曼-皮克（Niemann-Pick）病，此病是由于组织中显著缺少或缺失鞘磷脂酶（sphingomyelinase）而使鞘磷脂在单核-巨噬系统和其他组织的细胞中积聚所致。尼曼-皮克病为常染色体隐性遗传，多见于犹太人，我国少见。本病表现主要有三型：

A 型：最常见，起病多在生后 1 年内，厌食呕吐，体重不增，消瘦，肝脾肿大。皮肤干燥呈蜡黄色，逐渐对外界反应不灵敏，智力减退，肌软弱无力或痉挛，耳聋、失明，眼底黄斑区常可见一樱桃红色小点，X 射线肺部检查常显示网点状阴影，骨骼检查有骨质疏松改变。此类型疾病发展迅速，患者多于 4 岁前死亡。

B 型：具有 A 型内脏症状而无神经系统表现。

C 型：起病稍晚，症状较 A 型轻。骨髓涂片中找到尼曼-皮克细胞，可初步诊断本病。该细胞直径约为 $20\sim90\mu m$，瑞氏染色后胞浆呈浅蓝色，含许多泡沫样"空泡"，核偏位。糖原染色阳性，酸性磷酸酶染色阴性。皮肤纤维母细胞培养及羊水细胞培养酶活性减低，分别为确诊及产前诊断依据。

本病无特殊治疗方法，有用异基因骨髓移植治疗 B 型的报道。

目前已发现 10 余种与鞘糖脂降解代谢相关的遗传疾病，这些疾病的发生是由于鞘糖脂代谢中某些酶的缺陷而造成中间代谢物的积累所引起的。如 Tay-Sachs 病，在美国每年有 $30\sim50$ 名儿童病例，其中多为犹太民族。此病是由于缺乏氨基己糖苷酶（hexosaminidase）而造成神经糖苷脂 GM 积累导致的，目前还没有特效药。此病为常染色体隐性遗传病，通过胎儿基因诊断可有效预防。Fabry 病则是由于缺少 α-半乳糖苷酶 $A(\alpha\text{-galactosidase})$ 而不能正常降解三己糖神经酰胺（trihexosylceramide），造成患者肾脏积累"半乳糖-半乳糖-葡萄糖-神经酰胺"，此病极其罕见，全球确诊病例不过几百例。

6.7.4　高脂蛋白血症

血浆脂蛋白代谢紊乱可以表现为高脂蛋白血症（hyperlipoproteinemia）和低脂蛋白血症（hypolipoproteinemia），后者较为少见。高脂蛋白血症是指血液中的一种或几种脂蛋白的升高。由于所有脂蛋白都含有脂质，因此只要脂蛋白过量（高脂蛋白血症），就会引起血脂水平升高（hyperlipidemia，高脂血症）。虽然高脂蛋白血症与高脂血症看上去是两个不同的概念，但由于血脂在血液中是以脂蛋白的形式进行运转的，因此高脂血症实际上也可以认为是高脂蛋白血症，而用后者来说明脂质代谢的病理变化更为确切。目前判断高脂蛋白血症一般以成人空腹 $12\sim14h$ 血甘油三酯超过 2.26mmol/L（200mg/dL）、胆固醇超过 6.21mmol/L（240mg/dL），儿童胆固醇超过 4.41mmol/L（160mg/dL）为标准。

高脂蛋白血症按发病的原因通常分为两类，即原发性高脂蛋白血症和继发性高脂蛋白血症。下面着重介绍原发性高脂蛋白血症。

6.7.4.1　原发性高脂蛋白血症

原发性高脂蛋白血症亦称家族性高脂蛋白血症，多为先天性遗传性疾病，可有家族史。该病是由于脂质和脂蛋白代谢先天性缺陷以及某些环境因素（例如饮食、营养和药物等），通过未知的机制而引起的。1967 年，Fredrickson 等用改进的纸上电泳法分离血浆脂蛋白，将高脂蛋白血症分为五型，即Ⅰ、Ⅱ、Ⅲ、Ⅳ和Ⅴ型。1970 年，世界卫生组织（WHO）以临床检验表现型为基础分为六型，将原来的Ⅱ型又分为Ⅱa和Ⅱb两型（表 6-1）。

表 6-1　高脂蛋白血症的类型

分型	脂蛋白变化	血脂变化
Ⅰ	乳糜微粒增高	甘油三酯↑↑↑；胆固醇↑
Ⅱa	低密度脂蛋白增加	胆固醇↑↑
Ⅱb	低密度及极低密度脂蛋白同时增加	胆固醇↑↑；甘油三酯↑↑↑
Ⅲ	中间密度脂蛋白增加（电泳出现宽β带）	胆固醇↑↑；甘油三酯↑↑↑
Ⅳ	极低密度脂蛋白增加	甘油三酯↑↑
Ⅴ	极低密度脂蛋白及乳糜微粒同时增加	甘油三酯↑↑；胆固醇↑

Ⅰ型极罕见，医学文献报道中只有 100 例左右，Ⅰ型患者由于脂蛋白脂酶（一种负责把乳糜微粒从血中清除出去的酶）缺陷或缺乏，而导致乳糜微粒水平的升高。

Ⅱ型高脂蛋白血症最常见，也是与动脉粥样硬化最密切相关的一型。Ⅱ型的主要问题在于低密度脂蛋白（LDL）的增高。LDL 以正常速度产生，但由于细胞表面 LDL 受体数减少，引起 LDL 的血浆清除率下降，导致其在血液中堆积。因为 LDL 是胆固醇的主要载体，所以Ⅱ型病人的血浆胆固醇水平升高。Ⅱ型又分为Ⅱa 和Ⅱb 型，它们的区别在于：Ⅱa 型只有 LDL 水平升高，因此只引起胆固醇水平的升高，甘油三酯水平正常；Ⅱb 型 LDL 和 VLDL 同时升高，由于 VLDL 含 55%～65%甘油三酯，因此Ⅱb 型患者甘油三酯随胆固醇水平一起升高。

Ⅲ型也不常见，它是一种因 VLDL 向 LDL 的不完全转化而产生的异常脂蛋白疾病。这种异常升高的脂蛋白称为异常的 LDL，它的成分与一般的 LDL 不同。异常的 LDL 比正常型 LDL 的甘油三酯含量高得多。

Ⅳ型的发生率低于Ⅱ型，但仍很常见。Ⅳ型的最主要特征是 VLDL 升高，由于 VLDL 是肝内合成的甘油三酯和胆固醇的主要载体，因此引起甘油三酯的升高，有时也可引起胆固醇水平的升高。

Ⅴ型患者体内乳糜微粒和 VLDL 都升高，由于这种脂蛋白运载体内绝大多数为甘油三酯，所以在Ⅴ型高脂蛋白血症中，血浆甘油三酯水平显著升高，胆固醇只有轻微升高。

6.7.4.2　继发性高脂蛋白血症

继发性高脂蛋白血症系发病于某种病症的病理基础上，或某些药物所引起的脂代谢异常，临床表现为各原发病的特点或有用特殊药物史，并伴有血脂增高。例如，未控制的糖尿病、甲状腺功能减退症和黏液性水肿、肾病综合征、肝内外胆管梗阻、胰腺炎、异常球蛋白血症、痛风、酒精中毒和女性服用避孕药等。

由于高脂血症是诱发各种心脑血管疾病的重要因素，所以对其的研究逐渐成为医学热点问题。

（崔素萍　徐宁）

7 蛋白质降解与氨基酸代谢

蛋白质是生物体最重要的大分子之一，是一切生命活动的物质基础。在生物体内，蛋白质不断地进行着分解代谢与合成代谢，使物质得到有效分配和利用，使生命得到体现。

高等动物需要不断地从外界摄取蛋白质以维持组织细胞生长、更新和修复所需。机体摄入的蛋白质量和排出量在正常情况下处于平衡状态，称为氮平衡。处于生长、发育或疾病恢复期的机体，其摄入的氮量大于排出的氮量，此时称为正平衡；反之，当摄入氮量小于排出的氮量时称为负平衡。

蛋白质的降解产物氨基酸，不仅能重新合成蛋白质，而且是许多重要生物分子的前体，例如：嘌呤、嘧啶、卟啉、某些维生素和激素等。当机体摄取的氨基酸过量或机体需要时，氨基酸则被分解为含氮废物排出体外，同时也为机体提供部分能量。

由于氨基酸是蛋白质分解的产物，因此氨基酸代谢是蛋白质分解代谢的中心内容。氨基酸代谢包括分解代谢和合成代谢两方面，本章重点讨论分解代谢。

7.1 蛋白质的消化吸收

7.1.1 蛋白质的消化

机体内的氨基酸主要来自于食物蛋白质，一般来说，食物蛋白质需经消化成氨基酸或小分子肽后才能被吸收。蛋白质的消化主要在小肠中进行，其消化过程的实质是蛋白质在水解酶的作用下所进行的水解过程。

7.1.1.1 蛋白水解酶

动物的蛋白水解酶的作用在于使肽键断裂，可分为肽链内切酶、肽链外切酶和二肽酶三类。

肽链内切酶能水解肽链内部的肽键，也称内肽酶，主要有胃蛋白酶、胰蛋白酶、胰凝乳蛋白酶（糜蛋白酶）和弹性蛋白酶。各类肽链内切酶的水解专一性及存在部位见表7-1。肽链内切酶的水解产物为小肽。

肽链外切酶则水解肽链两端氨基酸形成的肽键，主要有氨肽酶和羧肽酶。氨肽酶水解靠近肽链 N 端的肽键。羧肽酶包括羧肽酶 A 和羧肽酶 B 两种。羧肽酶 A 水解肽链 C 端的除以精氨酸、赖氨酸及脯氨酸为末端之外的肽键；羧肽酶 B 水解肽链 C 端的除以精氨酸和赖氨酸为末端之外的肽键。这两种酶的水解产物为游离氨基酸。

二肽酶水解二肽分子中的肽键，产生两个游离的氨基酸。

消化道内的主要蛋白水解酶类概括如表7-1。

表 7-1　几种常见的蛋白水解酶及其作用底物或作用位点

酶的类型	蛋白水解酶	酶作用底物（位点）	存在部位
内切酶	胃蛋白酶（pepsin）	Phe,Trp,Tyr 的氨基端	胃
	胰蛋白酶（trypsin）	Lys,Arg 的羧基端	小肠
	胰凝乳（糜）蛋白酶（chymotrypsin）	Phe,Trp,Tyr 的羧基端	小肠
	弹性蛋白酶（elastase）	脂肪族氨基酸形成的肽	小肠
外切酶	氨肽酶（aminopeptidase）	肽的氨基端	小肠
	羧肽酶（carboxypeptidase）	肽的羧基端	小肠
二肽酶	二肽酶（dipeptidase）	二肽	小肠

蛋白水解酶对蛋白质的酶促降解作用见图 7-1。

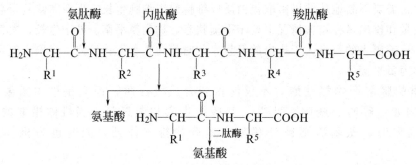

图 7-1　蛋白水解酶作用示意图

7.1.1.2　食物蛋白质在胃中的消化

胃中消化蛋白质的酶是胃蛋白酶。该酶由胃黏膜主细胞合成并分泌，刚刚分泌的胃蛋白酶为无活性的胃蛋白酶原。胃蛋白酶原经胃酸激活成为胃蛋白酶。胃蛋白酶也能激活胃蛋白酶原转变成为蛋白酶，这一过程称为自身激活作用。

胃蛋白酶只能将食物蛋白质水解为多肽和少量的氨基酸，加之食物在胃部停留时间较短，所以胃不是蛋白质的主要消化器官。胃蛋白酶还对乳中的酪蛋白有凝固作用，使乳液凝固成乳块后在胃中停留时间延长，有利于充分消化。

7.1.1.3　食物蛋白质在小肠中的消化

消化不完全的食糜经胃进入小肠后，受小肠黏膜细胞分泌的消化液和胰腺分泌的胰液共同作用，可使蛋白质完全地水解为氨基酸，所以小肠是消化蛋白质的主要部位。

蛋白质在胰酶的作用下，最终产物为氨基酸及一些寡肽。

寡肽的水解主要在小肠黏膜细胞内进行。小肠黏膜细胞的刷状缘及胞液中存在着两种寡肽酶，即氨肽酶和二肽酶。寡肽经氨肽酶和二肽酶水解，最终生成氨基酸。

除人和动物外，高等植物体中也含有蛋白酶类。例如：种子及幼苗内皆含有活性蛋白酶，叶和幼芽中含有肽酶。木瓜中有木瓜蛋白酶，菠萝中含有菠萝蛋白酶，无花果中含有无花果蛋白酶等，有些蛋白酶已应用于食品加工业的生产中。

微生物也含蛋白酶，能将蛋白质水解为氨基酸，游离的氨基酸可进一步经脱氨、脱羧而彻底分解。

7.1.2　蛋白质的吸收

蛋白质水解产生的氨基酸由小肠黏膜细胞吸收，这种吸收是一个需氧耗能的主动运输过程。主动运输过程是由肠黏膜细胞上的需钠氨基酸载体来完成的，该载体是一种受 Na^+ 调节的活性膜蛋白。Na^+ 由钠泵排出细胞外，并消耗 ATP。谷胱甘肽也参与氨基酸的吸收过程。不同氨基酸的吸收由不同的载体完成。

（1）中性氨基酸载体　这类载体可转运芳香族氨基酸、脂肪族氨基酸、含硫氨基酸、组氨酸、谷氨酰胺以及天冬酰胺等，并且转运速度很快。这类载体所转运的氨基酸主要是人和动物的必需氨基酸。

（2）碱性氨基酸载体　这类载体转运赖氨酸和精氨酸，但转运速度较慢。

（3）酸性氨基酸载体　这类载体转运两种酸性氨基酸，即谷氨酸和天冬氨酸。

（4）亚氨基酸及甘氨酸载体　这类载体转运脯氨酸、羟脯氨酸及甘氨酸，转运速度很慢。

氨基酸的这些载体不仅存在于肠黏膜细胞上，而且也存在于肾小管细胞、肌肉细胞、脂肪细胞、白细胞、网织红细胞、成纤维细胞等细胞膜上。

由肠壁细胞吸收的氨基酸，通过毛细血管经门静脉入肝脏，有小部分从乳糜管经淋巴系统进入血液循环。氨基酸在肝脏中消耗一部分，发生分解并释放能量，其余绝大部分随血液循环运往外周组织，参与组织蛋白的更新。

7.2　氨基酸的分解代谢

把体内所有游离存在的氨基酸作为一个整体来看待，称为氨基酸代谢池。正常情况下，池中氨基酸的来源和去路处于动态平衡状。氨基酸代谢池中氨基酸的来源有：食物蛋白质经消化吸收进入体内的氨基酸；组织蛋白质分解产生的氨基酸；体内代谢合成的部分非必需氨基酸。氨基酸的主要去路有：合成组织蛋白质；合成一些重要的生理活性含氮物质，如甲状腺素、肾上腺素等；氧化分解供能；转化为糖或脂肪等。

天然氨基酸分子都含有 α-氨基和 α-羧基，因此它们有共同的分解代谢途径，但个别氨基酸由于其特殊的侧链结构也有特殊的代谢途径。本节将介绍氨基酸的脱氨基作用、脱羧基作用和氨基酸脱氨基产物的代谢。体内氨基酸代谢概况总结如图 7-2。

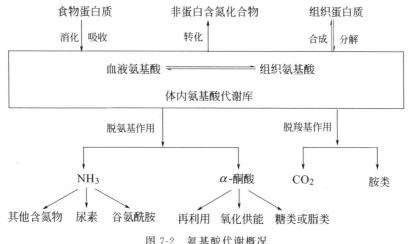

图 7-2　氨基酸代谢概况

7.2.1　氨基酸的脱氨基作用

氨基酸分解代谢的最主要反应是脱氨基作用（deamination）。氨基酸的脱氨基作用在体内大多数组织中均可进行。氨基酸可以通过氧化脱氨基、转氨基、联合脱氨基及非氧化脱氨基等方式脱去氨基生成 α-酮酸，其中以联合脱氨基最重要。

7.2.1.1 氧化脱氨基

α-氨基酸在氨基酸氧化酶的催化下氧化生成 α-酮酸并产生氨的过程称为氧化脱氨基作用（oxidative deamination）。动物体内有两种氨基酸氧化酶，即对 L-氨基酸有专一性的 L-氨基酸氧化酶和对 D-氨基酸有专一性的 D-氨基酸氧化酶，它们都是以 FMN 和 FAD 为辅酶的氧化脱氨酶。

$$R\!-\!\underset{\substack{|\\ \alpha\text{-氨基酸}}}{\overset{\overset{NH_3^+}{|}}{CH}}\!-\!COO^- + FAD(FMN) + H_2O \xrightarrow{\text{氨基酸氧化酶}} R\!-\!\underset{\substack{\\ \alpha\text{-酮酸}}}{\overset{\overset{O}{\|}}{C}}\!-\!COO^- + FADH_2(FMNH_2) + NH_3$$

由于 L-氨基酸氧化酶在体内分布不广泛，活性也不高；D-氨基酸氧化酶活性虽高，但体内缺少 D-氨基酸，所以这两种氨基酸氧化酶在体内都不起主要作用。在氨基酸代谢中起重要作用的脱氨酶是 L-谷氨酸脱氢酶。

L-谷氨酸脱氢酶在动植物及大多数微生物中普遍存在，是不需氧脱氢酶，也是脱氨活力最高的酶，它催化 L-谷氨酸脱氨生成 α-酮戊二酸，其辅酶是 NAD^+ 或 $NADP^+$。谷氨酸脱氢酶是由 6 个亚基组成的变构调节酶，GTP 和 ATP 是它的变构抑制剂，GDP 和 ADP 是它的变构激活剂，所以当机体能量水平低时，氨基酸的氧化分解速度增加。

$$\underset{\substack{|\\ COO^-}}{CH_2}\!-\!CH_2\!-\!\underset{\substack{|\\ NH_3^+}}{CH}\!-\!COO^- \underset{NAD^+ \quad NADH+H^+}{\overset{\text{L-谷氨酸脱氢酶}}{\rightleftarrows}} \underset{\substack{|\\ COO^-}}{CH_2}\!-\!CH_2\!-\!\underset{\substack{\|\\ O}}{C}\!-\!COO^- + NH_3$$

谷氨酸 $\qquad\qquad\qquad$ α-酮戊二酸

工业上生产味精就是利用这一反应的逆反应，即利用微生物的谷氨酸脱氢酶将 α-酮戊二酸转变为谷氨酸。

7.2.1.2 非氧化脱氨基

除氧化脱氨基作用以外，还有不同方式的非氧化脱氨基作用。非氧化脱氨基作用大多在微生物中进行，动物体内也有发现，但不普遍。

（1）脱水脱氨基作用 L-丝氨酸和 L-苏氨酸的脱氨基是利用脱水方式完成的。催化此反应的酶以磷酸吡哆醛为辅酶。

$$\underset{\substack{|\\ COOH}}{\overset{\overset{CH_2OH}{|}}{CHNH_2}} \xrightarrow[-H_2O]{\text{丝氨酸脱水酶}} \underset{\substack{|\\ COOH}}{\overset{\overset{CH_2}{\|}}{C\!-\!NH_2}} \xrightarrow{\text{分子重排}} \underset{\substack{|\\ COOH}}{\overset{\overset{CH_3}{|}}{C\!=\!NH}} \xrightarrow[+H_2O]{\text{自发水解}} \underset{\substack{|\\ COOH}}{\overset{\overset{CH_3}{|}}{C\!=\!O}} + NH_3$$

丝氨酸 $\qquad$ α-氨基丙烯酸 $\qquad$ 亚氨基酸 $\qquad$ 丙酮酸

（2）水解脱氨基作用 氨基酸在水解酶的作用下脱氨基产生羟酸。

$$\underset{\substack{|\\ COOH}}{\overset{\overset{R}{|}}{CHNH_2}} + H_2O \xrightarrow{\text{水解酶}} \underset{\substack{|\\ COOH}}{\overset{\overset{R}{|}}{CHOH}} + NH_3$$

氨基酸 $\qquad\qquad$ 羟酸

（3）直接脱氨基作用 天冬氨酸酶可催化天冬氨酸直接脱下氨基生成延胡索酸和 NH_3。

$$\underset{\substack{|\\ CH_2\\ |\\ COOH}}{\overset{\overset{COOH}{|}}{CHNH_2}} \xrightarrow{\text{天冬氨酸酶}} \underset{\substack{\|\\ HC\\ |\\ COOH}}{\overset{\overset{COOH}{|}}{CH}} + NH_3$$

天冬氨酸 $\qquad\qquad$ 延胡索酸

174

7.2.1.3 转氨基作用

人体内，氧化脱氨基是一种重要的脱氨基方式。但除 L-谷氨酸脱氢酶外，催化 L-氨基酸氧化脱氨的酶活性不高，故多数氨基酸不能依靠氧化脱氨基作用脱氨。人体内有高活性的转氨酶，在转氨酶催化下，α-氨基酸的氨基转移至另一 α-酮酸上，生成相应的氨基酸，原来的氨基酸则转变成 α-酮酸，此反应称为转氨基作用。

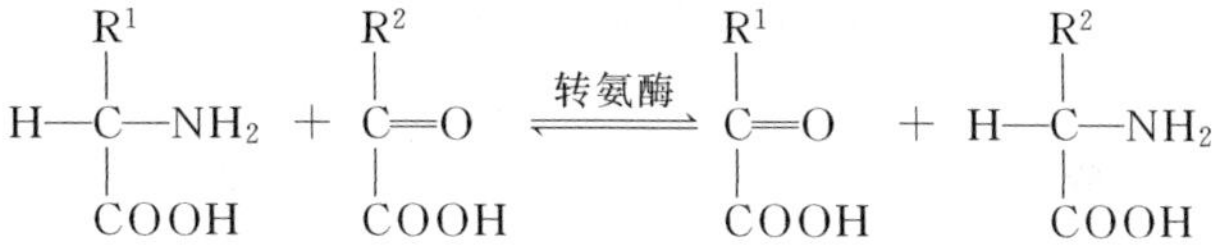

上述反应是可逆的，其结果是氨基的转移，没有真正地脱去氨基。此反应是氨基酸分解代谢的中间过程，也是体内合成非必需氨基酸的重要途径。体内转氨酶种类多，分布广。绝大多数氨基酸可在特异的转氨酶的作用下发生转氨基反应，其中谷丙转氨酶（glutamic pyruvic transaminase，GPT，又称 ALT）和谷草转氨酶（glutamic oxaloacetic transaminase，GOT，又称 AST）的活性最强。它们催化的反应分别是：

$$\text{谷氨酸} + \text{丙酮酸} \xrightleftharpoons{GPT(ALT)} \alpha\text{-酮戊二酸} + \text{丙氨酸}$$

$$\text{谷氨酸} + \text{草酰乙酸} \xrightleftharpoons{GOT(AST)} \alpha\text{-酮戊二酸} + \text{天冬氨酸}$$

GPT 主要存在于肝细胞中，当肝细胞受到破坏，膜通透性增高时，如肝炎或胆管梗阻时，GPT 进入血液，导致 GPT 活性增高，因此 GPT 常作为肝功能是否正常的一项辅助诊断指标。GOT 主要存在于心肌细胞，因此常作为心肌梗死、心肌炎等疾病诊断的辅助指标。

转氨酶的辅酶是维生素 B_6 的磷酸酯，即磷酸吡哆醛。在转氨基过程中，磷酸吡哆醛先从氨基酸接受氨基生成磷酸吡哆胺，再进一步将氨基转移给另一 α-酮酸，本身又恢复成磷酸吡哆醛。此两种磷酸酯的互变起着传递氨基的作用，催化机制见图 7-3。

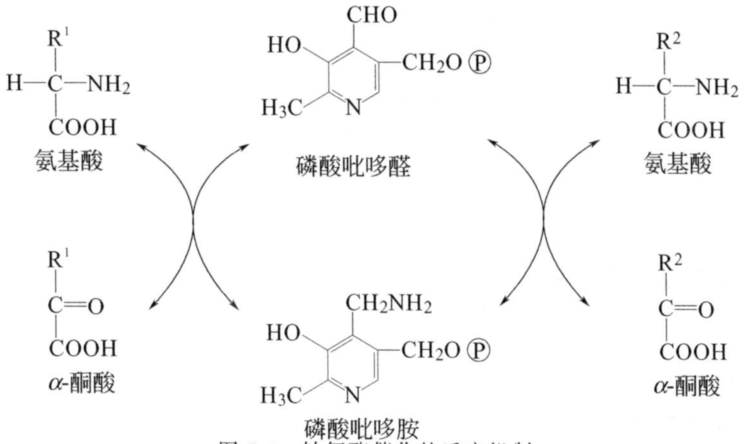

图 7-3 转氨酶催化的反应机制

7.2.1.4 联合脱氨基作用

生物体内 L-氨基酸氧化酶活力不高，而转氨酶普遍存在。但是，单靠转氨酶并不能使氨基酸脱去氨基。因此一般认为 L-氨基酸在体内往往不是直接氧化脱去氨基，而是先与 α-酮戊二酸经转氨基作用变为相应的酮酸及谷氨酸，谷氨酸经谷氨酸脱氢酶作用重新生成 α-酮戊二酸，同时放出氨。这种脱氨基作用是转氨基作用和氧化脱氨基作用配合进行的，所以叫联合脱氨基作用（图 7-4）。在肝、肾等组织中 L-谷氨酸脱氢酶的活性较高，多种氨基酸可通过此种方式脱掉氨基。

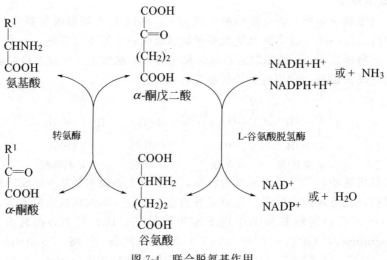

图 7-4 联合脱氨基作用

联合脱氨基作用是氨基酸脱氨基有代表性的反应。但有研究表明，以 L-谷氨酸脱氢酶为中心的联合脱氨基作用，不是所有组织细胞的主要脱氨基方式。在骨骼肌、心肌和脑组织中，谷氨酸脱氢酶的含量很少，而腺苷酸脱氨酶、腺苷酸琥珀酸合成酶和腺苷酸琥珀酸裂解酶含量很丰富。因此认为这些组织细胞中氨基酸氧化脱氨基是通过嘌呤核苷酸循环（图 7-5）进行的。

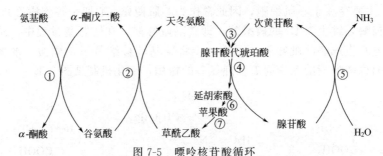

图 7-5　嘌呤核苷酸循环

① 转氨酶；② 谷草转氨酶；③ 腺苷酸琥珀酸合成酶；④ 腺苷酸琥珀酸裂解酶；
⑤ 腺苷酸脱氨酶；⑥ 延胡索酸酶；⑦ 苹果酸脱氢酶

7.2.2　氨基酸的脱羧基作用

氨基酸的脱羧基作用不如氨基酸的脱氨基作用存在普遍，但某些氨基酸经脱羧基产生的胺类物质对机体有着强烈的生理效应。

7.2.2.1　直接脱羧基

催化氨基酸脱羧基的酶称为氨基酸脱羧酶，其辅酶为磷酸吡哆醛。在此酶的催化下，氨基酸经脱羧基后生成二氧化碳和胺的反应，称为氨基酸的脱羧基作用。

$$R-\underset{\underset{\text{氨基酸}}{}}{\overset{\overset{NH_2}{|}}{CH}}-COOH \xrightarrow[\text{磷酸吡哆醛}]{\text{氨基酸脱羧酶}} R-CH_2-NH_2 + CO_2$$
$$\text{胺类化合物}$$

氨基酸脱羧酶的专一性很强，除个别氨基酸外，一种氨基酸脱羧酶一般只对一种氨基酸起脱羧作用。下面介绍几种重要的氨基酸脱羧后生成的活性胺类物质。例如谷氨酸脱羧酶催化的反应：

176

$$
\begin{array}{c}
\text{COOH} \\
|\\
\text{CHNH}_2 \\
|\\
(\text{CH}_2)_2 \\
|\\
\text{COOH}
\end{array}
\quad\xrightarrow{\text{谷氨酸脱羧酶}}\quad
\begin{array}{c}
\text{CH}_2\text{NH}_2 \\
|\\
(\text{CH}_2)_2 \\
|\\
\text{COOH}
\end{array}
\quad + \text{CO}_2
$$

谷氨酸 γ-氨基丁酸

谷氨酸脱羧基可生成 γ-氨基丁酸，谷氨酸脱羧酶在脑、肾组织活性较高，所以 γ-氨基丁酸在脑中含量较多。它是一种抑制性神经递质，对中枢神经有抑制作用。睡眠时大脑皮层产生较多的 γ-氨基丁酸。

组氨酸经组氨酸脱羧酶催化生成组胺。组胺广泛存在于肥大细胞及肝、肺、胃及肌肉组织中，有强烈的扩张血管的作用，并能增加毛细血管的通透性，还可使平滑肌收缩引起支气管痉挛而发生哮喘，甚至休克。组胺还可刺激胃黏膜分泌胃蛋白酶及胃酸。

组氨酸   组胺

天冬氨酸脱羧酶促使天冬氨酸脱羧形成 β-丙氨酸，它是维生素泛酸的组成成分。

$$
\begin{array}{c}
\text{COOH} \\
|\\
\text{CHNH}_2 \\
|\\
\text{CH}_2 \\
|\\
\text{COOH}
\end{array}
\quad\xrightarrow{\text{天冬氨酸脱羧酶}}\quad
\begin{array}{c}
\text{NH}_2 \\
|\\
\text{CH}_2 \\
|\\
\text{CH}_2 \\
|\\
\text{COOH}
\end{array}
\quad + \text{CO}_2
$$

天冬氨酸 β-丙氨酸

丝氨酸脱羧后生成乙醇胺，乙醇胺甲基化后生成胆碱，而乙醇胺和胆碱分别是合成脑磷脂和卵磷脂的成分。

$$
\begin{array}{c}
\text{COOH} \\
|\\
\text{CHNH}_2 \\
|\\
\text{CH}_2\text{OH}
\end{array}
\xrightarrow[\text{CO}_2]{\text{丝氨酸脱羧酶}}
\begin{array}{c}
\text{CH}_2\text{NH}_2 \\
|\\
\text{CH}_2\text{OH}
\end{array}
\xrightarrow[3(\text{CH}_3)]{\text{甲基化}}
\begin{array}{c}
\text{CH}_2\text{OH} \\
|\\
\text{CH}_2\text{N}^+(\text{CH}_3)_3
\end{array}
$$

丝氨酸   乙醇胺   胆碱

人和动物肠道中的细菌酶亦可使食物中的氨基酸脱羧形成多种胺类，对机体毒性较大的有组胺、酪胺、色胺、尸胺（由赖氨酸脱羧生成）、腐胺（由鸟氨酸脱羧生成）。胺类如被吸收过多，不能及时被胺氧化酶氧化，则可能引起机体的各类不良反应。

7.2.2.2 羟化脱羧基

有些氨基酸可先被羟基化，然后脱去羧基。

色氨酸首先经色氨酸羟化酶作用生成 5-羟色氨酸，然后再经 5-羟色氨酸脱羧酶的作用生成 5-羟色胺。

色氨酸   5-羟色氨酸

5-羟色胺

5-羟色胺广泛分布于体内各组织中，在脑的视丘下部、大脑皮质含量很高，它是抑制性神经递质，与睡眠、疼痛和体温调节有密切关系。它也存在于胃肠、血小板、乳腺细胞中，具有强烈的收缩血管作用。

酪氨酸在酪氨酸酶催化下被羟化生成 3,4-二羟苯丙氨酸［简称多巴（dopa）］，后者脱去羧基生成 3,4-二羟苯乙胺［简称多巴胺（dopamine）］。

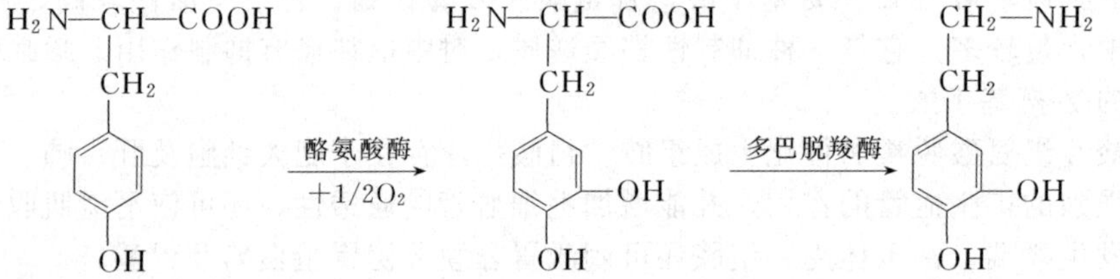

多巴进一步氧化可形成聚合物黑素。马铃薯、梨等切开后变黑就是因为黑素形成的结果。在动物体内，由多巴和多巴胺可生成去甲肾上腺素和肾上腺素等。在植物体内，由多巴和多巴胺可形成生物碱。

7.2.3 氨基酸代谢产物的去路

氨基酸经脱氨作用生成 α-酮酸和氨。氨基酸经脱羧作用产生二氧化碳及胺。胺可随尿直接排出，也可在酶的催化下转变为其他物质。二氧化碳可以由肺呼出，而氨和 α-酮酸等则必须进一步参加其他代谢过程，才能转变为可被排出的物质或合成体内可用物质。

7.2.3.1 氨的代谢

体内代谢产生的氨及消化道吸收来的氨进入血液，形成血氨。氨是有毒物质，对机体有害，脑组织对氨的作用尤为敏感。体内血氨的浓度很低，正常人血浆中氨的浓度一般不超过 $0.6\mu mol/L$。在人和动物体内，氨基酸脱氨降解产生的氨主要是作为废物排出体外。因此，氨的排泄是维持生物机体正常活动所必需的。

不同类型的动物，排泄氨的方式也不相同。鱼类和其他水生动物，可将氨直接排出体外；鸟类和爬行类以尿酸形式排出体外；人及其他的哺乳动物是将氨转变成尿素后排出体外。

由于氨是有毒物质，不能直接由血液输送，需要将氨转移到肝脏转变成无毒的中间物。肝外组织产生的氨主要以谷氨酰胺的形式转运和以丙氨酸的形式向肝内转运。

（1）尿素的生成和鸟氨酸循环　肝脏是合成尿素的主要器官，尿素的生成是体内氨代谢的主要途径。尿素的生成需要多种酶的催化作用。反应过程中包括鸟氨酸、瓜氨酸、精氨琥珀酸、精氨酸等四种中间产物，所以尿素循环也称为鸟氨酸循环。尿素循环全过程见图 7-6。

尿素循环的总反应平衡式如下：

$NH_3 + CO_2 + 3ATP + 2H_2O + 天冬氨酸 \longrightarrow 尿素 + 延胡索酸 + 2ADP + AMP + 4Pi$

合成尿素是一个耗能过程，合成 1mol 尿素需消耗 3 分子 ATP，同时清除 2mol NH_3 和 1mol CO_2。整个尿素循环中，第 1、2 步反应是在线粒体中完成的，这样有利于将 NH_3 严格限制在线粒体中，防止氨对机体的毒害作用。其他几步反应在细胞质中进行，并通过精氨琥珀酸裂解产生延胡索酸，延胡索酸可进一步氧化为草酰乙酸进入三羧酸循环，也可经转氨基作用重新形成天冬氨酸进入尿素循环，从而把尿素循环和三羧酸循环

178

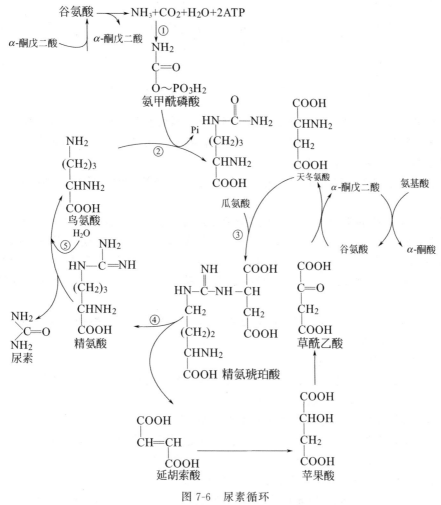

图 7-6　尿素循环

① 氨甲酰磷酸合成酶；② 鸟氨酸氨甲酰转移酶；③ 精氨琥珀酸合成酶；
④ 精氨琥珀酸裂解酶；⑤ L-精氨酸酶

紧密联系在一起。

（2）谷氨酰胺和天冬酰胺生成　氨基酸脱氨作用所产生的氨除了合成尿素排出体外，还可以酰胺的形式储藏于体内。如谷氨酰胺和天冬酰胺不仅是合成蛋白质的原料，而且也是体内解除氨毒及氨运输的重要方式。存在于脑、肝脏及肌肉等组织细胞中的谷氨酰胺合成酶，能催化谷氨酸与氨作用合成谷氨酰胺。

$$\begin{matrix}\text{COOH}\\|\\\text{CHNH}_2\\|\\\text{(CH}_2\text{)}_2\\|\\\text{COOH}\end{matrix} + NH_4^+ + ATP \xrightarrow[\text{Mg}^{2+}]{\text{谷氨酰胺合成酶}} \begin{matrix}\text{COOH}\\|\\\text{CHNH}_2\\|\\\text{(CH}_2\text{)}_2\\|\\\text{CONH}_2\end{matrix} + ADP + Pi + H^+$$

谷氨酸　　　　　　　　　　　　　　　　　　　　谷氨酰胺

氨在天冬酰胺合成酶的催化下也可与天冬氨酸反应生成天冬酰胺，它大量存在于植物体内，是植物体中储氨的重要形式。当需要时，天冬酰胺分子内的氨基又可通过天冬酰胺酶的作用分解出来，供合成氨基酸之用。

179

$$\begin{array}{c} \text{COOH} \\ | \\ \text{CHNH}_2 \\ | \\ \text{CH}_2 \\ | \\ \text{COOH} \end{array} + \text{NH}_4^+ + \text{ATP} \xrightarrow[\text{Mn}^{2+}]{\text{天冬酰胺合成酶}} \begin{array}{c} \text{COOH} \\ | \\ \text{CHNH}_2 \\ | \\ \text{CH}_2 \\ | \\ \text{CONH}_2 \end{array} + \text{ADP} + \text{Pi} + \text{H}^+$$

天冬氨酸   天冬酰胺

（3）重新合成氨基酸　在组织细胞中，碳水化合物的代谢产生大量的 α-酮酸，氨可与 α-酮酸发生氨基化反应重新生成氨基酸。将通过脱氨基作用产生的氨再用来合成氨基酸，能够维持氨基酸种类间的供需平衡。

（4）氨的其他代谢途径　机体代谢产生的氨还可参与某些含氮物质（如嘌呤、嘧啶等）的合成。

一般在生长迅速的组织细胞内，包括肿瘤细胞的胞浆中，存在氨甲酰磷酸合成酶Ⅱ，它利用谷氨酰胺作为氮源，不需要 N-乙酰谷氨酸参加就可催化合成氨甲酰磷酸。生成的氨甲酰磷酸再与天冬氨酸缩合成氨甲酰天冬氨酸，然后经环化，形成二氢乳清酸，最后合成尿苷酸。所以，氨基酸脱下的氨经谷氨酰胺就可转化成嘧啶类化合物，这是氨的去路之一。

有些植物组织中含有大量的有机酸，如柠檬酸、苹果酸、酒石酸和草酰乙酸等，氨可以和这些有机酸合成铵盐，以保持细胞内正常的 pH。

7.2.3.2　α-酮酸的代谢

α-氨基酸脱氨后生成的 α-酮酸可以再合成为氨基酸；可以转变为糖和脂肪；也可氧化成二氧化碳和水，并放出能量以供机体需要。

（1）再合成氨基酸　生物体内氨基酸的脱氨作用与 α-酮酸的还原氨基化是一对可逆反应，并在生理条件下处于动态平衡。当体内氨基酸过剩时，脱氨作用相应加强；相反，在需要氨基酸时，氨基化作用又会加强，以满足细胞对氨基酸的需要。

糖代谢的中间产物 α-酮戊二酸与氨作用生成谷氨酸就是还原氨基化过程，也就是谷氨酸氧化脱氨基的逆反应，此反应是由 L-谷氨酸脱氢酶催化，以还原辅酶为氢供体。

$$\text{NH}_3 + \begin{array}{c} \text{COOH} \\ | \\ \text{C}=\text{O} \\ | \\ (\text{CH}_2)_2 \\ | \\ \text{COOH} \end{array} \xrightarrow[\text{NAD(P)H+H}^+ \quad \text{NAD(P)}^+]{\text{L-谷氨酸脱氢酶}} \begin{array}{c} \text{COOH} \\ | \\ \text{CHNH}_2 \\ | \\ (\text{CH}_2)_2 \\ | \\ \text{COOH} \end{array}$$

α-酮戊二酸   谷氨酸

此反应在氨基酸生物合成中具有重要意义，因为谷氨酸的氨基可以转移到任何一种 α-酮酸分子上形成相应的氨基酸，例如：谷氨酸分别与丙酮酸和草酰乙酸通过转氨基作用合成丙氨酸和天冬氨酸，所以谷氨酸在各种氨基酸转换反应中起着十分重要的作用。

（2）转化成糖和脂肪　氨基酸氧化脱氨后产生的碳架可进一步转化，根据代谢终产物的不同，把氨基酸分成三类（表 7-2）：第一类氨基酸的碳架可生成丙酮酸和三羧酸循环的中间产物，经糖异生作用可转化为葡萄糖，因此把这些氨基酸称为生糖氨基酸。第二类氨基酸脱氨后的碳架可转化为乙酰辅酶 A 或乙酰乙酰辅酶 A，它们是合成脂肪的前体。这些产物在某些情况下（如饥饿、糖尿病等）在动物体内可转变为酮体（乙酰乙酸、β-羟丁酸和丙酮），所以称为生酮氨基酸。第三类氨基酸脱氨后的碳架在代谢中既能生糖又能生成酮体，称为生糖兼生酮氨基酸。

180

表 7-2　氨基酸的代谢类型

氨基酸	代谢分类	氨基酸	代谢分类
丙氨酸	生糖	甲硫氨酸	生糖
精氨酸	生糖	脯氨酸	生糖
天冬酰胺	生糖	丝氨酸	生糖
天冬氨酸	生糖	亮氨酸	生酮
半胱氨酸	生糖	赖氨酸	生酮
谷氨酸	生糖	苯丙氨酸	生糖兼生酮
谷氨酰胺	生糖	苏氨酸	生糖兼生酮
甘氨酸	生糖	色氨酸	生糖兼生酮
组氨酸	生糖	酪氨酸	生糖兼生酮
缬氨酸	生糖	异亮氨酸	生糖兼生酮

（3）氧化供能　当体内需要能量时，α-酮酸可经三羧酸循环被氧化成 CO_2 和水，同时提供能量。α-酮酸主要通过 5 种中间代谢物分别进入三羧酸循环，这 5 种中间代谢物为乙酰辅酶 A、α-酮戊二酸、琥珀酰辅酶 A、延胡索酸和草酰乙酸。α-酮酸进入三羧酸循环的途径见图 7-7。

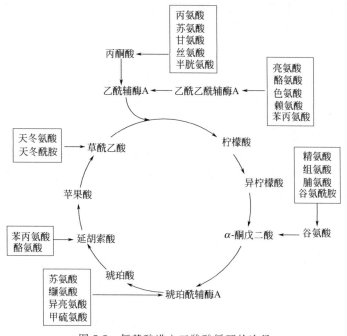

图 7-7　氨基酸进入三羧酸循环的途径

7.3　氨基酸的合成代谢

不同生物合成氨基酸的能力差异较大。植物和绝大多数微生物能合成全部氨基酸。人和哺乳动物只能合成 10 种氨基酸，即非必需氨基酸，其余 10 种氨基酸自身无法合成，必须由食物供给，因此称其必需氨基酸。其中，精氨酸和组氨酸对幼儿来说在体内合成的速度不能满足需要，故将这两种氨基酸称为半必需氨基酸。

氨基酸可经多种途径合成，其共同特点是氨基主要由谷氨酸提供，而它们的碳架来自糖代谢（包括糖酵解、三羧酸循环或磷酸戊糖途径）的中间产物。因此，可将氨基酸生物合成相关代谢途径的中间产物看作氨基酸生物合成的起始物，并依据此起始物不同划分为五大类型。

7.3.1 氨基酸的生物合成

7.3.1.1 丙酮酸衍生型

丙氨酸族包括丙氨酸、缬氨酸和亮氨酸。它们的共同碳架来源是糖酵解产物丙酮酸。丙酮酸经转氨、缩合等作用生成氨基酸。

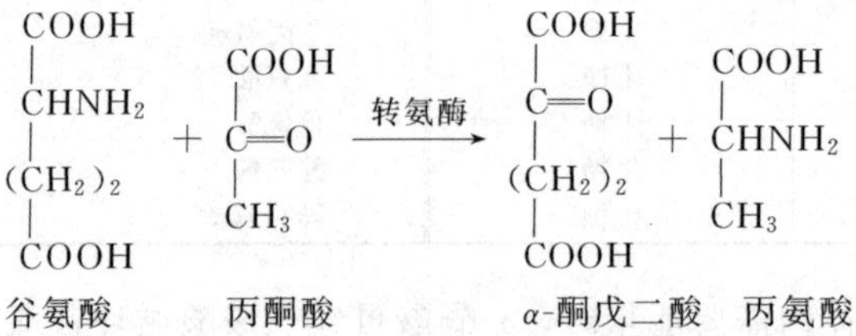

$$
\begin{array}{c}
\text{COOH} \\
|\ \\
\text{CHNH}_2 \\
|\ \\
(\text{CH}_2)_2 \\
|\ \\
\text{COOH}
\end{array}
\;+\;
\begin{array}{c}
\text{COOH} \\
|\ \\
\text{C=O} \\
|\ \\
\text{CH}_3
\end{array}
\xrightarrow{\text{转氨酶}}
\begin{array}{c}
\text{COOH} \\
|\ \\
\text{C=O} \\
|\ \\
(\text{CH}_2)_2 \\
|\ \\
\text{COOH}
\end{array}
\;+\;
\begin{array}{c}
\text{COOH} \\
|\ \\
\text{CHNH}_2 \\
|\ \\
\text{CH}_3
\end{array}
$$

谷氨酸　　　丙酮酸　　　α-酮戊二酸　　丙氨酸

丙酮酸还可以转变为 α-酮异戊二酸和 α-酮异己酸。由 2 分子丙酮酸缩合并放出 1 分子 CO_2，再经几步反应，便可生成 α-酮异戊酸，并以此作为碳架经转氨反应后生成缬氨酸；由 α-酮异戊酸经几步反应可生成 α-酮异己酸，以此作为碳架，从谷氨酸获得氨基即生成亮氨酸。上述三种氨基酸的合成关系如图 7-8。

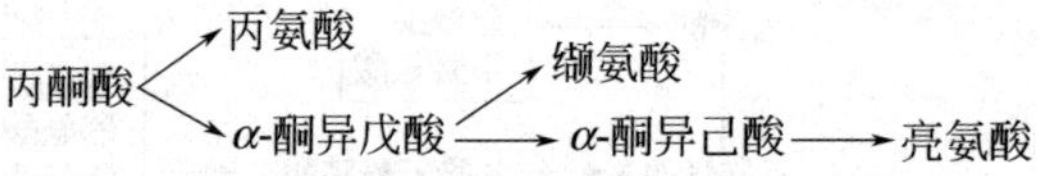

图 7-8　丙氨酸族氨基酸的合成途径

7.3.1.2 3-磷酸甘油酸衍生型

此代谢类型氨基酸包括丝氨酸、甘氨酸和半胱氨酸。丝氨酸是由糖酵解中间产物 3-磷酸甘油酸合成的。3-磷酸甘油酸首先被氧化成 3-磷酸羟基丙酮酸，然后经转氨作用生成 3-磷酸丝氨酸，水解后产生丝氨酸。

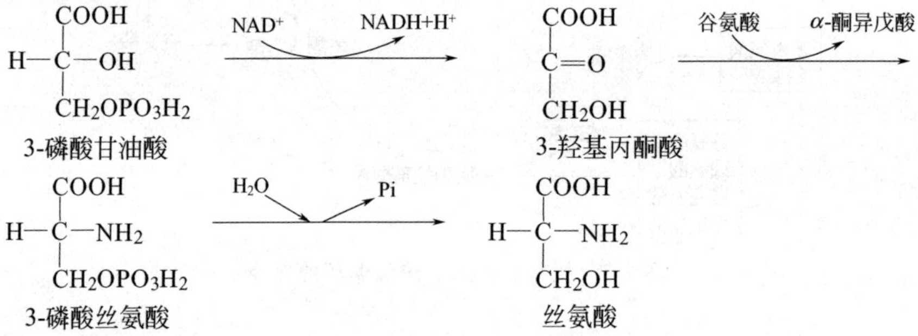

丝氨酸也可经另一条途径生成，即 3-磷酸甘油酸的磷酸基首先发生水解，再经氧化和转氨作用生成丝氨酸。

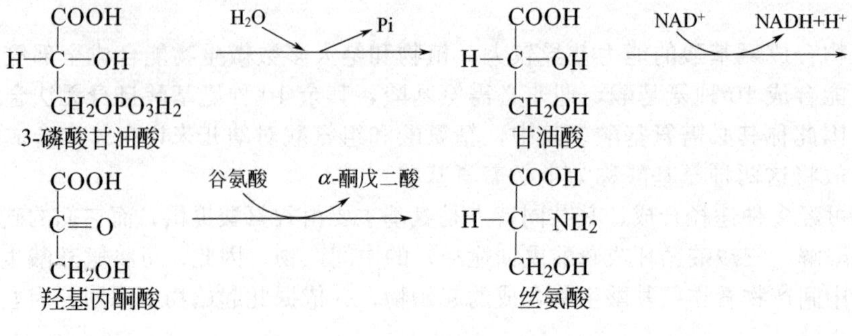

182

由丝氨酸可以形成甘氨酸，催化反应的酶为丝氨酸转羟甲基酶。

$$丝氨酸＋四氢叶酸 \Longleftrightarrow 甘氨酸＋亚甲四氢叶酸＋H_2O$$

丝氨酸也可作为半胱氨酸的前体，经几步反应生成半胱氨酸。

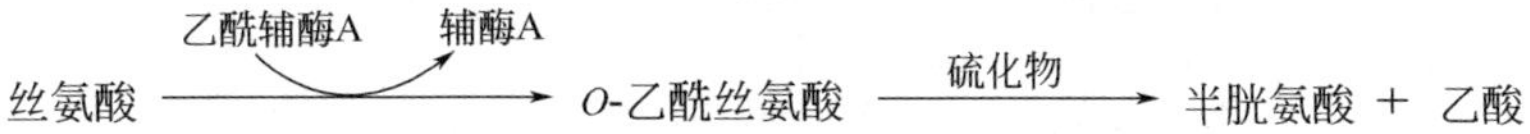

$$丝氨酸 \xrightarrow[\text{乙酰辅酶A}\quad\text{辅酶A}]{} O\text{-乙酰丝氨酸} \xrightarrow{硫化物} 半胱氨酸 ＋ 乙酸$$

丝氨酸族氨基酸合成途径概括如图 7-9。

$$3\text{-磷酸甘油酸} \rightarrow \rightarrow 3\text{-磷酸丝氨酸} \longrightarrow 丝氨酸 \begin{cases} 甘氨酸 \\ 半胱氨酸 \end{cases}$$

图 7-9　丝氨酸族氨基酸的合成途径

7.3.1.3　草酰乙酸衍生型

这一族包括天冬氨酸、天冬酰胺、甲硫氨酸、苏氨酸、赖氨酸和异亮氨酸。它们的共同碳架是三羧酸循环中的草酰乙酸，草酰乙酸经转氨反应就可生成天冬氨酸，然后天冬氨酸再经天冬酰胺合成酶催化即可生成天冬酰胺。

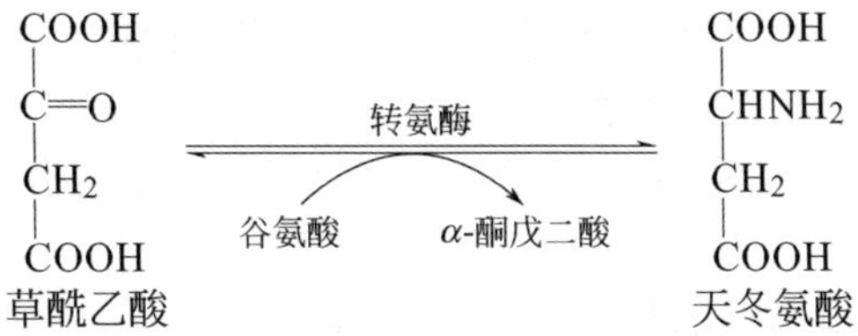

天冬酰胺合成酶催化天冬氨酸氨基化，生成天冬酰胺，不同生物在形成天冬酰胺时，其氨基来源不同。

（1）在植物和细菌内：天冬酰胺的合成是在天冬酰胺合成酶催化下进行的。

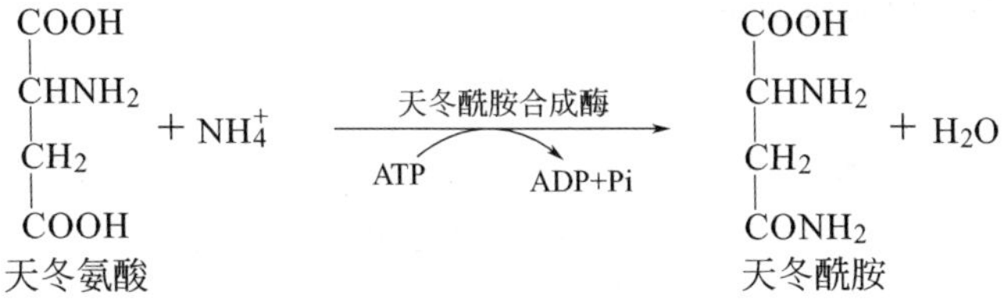

（2）在动物体内：天冬酰胺合成酶以谷氨酰胺为氨基供体。

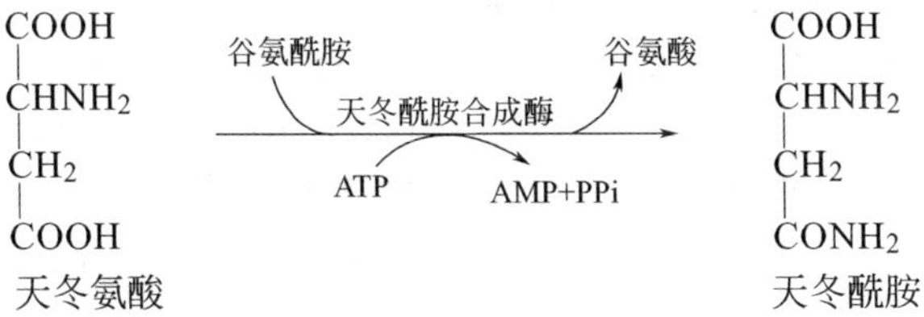

天冬氨酸可以合成动物最重要的必需氨基酸——赖氨酸，还可转变为甲硫氨酸、苏氨酸，苏氨酸又可转变为异亮氨酸。此反应过程复杂，主要的中间产物是 β-天冬氨酸半醛，它通过下面的反应形成：

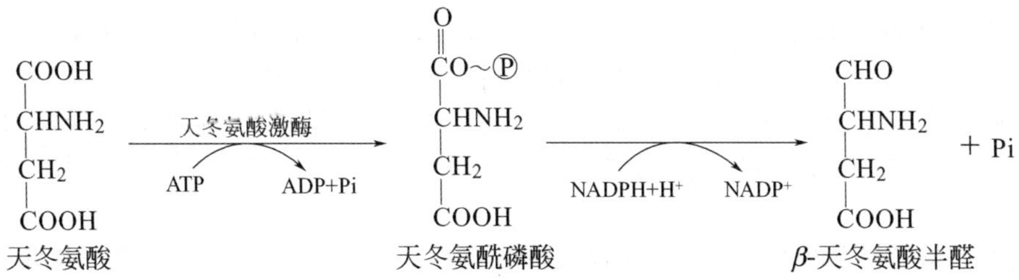

β-天冬氨酸半醛经一系列反应，生成 α,ε-二氨基庚二酸，通过脱羧酶催化形成赖氨酸。天冬氨酸族氨基酸合成关系概括如图 7-10。

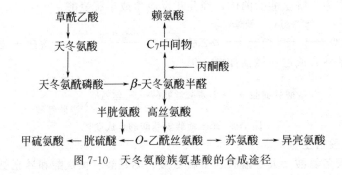

图 7-10　天冬氨酸族氨基酸的合成途径

7.3.1.4　α-酮戊二酸衍生型

这一族包括谷氨酸、谷氨酰胺、脯氨酸和精氨酸。它们的共同碳架是三羧酸循环的中间产物 α-酮戊二酸，它可直接生成谷氨酸并进一步生成谷氨酰胺。谷氨酸还可作为前体物质生成脯氨酸。谷氨酸先被还原为谷氨酰半醛，此反应要求 ATP、NAD(P)H 和 Mg^{2+} 参加，谷氨酰半醛的 γ-酰基和 α-氨基自发可逆地形成环式 Δ'-二氢吡咯-5-羧酸，后者被还原为脯氨酸。

L-谷氨酸也可在转乙酰基酶催化下生成 N-乙酰谷氨酸，再在激酶作用下，消耗 ATP 后转变成 N-乙酰-γ-谷氨酰磷酸，然后在还原酶催化下由 NADPH 提供氢而还原成 N-乙酰-γ-谷氨半醛，最后经转氨酶作用，谷氨酸提供 α-氨基而生成 N-乙酰鸟氨酸，经去乙酰基后转变成鸟氨酸，通过鸟氨酸循环而生成精氨酸。

谷氨酸族氨基酸合成关系概括如图 7-11。

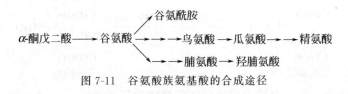

图 7-11　谷氨酸族氨基酸的合成途径

7.3.1.5　磷酸烯醇式丙酮酸和 4-磷酸赤藓糖衍生型

这一族包括苯丙氨酸、酪氨酸和色氨酸三种芳香族氨基酸，它们的碳架来自于糖酵解的中间产物磷酸烯醇式丙酮酸（PEP）和磷酸戊糖途径中的 4-磷酸赤藓糖。

首先，两种糖代谢中间产物缩合，形成的七碳糖失去磷酰基，再经环化、脱水等作用产生莽草酸。这种由莽草酸生成芳香族氨基酸和其他多种芳香族化合物的过程，称为莽草酸途径。莽草酸经磷酸化后，再与 PEP 反应，生成分枝酸；分枝酸的代谢有两条途径：一条途径最后可以生成色氨酸；另一条途径可生成预苯酸，由预苯酸可转变成苯丙氨酸和酪氨酸。芳香族氨基酸合成途径见图 7-12。

7.3.1.6　组氨酸的生物合成

组氨酸的生物合成途径比较特殊，它的合成与其他氨基酸的合成途径没有联系。它由磷酸核糖焦磷酸开始，首先把 5-磷酸核糖部分连接到 ATP 分子中的嘌呤环的 N-1 上生成 N-糖苷键相连的中间物 N-1-(5-磷酸核糖)-ATP，经过一系列反应最后合成 L-组氨酸。由于组氨酸来自 ATP 分子上的 N—C 基团，故可认为它的合成是嘌呤核苷酸代谢的一个分支。

首先由磷酸核糖焦磷酸与 ATP 缩合成磷酸核糖 ATP(PR-ATP)，再进一步转化为咪唑

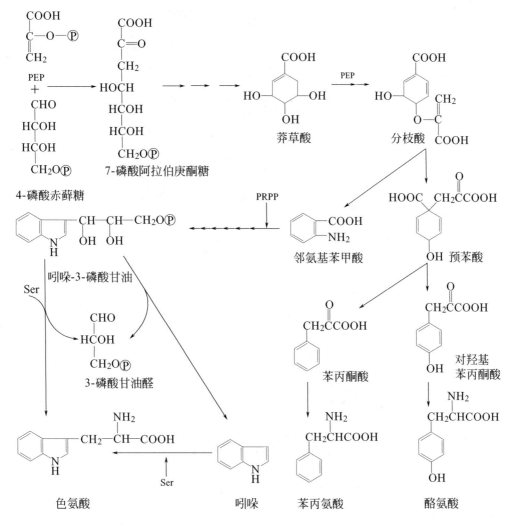

图 7-12　芳香族氨基酸的合成途径

PEP—磷酸烯醇式丙酮酸；PRPP—5-磷酸核糖-1-焦磷酸；Ser—丝氨酸

甘油磷酸，然后形成组氨醇，由组氨醇再转化为组氨酸，反应过程见图 7-13。

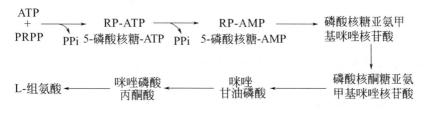

图 7-13　组氨酸合成途径

　　以上分别介绍了各种氨基酸的合成过程，它们的碳架主要来自于糖氧化分解产生的中间代谢物，经转氨作用形成相应的氨基酸。在体内它们虽各有特点，但同时也是相互联系的有机整体。各种氨基酸的合成途径及其相互关系见图 7-14。

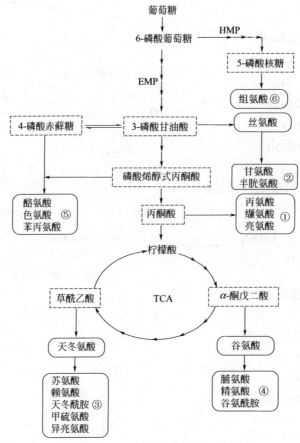

图 7-14　氨基酸的生物合成途径示意图

在氨基酸生物合成中将 20 种氨基酸分成 6 个族：

① 丙氨酸族；② 丝氨酸族；③ 天冬氨酸族；

④ 谷氨酸族；⑤ 芳香氨基酸族；⑥ 组氨酸族

7.3.2　一碳基团

7.3.2.1　一碳基团的概念及种类

　　某些氨基酸在分解代谢过程中产生的含有一个碳原子的有机基团，称一碳基团（one carbon unit）或一碳单位（one carbon group）。

　　生物体内常见的一碳基团主要有：甲基（—CH_3）、亚甲基（或称甲叉基，—CH_2—）、次甲基（或称甲川基，—CH ＝）、甲酰基（—CHO）、亚氨甲基（—CH ＝NH）和羟甲基（—CH_2OH）。

7.3.2.2　一碳基团的载体

　　一碳基团不能游离存在，必须与载体结合而转运和参加代谢。一碳基团的载体主要是四氢叶酸（FH_4）。四氢叶酸也是一碳基团转移酶的辅酶，起传递一碳基团的作用。四氢叶酸可由叶酸还原而来，叶酸由蝶呤、对氨基苯甲酸和谷氨酸组成。

$$H_2N \quad \text{...} \quad CH_2—N \quad \text{...} \quad C—N—CH—CH_2—CH_2—COOH$$

5,6,7,8-四氢叶酸

FH_4 分子上的 N^5 和 N^{10} 是结合一碳基团的位置，如 N^5-甲基四氢叶酸可用 N^5-CH_3-FH_4 来表示，N^5,N^{10}-亚甲基四氢叶酸可用 N^5,N^{10}-CH_2-FH_4 来表示。

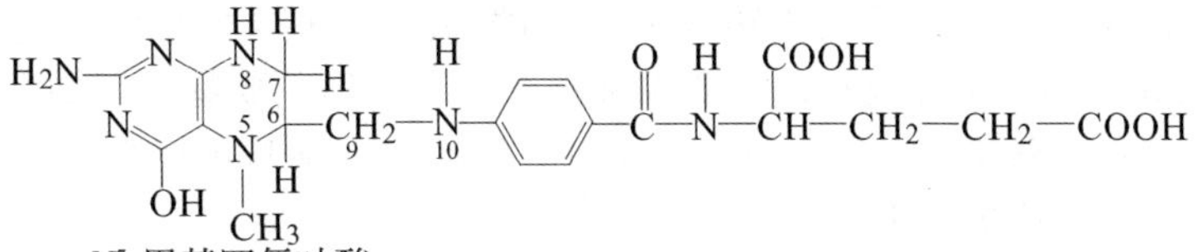

N^5-甲基四氢叶酸

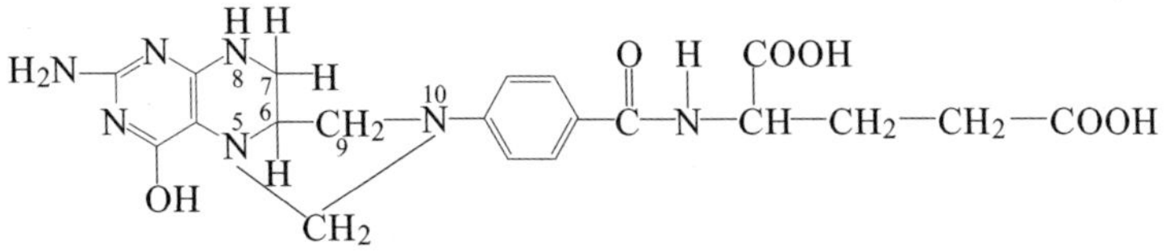

N^5,N^{10}-亚甲基四氢叶酸

7.3.2.3 一碳基团的来源

一碳基团主要来源于丝氨酸、甘氨酸、组氨酸和色氨酸的分解代谢。

（1）由丝氨酸生成　丝氨酸在丝氨酸羟甲基转移酶的作用下，β-碳原子转移至 FH_4 并脱去水，生成 N^5,N^{10}-亚甲基四氢叶酸和甘氨酸。

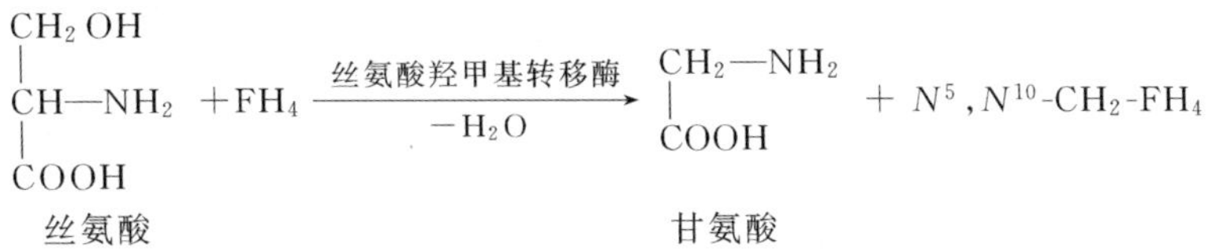

丝氨酸　　　　　　　　　　甘氨酸

（2）由甘氨酸生成　甘氨酸经甘氨酸氨解酶分解，生成 N^5,N^{10}-亚甲基四氢叶酸。

甘氨酸

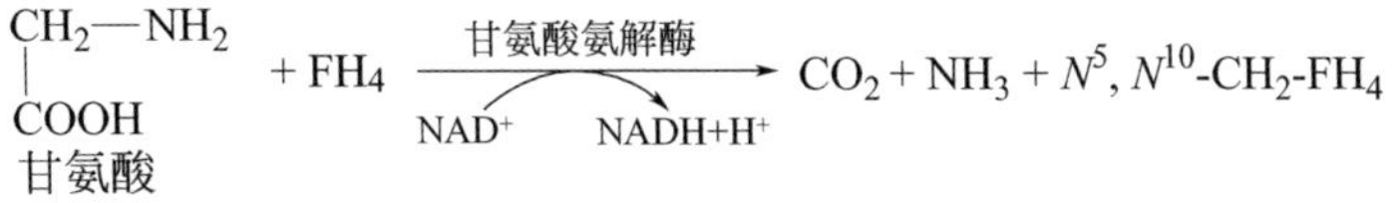

（3）由组氨酸生成　组氨酸分解可生成 N^5-亚氨甲基四氢叶酸和 N^5-甲酰四氢叶酸，还可转变为 N^5,N^{10}-次甲基四氢叶酸。

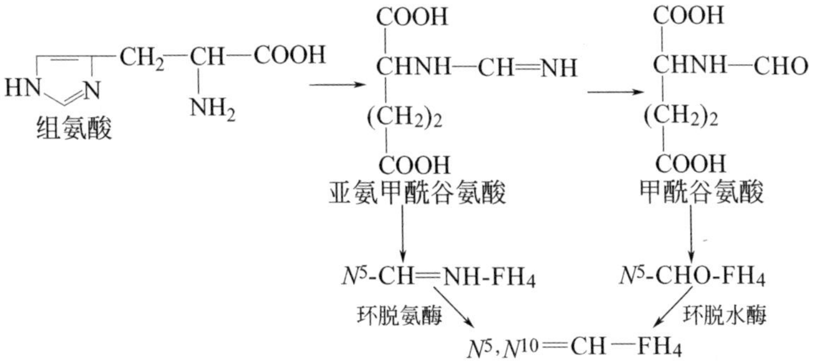

组氨酸　　　亚氨甲酰谷氨酸　　　甲酰谷氨酸

N^5-CH=NH-FH_4　　　N^5-CHO-FH_4

环脱氨酶　　　　　环脱水酶

N^5,N^{10}=CH—FH_4

（4）由色氨酸生成　色氨酸分解过程中产生甲酸，可与 FH_4 结合生成 N^{10}-甲酰四氢叶酸。

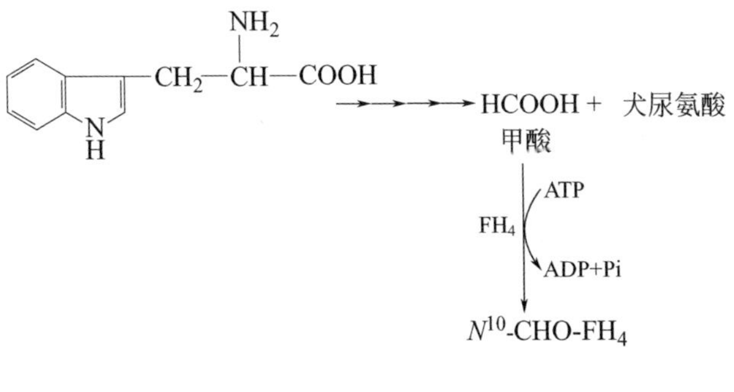

$HCOOH$ + 犬尿氨酸
甲酸

N^{10}-CHO-FH_4

7.3.2.4 一碳基团的生理意义

一碳基团代谢与体内许多氨基酸的代谢有关，此外还参与嘌呤碱和嘧啶碱的合成，从而影响核酸代谢，进而影响蛋白质的生物合成。一碳基团还直接参与 S-腺苷蛋氨酸的合成，而 S-腺苷蛋氨酸是体内甲基化反应的主要甲基来源，为多种重要物质（如肾上腺素、胆碱、肌酸和核酸）中的稀有碱基的生物合成提供甲基。因此，一碳基团代谢与氨基酸、核酸、蛋白质以及其他物质的代谢关系密切。

（邓景致　于寒松）

8 核酸代谢

核酸是由核苷酸聚合而成的生物大分子，为生命最基本的物质之一。核苷酸具有多种生物学功能，其主要作用为：①核苷酸是核酸生物合成的原料。②核苷酸是体内能量转运及利用的形式。如 ATP 是能量的直接供应者，GTP 和 UTP 等也在一些反应中提供能量。③核苷酸参与一些物质的代谢。如 UDP 参与多糖的合成、CDP 参与磷脂的合成。④腺苷酸是构成辅酶的重要组分。如烟酰胺腺嘌呤二核苷酸、黄素腺嘌呤二核苷酸、辅酶 A 等都含有腺苷酸。⑤参与代谢和生理调节。如环磷酸腺苷（cAMP）在细胞内具有传递信息的重要作用，被称为第二信使。

食物中的核酸在体内可被消化为磷酸、碱基和戊糖。嘌呤碱基在人体内最终的分解产物为尿酸。胞嘧啶和胸腺嘧啶的主要分解产物分别为 β-丙氨酸及 β-氨基异丁酸，它们在体内还可以继续代谢。

在体内，核苷酸可通过从头合成途径或补救合成途径的方式进行合成；DNA 的生物合成则是通过复制的方式进行的；转录是 RNA 生物合成的主要方式；蛋白质的生物合成是以 DNA 的遗传信息为指导，并且通过 mRNA 的信息传递作用，在核糖体中通过多种 tRNA 及蛋白辅助因子的作用将 mRNA 上的密码子逐一翻译成氨基酸完成的。

8.1 核酸的降解

核酸是由核苷酸连接而成的大分子。食物中的核酸主要以核蛋白的形式存在，其消化主要涉及下列几种酶：

① 核酸酶　作用为水解核酸，这类酶作用于核苷酸与核苷酸之间的 $3',5'$-磷酸二酯键。属于磷酸二酯酶。

② 核苷酸酶　作用于核苷酸的戊糖和磷酸间的酯键而生成无机磷酸和核苷的磷酸单酯酶。

③ 核苷酶　作用于核苷的糖苷键并将其水解为糖和碱基的一类酶。

食物中的核酸在体内的消化过程为：在胃中，核蛋白受胃酸的作用分解为核酸与蛋白质；进入小肠后，在小肠胰核酸酶的作用下核酸分解为核苷酸；核苷酸进一步受到肠液与胰液中核苷酸酶的作用分解为核苷与磷酸；核苷还可在核苷酶的作用下分解为碱基与戊糖。如

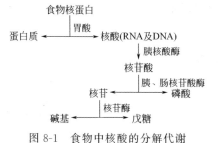

图 8-1　食物中核酸的分解代谢

图 8-1 所示。核苷酸及其水解产物都可被吸收利用。碱基除小部分可被再利用外，绝大多数被继续分解排出体外。

8.2 核苷酸的分解代谢

如上所述，核苷酸经过一系列酶的水解后可分解为磷酸、碱基及戊糖。生物体内广泛存在着磷酸单酯酶及核苷酶可以催化上述的反应。在此过程中产生的降解产物嘌呤碱和嘧啶碱还可以继续分解。下面将主要介绍嘌呤碱和嘧啶碱在体内的分解代谢过程。

8.2.1 嘌呤碱的分解

在人、猿类及一些排尿酸的动物（如鸟类、某些爬虫和昆虫等）体内，嘌呤的最终代谢产物为尿酸，并随尿排出体外。

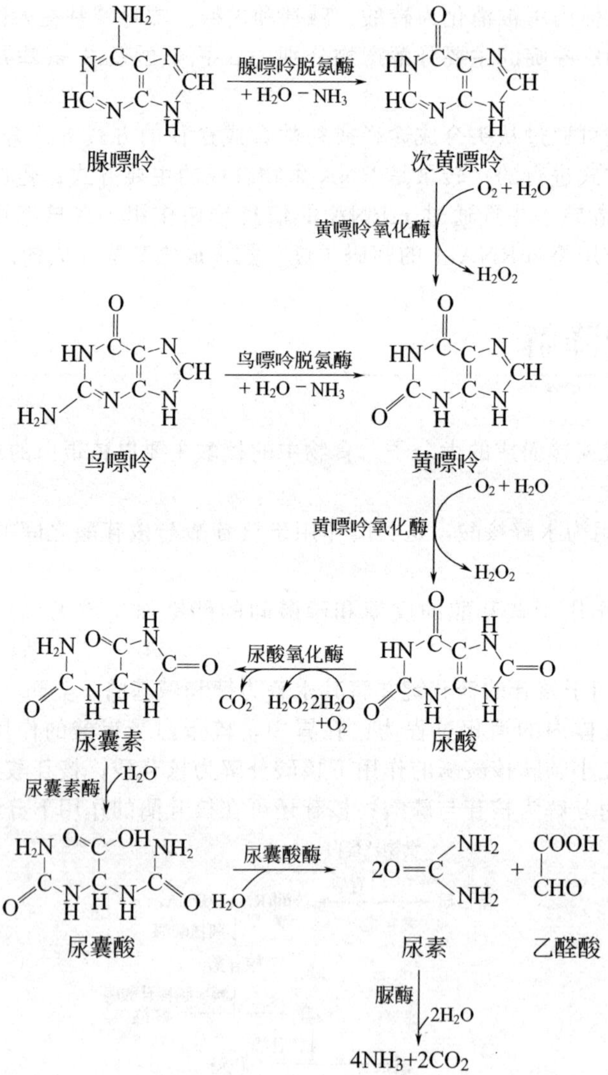

图 8-2 嘌呤碱的分解代谢

嘌呤碱的分解代谢首先是对其氨基进行处理，在各自相应的脱氨酶作用下水解脱去氨基。腺嘌呤和鸟嘌呤水解脱氨分别生成次黄嘌呤和黄嘌呤。次黄嘌呤和黄嘌呤在黄嘌呤氧化酶（xanthine oxidase）的氧化作用下生成尿酸。人体内，该反应主要在肝脏、小肠及肾脏中进行。

很多其他生物还能进一步分解尿酸，形成不同的代谢产物。例如，在某些动物体内，嘌呤代谢为尿囊素被排出体外。该产物是尿酸经过尿酸氧化酶（urate oxidase）的作用，脱掉CO_2生成的。又如某些硬骨鱼类的体内含尿囊素酶（allantoinase），此酶能水解尿囊素而生成尿囊酸（allantoic acid）。多数鱼类、两栖类生物不仅具有尿酸氧化酶、尿囊素酶，而且还具有尿囊酸酶（allantoicase），后者能将尿囊酸水解为尿素。在这些生物体内，嘌呤最终的代谢产物是尿素。

某些低等动物能将尿素进一步分解成氨和二氧化碳排出体外。植物和微生物体内嘌呤的代谢途径大致与动物相似。嘌呤碱的分解代谢如图 8-2 所示。

尿酸的水溶性较差。血浆中尿酸的含量如果超过一定的阈值（一般高于 $470\mu mol/L$），尿酸盐晶体就会沉积于关节、软组织、软骨及肾脏等组织，而导致关节炎、尿路结石及肾脏相应疾病，即所谓的痛风。痛风症的发病原因并不完全清楚，可能与嘌呤核苷酸代谢酶的缺陷有关。此外，也与高嘌呤饮食等因素相关。临床上常用别嘌呤醇治疗痛风症。机理为别嘌呤醇与次黄嘌呤结构类似，可竞争性地抑制嘌呤分解过程中的黄嘌呤氧化酶，因此可抑制尿酸的生成。此外，别嘌呤醇还可与戊糖反应生成别嘌呤核苷酸，减少了嘌呤核苷酸的生成。如图 8-3 所示。

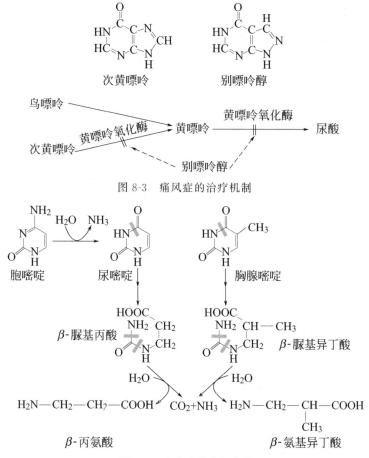

图 8-3　痛风症的治疗机制

图 8-4　嘧啶碱的分解代谢

191

8.2.2 嘧啶碱的分解

不同种类的生物对嘧啶的分解过程也不完全一样。具有氨基的嘧啶在分解过程中也是先对氨基进行处理。例如胞嘧啶先水解脱去氨基生成尿嘧啶，再经还原及水解等反应，转变为 β-丙氨酸（β-alanine）。而胸腺嘧啶的主要分解产物为 β-氨基异丁酸（β-aminoisobutyric acid）。

在人体内，β-丙氨酸、β-氨基异丁酸可继续进行分解，β-氨基异丁酸也可随尿排出体外。嘧啶碱的分解代谢途径总结于图 8-4。

8.3 核苷酸的合成代谢

体内，嘌呤核苷酸与嘧啶核苷酸的合成都可以通过下列两条途径：

其一是通过从头合成途径合成，是指利用磷酸核糖、氨基酸、一碳单位及二氧化碳等简单物质为原料，经过一系列酶促反应，合成核苷酸的途径。

其二是通过补救合成途径合成，是指利用体内游离的碱基或核苷，经过简单的反应，合成核苷酸的过程。补救途径直接利用细胞内核苷酸降解生成的碱基或核苷，实际上是核苷酸降解产物的再利用，是一条节能的生物合成核苷酸途径。

8.3.1 嘌呤核苷酸的合成

体内，肝是从头合成嘌呤核苷酸的主要器官，其次是小肠黏膜及胸腺。但有些组织细胞不具有从头合成嘌呤核苷酸的能力。例如脑、骨髓等组织由于缺乏从头合成嘌呤核苷酸的酶体系，只能通过补救合成途径合成嘌呤核苷酸。

8.3.1.1 从头合成途径

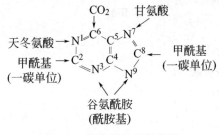

图 8-5 嘌呤环的元素来源

体内嘌呤核苷酸的从头合成并非先合成嘌呤碱基，然后再与磷酸核糖结合，而是在磷酸核糖的基础上逐步合成嘌呤核苷酸。这是嘌呤核苷酸从头合成的一个重要特点。除某些细菌外，几乎所有的生物体都可通过从头合成途径合成嘌呤核苷酸。同位素标记实验证明，嘌呤环中的各原子来源于氨基酸、二氧化碳、四氢叶酸携带的甲酰基等简单物质，如图 8-5 所示。

嘌呤核苷酸的从头合成过程主要分为两个阶段。第一个阶段是在 5-磷酸核糖焦磷酸（phosphoribosyl pyrophosphate，PRPP）的基础上，与各种简单物质发生反应而生成次黄嘌呤核苷酸（IMP）；第二个阶段是由次黄嘌呤核苷酸从其他物质获得氨基后分别合成腺嘌呤或鸟嘌呤。

（1）IMP 的合成　体内次黄嘌呤核苷酸的合成过程共经过 10 步反应。

第一步：PRPP 与谷氨酰胺反应生成 5-磷酸核糖胺（5-phosphoribosylamine，PRA），催化该反应的酶为磷酸核糖酰胺转移酶。

第二步：PRA 与甘氨酸发生加合反应，生成甘氨酰胺核苷酸（GAR）。此步需要消耗能量。

第三步：由 N^{10}-甲酰-FH_4 提供甲酰基，GAR 的自由 α-氨基甲酰化生成甲酰甘氨酰胺核苷酸（FGAR）。催化此反应的酶为 GAR 甲酰转移酶。

192

第四步：本步又是耗能反应，由 ATP 提供能量，第二个谷氨酰胺的氨基转移到 FGAR 上，生成甲酰甘氨咪核苷酸（FGAM）。

第五步：FGAM 经过耗能的分子内重排，环化生成 5-氨基咪唑核苷酸（AIR）。至此，合成了嘌呤环中的咪唑环部分。

第六步：由 CO_2 提供嘌呤环中 C6 位的碳原子，通过 AIR 羧化酶的催化作用生成羧基氨基咪唑核苷酸（CAIR）。

第七步：天冬氨酸与 CAIR 缩合脱水，生成 5-氨基咪唑-4-(N-琥珀基) 甲酰胺核苷酸（SACAIR）。这步需要 ATP 水解供能。

第八步：在 SACAIR 甲酰转移酶催化下，SACAIR 脱去延胡索酸生成 5-氨基咪唑-4-甲酰胺核苷酸（AICAR）。通过以上两个反应，获得了嘌呤环中 N1 位原子。

第九步：四氢叶酸再次提供甲酰基，由 AICAR 甲酰转移酶催化 AICAR 甲酰化生成 5-甲酰氨基咪唑-4-甲酰胺核苷酸（FAICAR）。

第十步：FAICAR 脱水环化生成 IMP。反应过程如图 8-6 所示。

（2）腺嘌呤核苷酸（AMP）和鸟嘌呤核苷酸（GMP）的合成

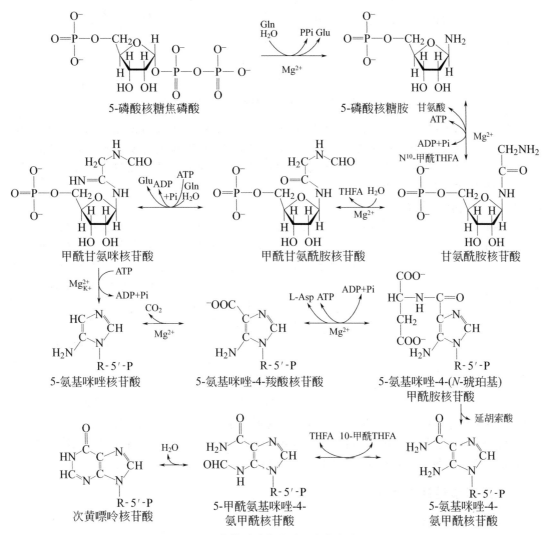

图 8-6　次黄嘌呤核苷酸的从头合成途径

① AMP 的生成 在次黄嘌呤核苷酸的基础上，由天冬氨酸提供氨基生成腺嘌呤。此过程共分两步进行：在腺苷酸琥珀酸合成酶（adenylosuccinate synthetase，AdS 合成酶）的催化下，由 GTP 供给能量，次黄嘌呤核苷酸与天冬氨酸生成腺苷酸琥珀酸（adenylosuccinic acid）；腺苷酸琥珀酸随即在腺苷酸琥珀酸裂解酶的催化下分解成腺嘌呤核苷酸和延胡索酸。这两步反应和肌肉组织中嘌呤核苷酸循环的部分反应相同。嘌呤核苷酸循环是为了去除肌肉组织中氨基酸的氨基。在这里是为了生成嘌呤核苷酸。反应如图 8-7 所示。

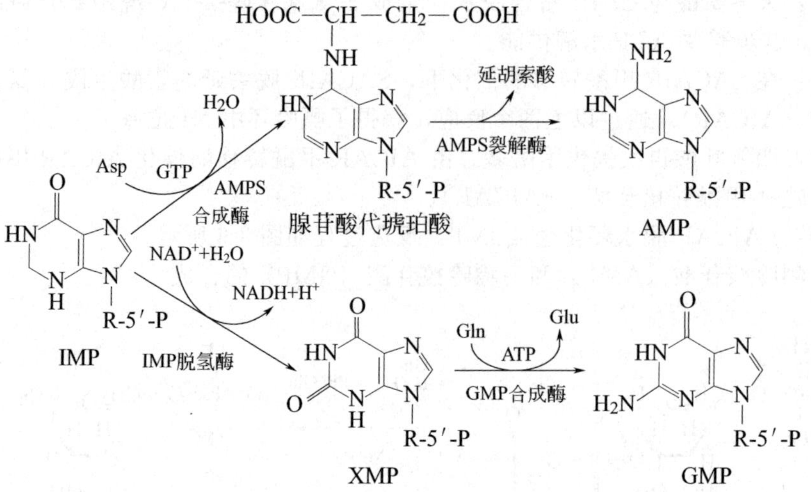

图 8-7 腺嘌呤核苷酸及鸟嘌呤核苷酸的生物合成

② GMP 的生成 次黄嘌呤核苷酸经次黄嘌呤核苷酸脱氢酶（inosine-5-phosphate dehydrogenase）的催化氧化生成黄嘌呤核苷酸。黄嘌呤核苷酸 C2 位上的羰基被氨基取代后即生成鸟嘌呤核苷酸。细菌直接以氨作为该反应的氨基供体；动物细胞则以谷氨酰胺作为氨基供体。该反应需要 ATP 供给能量。反应如图 8-7 所示。

8.3.1.2 补救合成途径

体内通常有两条嘌呤核苷酸的补救合成途径。一个为核苷激酶途径，即在特异的核苷磷酸化酶的作用下，碱基与 1-磷酸核糖反应生成核苷，该反应可逆。由此产生的核苷在磷酸激酶（phosphokinase）的作用下，由 ATP 供给磷酸基，形成核苷酸。但在生物体内嘌呤类物质再利用的过程中，核苷激酶途径不是特别的重要。这是因为体内除腺苷激酶（adenosine kinase）外，缺乏其他嘌呤核苷激酶。如图 8-8 所示。

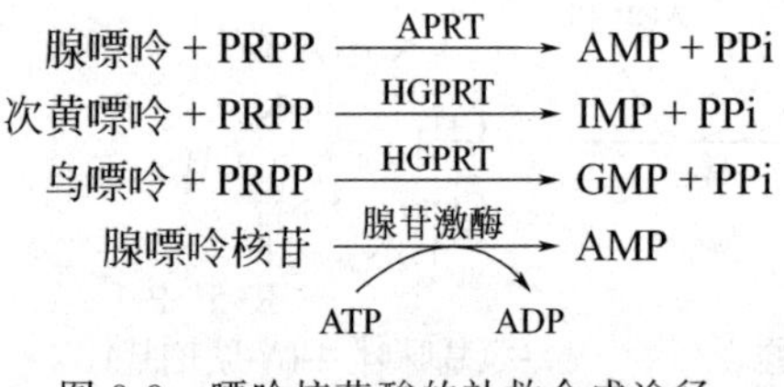

图 8-8 嘌呤核苷酸的补救合成途径

体内还有另一重要的补救合成途径，即通过磷酸核糖转移酶（phosphoribosyl transferase）的作用，催化嘌呤碱与 5-磷酸核糖焦磷酸重新合成嘌呤核苷酸。目前已经分离出两种具有不同特异性的酶：其一为腺嘌呤磷酸核糖转移酶（APRT），该酶可催化腺嘌呤与 5-磷酸核糖焦磷酸反应生成腺嘌呤核苷酸。另外一个酶为黄嘌呤（或鸟嘌呤）磷酸核糖转移酶（HGPRT），该酶催化次黄嘌呤或鸟嘌呤与 5-磷酸核糖焦磷酸形成次黄嘌呤核苷酸（或鸟嘌呤核苷酸）。如图 8-8 所示。

8.3.2 嘧啶核苷酸的合成

8.3.2.1 从头合成途径

嘧啶核苷酸的从头合成是利用磷酸核糖、氨基酸、一碳单位及二氧化碳等简单物质为原料先合成尿嘧啶核苷酸，其他嘧啶核苷酸则由尿嘧啶核苷酸转变而成。但与嘌呤核苷酸的从头合成不同，嘧啶核苷酸的从头合成是先合成嘧啶环，再与磷酸核糖结合而成。嘧啶环中各元素来源如图 8-9 所示。

（1）尿嘧啶核苷酸的合成　嘧啶核苷酸的合成反应中，第一步为合成氨甲酰磷酸（carbamyl phosphate）。如图 8-10 所示。在尿素合成反应中，第一步也是先合成了氨甲酰磷酸。但这两种相同的产物，其合成的底物、地点、用途及催化反应的酶均不相同。在嘧啶核苷酸的合成过程中产生的氨甲酰磷酸底物原料为

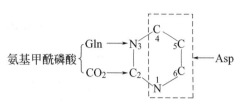

图 8-9　嘧啶环的元素来源

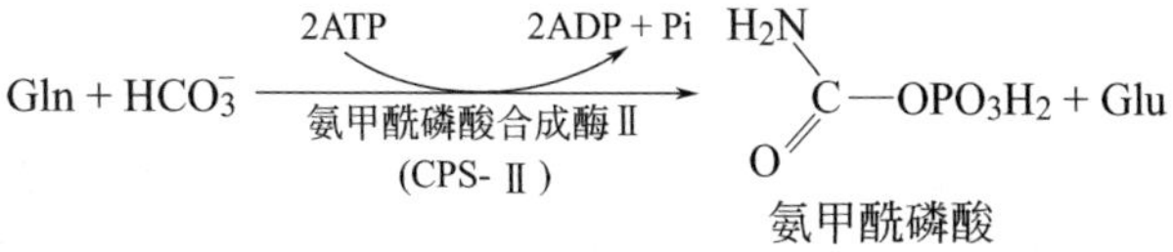

CO_2 和谷氨酰胺，地点在细胞浆中，催化该反应的酶为氨甲酰磷酸合成酶Ⅱ。而后者反应底物为 CO_2 和 NH_3，地点为肝细胞线粒体中，催化该反应的酶为氨甲酰磷酸合成酶Ⅰ。

$$Gln + HCO_3^- \xrightarrow[\text{氨甲酰磷酸合成酶Ⅱ}]{\text{2ATP} \quad \text{2ADP + Pi}} \begin{array}{c} H_2N \\ | \\ C-OPO_3H_2 + Glu \\ || \\ O \end{array}$$
（CPS-Ⅱ）　　　　　氨甲酰磷酸

图 8-10　嘧啶核苷酸合成过程中氨甲酰磷酸的合成

上述反应生成的氨甲酰磷酸再与天冬氨酸缩合成氨甲酰天冬氨酸（carbamyl aspartate），随后通过脱水闭环及脱氢氧化生成乳清酸（orotic acid）。乳清酸与 5-磷酸核糖焦磷酸作用生成乳清酸核苷酸，脱羧后就成为尿嘧啶核苷酸。如图 8-11 所示。

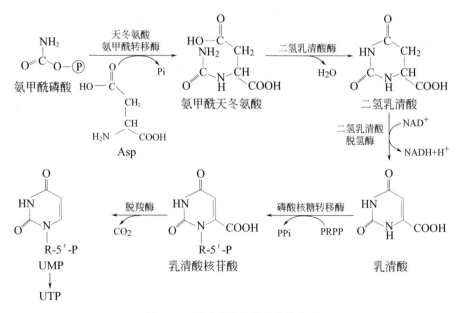

图 8-11　尿嘧啶核苷酸的从头合成

（2）胞嘧啶核苷酸的合成　体内胞嘧啶核苷酸的从头合成是在三磷酸水平上进行的。即胞嘧啶核苷酸只能由相应的尿嘧啶核苷三磷酸转变而来，其生物合成过程如下：

尿苷一磷酸首先在尿苷酸激酶的作用下转变成尿苷二磷酸，随后又在二磷酸核苷激酶的催化下转变成尿苷三磷酸。尿苷三磷酸经氨基化生成胞嘧啶核苷三磷酸。在细菌中尿嘧啶核

苷三磷酸可以直接与氨作用，动物组织则需要由谷氨酰胺供给氨基。该反应需 ATP 供给能量。催化此反应的酶为 CTP 合成酶。如图 8-12 所示。

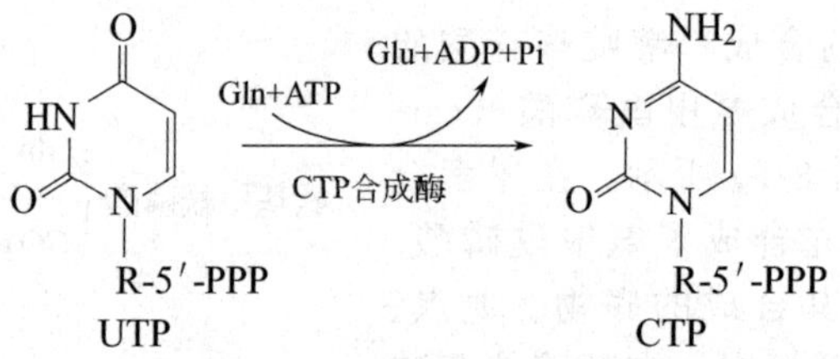

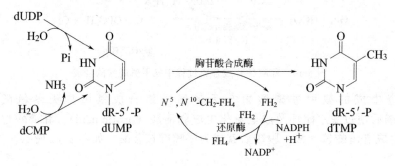

图 8-12　胞嘧啶核苷酸的合成

（3）脱氧胸腺嘧啶核苷酸的合成　体内脱氧胸腺嘧啶核苷酸的合成是在一磷酸水平上进行的。即脱氧胸腺嘧啶核苷酸只能由相应的脱氧尿嘧啶核苷一磷酸或脱氧胞嘧啶核苷一磷酸转变而来，其生物合成过程如图 8-13 所示。

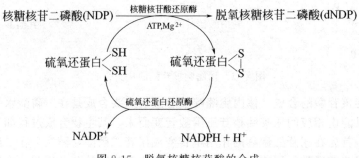

图 8-13　脱氧胸腺嘧啶核苷酸的合成

8.3.2.2　补救合成途径

生物体对外源的或核苷酸代谢产生的嘧啶碱和嘧啶核苷可以重新利用。与嘌呤核苷酸的补救合成途径相似，体内也存在着嘧啶磷酸核糖转移酶。催化的反应如图 8-14 所示。另外，嘧啶核苷激酶（pyrimidine nucleoside kinase）在嘧啶的补救途径中起着重要作用，可使相应的嘧啶核苷磷酸化。

嘧啶 + PRPP $\xrightarrow{\text{嘧啶磷酸核糖转移酶}}$ 磷酸嘧啶核苷 + PPi

尿嘧啶核苷 + ATP $\xrightarrow{\text{尿苷激酶}}$ UMP + ADP

胸腺嘧啶脱氧核苷 + ATP $\xrightarrow{\text{脱氧胸苷激酶}}$ dTMP + ADP

图 8-14　嘧啶核苷酸的补救合成途径

核糖核苷二磷酸(NDP) $\xrightarrow[\text{ATP,Mg}^{2+}]{\text{核糖核苷酸还原酶}}$ 脱氧核糖核苷二磷酸(dNDP)

图 8-15　脱氧核糖核苷酸的合成

196

8.3.3 脱氧核糖核苷酸的合成

生物体内脱氧核糖核苷酸可以由核糖核苷酸还原形成。这种反应对大多数生物来说，是由腺嘌呤、鸟嘌呤、胞嘧啶和尿嘧啶四种核糖核苷酸在二磷酸核糖核苷水平上进行的。这个还原过程有几种酶和蛋白质参与，包括：核糖核苷酸还原酶、硫氧还蛋白还原酶、硫氧还蛋白等。过程如图8-15所示。

8.4 核酸的生物合成

核酸根据其组成成分戊糖的不同分为 DNA 和 RNA。体内 DNA 和 RNA 分别通过不同的机制合成。

DNA 是生命的主要遗传物质。生物机体的遗传信息以密码的形式编码在 DNA 分子上，表现为特定的碱基排列顺序。DNA 通过复制的方式（replication）将遗传信息由亲代传递给子代。遗传信息自 DNA 传递给 RNA 过程叫做转录，这也是 RNA 生物合成的主要方式。RNA 分子再通过翻译过程，将 DNA 的遗传信息传递给生命功能的直接执行者蛋白质。上述就是中心法则的主要内容，如图8-16所示。

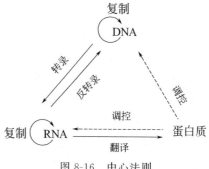

图 8-16 中心法则

8.4.1 DNA 的生物合成

遗传物质是通过复制的方式进行传代的，即以母链 DNA 为模板，根据碱基互补配对的原则合成子代 DNA。通常把复制的过程分为起始、延长、终止三个阶段。在这三个阶段中，分别有不同酶及蛋白因子的参与以保证复制快速、准确地完成。

8.4.1.1 DNA 复制的基本规律

原核生物及真核生物 DNA 的复制都有相同的基本规律：半保留复制、半不连续复制及双向复制。

（1）半保留复制 DNA 的复制是根据碱基互补配对的规律，以构成亲代 DNA 双螺旋的两条单链分别作为模板合成新的互补链。生成的子代 DNA 双链中的一条链来自亲代 DNA，另一条链则是新合成的，这种方式称为半保留复制。如图8-17所示。

半保留复制的根本意义在于子代 DNA 是根据碱基互补配对规律合成的，这样新合成的两条 DNA 链与模板 DNA 链的碱基顺序完全一样。子代保留了亲代 DNA 的全部遗传信息，因此遗传信息得以传递及延续。

遗传的保守性是相对的，而不是绝对的。自然界还存在着普遍的变异现象。有些变异对机体来说是有害的，有些则是有益的。

（2）半不连续复制 DNA 在复制过程中，子代 DNA 的复制是分别以两条亲代 DNA 单链为模板进行的。单链 DNA 的稳定性差，为了保持遗传的稳定性，亲代 DNA 并不是完全解开形成单链再进行复制，而是伴随亲代 DNA 的解链，子链 DNA 的复制就迅速进行了。复制时亲代 DNA 双链部分打开，分成两股，新链沿着张开的模板生成，复制中形成了 Y 字形的结构，将其称为复制叉（replication fork）。

构成 DNA 双链的两条链的走向是相反的，其中一条链走向为 $5' \rightarrow 3'$，另一条链为 $3' \rightarrow$

5′。在同一复制叉上只有一个解链方向，催化子代 DNA 生成的酶为依赖 DNA 的 DNA 聚合酶，该酶只能催化子链从 5′端向 3′端合成。因此，根据该酶催化具有方向性的特点，其中有一条子链的复制是顺着解链方向连续进行的，这股链称为领头链。而另一条子链因为复制的方向与解链方向相反，只能不断地等待模板链解开足够的长度后分次复制子链，然后再将这些不连续复制的子链连接起来，这条链称为随从链。随从链上这些分段形成的不连续的片段称为冈崎片段（okazaki fragment）。领头链连续复制而随从链不连续复制，这就叫做半不连续复制。如图 8-18 所示。

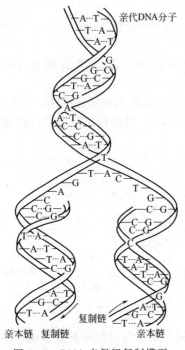

图 8-17　DNA 半保留复制模型

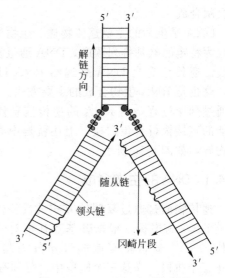

图 8-18　DNA 半不连续复制模型

（3）双向复制　DNA 的复制大多是双向同时进行的。基因组能独立进行复制的单位称为复制子（replicon）。每个复制子都含有控制复制起始的起点（origin），可能还有终止复制的终点（terminus）。原核生物的基因组是环状 DNA，只有一个复制起点，复制时，DNA 从起始点向两个方向解链，形成两个延伸方向相反的复制叉，称为双向复制。如图 8-19 所示。真核生物的基因组非常庞大，含有多个染色体，每个染色体在复制过程中又有多个起始点，是多复制子的复制。每个起始点产生两个移动方向相反的复制叉。

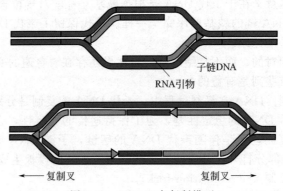

图 8-19　DNA 双向复制模型

198

8.4.1.2 原核生物 DNA 的复制

DNA 的复制首先需要模板 DNA 双链局部解开形成单链，随后在每个单链上形成 RNA 引物并进行子链的复制，子链复制至一定阶段，需要将引物水解并回填引物缺口以及对不连续复制的随从链进行连接，在这个过程中，需要多种酶及蛋白因子的参与。

（1）原核生物 DNA 复制的有关酶类

① 解旋、解链酶类　DNA 双螺旋结构表明，脱氧核糖-磷酸骨架位于双螺旋的外侧，碱基对位于内侧。而复制时，却需要根据母链上碱基的排列顺序合成新的子链。因此只有 DNA 的双链解开变成单链后，才能将埋在双螺旋内部的碱基序列暴露出来，从而起到模板的作用。

参与将 DNA 双链打开变成单链的蛋白质至少包括解螺旋酶（helicase）、DNA 拓扑异构酶（DNA topoisomerase）和单链 DNA 结合蛋白（single strand DNA binding protein，SSB）三大类。

a. 解螺旋酶　又称解旋酶，该酶与复制起始区的 DNA 结合并利用 ATP 水解释放的能量向解链方向移动，在移动的过程中不断打开 DNA 双链碱基对之间的氢键，从而实现 DNA 的解链。

b. DNA 拓扑异构酶　简称拓扑酶，DNA 双螺旋沿轴旋转，复制解链也沿同一轴反向旋转。由于复制速度快，旋转达 100 次/s，而造成 DNA 分子打结、缠绕、连环现象，这会促使闭环状态的 DNA 又按一定方向扭转形成超螺旋。通常 DNA 分子的拧转是适度的。盘绕过分，可形成正超螺旋，盘绕不足可形成负超螺旋。复制中的 DNA 分子也会遇到这种正超螺旋、负超螺旋及局部松弛等过渡状态。上述这些情况，均需拓扑酶来改变 DNA 分子拓扑构象，以利于 DNA 链进行复制。其作用的机制为先对双链中的一股或两股同时进行剪切，使其超螺旋得到释放，然后再对缺口进行连接。切断一个链而改变拓扑结构的称为拓扑异构酶 I（topoisomerase I），通过切断两个链来对 DNA 拓扑构象改变的称为拓扑异构酶 II（topoisomerase II）。

c. 单链 DNA 结合蛋白　DNA 要处于单链状态才能作为模板，但细胞内广泛存在的核酸酶会随时降解这些单链 DNA。同时，DNA 分子只要符合碱基配对，又总会有形成双链的倾向。为保护单链 DNA 的稳定，细胞内存在的单链 DNA 结合蛋白（single strand DNA-binding protein，SSB）可与其结合，从而使 DNA 达到稳定的单链模板状态，同时又免受酶的降解。

大肠杆菌中主要的 SSB 是由 177 个氨基酸所组成的四聚体，一个 SSB 四聚体结合于单链 DNA 上可以促进其他 SSB 四聚体与相邻单链 DNA 结合，表现为协同结合效应。SSB 结合到单链 DNA 上，使其呈伸展状态，有利于单链 DNA 作为模板。当新生的 DNA 链合成到某一位置时，该处的 SSB 便会脱落，并被重复利用。可见，它不像解旋酶那样沿着解链方向向前移动，而是与单链模板 DNA 不断地结合、解离。

② DNA 聚合酶　DNA 聚合酶主要的活性是以母链 DNA 为模板，催化子链 DNA 从 5′端向 3′端进行复制。在原核生物中，已发现 5 种 DNA 聚合酶，分别为 DNA 聚合酶 I（DNA-pol I）、DNA 聚合酶 II（DNA-pol II）、DNA 聚合酶 III（DNA-pol III）、DNA 聚合酶 IV（DNA-pol IV）和 DNA 聚合酶 V（DNA-pol V），都与 DNA 链的延长有关。

DNA 聚合酶只能催化脱氧核糖核苷酸加到已有核酸链的游离 3′-OH 上，而不能使 2 个游离的脱氧核糖核苷酸发生聚合。也就是说，它需要引物链（primer strand）的存在，只能在已有的一小段核酸序列 3′-OH 末端催化新的核苷酸的聚合。加入的核苷酸种类则由模板链的序列所决定。

DNA 聚合酶所催化的链延长反应为：子链末端核苷酸的游离 3′-OH 对进入的脱氧核糖

核苷三磷酸 α-磷原子发生亲核攻击，从而形成 $3',5'$-磷酸二酯键并脱下焦磷酸，如图 8-20 所示。

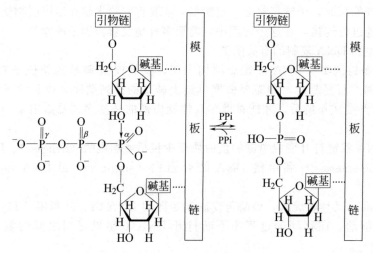

图 8-20　DNA 聚合酶催化的链延长反应

DNA-pol I 除了具有 $5'{\rightarrow}3'$ DNA 链聚合活性外，还具有 $3'{\rightarrow}5'$ 核酸外切酶及 $5'{\rightarrow}3'$ 核酸外切酶等活性。在 DNA 复制的过程中，该酶的主要功能为校正复制中的错误：如果复制过程中子链出现了错误的核苷酸，该酶将首先对错误的核苷酸切除，随后填补入正确的核苷酸。此外，该酶还对复制和修复中出现的空隙进行填补。

DNA-pol II 和 DNA-pol III 也同时具有 $5'{\rightarrow}3'$ DNA 链聚合活性及 $3'{\rightarrow}5'$ 核酸外切酶的活性，目前的研究认为，DNA-pol II 参与 DNA 损伤的应急状态修复（SOS 修复）。

DNA-pol III 在细胞中的含量虽然不高，但却是大肠杆菌细胞中真正负责复制的酶。DNA-pol III 是由 10 个亚基组成的蛋白质。其中 α 亚基具有 $5'{\rightarrow}3'$ DNA 聚合活性，起催化新链延伸的作用。ε 亚基具有 $3'{\rightarrow}5'$ 核酸外切酶的活性，起校对作用，可提高 DNA 复制的保真性。亚基 α、ε、θ 组成核心酶，用于催化链的正确延伸。β 亚基的作用相当于夹子，在复制的过程中可夹住模板链并向前滑动。DNA-pol III 为异二聚体，它使两条解开的 DNA 单链共同进行复制。随从链的模板在延伸过程中可以回转，因此，两条新链的复制是共用一个 DNA-pol III。如图 8-22 所示。

DNA-pol IV 和 DNA-pol V 的发现相对前三种较晚，研究表明，当 DNA 受到严重损伤时，这两种酶可被诱导产生。因此其功能涉及 DNA 的损伤修复。但其修复的准确性相对较低，容易导致突变。

综上所述，DNA 聚合酶的反应特点为：以 4 种脱氧核糖核苷三磷酸作底物；反应需要接受模板的指导；反应需要有引物末端 $3'$-OH 存在；DNA 链的延长方向为 $5'{\rightarrow}3'$；产物 DNA 的性质与模板相同。这就表明了 DNA 聚合酶合成的产物是模板的复制物。

③ 引物酶　DNA 聚合酶不能催化两个游离的 dNTP 聚合，只能在已有的一段核酸序列的 $3'$-OH 末端催化 dNTP 的结合。因此，即使 DNA 处于单链模板状态，如果没有一段核酸作为引物，复制仍然无法进行。而引物需要引物酶（primase）的催化作用才能合成。

在 DNA 的复制过程中，负责催化引物合成的酶为依赖 DNA 的 RNA 聚合酶，该酶以 DNA 为模板根据碱基互补配对的原则，催化 $5'{\rightarrow}3'$ 方向的 RNA 聚合，即其产物为 RNA。此小段 RNA 序列留有 $3'$-OH 末端，用来引导 DNA 聚合酶起始 DNA 链的合成。因此，引物酶的作用为：根据其可以催化游离 NTP 聚合的能力，为 DNA 聚合酶提供 $3'$-OH 末端以催化 dNTP 的加入。

④ DNA 连接酶　　DNA 聚合酶只能催化脱氧多核苷酸链的延长反应，不能使具有缺口的两条链连接。而复制过程中，由于随从链的不连续复制，新合成的这条子链必然存在缺口。体内催化这种缺口进行连接的酶为 DNA 连接酶（DNA ligase）。1967 年不同实验室同时发现了 DNA 连接酶。该酶催化双链 DNA 切口处的 $5'$-磷酸基和 $3'$-羟基生成磷酸酯键。

连接酶所催化的反应需要能量供给。大肠杆菌和其他细菌的 DNA 连接酶以烟酰胺腺嘌呤二核苷酸（NADH）作为能量来源，动物细胞和噬菌体的连接酶则以三磷酸腺苷（ATP）作为能量来源。大肠杆菌 DNA 连接酶是一条分子质量为 74kDa 的多肽。每个细胞含有约 300 个连接酶分子。连接酶缺陷的大肠杆菌变异株中 DNA 片段积累，对紫外线敏感性增强。可见，DNA 连接酶在 DNA 的复制、修复等过程中均起着重要作用。

（2）DNA 复制的过程　　复制过程可分起始、延伸和终止 3 个阶段。

① 复制的起始　　不是 DNA 上的任意序列都可以作为复制的起始点。在原核生物中，复制是从固定的起点 ori C 开始的。复制的起始包括一系列复杂的步骤。需要 Dna A、DnaB、Dna C、拓扑异构酶及引物酶等多种蛋白质的作用。

首先，DnaA 蛋白识别并结合于复制起始位点 ori C。大肠杆菌 ori C 区序列有两个特殊的重复单位：一个是含有 9 个碱基对的 4 拷贝重复序列，另一个是富含 13 个 A-T 碱基对的 3 拷贝重复区。AT 之间只有两个氢键，而 GC 间有三个氢键。相对三个氢键，AT 的两个氢键容易打开，所以 oriC 区对复制起始非常重要，此区域是多种蛋白质的结合位点，如图 8-21（a）所示。此时，Dna B 蛋白，即解螺旋酶，在 Dna C 蛋白的协同下，结合 DNA 并沿解链方向移动，使双链解开足够的长度用于复制，并且逐步置换出 Dna A 蛋白，此时，复制叉已初步形成。在这两种蛋白质的作用下，DNA 双链逐渐打开。为保持单链的稳定性，SSB 迅速结合在打开的单链上。

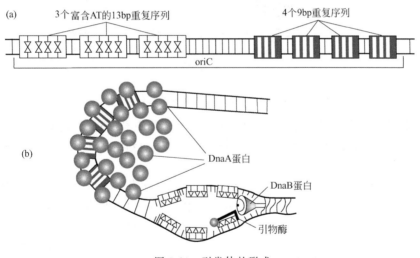

图 8-21　引发体的形成

在上述解链的基础上，引物酶参与进来准备催化合成最初的 RNA 引物。由此，形成的包含 Dna B、Dna C、引物酶和 DNA 复制起点的复合结构称为引发体。如图 8-21（b）所示。

引发体沿解链方向向前移动，引物酶合成长度约为含有十几到几十个核苷酸不等的 RNA 引物。引物末端含有 $3'$-游离羟基。解链的高速进行会引起下游 DNA 的打结现象，通过拓扑异构酶 Ⅱ 的切断和再连接 DNA 的作用可消除解链产生的扭曲及打结现象。上述复制引发步骤完成之后，DNA-pol Ⅲ 即结合到 DNA 模板上，在 RNA 引物 $3'$-OH 后面合成新的 DNA 链。

201

② 复制的延伸　复制的延伸是指在 DNA-pol Ⅲ 的催化作用下，依照模板 DNA 的序列，根据碱基互补配对规律合成子链的过程。在这个过程中，DNA-pol Ⅲ 催化磷酸二酯键的作用需要能量，这是由每个 dNTP 底物的高能磷酸键水解释放的能量提供的。

复制是随着模板 DNA 链的不断解开而进行的。拓扑异构酶、解旋酶等都参与了模板链的打开，SSB 四聚体蛋白也不断地结合于单链模板上以保证其稳定性。随着子链不断地合成，SSB 则不断地与模板 DNA 单链解聚、结合。

在同一复制叉上，领头链的复制是连续的，随从链的复制是不连续的。伴随母链的不断解开，随从链需要引物酶合成多个引物来完成多个冈崎片段的复制。虽然如此，随从链与领头链并不是在 2 个不同的 DNA-pol Ⅲ 的催化作用下合成，而是由同一个酶催化延长。这是由于随从链的模板 DNA 可以折叠或绕成环状，因而可以与领头链正在延长的区域对齐，使两条链的延伸点都处在同一个 DNA-pol Ⅲ 的催化位点上。如图 8-22 所示。

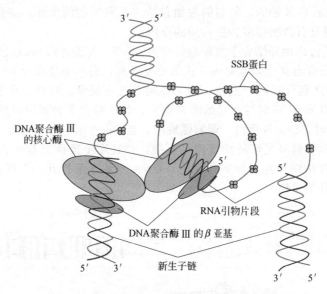

图 8-22　原核生物复制的延伸

③ 复制的终止　细菌的染色体为环状 DNA，从起始点开始进行双向复制，双向复制的两条链在终止区（terminus region）相遇并停止复制，该区含有多个约 22 bp 的终止子（terminator）位点。

由于在复制起始的时候需要引物，而引物片段的组成为 RNA，在复制过程中，体内的 RNA 酶将这些 RNA 逐渐水解，留下的子链缺口由 DNA-pol Ⅰ 催化合成的 DNA 片段进行填补。由于随从链的不连续复制，因此有多个这样的引物片段缺口被填补，但最后还是留下每两个相邻冈崎片段之间的缺口，前一个片段的末端为 3′-OH，另一个片段的起始端为 5′-P。这时 DNA-pol Ⅰ 就无法发挥作用了，必须借助 DNA 连接酶的作用，才能将这个缺口进行连接。这个过程实际上在子链延长的过程中已陆续进行，不是等到最后的终止才进行连接的。同样，领头链上也存在一个 RNA 引物片段。在复制末期，这个片段也经过水解、重新合成、最后连接的方式完成复制。

8.4.1.3　真核生物 DNA 的复制

真核生物 DNA 复制在许多方面与原核生物相似，例如都利用复制叉进行半保留、半不连续复制。但由于真核细胞染色体中的 DNA 分子是线性的，比原核细胞 DNA 大好几个数量级，因此它们的复制更复杂。

真核生物 DNA 的复制速度比原核生物慢，它们的基因组却比原核生物大，然而真核生物染色体 DNA 上有许多复制起点，它们可以分段进行复制。例如，细菌 DNA 复制叉的移动速度为 50 000 bp/min，哺乳类动物复制叉的移动速度实际上仅为 1000～3000bp/min，两者相差 20～50 倍。然而哺乳类动物的复制子只有细菌的几十分之一，所以对每个复制单位而言，复制所需时间在同一数量级。真核生物在快速生长时，往往采用更多的复制起点。幼年细胞生长较快，DNA 复制也必须较快，在复制速度不变的情况下利用更多的复制起点便可以加速复制的进行。真核生物染色体与原核生物 DNA 复制还有一个明显的区别：真核生物染色体在全部复制完成之前起点不再重新开始复制。而在快速生长的原核生物中，起点可以连续发动复制。此外，原核细胞的 DNA 聚合酶与真核细胞的 DNA 聚合酶是有差别的，它们的分子大小和功能都有差异。它们之间的区别还包括：真核细胞 DNA 结构比原核细胞 DNA 复杂，真核细胞的 DNA 与组蛋白一起构成核小体，因此复制时必然涉及核小体中亲代 DNA 链与组蛋白解开的过程。在 DNA 复制的同时，组蛋白也不断产生，新生的子代 DNA 很快与组蛋白结合在一起，重新组装成核小体。

8.4.1.4　DNA 的损伤及其修复

DNA 在复制过程中，有多重机制保证其复制的保真性，这是生物保持遗传性状的基础。但由于各种理化因素的存在，仍然会发生 DNA 的损伤或突变。

引起 DNA 损伤的因素有很多，比如紫外线、辐射、化学诱变剂、病毒等。DNA 的损伤也有多种形式，包括碱基修饰、碱基改变、核苷酸删除和插入、DNA 链的交联以及磷酸二酯键骨架的断裂。由于 DNA 的重要性，体内存在着对受损的 DNA 进行修复的系统。DNA 修复（DNA repairing）是指针对已发生了的缺陷而实行的补救机制。

DNA 突变是指个别核苷酸残基或 DNA 片段在结构、复制或表型功能的异常变化，并且这些改变没有得到修复，而是被遗传下来。

突变在生物界普遍存在，在 1%～50% 的人群中，平均每 200～300 个核苷酸就有一个碱基发生了突变，可见个体之间 DNA 结构存在着很大变异。但由于突变多发生在非基因序列，因此多数突变得不到表达，不会产生任何后果，而发生在基因序列的突变，有些是正常突变，有些是有益的，有些是有害的，甚至是致死的，而有些是条件有害的。因此并不是所有的突变对机体都是有害的，从长远的生物史看，进化过程是突变的不断发生造成的。

体内存在多种方式对损伤的 DNA 进行修复，主要有光修复（light repairing）、切除修复（excision repairing）、重组修复（recombination repairing）和 SOS 修复等。

（1）光修复　核酸经过紫外线照射后，DNA 或 RNA 上相邻的嘧啶以共价键结合成二聚体的状态，这是紫外线对 DNA 造成损伤的主要机制。这种损伤通过光复活酶（photolyase）的作用就可修复，此酶普遍存在于各种生物，人体细胞中也有发现。仅需300～600 nm 波长的光照射即可将该酶活化，通过此酶作用，可使嘧啶二聚体分解为原来的非聚合状态，DNA 完全恢复正常（图 8-23）。

（2）切除修复　切除修复是细胞内最重要的修复机制，主要由 DNA 聚合酶Ⅰ及连接酶执行修复（图 8-24）。至于 DNA 损伤的部位是如何去除的，原核生物和真核生物需要不同的酶系统。原核生物 DNA 损伤的研究，早期以紫外线照射来建立损伤的模型，并因此发现与紫外线损伤及修复有关的一些基因（$uvrA$、$uvrB$、$uvrC$），可能还需要有解螺旋酶（helicase）的协助，才能把损伤部位除去。

（3）重组修复　当 DNA 分子的损伤面较大，还来不及修复完善就进行复制时，损伤部位因无模板指引，复制出来的新子链会出现缺口，这时就靠重组蛋白 RecA 的核酸酶活性将另一股健康的母链与缺口部分进行交换，以填补缺口。RecA 是 $recA$ 基因的产物，该基因是 $E.coli$ 与重组（recombination）有关的一系列基因之一。重组基因除 $recA$ 外，还有

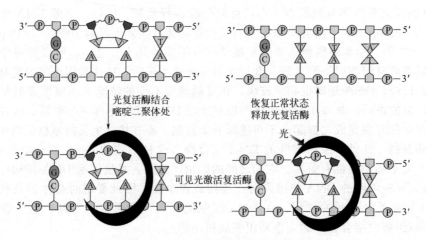

图 8-23　紫外线损伤的光复活过程

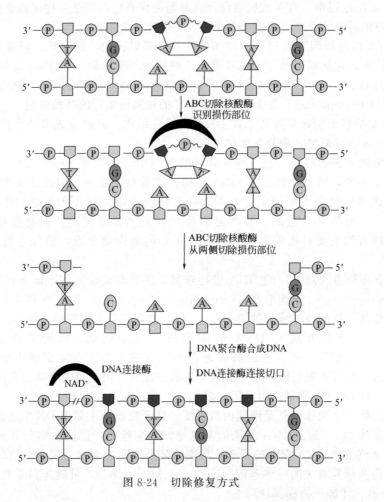

图 8-24　切除修复方式

recB、*recC* 等。所谓健康母链，是指同一细胞内已完成复制的链，或可来自亲代的一股 DNA 链。损伤链移到已完成复制的链上，如果损伤只发生在双链 DNA 中的一股单链，则下一轮的复制损伤链就只占 DNA 的 1/4，不断复制后，其比例就越来越低，从而大大使损伤链"稀释"（图 8-25）。

204

（4）SOS修复 SOS是一种应急性的修复方式。细胞采用这一修复方式是由于DNA损伤广泛至难以继续复制，由此而诱发出一系列复杂的反应。参与这一反应的，除了前述的切除修复基因 uvr 类、重组修复基因 rec 类的产物外，还有调控蛋白LexA等。最近还发现，$E.coli$ 的DNA聚合酶Ⅱ是参与这一修复反应的。所有这些基因，组成一个称为调节子（regulon）的网络式调控系统。通过SOS修复，复制如能继续，细胞是可存活的。然而，DNA保留错误会较多，引起广泛、长期的突变。SOS修复网络辖下的基因，一般情况下都是不活跃、不表达的，只有在紧急情况下才能被整体地动员。使用细菌为研究材料的实验还证明，不少能诱发SOS修复机制的化学药物，都是哺乳动物的致癌剂。

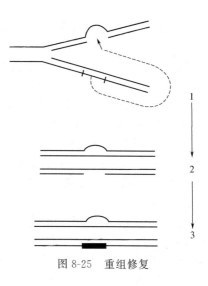

图8-25 重组修复

8.4.2 RNA的生物合成

RNA的生物合成包括两种方式：一个是转录（transcription），即以DNA为模板，以4种核糖核苷酸为原料，在依赖DNA的RNA聚合酶催化下合成RNA。另一个方式是RNA的复制，即以RNA为模板，以4种核糖核苷酸为原料，在依赖RNA的RNA聚合酶催化下合成RNA的过程。除少数RNA病毒以RNA复制的方式传递遗传信息外，大部分生物中的遗传信息都是通过转录把DNA的碱基序列转换成RNA的序列而输出，转录产物为mRNA、rRNA、tRNA等。这里主要介绍以转录方式进行的RNA的生物合成。

8.4.2.1 原核生物中的基因转录

（1）原核细胞中的RNA聚合酶 参与原核生物基因转录的酶为依赖DNA的RNA聚合酶。

大肠杆菌和其他原核生物一样，只有一种RNA聚合酶。$E.coli$ RNA聚合酶全酶（holoenzyme）是由2个 α 亚基及 β、β'、σ、ω 共6个亚基构成的蛋白质多聚体，另外还有2个 Zn^{2+}。$\alpha_2\beta\beta'\omega$ 亚基构成核心酶，核心酶可以按照DNA的模板信息催化RNA链的延长，但不具备辨认转录起始位点的能力，加入 σ 亚基后，全酶才能在正确的位点起始合成RNA。因此 σ 亚基的功能为辨认DNA上的转录起始位点。一旦转录开始，σ 亚基就从全酶上解离。此外，α 亚基决定哪些基因可以被转录；β 亚基的功能为结合核苷酸底物，催化磷酸二酯键形成。β' 亚基是RNA聚合酶与DNA模板相结合的组分，参与转录的全过程。σ 亚基与核心酶的结合还能促使 β' 亚基构象的改变，使其与模板结合更牢固。ω 亚基的功能现在还不清楚。如表8-1所示。

表8-1 $E.coli$ RNA聚合酶各亚基性质及功能

亚基	基因	相对分子质量	亚基数	功能
α	$rpoA$	40000	2	决定哪些基因被转录
β	$rpoB$	155000	1	结合核苷酸底物，催化磷酸二酯键形成
β'	$rpoC$	160000	1	与模板DNA结合
σ	$rpoD$	32000～92000	1	识别启动子，促进转录起始
ω	未知	9000	1	未知

RNA 聚合酶识别并结合于完整的双链 DNA 上，转录时 DNA 的双链结构局部解开，RNA 聚合酶只以其中的一股链为模板进行转录，将其称为模板链。另一股链不转录，称为编码链。模板链并非总在同一单链上，在某区段 DNA 上一股单链是模板链，而在另一区段上则以对应单链作模板。转录后 DNA 恢复双链的结构。核心酶覆盖 DNA 的区域约为 60bp，其中解链部分长度约为 17bp，RNA-DNA 杂合链约为 12bp。37℃时，原核细胞中的 RNA 聚合酶的聚合速度每秒可达 50 个核苷酸。

(2) 原核生物基因转录的过程　转录过程可分起始、延伸和终止 3 个阶段。

① 转录的起始　在转录的起始阶段，RNA 聚合酶全酶识别并结合于待转录基因上游特定的 DNA 区域，然后局部解开 DNA，暴露出单链模板，这段被识别的位点称为启动子 (promoter site)。

启动子是指 RNA 聚合酶能识别、结合和开始转录的一段 DNA 序列。原核细胞的启动子约含 40～60 个碱基对。将开始转录的 5'-端第一个核苷酸位置标记为 +1，用负数表示上游的碱基序数。发现启动子在下述区域有 2 个特殊部位：一个是在转录起始点上游 -10 碱基对处有一段富含 A-T 碱基对的 TATAAT 序列，称 Pribnow 盒 (Pribnow box)。另外一个位置在 -35 碱基对附近，序列特征为 TTGACA (Sextama 盒)，这是 RNA 聚合酶初始识别的部位。比较多种原核生物的 -10 序列和 -35 序列后发现，这两段序列比较保守，其中 -10 序列的稳定性更强。

转录起始时，RNA 聚合酶识别 -35 序列，然后沿模板 DNA 移动至 -10 序列，即 Pribnow 盒，此时聚合酶与模板 DNA 呈紧密结合状态，形成稳定的复合物，转录开始。σ 因子此时起关键作用，除了识别转录起始位点外，σ 亚基与 β' 亚基结合时，还能使 β' 亚基的构象有利于核心酶与启动子紧密结合。

与复制不同的是，RNA 聚合酶可以催化两个游离核苷酸的聚合，因此转录起始不需要引物。RNA 聚合酶进入起始部位后，根据 DNA 模板序列，直接催化 2 个游离的 NTP 形成第一个磷酸二酯键，并通过碱基互补作用结合到 DNA 模板链上。第一个核苷酸以 GTP 最常见，并且 GTP 仍保留 5'-端的三个磷酸，形成 RNA 聚合酶全酶-DNA-pppGpN-OH-3' 复合物，称为转录起始复合物。RNA 链合成开始后，σ 因子从复合物上脱落，核心酶进一步合成 RNA 链，进入转录的延伸阶段。σ 因子可以反复使用，它可与新的核心酶结合成 RNA 聚合酶的全酶，起始另一次转录过程。

② 转录的延伸　RNA 链的延长反应由核心酶催化。σ 亚基的释放，使核心酶的 β' 亚基构象变化，与 DNA 模板亲和力下降，核心酶沿模板 DNA 链向下游方向滑动，RNA 聚合酶以 ATP、CTP、GTP 和 UTP 为原料合成 RNA。与 DNA 复制一样，RNA 链的合成也是有方向性的，即从 5'-端向 3'-端进行。每滑动一个核苷酸的距离，则有一个核糖核苷酸按 DNA 模板链的碱基互补关系进入模板，形成一个磷酸二酯键，如此不断延长下去。转录的 RNA 与它的模板链形成暂时的 RNA-DNA 杂化双链，核心酶经过后，新生成的 RNA 从 DNA 上脱落，伸出 DNA 链之外，DNA 即恢复双螺旋结构。如图 8-26 所示。原核细胞由于没有细胞核，因此翻译也伴随着转录同时进行。

③ 转录的终止　转录一旦开始，通常都能继续下去，直至转录完成而终止。DNA 中有一段特殊序列，能提供转录停止信号，称为终止子。

转录终止信号分两类，一类不需要依赖 ρ 因子，另一类需要依赖 ρ 因子而终止转录。ρ 因子是在大肠杆菌中发现的能控制转录终止的蛋白质，是由相同亚基构成的六聚体，与 poly C 的结合力最强。

不依赖于 ρ 因子的转录终止，转录终止区的模板 DNA 链富含 GC 回文区域和随后的一段富含 AT 的序列。以这段终止信号为模板转录出的 RNA 即形成具有茎环的发夹形结构

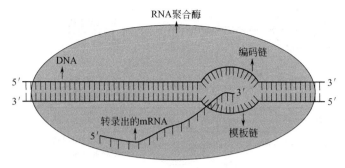

图 8-26　转录

(hairpin structure)，随后是含有一串 UUUU……的序列。这种发夹结构可能改变了 RNA 聚合酶的构象，因此阻碍了聚合酶与模板 DNA 的结合。RNA 链的合成即终止（图 8-27）。此外，寡聚 U 也促进了 RNA 链从模板上脱落。

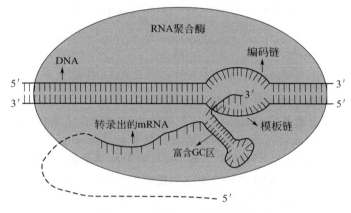

图 8-27　不依赖于 ρ 因子的终止子

另一类的转录终止，是需要 ρ 因子的参与才能完成链的终止。ρ 因子与正在合成的 RNA 链相结合，并利用水解 ATP 释出的能量从 5′→3′ 端移动，当聚合酶遇到终止信号时，聚合酶移动速度减慢，ρ 因子就很快追赶上来，使转录终止，释放 RNA，并使 RNA 聚合酶与 ρ 因子一起从 DNA 上脱落下来（图 8-28）。

8.4.2.2　真核细胞中的基因转录

（1）真核细胞中的 RNA 聚合酶　真核细胞中已发现 3 种 RNA 聚合酶：RNA 聚合酶 I，负责 28S rRNA、18S rRNA 和 5.8S rRNA 的转录；RNA 聚合酶 II，转录产物为携带编码蛋白质基因信息的 mRNA，此外也转录一些核内小 RNA（snRNA）；RNA 聚合酶 III，负责转录 tRNA 和其他小分子 RNA。这三种 RNA 聚合酶相对分子质量都在 50 万左右，亚基数通常有 8～14 个。

动物、植物、昆虫等不同来源的细胞，RNA 聚合酶 II 的活性都可被低浓度的 α-鹅膏蕈碱抑制，RNA 聚合酶 I 不受抑制。动物 RNA 聚合酶 III 受高浓度的 α-鹅膏蕈碱抑制，酵母、昆虫的 RNA 聚合酶 III 不受抑制。α-鹅膏蕈碱是一种八肽化合物，对真核生物 RNA 聚合酶有较大毒性，但对原核生物 RNA 聚合酶只有微弱抑制作用。

除了细胞核 RNA 聚合酶外，还分离到线粒体和叶绿体 RNA 聚合酶，它们的结构简单，能转录所有种类的 RNA，类似于细菌 RNA 聚合酶。

（2）真核生物中的基因转录过程　真核生物的启动子有 I 型、II 型和 III 型三类，分别由 RNA 聚合酶 I、RNA 聚合酶 II 和 RNA 聚合酶 III 进行转录。下面仅以 RNA 聚合酶 II 参与

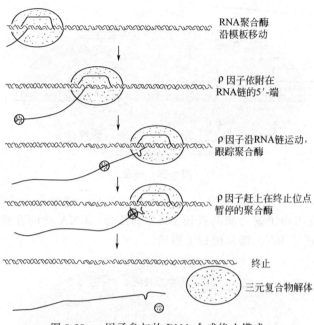

RNA聚合酶
沿模板移动

ρ因子依附在
RNA链的5′-端

ρ因子沿RNA链运动，
跟踪聚合酶

ρ因子赶上在终止位点
暂停的聚合酶

终止

三元复合物解体

图 8-28　ρ因子参与的 RNA 合成终止模式

催化的转录为例说明真核生物中的基因转录过程。

　　真核生物 RNA 聚合酶Ⅱ完成 RNA 合成的基本机制与原核生物相似，也分为转录的起始、延长及终止阶段。但真核生物的转录过程比原核生物复杂得多。

　　① 转录的起始　相对于大多数原核生物 RNA 聚合酶简单地识别启动子而启动转录来说，真核生物待转录基因的旁侧序列中有更多的能影响该段基因转录的序列，我们将其统称为顺式作用元件。顺式作用元件包括启动子、增强子及沉默子等序列，对调控基因转录起始起重要作用。顺式作用元件本身不编码任何蛋白质，仅仅提供一个作用位点。而转录的起始除了需要 RNA 聚合酶识别结合启动子外，还需要其他多种蛋白质因子与这些顺式作用元件相互作用。能直接或间接地识别或结合在各类顺式作用元件并参与调控靶基因转录效率的蛋白质，统称为反式作用因子。

　　典型的 RNA 聚合酶Ⅱ的启动子，由核心启动子（core promoter）和启动子近侧序列元件（promoter proximal sequence elements，PSE）两个区域组成。

　　a. 核心启动子　很多迅速转录的基因启动子中，都存在 1 个高度保守的核心启动子序列 TATA 盒，该序列位于转录起始位点上游大约 25～35bp。TATA 盒序列几乎和细菌启动子的－10 区相同，但位置不同。其作用类似于原核基因启动子，它不仅使 RNA 聚合酶Ⅱ能够起始转录，而且对于保证在固定位点开始转录起关键作用。

　　b. 启动子近侧序列元件（PSE）　核心启动子上游 100～200bp 范围内有一个转录调控区，叫作启动子近侧元件。这些元件常常表现出细胞类型特异性。典型的如 GC 盒、CAAT 盒等短序列元件，它们决定启动子的转录效率和特异性。CAAT 盒是真核基因中最常见PSE 元件之一，一般位于－80bp 附近。它的一个特点是它的功能和方向无关。这个元件对于启动子的转录效率十分重要，但与启动子的特异性没有直接关系，它的存在加强了启动子的转录能力。GC 盒也是比较常见的 PSE 元件，经常以多拷贝出现，其共有序列为GGGCGG，它的功能也和序列方向无关。GC 盒一般在转录起始区上游 100～200bp 处，长20～50bp，是富含 GC 的序列元件。

　　c. 增强子及沉默子　顺式作用元件中的增强子是指远离转录起始点，决定基因的时间、

208

空间特异性表达，增强启动子转录活性的 DNA 序列，其发挥作用的方式通常与方向、距离无关，可位于转录起始点的上游或下游。而沉默子是指某些基因含有的一种负性调节元件，当其结合特异蛋白因子时，对基因转录可能会起阻遏作用的一段 DNA 序列。

　　d. 反式作用因子　　在原核基因转录起始过程中，主要由 RNA 聚合酶承担识别启动子的作用。而在真核基因转录起始阶段，反式作用因子的重要性大大提高了。识别真核基因的启动区序列，起主要作用的通常不是 RNA 聚合酶本身，而是其他的反式作用因子。RNA 聚合酶Ⅱ通过这些蛋白质因子才能形成具有活性的转录复合体。反式作用因子包括基本转录因子、上游因子、可诱导因子等。能直接或间接与 RNA 聚合酶结合的称为基本转录因子，这些基本转录因子作用于核心启动子上。此外，与启动子上游元件如 GC 盒、CAAT 盒等顺式作用元件结合的蛋白质，称为上游因子。而可诱导因子是与增强子等远端调控序列结合的反式作用因子。

　　最基本的真核生物 RNA 聚合酶Ⅱ催化的转录起始为：反应的起始并不是由 RNA 聚合酶Ⅱ识别启动子，而是由几个基本转录因子识别并结合核心启动子后，RNA 聚合酶Ⅱ才结合于启动子区域。随后，其他的基本转录因子成分陆续结合于酶作用的区域，形成转录起始前复合物，此时 RNA 聚合酶Ⅱ部分位点发生磷酸化反应，进而引起活性改变，启动转录。

　　真核细胞中，核心启动子和基本转录因子对于 RNA 聚合酶Ⅱ的转录是必要的，但它们单独作用有时只能引起低水平的转录。要达到适宜水平的转录还需要位于上游的调节控制元件及识别其的上游因子的参与作用。通过一个或多个上游转录因子相互作用后，再作用于基本转录因子，以增强后者组装起始复合物的能力。其他一些基因转录起始的调控则要通过各种反式作用因子与顺式作用元件相互作用而完成。通常一个元件可以被不止一个因子所识别，有些因子存在于所有细胞，有些因子只存在于一定种类的细胞和发育时期。两个或多个反式作用因子之间还可以相互作用、相互搭配，再与基本转录因子、RNA 聚合酶Ⅱ搭配，而有针对性地结合并转录相应的基因。

　　② 转录的延长　　真核生物转录延长过程与原核生物大致相似。新转录的 RNA 链从 $5'\rightarrow 3'$ 方向合成，但其不需要引物的存在，同时因为细胞核的存在，翻译不能伴随转录同时进行。真核生物 DNA 的高级结构含有核小体，体内外实验表明，伴随着 RNA 聚合酶Ⅱ的前移，核小体可能发生了解聚或者移位。

　　③ 转录的终止　　有关真核生物转录的终止信号和终止过程了解较少，目前的研究认为，体内存在着转录终止因子。但真核生物的转录终止机制与转录后修饰密切相关。

　　真核生物的 RNA 聚合酶Ⅱ在转录某特定基因序列后并没有立刻停止，而是继续延长一段距离，最终在某个位置停止并从模板 DNA 上释放。在 mRNA 读码框架后的 $3'$-末端常有一段共同序列 AAUAAA，在下游常会有很多的 GU 序列，这些序列可以被转录终止相关因子特异性识别，而将 mRNA 在 AAUAAA 后切断，随即加入 $5'$-端帽子结构及 $3'$-端 polyA 尾巴。同时促使 RNA 聚合酶Ⅱ和模板解离而完成转录终止。

8.4.2.3　mRNA 转录后的加工与修饰

　　转录生成的初级 RNA 产物是成熟 RNA 的前体，通常还需要经过一系列加工修饰过程，才能最终成为具有功能的成熟 RNA 分子。真核细胞的 mRNA 前体是核内分子量较大而不均一的 RNA（heterogeneous nuclear RNA，hnRNA），mRNA 由 hnRNA 加工而成，包括 $5'$-端和 $3'$-端的首尾修饰及剪接等加工过程。

　　(1) $5'$-端加帽子结构　　mRNA 的 $5'$-端帽子结构是 hnRNA 在转录后加工过程中形成的。转录产物第一个核苷酸 $5'$-三磷酸核苷（$5'$-pppN），在细胞核内磷酸酶的作用下水解释放出无机焦磷酸。然后，该核苷酸与另一分子 GTP 反应，通过 $5',5'$-磷酸二酯键生成三磷酸二核苷。接着在甲基化酶作用下，第一个鸟嘌呤碱基或第二个核苷酸碱基发生甲基化反应，形成帽子结构（如 $5'-m^7GpppNp$，或 $5'-GpppmN$ 等形式）。该结构的功能可能是翻译过程中起识别作用，并能稳定 mRNA，延长半衰期。

（2）$3'$-端加多聚腺苷酸尾巴　mRNA 分子 $3'$-末端的 polyA 尾巴不是依赖模板 DNA 序列转录生成的，它的生成是伴随转录终止同时进行的。在细胞核内，首先由特异核酸外切酶切去 mRNA 前体分子 $3'$-端多余的核苷酸，再由多聚腺苷酸聚合酶催化，以 ATP 为底物，进行聚合反应形成多聚腺苷酸尾。polyA 长度为 $80\sim250$ 个核苷酸，其长短与 mRNA 的寿命有关。并且随着 poly A 的缩短，翻译的活性下降。因此，poly A 尾与维持 mRNA 稳定性、保持翻译模板活性有关。

（3）剪接　hnRNA 在加工成为成熟 mRNA 的过程中，约有 $50\%\sim70\%$ 的核苷酸链片段被剪切。真核细胞的基因通常是一种断裂基因（interrupted gene），即由几个编码区被非编码区序列相间隔并连续镶嵌组成。在结构基因中，具有表达活性的编码序列称为外显子（exon）；无表达活性、不能编码相应氨基酸的序列称为内含子（intron）。转录过程中，外显子和内含子均被转录到 hnRNA 中。在细胞核中，hnRNA 通过酶的作用被剪接，即切掉内含子部分，然后将各个外显子部分再拼接起来。如图 8-29 所示。

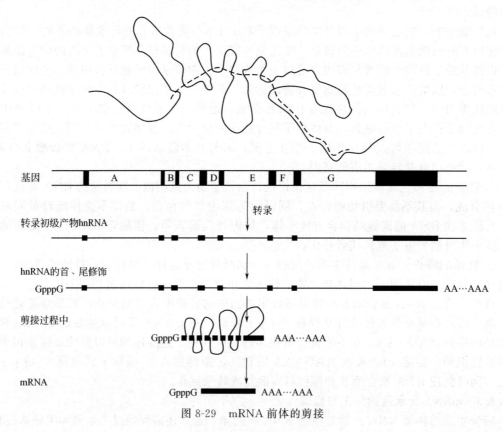

图 8-29　mRNA 前体的剪接

8.5　蛋白质的生物合成

　　蛋白质是生命功能的直接执行者，其基本组成单位为氨基酸。蛋白质的生物合成也就是机体通过一定的机制将氨基酸按照遗传信息的指导组装成蛋白质的过程，我们把这个过程叫做翻译。生命的遗传物质 DNA 并不能直接将信息传递给蛋白质，而是通过转录，将信息以 mRNA 的方式传递给蛋白质的合成机器。因此，翻译是在 mRNA 的指导下，根据核苷酸链上每三个相邻核苷酸决定一个氨基酸的规则，合成出具有特定氨基酸序列的多肽链的过程。也就是把 mRNA 中由 A、G、C、U4 种碱基组成的遗传信息，转化为蛋白质分子的 20 种氨基酸排列顺序。

8.5.1 蛋白质的生物合成体系

蛋白质的生物合成是在细胞浆中的核糖体上进行的，核糖体由几种 rRNA 及多种蛋白质分子构成，核糖体中的某些 rRNA 还具有酶的催化活性。合成蛋白质的底物为 20 种氨基酸，这些氨基酸是通过 tRNA 的转运作用被运送到合成部位的。体内含有多种 tRNA 用于搬运不同种类的氨基酸。对于特定的蛋白质，其氨基酸的一级结构是有特定的排列顺序的，这个顺序由翻译时夹在核糖体大小亚基中的 mRNA 序列所决定。此外，多种蛋白质、酶、辅助因子及用于提供能量的 ATP 和 GTP 也加入到蛋白质的合成体系中。

8.5.1.1　mRNA 是合成蛋白质的直接模板

真核细胞中，每种 mRNA 一般只带有一种蛋白质的编码信息，是单顺反子的形式，而原核细胞中每种 mRNA 分子常带有多个功能相关蛋白质的编码信息，以一种多顺反子的形式排列，在翻译过程中可同时合成几种蛋白质。所谓的单顺反子是指一条 mRNA 模板只含有一个翻译起始点和一个终止点，因而一个基因编码一条多肽链。而多顺反子是指几种不同的 mRNA 连在一起，相互之间由一段短的不编码蛋白质的间隔序列所隔开，这种 mRNA 叫做多顺反子，这样的一条 mRNA 链含有指导合成几种蛋白质的信息。如图 8-30 所示。

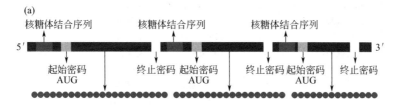

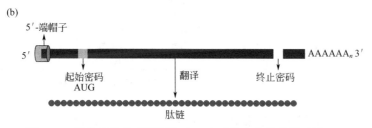

图 8-30　原核生物的多顺反子（a）和真核生物的单顺反子（b）

作为蛋白质生物合成直接模板的 mRNA 是如何把它所携带的遗传信息传递给蛋白质的呢？经科学家大量的实验证明，mRNA 序列上每三个相邻的碱基就对应着一个特定的氨基酸，这三个相邻的碱基就称为密码子。当翻译机器读取到 mRNA 上的三联密码时，特定种类的 tRNA 就会携带相对应的氨基酸来到合成位置进行合成。

理论上，mRNA 中的四种碱基可以组成 64 种密码子，但实际上只有 61 组编码氨基酸的密码子。这是由于 UAA、UAG、UGA 是肽链合成的终止密码，不编码任何氨基酸，它们单独或共同存在于 mRNA 3'-末端。当核糖体读取到其中的一组或几组同时出现的终止密码时，翻译就会停止。由于 61 组密码子对应构成蛋白质的 20 种氨基酸，因此每种氨基酸至少有一种密码子。如表 8-2 所示。

表 8-2　遗传密码表

第一位 （5′端）核苷酸	第二位（中间）核苷酸				第三位 （3′端）核苷酸
	U	C	A	G	
U	苯丙氨酸 (Phe, F)	丝氨酸 (Ser, S)	酪氨酸 (Tyr, Y)	半胱氨酸 (Cys, C)	U
	苯丙氨酸 (Phe, F)	丝氨酸 (Ser, S)	酪氨酸 (Tyr, Y)	半胱氨酸 (Cys, C)	C
	亮氨酸 (Leu, L)	丝氨酸 (Ser, S)	终止 (Stop)	终止 (Stop)	A
	亮氨酸 (Leu, L)	丝氨酸 (Ser, S)	终止 (Stop)	色氨酸 (Trp, W)	G
C	亮氨酸 (Leu, L)	脯氨酸 (Pro, P)	组氨酸 (His, H)	精氨酸 (Arg, R)	U
	亮氨酸 (Leu, L)	脯氨酸 (Pro, P)	组氨酸 (His, H)	精氨酸 (Arg, R)	C
	亮氨酸 (Leu, L)	脯氨酸 (Pro, P)	谷氨酰胺 (Gln, Q)	精氨酸 (Arg, R)	A
	亮氨酸 (Leu, L)	脯氨酸 (Pro, P)	谷氨酰胺 (Gln, Q)	精氨酸 (Arg, R)	G
A	异亮氨酸 (Ile, I)	苏氨酸 (Thr, T)	天冬酰胺 (Asn, N)	丝氨酸 (Ser, S)	U
	异亮氨酸 (Ile, I)	苏氨酸 (Thr, T)	天冬酰胺 (Asn, N)	丝氨酸 (Ser, S)	C
	异亮氨酸 (Ile, I)	苏氨酸 (Thr, T)	赖氨酸 (Lys, K)	精氨酸 (Arg, R)	A
	甲硫氨酸 (Met, M)	苏氨酸 (Thr, T)	赖氨酸 (Lys, K)	精氨酸 (Arg, R)	G
G	缬氨酸 (Val, V)	丙氨酸 (Ala, A)	天冬氨酸 (ASp, D)	甘氨酸 (Gly, G)	U
	缬氨酸 (Val, V)	丙氨酸 (Ala, A)	天冬氨酸 (ASp, D)	甘氨酸 (Gly, G)	C
	缬氨酸 (Val, V)	丙氨酸 (Ala, A)	谷氨酸 (Glu, E)	甘氨酸 (Gly, G)	A
	缬氨酸 (Val, V)	丙氨酸 (Ala, A)	谷氨酸 (Glu, E)	甘氨酸 (Gly, G)	G

　　此外，比较特殊的密码子还有 AUG。通过前面的学习可知，复制和转录都不是在 DNA 链的任意位点上发生的，翻译也是如此，必须在 mRNA 链上特殊的信号或代码后才能开始。而 AUG 就是蛋白质翻译的起始密码，同时它还是甲硫氨酸的密码子。因此，所有真核生物的多肽链都是从甲硫氨酸开始，所有原核生物多肽链都以修饰过的甲硫氨酸（N-甲酰甲硫氨酸）开始。此外，少数细菌中也用 GUG 作为起始密码。在真核生物中，CUG 偶尔也用作起始蛋氨酸的密码。

　　密码子具有以下几种特点：

　　（1）方向性　蛋白质在生物合成时，核糖体是按照从 5′到 3′的方向读取 mRNA 上的编码信息的，翻译出的蛋白质是从氨基端向羧基端合成的。

　　（2）简并性和摆动性　由前述可知，有 61 组密码子编码构成蛋白质的 20 种氨基酸。我们把一种氨基酸有几组密码子，或者几组密码子代表一种氨基酸的现象称为密码子的简并性。

　　编码同一氨基酸的密码子称为同义密码子。大部分同义密码子只在第三个碱基上不同，

212

如 GCU、GCC、GCA、GCG 都代表丙氨酸。这种简并性主要是由于密码子的第三个碱基发生摆动现象形成的，也就是说密码子的专一性主要由前两个碱基决定，即使第三个碱基发生突变也能翻译出正确的氨基酸，这对于保证物种的稳定性有一定意义。

（3）连续性　从起始密码 AUG 开始，三个碱基编码一个氨基酸，这就构成了一个连续不断的读码框，直至终止码。每个碱基只读一次，不能重叠阅读。如果在 mRNA 的读码框中间插入或缺失一个（或者不是 3 的倍数）碱基就会造成移码突变，引起突变位点下游氨基酸翻译出现错误。

（4）密码的通用性　大量的事实证明，生命世界从低等到高等，基本都使用一套密码，也就是说遗传密码在很长的进化时期中保持不变。因此上述密码表是生物界通用的。但不同的物种，甚至是同种生物不同的蛋白质编码基因对密码子的使用有偏好性，即对简并密码子使用频率并不相同。

此外需要注意的是，真核生物线粒体中的 DNA 与细胞核中的 DNA 不同。根据其转录的 mRNA 的密码子也有许多不同于通用密码，例如人线粒体中，UGA 不是终止码，而是色氨酸的密码子；AGA、AGG 不是精氨酸的密码子，而是终止密码子；加上通用密码中的 UAA 和 UAG，线粒体中共有四组终止码。内部甲硫氨酸密码子有两个，即 AUG 和 AUA；而起始甲硫氨酸密码子有四组，即 AUN。

8.5.1.2　tRNA 是氨基酸的运载工具

在核酸化学部分，学习过 tRNA 分子的结构，在它的二级结构中，有非常重要的反密码子环及氨基酸接受臂。这两个结构在蛋白质的生物合成中发挥了重要作用。

先来看反密码子环，之所以将其称为反

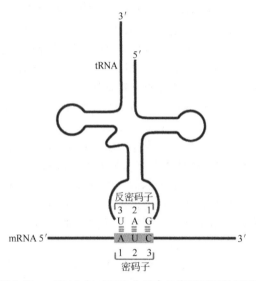

图 8-31　mRNA 与 tRNA 分子中反密码子互补配对

密码子环，是因为位于此环中间的三个碱基可以与 mRNA 分子中相应的密码子靠碱基配对原则形成氢键，达到相互识别的目的，如图 8-31 所示。在密码子与反密码子结合时，密码子的第 3 位碱基与反密码子的第 1 位碱基配对并不严格。反密码子的第 1 位碱基常出现次黄嘌呤 I（图 8-32），与 A、C、U 之间皆可形成氢键而结合。这种现象使得一个 tRNA 所携带的氨基酸可结合在 2～3 个不同的密码子上，因此当密码子的第 3 位碱基发生一定程度的突变时，并不影响 tRNA 带入正确的氨基酸。我们将这种现象称为摆动配对。

```
            3  2  1           3  2  1           3  2  1
反密码子 (3') G—C—I           G—C—I           G—C—I (5')
             ‖≡ ≡            ‖≡ ≡            ‖≡ ≡
密码子  (5') C—G—A           C—G—U           C—G—C (3')
             1  2  3           1  2  3           1  2  3
```

图 8-32　密码子与反密码子的摆动配对

tRNA 3′的氨基酸臂端都以 CCA 序列为结尾，A 碱基 3′-OH 末端是游离的，这个游离的羟基就可以与相应氨基酸的 α-羧基以酯键相连接。所谓相应，是指该 tRNA 所携带的氨基酸应为此 tRNA 反密码子互补配对的 mRNA 密码子所编码。我们将此称为氨基酸的活化。催化此反应的酶为氨基酰 tRNA 合成酶。该酶具有高度的特异性。此外，氨基酰 tRNA 合成酶还具有校正活性，一旦发现错配，即可水解掉与 tRNA 错误结合的氨基酸，而重新催化结合上与密码子相匹配的正确的氨基酸。该反应需要 ATP 提供能量。

游离氨基酸参与多肽链的合成前必须活化，未与 tRNA 相连接的氨基酸不能加到延伸的肽链上。这是因为蛋白质的合成依赖于 tRNA 的接头作用，以保证多肽链中掺入正确的氨基酸。氨基酸活化总的反应为：

$$氨基酸＋ATP＋tRNA \longrightarrow 氨基酰 tRNA＋AMP＋PPi$$

由于密码子的简并性，出现了几种密码子对应一种氨基酸的情况，相应的，也就出现了可以携带相同氨基酸而反密码子不同的 tRNA 的现象，我们将其称为同工 tRNA。它们在细胞内的合成量上有多和少的差别，分别称为主要 tRNA 和次要 tRNA。主要 tRNA 中反密码子识别 mRNA 中的高频密码子，而次要 tRNA 中反密码子识别 mRNA 中的低频密码子。每种氨基酸都只有一种氨基酰 tRNA 合成酶。

此外，mRNA 的起始密码子为 AUG，在链中间也存在编码蛋白质内部甲硫氨酸的 AUG。生物体内分别由两种不同的 tRNA 来识别这两类 AUG。

在原核生物中，$tRNA_f^{Met}$ 用于携带与起始密码子相结合的甲硫氨酸，被称为起始 tRNA。此起始 tRNA 与甲硫氨酸结合后，甲硫氨酸很快被甲酰化为 N-甲酰甲硫氨酸（N-formyl methionine，fMet），于是形成 $fMet\text{-}tRNA_f^{Met}$。而 $tRNA_m^{Met}$ 用于携带与 mRNA 序列内部 AUG 相结合的甲硫氨酸。

真核生物中，也有两种不同的 tRNA 携带甲硫氨酸来与 mRNA 起始 AUG 及链间 AUG 结合。真核生物的起始甲硫氨酸不需要甲酰化，因此其活化形式用 $Met\text{-}tRNA_i^{Met}$ 表示，用于与链中 AUG 相结合的以 $Met\text{-}tRNA^{Met}$ 表示。

8.5.1.3 核糖体是蛋白质的加工场所

除哺乳动物成熟的红细胞外，一切活细胞中均有核糖体，在电镜下观察，它们在细胞内呈颗粒状存在。核糖体由 rRNA 和蛋白质构成，功能为依照 mRNA 的碱基序列将氨基酸合成蛋白质多肽链，所以核糖体是蛋白质生物合成的加工场所，在快速增殖、分泌功能旺盛的细胞中数量更多。

原核细胞的核糖体较小，沉降系数为 70S，是由 50S 大亚基和 30S 小亚基组成。S 是大分子物质在超速离心沉降中的一个物理学单位，可间接反映相对分子质量的大小。50S 大亚基含有 30 多种蛋白质和 23S 及 5S 两种 rRNA 分子，而 30S 小亚基含有 21 种蛋白质和 16S 的 rRNA 分子。

真核细胞的核糖体较大，沉降系数为 80S，是由 60S 大亚基和 40S 小亚基组成。60S 大亚基含有 40 多种蛋白质及 28S rRNA、5.8S rRNA 和 5S rRNA 三种 RNA 分子，而 40S 小亚基含有 30 多种蛋白质及 18S rRNA。

在活细胞中，核糖体的大小亚基处于一种不断解离与聚合的动态平衡中。当进行蛋白质的生物合成时，核糖体的大、小亚基聚合在一起，并把携带遗传信息的 mRNA 分子包裹在大、小亚基之间。当蛋白质的合成结束后，大、小亚基将解聚。无论哪种核糖体，在进行蛋白质合成时，常常是几个或几十个甚至更多个同时与 mRNA 分子结合在一起，形成一串，称为多聚核糖体。如图 8-33 所示。

核蛋白体作为蛋白质的合成场所具有以下结构特点和作用：

（1）具有 mRNA 结合位点　此位点位于小亚基头部，此处有几种蛋白质构成一个以上的结构域，负责与 mRNA 的结合。在原核生物中，16S rRNA 3′-端的一小段核苷酸序列与 mRNA 中起始密码 AUG 之前的一段序列互补是核糖体与 mRNA 结合必不可少的条件。

（2）具有 P 位点（peptidyl site）　P 位又叫做肽酰-tRNA 位或给位。它大部分位于小亚基，小部分位于大亚基，它是结合起始氨基酰-tRNA 或肽酰-tRNA 并向 A 位给出氨基酸的位置。

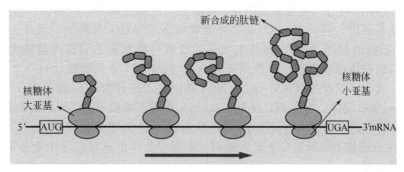

图 8-33 多聚核糖体

（3）具有 A 位点（aminoacyl site） 又叫做氨基酰-tRNA 位或受位。它大部分位于大亚基而小部分位于小亚基，它是结合一个新进入的氨基酰-tRNA 的位置。

（4）原核生物的核糖体具有 E 位点（exit site） 排出空载 tRNA 的排出位 E，主要是大亚基的成分。而真核细胞核糖体没有 E 位。

（5）具有转肽酶活性部位 转肽酶是核糖体大亚基的组成成分，活性部位位于核糖体 P 位和 A 位的连接处。在大肠杆菌中，该酶的活性是由大亚基中的 23S rRNA 提供的。在氨基酸的活化过程中，氨基酸是通过酯键与相应的 tRNA 连接。而在转肽酶的作用下，核糖体 A 位的氨基酰-tRNA 所携带的氨基酸的 α-NH$_2$ 就会对位于 P 位的连接氨基酸与 tRNA 之间的酯键上的羧基发起亲核进攻，进而形成肽键。因此，其催化的实质是断裂了 P 位上 tRNA 与其携带的氨基酸（肽链）之间的酯键，而使该氨基酸的 α-羧基（或肽链 C 端氨基酸的 α-羧基）与 A 位 tRNA 所携带氨基酸的 α-氨基形成肽键。也就是使核糖体 P 位上的氨基酸（肽酰基）转移至 A 位氨基酰-tRNA 上。它的另一个活性为，在翻译末期，受到释放因子的作用后结构会发生改变，进而活性发生改变，表现出酯酶的水解活性，使 P 位上的肽链与 tRNA 之间的酯键水解而分离。

8.5.1.4 其他参与蛋白质合成的因子

在蛋白质生物合成的不同阶段，有很多重要的非核糖体蛋白因子参与反应，这些因子与核糖体表现为疏松的结合作用，发挥各自不同的作用后，又会从核糖体中解聚出来。如起始因子（initiation factor，IF）、延长因子（elongation factor，EF）和终止因子或释放因子（release factor，RF）。另外，转位酶也存在于延长因子中，可催化核糖体向 mRNA 的 3′-端移动一个密码子的距离，使下一个密码子定位于 A 位。

8.5.2 肽链的生物合成过程

蛋白质生物合成即是把 mRNA 分子中的碱基排列顺序转变为蛋白质或多肽链中的氨基酸排列顺序过程。此过程是在核糖体上进行的。

原核生物与真核生物的蛋白质合成过程很相似，但也有很多区别，真核生物的翻译过程更复杂。多肽链的生物合成可分为合成的起始、肽链的延长、肽链的终止和释放三个阶段。所有掺入蛋白质合成的氨基酸都要先经过氨基酸的活化过程。

8.5.2.1 原核生物的肽链合成过程

以大肠杆菌为例，来说明原核生物多肽链的合成过程，多种蛋白质因子及一些离子也参与了这个过程。

（1）原核生物肽链合成的起始 起始过程需要起始因子 IF 的参与，在大肠杆菌中共发现三种起始因子：IF-1、IF-2 和 IF-3。起始过程如下所述。

在多肽链的生物合成前，核糖体的大小两个亚基是分开存在的，IF-3 和 IF-1 结合于核糖体小亚基上，阻止其与大亚基相互结合。准备进行生物合成时，核糖体 30S 小亚基附着于 mRNA 起始信号部位，但一条 mRNA 上可能含有多个 AUG 密码子，因此二者在结合时，必须识别一个正确的起始 AUG。原核生物是通过两种机制来达到这种精确定位的。首先，mRNA 都具有核糖体结合位点，它是位于 AUG 上游 8～13 个核苷酸处的一个称为 SD 的序列，如图 8-34 所示。这段序列正好与 30S 小亚基中的 16S rRNA 3′-端一部分序列互补，因此 SD 序列也叫做核糖体结合序列。此外，mRNA 序列上紧接 SD 序列后的核苷酸序列，可被核糖体小亚基中的一种蛋白 rpS-1 识别并结合，通过上述两种机制，mRNA 上的起始 AUG 就可以在小亚基上准确定位下来。此时，起始 AUG 位点对应于小亚基的 P 位上，而 A 位被 IF-1 所占据。

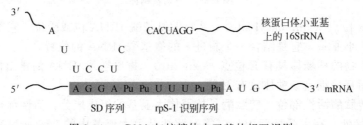

图 8-34　mRNA 与核糖体小亚基的相互识别

当 mRNA 与小亚基准确定位后，在起始因子 IF-2 的作用下，甲酰蛋氨酰起始 tRNA 与 mRNA 分子中的 AUG 相互识别并结合，此步需要 GTP 和 Mg^{2+} 参与。

上述准确结合了 mRNA、fMet-tRNA$_f^{Met}$ 的小亚基再与大亚基结合，同时利用水解 GTP 的能量，将三种 IF 释放。这时就形成了翻译起始复合物，即 30S 小亚基-mRNA-50S 大亚基-mRNA-fMet-tRNA$_f^{Met}$复合物。此时 fMet-tRNA$_f^{Met}$ 占据着核糖体的 P 位。而 A 位则空着，等待着与 mRNA 中第二个密码子对应的氨基酰 tRNA 的进入。如图 8-35 所示。

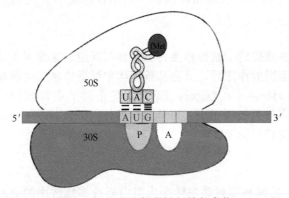

图 8-35　原核生物翻译起始复合物

（2）原核生物肽链合成的延伸　在多肽链上每对应一个密码子而增加一个氨基酸都需要经过进位、成肽和转位三个步骤。在此过程中，需要延长因子 EF 的帮助。

① 进位　进位是指与密码子相对应的氨基酰-tRNA 结合到核蛋白体 A 位的过程。进位需要 GTP 提供能量，并需要延长因子 EF-T 的参与。EF-T 是由 EF-Tu 及 EF-Ts 构成的异二聚体。

EF-Tu 首先与 GTP 结合形成 EF-Tu-GTP，EF-Tu-GTP 再与氨基酰-tRNA结合，结合后进入 A 位。随后 GTP 水解成 GDP，借助此水解反应释放的能量，EF-Tu、GDP 与结合在 A 位上的氨基酰-tRNA 分离，EF-Tu 重新与 EF-Ts 构成二聚体。EF-T 的两个组分可以重复解聚与结合，以帮助后续氨基酰-tRNA 进入 A 位。如图 8-36 所示。

② 成肽　在肽链合成的起始阶段，P 位上已结合了起始型甲酰蛋氨酸-tRNA（肽链延长过程中 P 位结合的是肽酰-tRNA）。而进位完成后，在核糖体的 A 位上也已结合了一个与 mRNA 密码子相对应的氨基酰-tRNA。此时，在核糖体转肽酶的作用下，P 位上的氨基酸断开与原来 tRNA 之间相连的酯键，再通过酰胺键连接到 A 位氨基酰-tRNA 中氨基酸的 α-氨基上，这就是成肽。成肽后，在 A 位上形成了一个二肽酰-tRNA（或比原来多一个氨基

216

酸的肽酰-tRNA）。而 P 位上留下了卸载氨基酸后的空载 tRNA。在这个过程中，mRNA 和核糖体的位置都不变，只是 P 位上的氨基酸（或者是肽链 C 端的氨基酸）与 A 位上的氨基酸形成肽键。如图 8-36 所示。

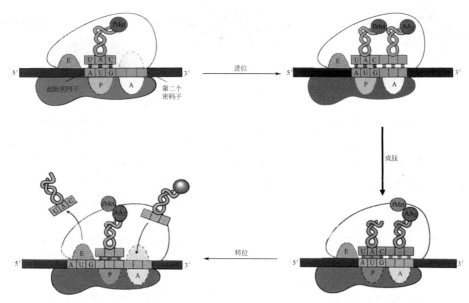

图 8-36　原核生物肽链合成的延伸过程（进位、成肽及转位）

③ 转位　转位是在转位酶的作用下，核蛋白体沿着 mRNA 向 3′-端方向移动一组密码子的距离，使得原来与 mRNA 结合的二肽酰-tRNA（或者是肽酰-tRNA）从核糖体的 A 位来到 P 位，而 A 位空出。在这个过程中，mRNA 及肽酰-tRNA 都没有运动，只是核糖体向着 mRNA 的 3′方向移动，而使得肽酰-tRNA 退到核糖体的 P 位。在成肽过程中卸载的 tRNA处于 E 位并被排出。如图 8-36 所示。

转位需要另一个延长因子：EF-G。转位酶的催化作用就是此延长因子提供的。每转位一次，需要消耗 1 分子的 GTP。

此后，肽链上每增加一个氨基酸残基，即重复上述进位、成肽、转位的步骤，直至遇到终止密码。实验证明，随着核糖体对 mRNA 从 5′-端向 3′-端密码子的读取，肽链即从氨基端向羧基端延伸。所以多肽链合成的方向是 N 端到 C 端。

（3）原核生物肽链合成的终止　当核糖体的 A 位移动到 mRNA 的终止密码子 UAG、UAA 和 UGA 的时候，没有任何一种氨基酰-tRNA 能够与终止密码子识别。只有释放因子 RF 可以进入 A 位与这三种密码子相互结合。在原核生物中，肽链合成的终止阶段涉及 3 种释放因子：释放因子 RF-1 识别 UAA 和 UAG；RF-2 识别 UAA 和 UGA；而 RF-3 可介导 RF-1 或 RF-2 在核糖体 A 位上的定位。释放因子的定位，引发了核糖体构象的改变，将转肽酶的活性转变为酯酶的活性，因此可以水解 P 位上肽链与 tRNA 相连的酯键。接着，mRNA 与核糖体分离，最后一个 tRNA 脱落，核糖体在 IF-1、IF-3 的作用下，大、小亚基解离。解离后的大小亚基又可重新参加新的肽链的合成，循环往复。如图 8-37 所示。

8.5.2.2　真核生物的肽链合成过程

真核生物蛋白质的合成过程类似于原核生物蛋白质生物合成的过程，最大的区别在于翻译起始复合物的形成，以及各阶段所使用的蛋白质因子的种类和数量的不同。

（1）真核细胞肽链合成的起始　真核细胞的核糖体由 60S 的大亚基和 40S 的小亚基构成。在其蛋白质合成起始过程中需要更多的起始因子 eIF 参与，因此也更复杂。

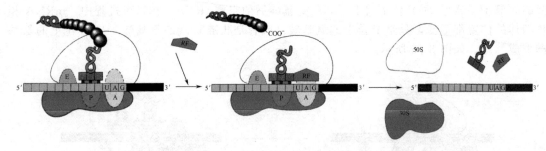

图 8-37　原核生物肽链合成的终止

　　和原核细胞内的过程相似，在翻译开始前，核糖体的大小亚基也是在起始因子的作用下呈现解离状态。翻译开始时，携带甲硫氨酸的起始 tRNA：Met-tRNA$_i^{Met}$ 与核糖体小亚基的 P 位结合。真核生物中，mRNA 并没有 SD 序列，依赖于真核生物 5′-端帽子结构及起始密码 AUG 周围特殊的序列，mRNA 得以实现在结合了起始氨酰-tRNA 的小亚基上准确定位，随后上述复合物迅速与 60S 的大亚基结合，形成了翻译起始复合物。在上述的步骤中，几乎每一步都需要不同 eIF 的参与。

　　（2）真核细胞肽链合成的延伸　　真核生物肽链延长过程和原核生物基本相似，也要经过进位、成肽及转位三个步骤完成一个氨基酸的加合过程。参与此过程的延伸因子 EF-1 和 EF-2，其功能相当于原核生物中的 EF-T 和 EF-G。

　　（3）真核细胞肽链合成的终止　　不管是原核生物还是真核生物，此过程都需要释放因子的作用。但真核生物中只有一种释放因子 eRF，它可以识别三种终止密码子。eRF 作用于 A 位点，使转肽酶活性变为水解酶活性，后续步骤与原核生物相同。

8.5.3　翻译后加工

　　从核蛋白体释放的多肽链，不一定具备生物活性。肽链从核蛋白体释放后，经过细胞内各种修饰处理作用而成为有活性的成熟蛋白质的过程，称为翻译后加工（post-translational processing）。翻译后加工可分为一级结构的修饰、高级结构的修饰和靶向输送等。

8.5.3.1　一级结构的修饰

　　（1）肽链 N-端的修饰　　在原核生物中，肽链翻译的第一个氨基酸是 N-甲酰甲硫氨酸，但成熟蛋白质的第一位氨基酸经常是去除甲酰化的，这是由于伴随着肽链翻译的进行就伴随着 N-端的修饰，细胞内存在着特定的酶可对其进行处理。相似的情况也发生在真核细胞中，在真核生物中，N-端第一个氨基酸经常不是甲硫氨酸，此外，大约 50% 的真核细胞的 N-端氨基酸进行了乙酰化修饰。另外，肽链的 C-末端氨基酸残基有时也会出现修饰现象。

　　（2）氨基酸残基的修饰　　肽链中个别氨基酸在翻译后被修饰。例如结缔组织内的蛋白质常出现羟脯氨酸和羟赖氨酸。这两种氨基酸并无相应的遗传密码及转运 tRNA，它们的出现是在翻译后加工过程中脯氨酸、赖氨酸残基经过羟化反应完成的。不少酶的活性中心上有磷酸化的丝氨酸、苏氨酸，甚至酪氨酸，这也是在加工过程中经过磷酸化修饰而实现的。又例如精氨酸、赖氨酸、天冬氨酸等氨基酸的残基可被甲基化；丝氨酸、苏氨酸等氨基酸残基可被糖基化；谷氨酸、天冬氨酸残基可发生羧基化修饰等。

　　（3）水解修饰　　一些多肽链合成后需要经过特异蛋白水解酶的作用，切除某些肽段才能成为有活性的蛋白质分子。比如胰蛋白酶，刚刚翻译出来的时候是无活性的酶原，在小肠中经过其他酶的催化去除其前端的 6 个氨基酸后，才能成为有活性的酶。

8.5.3.2　高级结构的修饰

　　（1）折叠　　肽链释放后，可根据其一级结构的特征进行折叠、盘曲而成为高级结构。

细胞内存在着特异性的分子可以帮助蛋白质进行正确的肽链折叠。比如热休克蛋白（heat shock protein，HSP），这是一种分子伴侣，不仅可以在肽链合成过程中帮助肽链形成正确的构象；而且在某些情况下，当蛋白质结构遭到破坏时，还可以应激产生，以帮助蛋白质恢复天然的构象。此外，二硫键异构酶及肽链顺反异构酶等都参与了蛋白质构象的正确折叠。

（2）亚基聚合　具有四级结构的蛋白质由两个以上的亚基相互聚合而成。这些亚基只有通过非共价键聚合成寡聚体（oligomer）后才能形成有活性的蛋白质。这个过程也是在多肽链合成后加工而成的。

（3）辅基连接　蛋白质分为单纯蛋白质和结合蛋白质两大类。糖蛋白、脂蛋白及各种带辅基的酶都是常见的结合蛋白质。辅基与肽链的结合是复杂的生化过程，很多细节尚在研究中。例如糖蛋白的糖基化是目前基因工程中一个尚未解决的关键问题。

8.5.3.3　蛋白质的靶向运输

有些蛋白质合成后，需要运输到特殊的器官或定位到细胞中特定的细胞器。比如，有些蛋白质合成后需要运送到细胞核或者线粒体等位置；又比如，真核生物中一些需要被分泌到细胞外才发挥作用的分泌型蛋白质，通常需要先进入内质网内完成折叠，然后再到高尔基复合体内进行修饰，最后再通过胞吐的形式分泌到细胞外。这些蛋白质的输送与翻译后加工同步进行。

（向泽敏　朴春红）

9 矿物质代谢

构成人体的元素已知有 50 多种，除去碳、氢、氧、氮 4 种构成水分和有机物质的元素以外，其他元素统称为矿物质成分。在人体内，矿物质总量不超过体重的 4%～5%。这些矿物质元素除了少量参与有机物的组成（如 S、P）外，大多数均以无机盐即电解质形态存在，是人体不可缺少的成分。用只含有机成分不含矿物质的食物饲喂小鼠，不久小鼠便死去，而在人工饲料中加上由牛奶中提取的灰分后，则小鼠可健康生长，由此证明矿物质在营养上的重要性。矿物质在人体内不能合成，人体只能从食物、饮用水及食盐中获取矿物质。

9.1 人体的无机元素种类及其含量

人体营养所需的矿物质成分，一部分来自作为食物的动、植物组织，一部分来自饮水和食盐。

盐分由肠吸收进入血液与淋巴。与水一起经肠吸收后的盐类，一部分贮积于器官、组织内，一部分进入血液，剩余的盐类通过尿、粪便及汗腺经皮肤排出体外。

9.1.1 无机元素的种类及含量

标准人体的化学组成如表 9-1。其他元素还有锗、钨、硒、汞、硅、氟等。

表 9-1 标准人体的化学组成（以体重 70kg 计算）

元 素	人体内含量		元 素	人体内含量	
	%	g		%	g
氧	65.0	45500	砷	$<1.4×10^{-4}$	<0.1
碳	18.0	12600	碲	$<1.3×10^{-4}$	<0.09
氢	10.0	7000	镧	$<7.0×10^{-5}$	<0.05
氮	3.0	2100	铌	$<7.0×10^{-5}$	<0.05
钙	1.5	1050	钛	$<2.1×10^{-5}$	<0.015
磷	1.0	700	镍	$<1.4×10^{-5}$	<0.01
硫	$2.5×10^{-1}$	175	硼	$<1.4×10^{-5}$	<0.01
钾	$2.0×10^{-1}$	140	铬	$<8.6×10^{-6}$	<0.006
钠	$1.5×10^{-1}$	105	钌	$<8.6×10^{-6}$	<0.006
氯	$1.5×10^{-1}$	105	铊	$<8.6×10^{-6}$	<0.005
镁	$5.0×10^{-2}$	35.0	锆	$<8.6×10^{-6}$	<0.003
铁	$5.7×10^{-3}$	4.0	钼	$<7.0×10^{-6}$	<0.005
锌	$3.3×10^{-3}$	2.3	钴	$<4.3×10^{-6}$	<0.003
铷	$1.7×10^{-3}$	1.2	铍	$<3.0×10^{-6}$	<0.002
锶	$2.0×10^{-4}$	0.14	金	$<1.4×10^{-6}$	<0.001
铜	$1.4×10^{-4}$	0.1	银	$<1.4×10^{-6}$	<0.001
铝	$1.4×10^{-4}$	0.1	锂	$<1.3×10^{-6}$	$<9×10^{-4}$
铅	$1.1×10^{-4}$	0.08	铋	$<4.3×10^{-7}$	$<3×10^{-4}$
锡	$4.3×10^{-5}$	0.03	钒	$<1.4×10^{-7}$	$<10^{-4}$
碘	$4.3×10^{-5}$	0.03	铀	$3.0×10^{-8}$	$<2×10^{-5}$
镉	$4.3×10^{-5}$	0.03	铯	$<1.4×10^{-8}$	$<10^{-5}$
锰	$3.0×10^{-5}$	0.02	镓	$<3.0×10^{-9}$	$<2×10^{-6}$
钡	$2.3×10^{-5}$	0.016	镭	$1.4×10^{-13}$	$<10^{-10}$

在人体内已经发现的几十种元素中，含量在 0.01% 以上者称为大量元素或常量元素，低于此限者称为微量元素或痕量元素。

从食物与营养的角度，一般把矿物质元素分为必需元素和非必需元素两类。所谓必需元素是指这种元素在一切机体的所有健康组织中都存在，并且含量比较恒定，缺乏时所发生的组织上和生理上的异常，在补给这种元素后可以恢复正常，或可防止这种异常发生。目前已知有 14 种是人和动物的营养所必需，即铁、铜、锌、锰、铬、钼、硒、镍、钒、锡、钴、氟、碘、硅，其中后 5 种是在 1970 年前后才被确定为必需元素的。随着分析技术的发展，新的必需元素还将陆续被发现。所有的必需元素在摄取过量后都会产生毒副作用。非必需元素是机体内存在的，但至今还没有发现它们有任何生理功能，也未发现当体内缺乏它们时会患某些疾病，因而认为它们不是机体内所需的元素，所以称为非必需微量元素。

9.1.2 矿物质在生物体内的功能

9.1.2.1 构成生物体的必要组成成分

在人体中，矿物质主要存在于骨骼中，骨骼中集中了 99% 的钙质，此外还有大量的磷和镁。硫是蛋白质的组成成分。细胞中普遍含有钾，而体液中普遍含有钠。

9.1.2.2 保持机体内环境

人体内环境需保持一定的渗透压和 pH 值，以保证体内生理化学条件的恒定。这个作用主要依靠无机盐与水分来调节。

（1）维持渗透压　溶液的渗透压取决于所含溶质的浓度。电解质盐类易于电离，因此使渗透压增高的程度比相同物质的量（克分子）浓度的非电解质（例如糖类）要高。体液的渗透压主要由其中所含的无机盐（主要是 NaCl）来维持。人体血液与组织液中渗透压的恒定主要由肾来调节。通过肾把过剩的无机盐或水分排出体外。

这里需要指出，除了无机盐之外，体液中的蛋白质也与维持体内渗透压有关。当向体内输入与血液等渗的盐溶液时，则水分在血液及组织液中的分布取决于血浆中蛋白质的浓度。血浆蛋白质的渗透压称为胶体渗透压。

（2）维持 pH 值　人和动物体内 pH 值的恒定由两类缓冲体系共同维持：一类是有机缓冲体系，即蛋白质和氨基酸，因为它们是两性物质，既可与 H^+ 结合，也可与 OH^- 结合；另一类是无机缓冲体系，即 K 和 Na 的酸性碳酸盐和磷酸盐。

酸性碳酸盐和磷酸盐与 H^+ 或 OH^- 结合时，或者生成不易离解的酸，或者生成接近中性的盐。例如，当酸过多时，与碳酸氢钠反应生成中性盐和碳酸。碳酸在细胞内碳酸酐酶的作用下，可迅速分解为二氧化碳和水，二氧化碳经呼吸排出体外。因此只要有足量的酸性碳酸盐存在，组织代谢所产生的酸便不会引起体液的 pH 值有太大改变。

磷酸盐的缓冲作用机制如下：

$$Na_2HPO_4 + HX \Longrightarrow NaX + NaH_2PO_4$$

NaH_2PO_4 溶液是弱酸性的，但其解离产生的 H^+ 比反应物 HX 解离产生的 H^+ 浓度要小得多。

当体内碱性物质（例如代谢中产生的氨）过多时，碳酸酐酶将 CO_2 及 H_2O 合成 H_2CO_3，与 OH^- 作用而中和，生成的铵盐在水溶液中几乎呈中性反应。

$$H_2CO_3 + NH_4OH \Longrightarrow NH_4HCO_3 + H_2O \Longrightarrow NH_4^+ + HCO_3^- + H_2O$$

9.1.2.3 维持原生质的生机状态

维持原生质的生机状态必须有某些离子的存在。其原因是作为生命基础的原生质蛋白质的分散度、水合作用和溶解度等性质，都与组织和细胞中存在的电解质盐类的浓度、种类与比例有关。各种离子对细胞的生理影响不同，例如 Na^+、K^+ 和 OH^- 可提高神经、肌肉细胞的应激性，而 Ca^{2+}、Mg^{2+} 和 H^+ 则降低应激性。

9.1.2.4　参与体内生物化学反应

许多离子直接、间接参与生物化学反应，例如体内的磷酸化作用需要磷酸参与。有的元素是一些酶的主要成分，例如过氧化氢酶中含有铁；酚氧化酶中含有铜；碳酸酐酶中含有锌等。有的元素是酶的活化因子，例如唾液淀粉酶需要氯；脱羧酶需要锰等。

9.1.3　成酸与成碱食物

某些食物如水果、青菜等的灰分中，主要是一些碱性元素（钠、钾、钙、镁等），称为成碱食物；另一些食物，如谷物、肉、鱼等的灰分中主要为成酸元素（氯、硫、磷），称为成酸食物。成碱食物及成酸食物可以影响机体的酸碱平衡及尿液酸度。高蛋白食物一般是成酸食物，因为蛋白质中含硫氨基酸中的硫在体内氧化之后即成硫酸。另一方面，柑橘类水果含有柠檬酸、柠檬酸钾等，柠檬酸在体内可以像糖类化合物一样被彻底氧化，留下碱性元素钾，因此很多平常认为带"酸"的食物，实际上是成碱性的。

食物中如含有大量的马铃薯、甘薯、蔬菜与橘子之类的水果等，可以使尿中的酸度降低，甚至使它成为碱性。降低尿的酸度，可使尿酸的溶解度增加，因此可以减少尿酸在膀胱中生成结石的可能性。一些水果如葡萄，食用后在改变尿液的酸度方面功能不如柑橘，因为葡萄汁中的有机酸主要是酒石酸，不易完全氧化；另一些水果，如李、杏、越橘等含有奎宁酸（quinic acid），在尿中主要以马尿酸的形式排出，因此尿的酸度增加。健康的饮食中的成酸、成碱食物最好有一定的比例。人体体液中的 pH 为 7.3～7.4，正常状态下人体自身可通过一系列的调节作用，维持体液的 pH 在恒定范围内，这一过程称为人体内的酸碱平衡。膳食搭配不当，可引起机体酸碱平衡失调。例如摄入过多酸性食物，而导致血液 pH 下降，引起机体酸中毒及骨脱钙现象。我国居民的膳食习惯以各类主食为主，因此应多补充水果、蔬菜等碱性食物。

9.2　人体必需的矿物质的代谢

9.2.1　钙、磷代谢

9.2.1.1　钙、磷的分布

成人体内钙总量约 700～1400g，磷总量约 400～800g，其中 99.3% 的钙和 86% 的磷以骨盐形式存在于骨骼和牙齿中。体液及其他组织中存在的钙不足总量的 1%（约 7～8g），磷约为总量的 14%，它们均具有重要的生理功能。

9.2.1.2　生理功能

（1）钙的生理功能

① 以骨盐形式参与人体骨架组成　骨骼由骨细胞、骨基质和骨盐组成。骨盐主要成分为磷酸钙（占 84%），其他还有碳酸钙（10%）、柠檬酸钙（2%）、磷酸氢钠（2%）、磷酸镁（1%）及微量钾氟化物等。骨盐主要以无定形的磷酸氢钙（$CaHPO_4$）及柱状或针状的羟磷灰石 $[Ca_{10}(PO_4)_6(OH)_2]$ 结晶形式存在。前者是钙盐沉积的初级形式，它进一步钙化结晶而转变成后者，分布于骨基质中。羟磷灰石结晶称骨晶，非常坚硬，因为它有规律地平行附着在胶原纤维上，故有良好的韧性。1g 骨盐中含有 10^{16} 个结晶体，总表面积大，可达 $100m^2$，有利于它和细胞外液进行离子交换，故对维持细胞外液的钙、磷含量具有重要作用。它是钙、磷的储存库，当细胞外液钙浓度减少时，可迅速动员骨盐补充之。骨盐中的羟

基被氟取代后，骨骼硬度增加、溶解度降低，所以适量的氟有助于预防龋齿。

② Ca^{2+} 的生理功能　Ca^{2+} 的含量虽不到其总量的 0.1%，但有非常重要的生理功能。

作为细胞内的信使在细胞内离子钙是最常见到的信号转导者，这是因为细胞内部或外部的刺激（如物理、电的或化学刺激），可以通过细胞内钙储存库释放 Ca^{2+} 或使细胞外的钙离子进入胞内，造成细胞的特定区域 Ca^{2+} 浓度升高，这些 Ca^{2+} 能可逆地与胞内许多蛋白质结合，这是 Ca^{2+} 发挥细胞内信使作用的必要条件，而且对控制游离 Ca^{2+} 的浓度有重要作用。此外，在维持细胞内钙平衡中起重要作用的是细胞膜，它有 Ca^{2+}，Mg^{2+}-ATP 酶泵，该泵受胞内 Ca^{2+} 受体钙调蛋白的激活后，可以把 Ca^{2+} 从胞浆泵至细胞外液，致使胞浆 Ca^{2+} 浓度很快回到原先的水平。

传递信息：外部或内部刺激，如激素或神经传递介质结合到质膜的 G 蛋白偶联的受体，或者是酪氨酸激酶受体，然后激活磷脂酶 C，使磷脂酰肌醇-4,5-二磷酸（PIP$_2$）水解成肌醇-1,4,5-三磷酸（InP$_3$）和二脂酰甘油（DG）。

作为细胞外酶和蛋白酶的辅助因子，Ca^{2+} 对许多蛋白水解酶和参与血液凝固的酶的稳定和发挥最大的催化活性是必需的（详见血液凝固），而且这一功能不受细胞外液 Ca^{2+} 浓度变化的影响。

其他 Ca^{2+} 有利于心肌的收缩，并与促进心肌舒张的 K$^+$ 拮抗，这对维持心肌正常功能非常重要；Ca^{2+} 参与肌肉收缩，降低神经肌肉兴奋性，故血浆 Ca^{2+} 浓度降低时可引起神经肌肉兴奋性增高，甚至引起肌肉自发性收缩（抽搐）；Ca^{2+} 还有降低毛细血管和细胞膜通透性的作用。

（2）磷的生理功能

① 无机磷酸盐是骨、牙齿的重要组成成分。

② 以磷酸盐的形式（细胞外液为 Na$_2$HPO$_4$/NaH$_2$PO$_4$，细胞内液为 K$_2$HPO$_4$/KH$_2$PO$_4$）组成缓冲对，在维持体液的酸碱平衡中发挥作用。

③ 组成含磷的有机化合物，发挥广泛的生理作用。含磷有机化合物包括：磷脂类、磷蛋白类、单核苷酸类（包括 cAMP）、辅酶类、核酸、含磷的代谢中间产物等。

9.2.1.3　钙、磷的一般代谢

（1）钙的吸收与排泄　钙主要在十二指肠及小肠上部吸收，已知钙的吸收有两种途径：一种是主动吸收，它由钙结合蛋白（calbindin）参与并受维生素 D 的调节；另一种是被动吸收，它是通过细胞之间的间隙由体液运送到血液，吸收的多少与钙含量及细胞间隙的大小有关。影响钙吸收有多种因素，包括：

① 活性维生素 D 是影响钙吸收的主要因素，它可促进小肠中钙和磷的吸收。因此，维生素 D 缺乏或不能转化为活性形式时，可导致体内钙、磷缺乏。

② 溶解状态的钙盐易吸收。钙盐在酸性溶液中易于溶解，故凡能使消化道 pH 下降的食物（如乳酸、乳糖、某些氨基酸及胃酸等）均有利于钙盐的吸收。胃酸缺乏将会使钙吸收率降低。

③ 钙吸收与机体需要量有关。婴幼儿、孕妇、哺乳期妇女对钙需要量增加，吸收率也增加。钙吸收与年龄亦有关，随着年龄增加，钙吸收率下降。老年人易得骨质疏松症与钙吸收率降低密切相关。

④ 食物中钙磷的比例对钙的吸收有一定影响，实验证明，钙/磷比值一般以 1.5～2.1 为宜。

⑤ 凡促使生成不溶性钙盐的因素均影响钙的吸收，如食物中过多的磷酸盐、草酸、谷物中的植酸等均可与钙结合成不溶性钙盐而影响钙吸收。

人体每日排出的钙约 80% 通过肠道随粪便排出，20% 由肾脏排出。肾小球每日滤出的

钙达 10g，绝大部分在肾小管被重吸收，仅 150mg 左右由尿排出。尿中钙的排出受维生素 D 和甲状旁腺激素的调节。

（2）磷的吸收与排泄　人体每日摄入的磷约 1~1.5g。磷吸收部位在小肠，以空肠吸收最快。影响磷吸收的因素大致与钙相似。酸性增加有利于磷的吸收。吸收形式主要为酸性磷酸盐（BH_2PO_4），吸收率可达 70%。Ca^{2+}、Mg^{2+}、Al^{3+} 和 Fe^{3+} 可与磷酸根结合成不溶性盐，故食物中钙过多会影响磷吸收，严重肾病患者血磷过高时，常服用 $Al(OH)_3$ 乳胶以减少磷的吸收。

磷由肾及肠道排泄，肾排出量占总排出量的 70%，肾排出磷也受甲状旁腺激素和维生素 D 的调节。肾功能不良导致磷排出减少时使血磷增高。

（3）血钙和血磷　正常人血清钙含量为 2.25~2.9mmol/L，儿童常处于上限值。血钙主要以离子钙和结合钙两种形式存在，数量各占一半。与血浆蛋白（主要为白蛋白）结合的钙不能透过毛细血管壁，称为不可扩散钙（non diffusible calcium），不具有生理活性。离子钙则称为可扩散钙（diffusible calcium），包括离子钙和少量与柠檬酸络合而成的溶解钙以及磷酸氢钙中的钙，离子钙是血钙中直接发挥生理功能的部分。离子钙和结合钙的浓度处于动态平衡，随 pH 不同而互相转变。

当血浆 pH 值降低时（如酸中毒），离子钙浓度升高；相反，pH 值升高（碱中毒）时，血浆钙离子含量减少，当降至 0.87mmol/L(3.8mg/dL) 时，神经肌肉的兴奋性提高，可出现抽搐现象。

血磷通常指血浆中无机磷酸盐中的磷，正常成人血浆中无机磷含量为 0.96~1.44mmol/L（3.0~4.5mg/dL），儿童为 1.28~2.24mmol/L（4.0~7.0mg/dL）。

血浆中钙、磷含量之间关系密切。正常人每 100mL 血浆中钙的质量（mg）和无机磷的质量（mg）的乘积是 35~40，即 [Ca]×[P]＝35~40。当两者乘积大于 40 时，钙和磷以骨盐形式沉积在骨组织，若乘积低于 35 时，妨碍骨组织钙化，甚至使骨盐再溶解，影响成骨作用，会引起佝偻病或软骨病。

9.2.2　钠、钾与氯的代谢

钠与钾在体内几乎完全以离子态存在，一切组织体液中均含有，主要与氯离子共存。但是钠、钾在生理作用上是一个独立的因素，在一定范围内，与所配合的阴离子（如氯、酸性碳酸根、乳酸根、磷酸根、蛋白质与氨基酸阴离子）没有关系。在细胞内以钾最多，在细胞外液（血浆、淋巴、消化液）中则含有大量钠离子。钠和钾是人体内维持渗透压最重要的阳离子，而氯则是维持渗透压最重要的阴离子。

9.2.2.1　钠、钾的分布

正常成人体内钠的总量一般为每千克体重约 1g 左右。体内的钠约有 50% 存在于细胞外液，40% 存在于骨骼内，其余 10% 左右存在于细胞内。血清中钠的含量为 135~140mmol/L。

动物体内的钾绝大部分（约 98%）存在于细胞内，细胞外液钾的含量很少（约 2%）。正常成人体内含钾量每千克体重为 2g 左右。细胞内钾的浓度为 110~125mmol/L，血浆中钾的浓度为 0.1~5.6mmol/L。

9.2.2.2　钠、钾与氯的吸收

钠和钾有加强神经与肌肉的应激性的作用，正好与钙相拮抗。人体中的钠和氯主要来自食物中的食盐。钠和氯一般不易缺乏，故其实际需要量未确定。但在过度炎热、剧烈运动以致大量出汗时，大量 NaCl 随汗丢失，如再大量饮入淡水，常会引起腹部及腿部抽筋，以致虚脱、神志不清。在这种情况下应饮淡盐水以补充失去的钠和氯。

人体中的钾主要来源于水果、蔬菜等植物性食物。缺钾可对心肌产生损害，引起心肌细胞变性和坏死，此外，还可引起肾、肠及骨骼的损害。由于各种原因而致缺钾的病人，可出现肌肉无力、肠麻痹、水肿、精神异常、低血压等。钾过多时由于血管收缩，可出现四肢苍白发凉、肌肉无力、动作迟笨、嗜睡、心跳减慢以致突然停止。一般植物性食物中含钾丰富，每人每日从食物中可获 2～4g，所以一般不会发生缺钾情况。

人及动物食物中进食钠过多，则钾的排出增加，反之亦然。植物中含钾多钠少，故素食者需要较多的食盐。

9.2.2.3 钠、钾与氯的排出

（1）钠、氯的排泄　钠和氯由体内排泄的途径主要有三：

① 随汗液排出　当人体剧烈运动或在炎热的夏季出汗时，因为汗液中含有相当量的钠和氯等，所以这时机体的钠和氯就会随汗液排出体外。

② 随粪便排出　消化道的各种分泌液均含有一定量的钠和氯，但这些消化液被转移到肠道后段时，其中的钠和氯绝大部分被肠管重吸收，只有少量的钠和氯随粪便排出。

③ 从肾脏排出　对所有的动物来说，钠、氯排出的最重要的途径是肾脏。肾脏对钠的排出是受严格控制的，借以维持细胞外液最适宜的钠量。一般情况下，尿中钠的排泄量与机体钠的摄入量基本相等。机体摄入的钠越多，从尿中排泄的钠也就越多。当机体摄入的钠不足或完全禁食钠时，肾脏对钠的排泄可以降至极低，甚至接近零。这说明肾脏有较强的保钠能力。在尿中钠的排出常伴有氯的排出。

（2）钾的排泄　肾脏是排钾的主要器官，正常情况下，体内90%以上的钾由肾脏排出，此外还可由汗液及粪便排出。肾脏不仅是排钾的重要器官，而且也是调节机体钾平衡的主要器官。一般情况下，机体每天从食物中摄入的钾总是过量的。但是肾脏有较强的排钾能力，尽管摄入的钾很多，但机体细胞外液的钾也不会因此升至过高，而是保持在正常范围内。但是肾脏的保钾能力却很差，比其保钠能力要小得多。当机体内钠的摄入停止时，肾脏排钠量立即降至最低，甚至接近零，从而把钠潴留在体内。当机体钾的摄入停止时，体内这时尽管已经严重缺钾，但肾脏对钾的排出仍还要持续几天才能停止。

9.2.3 某些微量元素的代谢

构成人体的元素有几十种，其中有10余种元素因含量极少（每克湿重组织约 10^{-12}～10^{-9}g），故称微量元素。目前认为铁、铜、锌、锰、铬、钼、硒、镍、钒、锡、钴、氟、碘、硅14种微量元素是人类和动物所必需的，其中碘、锌、铜、钴、铬等几种微量元素已发现人类的缺乏症，并能用相应元素的补充加以纠正。微量元素的临床应用亦逐渐受到重视，对它们在体内的生理作用方面的研究正在深入进行。

9.2.3.1 铁代谢

铁是体内含量最多的一种微量元素，约占体重的 0.0057%。

（1）铁的生理功能　铁是体内合成各种含铁蛋白质（如血红蛋白、肌红蛋白、细胞色素体系、过氧化物酶、过氧化氢酶、铁蛋白等）的原料，主要是合成血红素。正常成人男子体内总含量约 3～4g，女性稍低，其中 60%～70% 的铁存在于血红蛋白中。

（2）铁的来源　食物中每日供应 10mg 以上的铁，但仅吸收 10% 以下。成人每日红细胞衰老破坏释放约 25mg 的铁，大部分可储存反复利用。每日需铁 1mg 左右来补充胃肠道黏膜、皮肤、泌尿道所丢失的铁。妇女月经、妊娠及哺乳期，儿童、青少年生长发育阶段需铁量较多。反复出血者可出现缺铁症状。

（3）铁的吸收　其部位主要在十二指肠及空肠上段。溶解状态的铁易于吸收。影响铁吸收的主要因素有：

① 酸性条件有利于铁的吸收。食物中铁多数以 Fe^{3+} 状态存在，与有机物紧密结合。而当 pH<4 时，Fe^{3+} 能游离出来，并与果糖、维生素 C、柠檬酸、蛋白质降解产物等形成复合物。维生素 C 及半胱氨酸等还可使 Fe^{3+} 还原成易吸收的 Fe^{2+}，所形成的复合物在肠腔中水溶性大而易被吸收，胃酸缺乏时易引起缺铁性贫血。

② 血红蛋白及其他铁卟啉蛋白在消化道中分解而释出的血红素，可直接被吸收，并在肠黏膜细胞中释出其中的铁。

③ 植物中的植酸、磷酸、草酸、鞣酸等能使铁离子形成难溶的沉淀，影响铁的吸收。铁吸收后在肠黏膜细胞中立即氧化成 Fe^{3+}，以铁蛋白形式储存，或输送入血。缺铁者以 Fe^{2+} 形式入血增多，体内铁储存量降低或造血速度快时，铁吸收率增加。

(4) 铁的运输与储存 小肠中吸收入血的 Fe^{2+} 被希菲斯特蛋白铜蓝蛋白氧化成 Fe^{3+}，再与运铁蛋白（transferrin）结合，是铁的运输形式，血浆运铁蛋白将 90% 以上的铁运到骨髓，用于血红蛋白的合成，小部分送到肝、脾、骨髓等组织并储存，血铁黄素（hemosiderin）也是铁的储存形式，但不如铁蛋白易于动员和利用。

9.2.3.2 碘代谢

碘是合成甲状腺激素的主要原料之一。甲状腺分泌的激素总称甲状腺激素，主要为 T3 和 T4，都是含碘的酪氨酸衍生物。

(1) 聚碘 合成甲状腺激素所需的碘为无机碘，即 I^-，可从血液中摄取。甲状腺摄取血液中 I^- 的机制是"主动运输"，需消耗 ATP，与钠泵有关。

甲状腺的聚碘能力可用 [131]I 示踪来测定，即口服 $Na^{131}I$ 后在一定时间测定甲状腺部位的碘放射性，计算吸 [131]I 率；正常人 3h 吸 [131]I 率平均为 15%，24h 平均为 30%。甲亢时吸 [131]I 率大为增加，3h 往往>50%；甲减时降低。因此临床上常测定甲状腺吸 [131]I 率作为诊断甲状腺功能的一个指标。

成人每天需从食物中获得 $50\mu g$ 碘才能满足合成甲状腺激素的需要。食物中的碘在肠道中还原成 I^- 后才能被吸收进入血液。某些地区如远离海洋的高原地区，缺少海产食物，居民易患地方性甲状腺肿。

碘的作用比较复杂，小量并长期供给 I^-，可作为体内合成甲状腺激素的原料，但大量并短期供给 I^-，例如短期服用复方碘液，则有抑制甲状腺激素从甲状腺滤泡分泌出来的作用，并可抑制促甲状腺激素的作用。

甲状腺的聚碘作用可被氰化物、2,4-二硝基苯酚、乌本苷、SCN^-、ClO_4^- 等所抑制。

(2) 碘的氧化 进入甲状腺滤泡的 I^- 经甲状腺过氧化物酶的催化转变成活性碘，后者可使甲状腺球蛋白中的酪氨酸残基碘化。

① 酪氨酸碘化生成 MIT 和 DIT 在甲状腺球蛋白分子上进行。甲状腺球蛋白是一种糖蛋白，分子质量 660kDa，含糖 8%~10%，含碘 0.2%~1%，每分子约含 115 个酪氨酸残基，其中约 18% 可被活性碘碘化成 MIT 或 DIT 残基，催化碘化作用的酶也是甲状腺过氧化物酶。

② T3 和 T4 的生成 甲状腺球蛋白分子上的 MIT 和 DIT 残基偶联生成 T3（三碘甲状腺原氨酸）和 T4（四碘甲状腺原氨酸），此时 T3 和 T4 仍留在甲状腺球蛋白分子上，并储存于滤泡腔中，其储存量可供 2~4 个月的需要。催化偶联作用的酶也是甲状腺过氧化物酶。此酶附着于滤泡上皮细胞顶端膜的滤泡腔面，因此上述碘的氧化、酪氨酸的碘化、T3 及 T4 的生成均在顶端膜的滤泡腔面上进行，即在上皮细胞的胞外进行，合成以 T4 为主。甲状腺球蛋白的一定的空间结构是酪氨酸残基的碘化和 T3、T4 合成的必要条件，若空间结构异常，可以造成甲状腺激素的缺乏。

从摄碘开始到合成甲状腺球蛋白分子上的 T3 和 T4，整个过程约需 48h 以上。在 T3 和

T4合成后，即储存于滤泡腔中（细胞外），此与其他激素多储存于细胞内有所不同。另一点不同的是甲状腺激素的储存量很大，可供机体利用50～120d之久，因此当应用抑制甲状腺激素合成的药物时，用药时间必须较长才能奏效。

9.2.3.3 氟

氟是骨骼和牙齿的组成成分，以氟取代羟磷灰石的羟基即成为氟磷灰石 $[Ca_{10}(PO_4)_6F_2]$，氟磷灰石比羟磷灰石更坚固而有弹性，所以膳食中适量的氟有保护骨骼和牙齿的作用。氟主要来源于水，一般饮水中约含1mg/L。茶叶中含氟较多，干燥茶叶可高达100mg/kg。若食物和饮水中含氟量过少，影响牙齿的形成，易患龋齿；含量过高，则引起牙齿斑釉及慢性中毒，一般认为饮水中氟的含量以百万分之一（1ppm，相当于1mg/L）较为合适。

9.2.3.4 锌

正常成人体内含锌总量约2～4g，血浆含锌量约为100～140μg/L，其中30%～40%与 α_2-巨球蛋白相结合。红细胞中锌含量约为血浆的10倍，主要存在于碳酸酐酶中。

锌在体内参与多种酶的组成或为酶催化活性所必需。现知体内有200多种酶含锌，重要的有碳酸酐酶、DNA和RNA聚合酶、碱性磷酸酶、羧基肽酶、丙酮酸羧化酶、谷氨酸脱氢酶、乳酸脱氢酶、苹果酸脱氢酶、醇脱氢酶等。锌作为一类细胞核内蛋白质因子的成分，组成具有锌指结构的反式作用因子，参与基因表达的调控。锌在体内储存很少，所以人和动物的食物中锌供应不足，很快出现缺乏症，如食欲减退、生长不良、皮肤病变、伤口难愈、味觉减退、胎儿畸形等，长期缺乏还可引起性机能障碍和矮小症。营养学会推荐成人每日供给量为15mg，孕妇和哺乳期妇女应增加至20mg。

9.2.3.5 铜

人体各组织均含铜，其中以肝、脑、心、肾和胰含量较多。成人体内铜总量约100～150mg。

铜是许多酶类的组成成分，血浆铜蓝蛋白含有铜，细胞色素氧化酶、铜锌超氧化物歧化酶、过氧化氢酶、酪氨酸酶、单胺氧化酶、抗坏血酸氧化酶等均含铜。含铜酶多属氧化酶类。机体缺铜时这些酶活性下降。

铜缺乏的主要表现为贫血，因铜缺乏时铜蓝蛋白含量降低，影响铁的吸收、运输和利用。

9.2.3.6 硒

硒是谷胱甘肽过氧化物酶（GSHPx）与磷脂氢过氧化物谷胱甘肽过氧化物酶（PHGSHPx）的成分，每摩尔GSHPx含有4g原子硒，每摩尔PHGSHPx含1g原子硒。两者均能催化还原型谷胱甘肽氧化。GSHPx催化此反应时可还原过氧化氢、脂氢过氧化物等过氧化物质，PHGSHPx则能使生物膜中的磷脂氢过氧化物还原，并能催化低密度脂蛋白中的磷脂酰胆碱及胆固醇的氢过氧化物还原，因此能阻止生物膜脂质的过氧化反应，保护生物膜的正常结构与功能。它们与超氧化物歧化酶等组成体内防御氧自由基损伤的重要酶体系。硒对心肌的保护作用、抗癌作用等可能均与此有关。此外，硒还有拮抗镉、汞、砷等的毒性作用。20世纪60年代我国医学工作者已查明，克山病与人群硒摄入量不足有关。克山病流行区居民的血硒和发硒水平，以及血GSHPx活力均低于非病区人群，采用亚硒酸钠防治克山病取得显著效果。

9.2.3.7 钴

体内钴主要存在于维生素 B_{12} 中，食物中的无机钴，在小肠可与铁共用同一主动转运机制吸收，从尿、粪便、汗液及毛发排出。肠道细菌能利用钴合成维生素 B_{12}，是人体吸收利用钴的主要途径。

9.2.3.8　锰

锰是体内某些金属酶的成分，也是一些酶的激活剂。如精氨酸酶、丙酮酸羧化酶及锰-超氧化物歧化酶（Mn-SOD）等，另有一些酶（如糖苷转移酶、磷酸烯醇式丙酮酸羧化酶以及谷氨酰胺合成酶）则必须由锰激活。因此，锰是人体必需的微量元素之一。

人体锰缺乏的典型病例尚未有报道，但发现某些疾病存在锰代谢紊乱，如癫痫患者血锰含量降低。此外，锰缺乏还可能是关节疾病、精神忧郁、骨质疏松及先天性畸形等疾病的发生有关因素。锰在食物中分布广泛，通常能满足需要。

此外，钼是醛氧化酶、黄嘌呤氧化酶及亚硫酸盐氧化酶的组成成分。铬是胰岛素作用的辅助因素——糖耐量因子（GTF）的成分。镍在较高等的植物和微生物中已证实是脲酶等的成分。钒与细胞内氧化还原反应有关，并可能参与 Na^+,K^+-ATP 酶、磷酸转移酶及蛋白激酶等的调节。锡可能对大分子物质的结构有影响。硅与结缔组织及骨骼的形成有关。

9.3　对人体有害的元素——重金属代谢

汞、镉、砷、铅、铍、锑、钡、铊、钇已被证明是毒性元素，它们在体内微量存在时就可引起毒性反应。当然毒性元素和非毒性元素的划分不是绝对的，实际上任何元素，包括必需元素在内，在体内过量存在时都会引起毒性反应。如铜、锰、硒、氟等如果在体内大量存在，均可引起毒性反应。反过来，即使是毒性很强的元素，如汞、铍、铅、砷等，如果在体内含量极微，一般也不会出现明显的毒性反应。

（王玉华　彭帅）

10 食品的风味

食品能刺激人的多种感觉器官而产生各种感官反应，包括味觉、嗅觉、痛觉、视觉、触觉和听觉等。从广义上说，食物在摄入前后刺激人体并在大脑中留下的这些综合印象就是"食品的风味"。人对食品风味的感受是一个复杂的综合的生理过程，具体有：人的鼻腔上皮的特殊细胞感觉出食物气味的类型和浓烈程度，舌表面和口腔后面的味蕾感觉出食物的酸、甜、苦、咸味；人的非特异性反应和三叉神经反应感觉出食品的辣味、清凉和鲜味；人的视觉、听觉和触觉等感觉影响着食品的滋味和气味。这些食品对人感官的刺激可概括为心理味觉（形状、色泽和光泽等）、物理味觉（软硬度、黏度、温度、咀嚼感和口感等）和化学味觉（酸味、甜味、苦味和咸味等）（表 10-1）。

表 10-1　食品产生感官反应的分类

食品产生的感官反应					
化学感觉		物理感觉		心理感觉	
味觉	嗅觉	触觉	运动感觉	视觉	听觉
酸、甜、苦、咸等	香、臭等	硬、黏、热等	干、滑等	色、形等	声音等

本章将着重讨论食品风味中的味觉和嗅觉。

10.1　食品的味感和呈味物质

10.1.1　味感的分类和影响因素

10.1.1.1　味感的分类

味感是食品在人的口腔内对味觉器官化学感应系统的刺激并产生的一种感觉。这种刺激有时是单一的，但多数情况是复合性的。口腔内的味觉感受器主要是味蕾，其次是自由神经末梢。

目前世界各国对味感的分类并不一致。我国的分类通常分为甜、苦、酸、咸、辣、鲜、涩 7 味。从生理学角度来看，只有甜、苦、酸、咸四种基本味感。辣味是由于刺激口腔黏膜、鼻腔黏膜、皮肤和三叉神经而引起的一种痛觉。涩味是口腔蛋白质受到刺激而凝固时所产生的一种收敛的感觉，与触觉神经末梢有关。这两种味感与上述四种刺激味蕾的基本味感有所不同，但就食品的调味而言，也可看作是两种独立的味感。鲜味由于其呈味物质与其他味感物质相配合时能使食品的整个风味更鲜美，所以欧美各国都将鲜味物质列为风味增效剂或强化剂，而不看作是一种独立的味感。但在我国食品调味的长期实践中，鲜味已形成了一种独特的风味，故在我国仍作为一种单独味感列出。其他几种味感如碱味、金属味和清凉味等，一般认为也不是通过直接刺激味蕾细胞而产生的。

评价或衡量味的敏感性常用的标准是阈值。阈值是指能感受到某种物质的最低浓度。以一定数量的味觉专家在一定条件下进行品尝评定，半数以上的人感到的最低呈味浓度就作为该物质的阈值。表 10-2 列出了物质的味感阈值。一种物质的阈值越小，表示其敏感性越强。值得注意的是，阈值的测定依靠人的味觉，这就会产生差异，因为种族、体质、习惯等因素会造成人对呈味物质的感受和反应不同，因此在不同的文献中，同一种呈味物质的阈值会有所差别。

表 10-2　几种呈味物质的阈值

呈味物质	味感	阈值/%		呈味物质	味感	阈值/%	
		25℃	0℃			25℃	0℃
蔗糖	甜	0.1	0.4	柠檬酸	酸	2.5×10^{-3}	3.0×10^{-3}
食盐	咸	0.05	0.25	硫酸奎宁	苦	1.0×10^{-4}	3.0×10^{-4}

10.1.1.2　影响味感的主要因素

(1) 呈味物质的结构　呈味物质的结构是影响味感的内因。一般来说，糖类如葡萄糖、蔗糖等多呈甜味；羧酸如醋酸、柠檬酸等多呈酸味；盐类如氯化钠、氯化钾等多呈咸味；而生物碱、重金属盐则多呈苦味。但也有许多例外，如糖精、乙酸铅等非糖有机盐也有甜味，草酸并无酸味而有涩味，碘化钾呈苦味而不显咸味等。总之，物质结构与味感间的关系非常复杂，有时分子结构上的微小变化也会使其味感发生极大的变化。

(2) 温度　相同数量的同一物质往往因温度不同其阈值也有差别。实验表明，味觉一般在 30℃ 上下比较敏锐，而在低于 10℃ 或高于 50℃ 时各种味觉大多变得迟钝，不同的味感受到温度影响的程度也不相同，从表 10-2 中可以看出，温度对食盐的咸味影响最大，对柠檬酸的酸味影响最小。

(3) 溶解度和浓度　呈味物质只有在溶解后才能刺激味觉神经，味的强度与呈味物质的溶解性有关。同时，溶解速度的快慢，也会使味感产生的时间有快有慢，维持时间有长有短，例如蔗糖易溶解，故产生甜味快，消失也快；糖精较难溶，故味觉产生较慢，维持时间也较长。

味感物质在适当浓度时通常会使人有愉快感，而不适当的浓度则会使人产生不愉快的感觉。一般来说，甜味在任何被感觉到的浓度下都会给人带来愉快的感受；单纯的苦味差不多总是令人不快的；酸味和咸味在低浓度使人有愉快感，在高浓度时则会使人感到不愉快。

(4) 各物质间的相互作用

① 味的对比现象　是指以适当的浓度调和两种或两种以上的呈味物质时，其中一种味感更突出。如加入一定的食盐会使得味精的鲜味增强；蔗糖溶液（15%）中加入食盐（0.017%）后，甜味会更强等。

② 味的变调现象　两种味感的相互作用会使味感发生改变，特别是先感受的味对后感受的味会产生质的影响，这就是味的变调，也称味的阻碍现象。如尝过食盐或奎宁后，再饮无味的水，会感到有甜味。

③ 味的消杀现象　指一种味感的存在会引起另一种味感减弱的现象，也称味的相抵现象。例如蔗糖、柠檬酸、食盐、奎宁之间，其中两种以适当浓度混合，会使其中任何一种的味感都比单独时弱。在葡萄酒或是饮料中，糖的甜味会掩盖部分酸味，而酸味也会掩盖部分甜味。

④ 味的相乘现象　两种同味物质共存时，会使味感显著增强，这就是味的相乘作用。谷氨酸钠和 5′-肌苷酸共存时鲜味会有显著的增强作用，在混合物中即使是低于阈值的添加量也会产生很强的味感。麦芽酚在饮料或糖果中对甜味也有这种增强作用。

⑤ 味的适应现象　指一种味感在持续刺激下会变得迟钝的现象。不同的味感适应所需

230

要的时间不同，酸味需经 1.5～3min，甜味 1～5min，苦味 1.5～2.5min，咸味需 0.3～2min 才能适应。

10.1.2　甜味

10.1.2.1　甜味物质的结构基础

甜味（sweet）是普遍受人们欢迎的一种基本味感，常用于改进食品的可口性和某些食用性。

10.1.2.2　天然甜味剂

天然甜味剂包括糖类、糖醇类、糖苷类及其他甜味剂四类。

（1）糖类甜味剂　凡是能够形成结晶的小分子糖类化合物一般都具有甜味，而如淀粉、纤维素等大分子糖类化合物不能结晶，也不具有甜味。食品工业中最常用的糖类甜味剂有葡萄糖、果糖、麦芽糖、蔗糖、乳糖以及含有这类物质的糖类甜味剂如蜂蜜、饴糖、果葡糖浆和淀粉糖浆等。这些糖类通常被视为食品原料，在我国不列入食品添加剂范围。这类糖类甜味剂的甜味纯正，柔和清爽，是食品加工中最常用的甜味剂。

（2）糖醇类甜味剂　目前在食品工业中使用较多的糖醇类甜味剂有木糖醇、山梨糖醇和麦芽糖醇。

① 木糖醇　木糖醇是白色结晶粉末，熔点比蔗糖低，易溶于水和乙醇，化学性质稳定，由于不含羰基，不发生 Maillard 反应。在 100g 水中的溶解度为 64.2g（25℃），略低于蔗糖，但甜度略高于蔗糖，在许多食品中可用作蔗糖的替代品，添加在食品中，具有清凉的甜味。木糖醇广泛存在于番蕉、杨梅、胡萝卜及菠菜等植物果蔬中。工业上木糖醇以玉米芯或甘蔗渣等富含木聚糖的纤维原料通过提取、水解成木糖，然后催化氢化而得到。酵母菌及细菌不能发酵木糖醇，因此木糖醇是一种防龋齿的儿童甜味剂。

木糖醇是糖尿病人疗效食品中的理想甜味剂。糖尿病人由于胰岛素障碍，葡萄糖不能转化为 6-磷酸葡萄糖，因此膳食中葡萄糖不但无助于营养，而且还会造成患者的痛苦。木糖醇的代谢与胰岛素无关，但不影响糖原的合成，因此不会使糖尿病人因食用而增加血糖值。木糖醇在体内代谢完全，可以作为人体能源物质，含热量为 17kJ/g，与蔗糖相似。

② 山梨糖醇　山梨糖醇又称为山梨醇，山梨糖醇为无色无嗅的针状结晶，易溶于水而难溶于有机溶剂。有清凉甜味，甜度约为蔗糖的一半。存在于苹果、梨、葡萄等植物中，工业上用葡萄糖在 150℃、10MPa 下氢化还原制得。山梨糖醇耐酸耐碱，性质稳定，不会发生褐变反应，不会引起龋齿。

山梨糖醇在体内能够完全代谢，每克可产生 16.57kJ 热量，与蔗糖相似。经口摄入时，在血液中并不转化为葡萄糖，而且不受胰岛素的控制，是适合于糖尿病、肝病、胆囊炎病患者的甜味剂。

③ 麦芽糖醇　麦芽糖醇是以麦芽糖为原料经还原氢化而制得的双糖醇，为无色透明的晶体，熔点为 135～140℃，较蔗糖低，在水中的溶解度大，甜度是蔗糖的 80%～90%。麦芽糖醇对热、酸都很稳定，也不会发生褐变反应。麦芽糖醇不被口腔微生物发酵转变成酸，具有很好的非致龋齿性。

人体对麦芽糖醇的吸收率较低，在人小肠内的分解量为同量麦芽糖的 1/40，基本上不产生能量，也不会使血糖升高，是糖尿病患者的理想甜味剂。

（3）糖苷类甜味剂　自然界中的天然糖苷种类繁多，但具有较高甜味的糖苷数量不多，而且化学结构差别很大（图 10-1）。

① 甜叶菊苷　甜叶菊苷是菊科植物甜叶菊的茎、叶中所含的一种二萜类糖苷，甜叶菊苷配基称为甜叶菊醇。其纯品为白色结晶粉末，对热、酸、碱都较为稳定，溶解性好，甜味

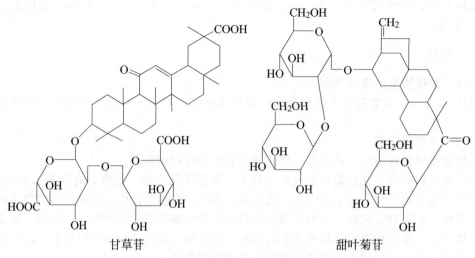

图 10-1　甘草苷和甜叶菊苷的化学结构

强，甜度约为 300 倍蔗糖，甜味持续时间长，但带有轻微的后苦味。

由于食用后不被人体吸收，不能产生能量，故是糖尿病、肥胖病患者很好的天然甜味剂，并具有降低血压、促进代谢、防止胃酸过多等疗效作用，在食品或饮料中可单独使用也可以作为甘草苷或蔗糖的增甜剂。甜叶菊苷是目前已知的天然非糖甜味剂中最有发展希望的一种。

② 甘草苷　甘草苷存在于豆科植物甘草的根中，纯品甜度约为蔗糖的 250 倍，其甜味特点是缓慢而存留时间长，且有不快的感觉，所以很少单独使用。少量甘草苷与蔗糖并用可节约 20％蔗糖，按甘草苷：糖精＝(3～4)∶1 的比例，再加蔗糖与柠檬酸钠，甜味更佳。甘草苷有很强的增香效能，对乳制品、巧克力、可可、蛋制品及饮料类的效果很好。另外，甘草苷有解毒保肝的疗效作用。

10.1.2.3　化学合成甜味剂

合成甜味剂是一类用量大、用途广的食品和药品中的甜味添加剂，自从 Falbeg 和 Remsen 于 1879 年发明糖精以来，各种各样的甜味剂不断问世。但从 20 世纪 50 年代以来，由于发现不少合成甜味剂对哺乳动物有致癌致畸效应，许多合成甜味剂相继禁用，已有的合成甜味剂中只有少数几种还在使用。

(1) 氨基酸和二肽衍生物　D-型氨基酸大多具有甜味，如 D-型的甘氨酸、丙氨酸、丝氨酸、苏氨酸、色氨酸、脯氨酸、羟脯氨酸、谷氨酸等。L-型氨基酸中碳原子数小于 3 时也以甜味为主。此外，某些氨基酸的衍生物也有甜味，例如 6-甲基-D-色氨酸，其比甜度约为 1000，有可能成为新兴的甜味剂。如图 10-2 所示为常见的氨基酸和二肽类甜味剂。

由两个氨基酸形成的二肽衍生物具有下列条件者，也具有甜味：

① 肽的游离氨基端必须是天冬氨酸，其 ω-羧基及氨基必须游离；
② 构成二肽的氨基酸必须为 L-型；
③ 与天冬氨酸成肽的必须为中性氨基酸；
④ 苯丙氨酸羧基端必须酯化。

现在已批准可以作为食品添加剂使用的二肽类甜味剂包括阿斯巴甜、阿力甜和纽甜三种。

① 阿斯巴甜　1966 年，美国西欧尔公司的研究员在合成促胃液分泌激素时偶然发现作为中间体的天冬氨酰苯丙氨酸甲酯有约 150 倍蔗糖的甜味，由此开始了天冬氨酰二肽衍生物

232

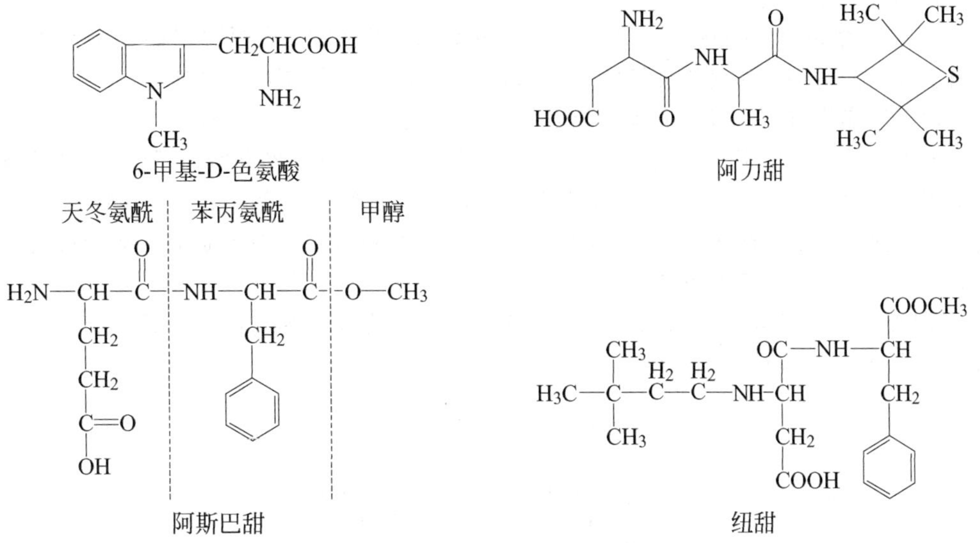

6-甲基-D-色氨酸

阿力甜

天冬氨酰 | 苯丙氨酰 | 甲醇

阿斯巴甜

纽甜

图 10-2　常见的氨基酸和二肽类甜味剂

甜味剂的研究。其中，Mazur 等于 1969 年发现许多天冬氨酰二肽衍生物都有甜味。天冬氨酰苯丙氨酸甲酯在美国于 1974 年 7 月批准作为食用甜味剂使用，商品名称为 Aspartame。我国也有商品生产，商品名称为甜味素。工业上采用化学合成法以苯丙氨酸与天冬氨酸为原料经多步工序完成。

天冬氨酰苯丙氨酸甲酯是一种营养性的非糖甜味剂，其组成单体都是食物中的天然成分，在肠内可水解为氨基酸及甲醇，随后与采自食物的同类成分一起参加代谢，安全无毒。

天冬氨酰苯丙氨酸甲酯具有清爽、类似糖一样的甜感，它没有人工甜味剂通常具有的后苦味或金属味，对某些食品饮料的风味具有增强作用，特别是对酸型水果香味效果尤佳；感官评定认为它对天然香料的增强作用要比人工香料来得好，为此它可以满足像口香糖这类产品的某些特殊需要。根据报道，使用本品的口香糖其甜味的持续时间比使用蔗糖的要长4 倍。

天冬氨酰苯丙氨酸甲酯最大的缺点是在高温或酸性条件下性质不稳定，易分解而致甜味丧失，但不会产生怪味，这就使得它在焙烤、油炸这类需高温处理的食品中及在酸性饮料中的使用受到了一定的限制。但它的分解率受 pH 和温度等其他许多因素的综合影响，如果条件控制得好，其损失率可以减少到可接受程度。

② 阿力甜　阿力甜（Alitame）化学名为天冬氨酰 N-(2,2,4,4-四甲基-3-硫化三亚甲基）丙氨酰胺。1979 年由美国辉瑞公司研制成功，甜度为蔗糖的 2000 倍，甜味与蔗糖相似，清爽，无后苦味。由于用酰胺键代替酯键，阿力甜性质稳定，耐热、耐酸。与安赛蜜或甜蜜素混合使用时具有协同增效作用。我国于 1994 年批准使用。

③ 纽甜　纽甜（Neotame）化学名称为 N-[N-(3,3-二甲基丁基)-L-α-天冬氨酰]-L-苯丙氨酸-1-甲酯，是一种白色粉状结晶，含 4.5% 的结晶水，熔点为 80.9～83.4℃。纽甜的甜味纯正，清新自然，甜度高，是砂糖的 8000 倍左右。由于纽甜比阿斯巴甜在 N 位上多了一甲基丁基取代基，其化学性质稳定，在一般食品的酸和加热条件下，基本不发生变化。

纽甜是由法国的两位学者发明并于 1993 年取得物质专利，于 2002 年 7 月 9 日通过美国FDA 食品添加物审核允许应用在所有食品及饮料中。我国卫生部 2003 年第 4 号公告也正式批准纽甜为新的食品添加剂品种，适用各类食品生产。

233

（2）磺胺类甜味剂

① 糖精　糖精（Saccharin）化学名称为邻苯酰磺酰亚胺，其钠盐及铵盐易溶于水，市售糖精实际是糖精钠，甜度为蔗糖的 300～500 倍。其结构式如图 10-3 所示。

糖精有许多优点：a. 价格便宜。等甜度条件下大约仅是蔗糖价格的 1/20。b. 不参加代谢，不提供能量，取后不会引起人体发胖。c. 不影响人们的口腔卫生，不会引起牙齿龋变。d. 性质稳定，用途广泛。但糖精也有其缺点，即糖精单独使用会带来令人讨厌的后苦味和金属味，从而极大地影响了人们对它的兴趣。但它与糖共用时，其不良后苦味会得到一些改善。另外，对其安全性仍有争议。

② 甜蜜素　甜蜜素（cyclamate）化学名称为环己胺磺酸钠或环己基氨基磺酸钠，其甜度约为蔗糖的 30～50 倍（图 10-3）。

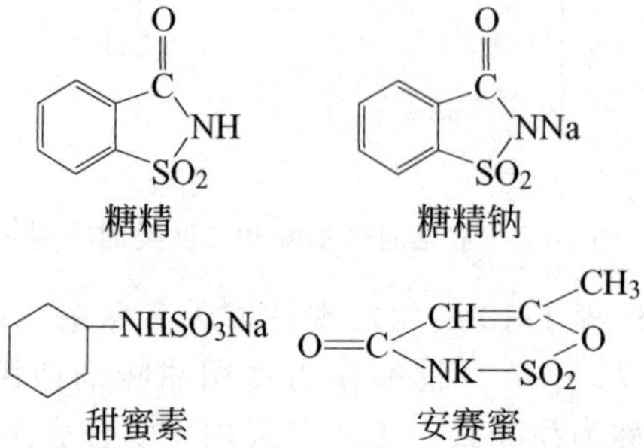

图 10-3　常见的磺胺类甜味剂

环己胺磺酸钠对热稳定，不易受到微生物污染，没有吸湿性，水溶性好，稍有后苦味，通常和糖精一同使用，最常用的配比是 10 份的甜蜜素加 1 份的糖精，这样两者甜味相等，能够互相掩盖对方不良风味而改良混合物味觉特征。但是，对其安全性仍有争议。

③ 安赛蜜　安赛蜜（acesulfame）化学名称为 6-甲基-3，4-二氢-4-酮-1，2，3-氧噻嗪-2，2-二氧化物钾盐，又称乙酰磺胺酸钾，如图 10-3 所示，简称 A-K 糖。安赛蜜甜度为蔗糖的 200 倍，甜味纯正且持续时间长，与阿斯巴甜 1:1 合用有明显的增效作用。安赛蜜对光、热稳定，（能耐 225℃）高温，pH 适用范围广（pH＝3～7），是目前世界上稳定性最好的甜味剂之一，适用于焙烤及酸性食品。

安赛蜜是 K. Clauss 和 H. Jensen 于 1967 年发明的高倍甜味剂，其安全性高，FAO/WHO 联合食品添加剂专家委员会同意安赛蜜用作 A 级食品添加剂，1988 年由美国 FDA 批准使用以来，已在世界上 40 多个国家使用，我国于 1992 年 5 月正式批准使用该产品。

（3）蔗糖衍生物甜味剂　蔗糖衍生物甜味剂代表产品为三氯蔗糖，其化学名为 4,1′,6′-三氯-4,1′,6′-三脱氧半乳蔗糖，是一种白色粉末状产品，极易溶于水，甜度是蔗糖的 800 倍。三氯蔗糖甜味纯正，与蔗糖相似，没有不愉快的后苦味和其他怪味，它不被龋齿病菌利用，所以不会引起龋齿（图 10-4）。

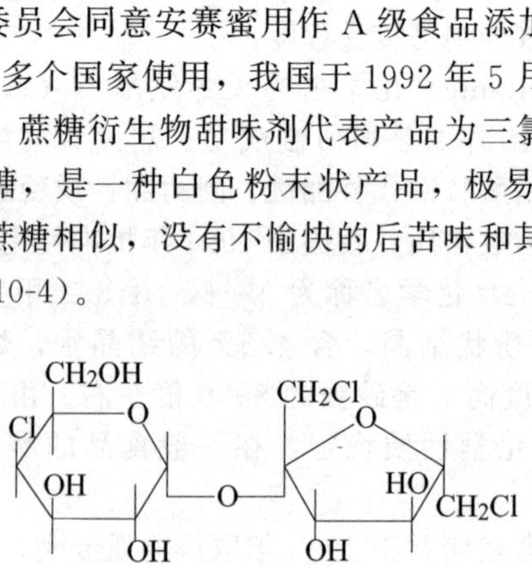

图 10-4　三氯蔗糖的化学结构

三氯蔗糖是以蔗糖为原料经氯代而制得的一种非营养型强力甜味剂，即将蔗糖分子中位于 4，1′-和 6′-位置上的羟基用氯原子取代而得。一般来说，三氯蔗糖水溶液的热稳定性很好，即使在高温下其甜味和色泽也不变，这是因为三氯蔗糖在食品中的浓度很低。但纯三氯蔗糖晶体在高温下稳定性较差，如在温度 100℃ 时，纯品三氯蔗糖晶体在 2min 内就会由无色转变为灰褐色。为了储存和运输的方便，必须提高三氯蔗糖的热稳定性。

三氯蔗糖是 Tate & Tyle 公司于 1976 年合成的，与美国的 Johnson 公司联合开发生产，经过 10 多年的生化性能及毒性试验，通过美国 FDA 的批准，于 1988 年开始投入市场，我国已于 1999 年 7 月批准使用。

（4）二氢查耳酮类甜味剂　1963 年，Harowitz 等把柚皮苷、新橙皮苷、洋李苷等黄酮苷用碱处理使之查耳酮化，再加氢得到二氢查耳酮（dihydrochalcone，DHC），发现有 40～2000 倍蔗糖的甜味。

二氢查耳酮类衍生物甜度高，口感凉爽，后味略带有类似甘草的微苦性，毒性很小，但甜味来得太慢，后味太长。它的水溶性差，在酸性条件下不稳定，由于甜味持续时间长，因此，主要适用于对这方面有要求的口香糖、牙膏、漱口剂及一些果汁。

二氢查耳酮衍生物为数众多，有的有甜味，有的无甜味，通式如图 10-5 所示。

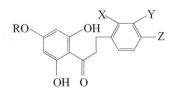

图 10-5　二氢查耳酮结构通式

10.1.3　苦味和苦味物质

苦味（bitter taste）是食物中能被感受到的分布最广泛的味感之一，许多无机物和有机物都具苦味，对苦味的感觉是机体对外界的一种防御反应。单纯的苦味人们是不喜欢的，但它在调味和生理上都有重要意义。当它与甜、酸或其他味感调配得当时，能形成一种特殊风味，起到丰富或改进食品风味的特殊作用，如苦瓜、白果、茶、啤酒、咖啡等的苦味广泛受到人们喜爱。同时苦味物质大多具有药理作用，当消化道活动发生障碍时，味觉的感受能力会减退，需要对味觉受体进行强烈刺激，用苦味能起到提高和恢复味觉正常功能的作用。但是很多有苦味的物质有较强的毒性，主要为低价态的氮硫化合物、胺类、核苷酸降解产物、毒肽（蛇毒、虫毒、蘑菇毒）等。主要苦味物质介绍如下。

奎宁是评价苦味物质苦味强度代表性物质（强度为 100，阈值约 0.0016%）。苦味在食品风味中有时是需要的。由于遗传的差异，个体对某种苦味物质的感觉能力是不一样的，而且与温度有关。一种化合物是苦味还是苦甜味，要依个体而定。有些人对糖精感觉是纯甜味，但另一些人会认为它有微苦味或甜苦，甚至非常苦或非常甜。对许多其他化合物，也显示出个体感觉上的明显差异。苯基硫脲（PTC）（图 10-6）是这一类苦味化合物中最明显的例子，不同的人对它的感觉就有很大差异。

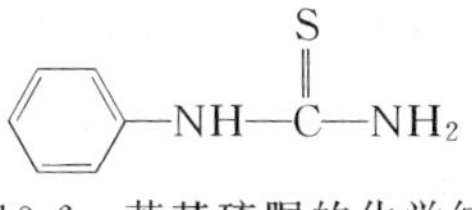

图 10-6　苯基硫脲的化学结构

植物性食品中常见的苦味物质是生物碱类、糖苷类、麻类、苦味肽等。动物性食品中常见的苦味物质是胆汁和蛋白质的水解产物等。其他苦味物质有无机盐（钙离子、镁离子）、含氮有机物等。

（1）咖啡碱、可可碱和茶碱　咖啡碱（caffeine）、可可碱（theobromine）和茶碱（theophylline）是食品中主要的生物碱类苦味物质，属于嘌呤类的衍生物（图10-7）。

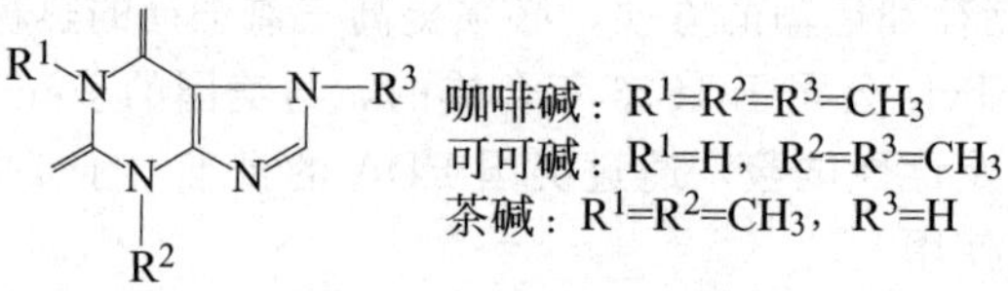

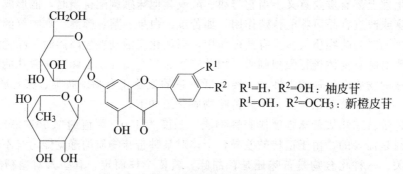

咖啡碱：$R^1=R^2=R^3=CH_3$
可可碱：$R^1=H$，$R^2=R^3=CH_3$
茶碱：$R^1=R^2=CH_3$，$R^3=H$

图10-7　生物碱类苦味物质的化学结构

咖啡碱存在于咖啡、茶叶和可拉坚果中。纯品为白色具有丝绢光泽的结晶，熔点235～238℃，120℃升华。溶于水、乙醇、乙醚、氯仿，易溶于热水。咖啡碱在水中含量为150～200mg/kg时显中等苦味。较稳定，在茶叶加工中损失较少。

可可碱（3，7-二甲基黄嘌呤）类似咖啡因，在可可中含量最高。纯品为白色粉末结晶，熔点342～343℃，290℃升华。溶于热水，难溶于冷水、乙醇，不溶于醚。咖啡碱和可可碱都有兴奋中枢神经的作用。

茶碱主要存在于茶叶中，含量极微，在茶叶中的含量约0.002％。与可可碱是同分异构体，具有丝光的针状结晶，熔点273℃，易溶于热水，微溶于冷水。

（2）苦杏仁苷　苦杏仁苷（amygdalin）是由氰苯甲醇与龙胆二糖所形成的苷，存在于许多蔷薇科（Rosaceae）植物如桃、李、杏、樱桃、苦扁桃、苹果等的果核、种仁及叶子中，尤以苦扁桃（*Prunus amygdalus* var. *amara*）中最多。种仁中同时含有分解苦杏仁苷的酶。苦杏仁苷本身无毒，具镇咳作用，生食杏仁、桃仁过多引起中毒的原因是摄入的苦杏仁苷在体内转化成的苦杏仁酶（emulsin）作用下分解为葡萄糖、苯甲醛及氢氰酸之故。苦杏仁酶实际上是两种酶即扁桃酶（mendelonitrilase）和洋李酶（prunase）的复合物。

（3）柚皮苷和新橙皮苷　柚皮苷（naringin）和新橙皮苷（neohesperidin）是柑橘类果实中的主要苦味物质，它们的结构如图10-8所示。

$R^1=H$，$R^2=OH$：柚皮苷
$R^1=OH$，$R^2=OCH_3$：新橙皮苷

图10-8　柚皮苷和新橙皮苷的化学结构

柚皮苷纯品的苦味比奎宁还要强，检出阈值可低达0.002％。黄酮苷类的苦味与分子中糖苷基的种类有关。芸香糖与新橙皮糖都是鼠李糖葡萄糖苷，但前者是鼠李糖（1→6）葡萄糖，后者是鼠李糖（1→2）葡萄糖。凡与芸香糖成苷的黄酮类都没有苦味，而以新橙皮糖为糖苷基的都有苦味。当新橙皮糖苷基水解后，苦味消失。根据这一发现，可利用酶制剂分解柚皮苷与新橙皮苷，以脱去橙汁的苦味。

（4）奎宁　奎宁（quinine，图10-9）是一种作为苦味标准的物质，盐酸奎宁的阈值大约是10mg/kg。一般来说，苦味物质比其他呈味物质的味觉阈值低，比其他味觉活性物质

236

难溶于水。食品安全法允许奎宁作为饮料添加剂，如在有酸甜味特性的软饮料中苦味能同其他味感调和，使这类饮料具有清凉兴奋作用。

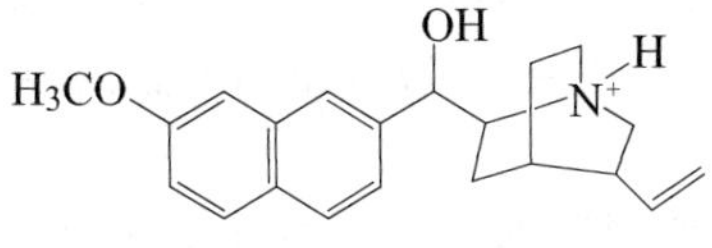

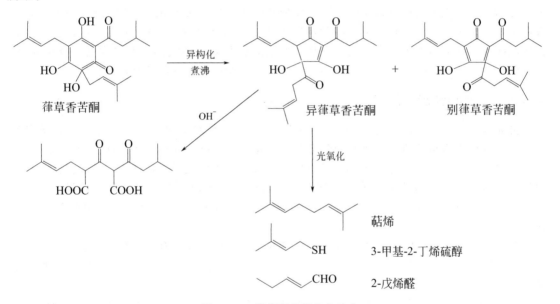

图 10-9　奎宁的化学结构

（5）苦味酒花　酒花大量用于啤酒工业中，使啤酒具有特征风味。酒花的苦味物质是 α 酸和异 α 酸。

α 酸又名甲种苦味酸，是葎草酮（humulone）或蛇麻酮（lupulone）的衍生物，在新鲜啤酒花中含量约为 $2\% \sim 8\%$，有很强的苦味和防腐能力，在啤酒的苦味物质中约占 85%。啤酒中葎草酮最丰富，在麦芽汁煮沸时它通过异构化反应转变为异葎草酮，如图 10-10 所示。

图 10-10　葎草酮的异构化反应

异 α 酸是啤酒花与麦芽在煮沸过程中由 $40\% \sim 60\%$ 的 α 酸异构化形成的。在啤酒中异 α 酸是重要的苦味物质。

异葎草酮是啤酒在光照射下产生的鼬鼠臭味和日晒味化合物的前体，当有酵母发酵产生的硫化氢存在时异己烯链上的酮基邻位碳原子发生光催化反应，生成一种带臭鼬鼠味的 3-甲基-2-丁烯硫醇化合物。在预异构化的酒花提取物中酮的选择性还原可以阻止这种反应的发生，并且采用清洁的棕色玻璃瓶包装啤酒不会产生臭鼬鼠味或日晒味。

挥发性酒花香味化合物是否在麦芽煮沸过程中残存，这是多年来一直争论的问题。现在已完全证明，影响啤酒风味的化合物确实在麦芽汁充分煮沸过程中残存，它们连同苦味酒花物质形成的其他化合物一起使啤酒具有香味。

（6）蛋白质水解物和干酪　一部分氨基酸如亮氨酸、异亮氨酸、苯丙氨酸、酪氨酸、色氨酸、组氨酸、赖氨酸和精氨酸都有苦味。蛋白质水解物和干酪有明显的苦味，这是由于蛋白质水解产生苦味的短链多肽和氨基酸的缘故。氨基酸苦味的强弱与分子中的疏水基团有关；小肽的苦味与分子量有关，相对分子质量低于 6000 的肽才可能有苦味。

（7）盐类　盐类的苦味与盐类阴离子和阳离子离子半径的和有关。随着两离子半径之和的增加，其咸味减小，苦味加强。阴阳离子半径的和小于 0.65nm 的盐显示纯咸味（LiCl＝0.498nm，NaCl＝0.556nm，KCl＝0.628nm），因此 KCl 稍有苦味。随着阴阳离子直径的和的增大（CsCl ＝ 0.696nm，CsI ＝ 0.774nm），盐的苦味逐渐增强，因此氯化镁（0.850nm）是相当苦的盐。

（8）胆汁　胆汁（bile）是动物肝脏分泌并储存于胆囊中的一种液体，味极苦。初分泌的胆汁是清澈而略具黏性的金黄色液体，pH 值在 7.8～8.5 之间。在胆囊中由于脱水、氧化等原因，色泽变绿，pH 值下降至 5.5。胆汁中的主要成分是胆酸、鹅胆酸及脱氧胆酸。在畜、禽、水产品加工中稍不注意，胆囊破损，即可导致无法洗净的苦味。

10.1.4　咸味和咸味物质

咸味是中性盐所显示的味，以 NaCl 最为显著，且为纯正的咸味。在所有中性盐中，NaCl 咸味最纯正，未精制的粗食盐中因含有 KCl、$MgCl_2$ 和 $MgSO_4$，而略带苦味。所以食盐需经精制，以除去这些有苦味的盐类，使咸味纯正，但微量的存在在加工或直接食用时均有利于呈味作用。此外，食品工业中常利用 KCl 在运动员饮料中和低钠食品中部分代替以提供咸味和补充体内的钾。有些有机酸盐如苹果酸钠及葡萄糖酸钠也有像食盐一样的咸性，可用作无盐酱油的咸味原料，供肾脏病等患者作为限制摄取食盐的调味料。

10.1.5　鲜味和鲜味物质

鲜味（delicious taste）是一种复杂的综合味感，能使食品风味呈更为柔和、协调的特殊味感。鲜味物质与其他味感物质相配合时有强化其他风味的作用，当鲜味剂的用量高于其单独检测阈值时会使食品鲜味增加，但用量少于阈值时则仅是增强风味。所以食品加工中使用的鲜味剂也被称为呈味剂、风味增强剂（flavor enhancer），它被定义为能增强食品的风味、使之呈现鲜味感的一些物质。欧美常将鲜味剂作为风味添加剂。主要鲜味物质介绍如下。

鲜味是食品的一种能引起强烈食欲、可口的滋味。呈味成分有氨基酸、核苷酸、肽、有机酸等类物质。当鲜味物质使用量高于阈值时表现出鲜味，低于阈值时则增强其他物质的风味。

（1）氨基酸　在天然氨基酸中，L-谷氨酸和 L-天冬氨酸的钠盐及其酰胺都具有鲜味。L-谷氨酸钠（MSG）俗称味精，具有强烈的肉类鲜味。味精的鲜味是由 $\alpha-NH_3^+$ 和 $\gamma-COO^-$ 两个基团静电吸引产生的，因此在 pH 值为 3.2（等电点）时鲜味最低，在 pH 值为 6 时几乎全部解离而鲜味最高，在 pH 值为 7 以上时由于形成二钠盐而鲜味消失。

食盐是味精的助鲜剂，味精有缓和咸、酸、苦的作用，使食品具有自然的风味。

L-天冬氨酸的钠盐和酰胺亦具有鲜味，是竹笋等植物性食物中的主要鲜味物质。L-谷氨酸的二肽也有类似味精的鲜味。

（2）核苷酸　在核苷酸中能够呈鲜味的有 5′-肌苷酸（IMP）、5′-鸟苷酸（GMP）和 5′-黄苷酸（XMP），前二者鲜味最强（图 10-11）。此外，5′-脱氧肌苷酸及 5′-脱氧鸟苷酸也有鲜味。这些 5′-核苷酸单独在纯水中并无鲜味，但与味精共存时则味精鲜味增强，并对酸、苦味有抑制作用，即有味感缓冲作用。5′-肌苷酸与 L-谷氨酸钠的混合比例一般为 1∶（5～20）。

5′-肌苷酸广泛存在于肉类中，使肉具有良好的鲜味。肉中 5′-肌苷酸来自动物屠宰后 ATP 的降解。动物屠宰后需要放置一段时间，味道方能变得更加鲜美，这是因为 ATP 转变成 5′-肌苷酸需要时间。但肉类存放时间过长，5′-肌苷酸会继续降解为无味的肌苷，最后分

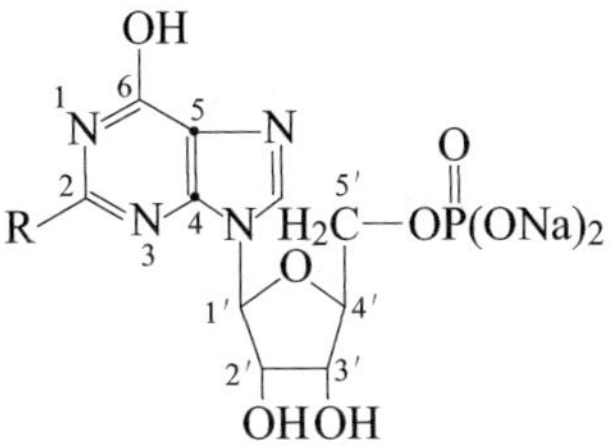

图 10-11　5′-肌苷酸、5′-鸟苷酸和5′-黄苷酸的化学结构

解成有苦味的次黄嘌呤，使鲜味降低。

（3）琥珀酸及其钠盐　琥珀酸及其钠盐也有鲜味（图 10-12），是各种贝类鲜味的主要成分。用微生物发酵的食品如酿造酱油、酱、黄酒等的鲜味都与琥珀酸有关。琥珀酸用于果酒、清凉饮料、糖果等的调味，其钠盐可用于酿造品及肉类食品的加工。如与其他鲜味料合用，有助鲜的效果。

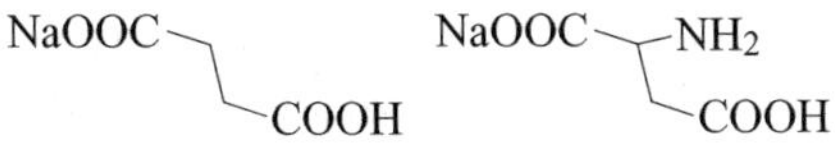

图 10-12　琥珀酸一钠（左）和 L-天冬氨酸一钠（右）的化学结构

天冬氨酸及其一钠盐也有较好的鲜味，强度较 MSG 弱。它是竹笋等植物性食物中的主要鲜味物质。目前有关琥珀酸和天冬氨酸结构与性质关系的资料报道较少。另外要指出的是，化合物所具有的鲜味会随结构的改变而变化。例如谷氨酸一钠虽然具有鲜味，但是谷氨酸、谷氨酸的二钠盐均没有鲜味。

10.1.6　酸味和酸味物质

酸味（sour taste）是动物进化最早的一种化学味感，许多动物对酸味刺激很敏感，适当的酸味能给人以爽快的感觉。酸味物质是食品和饮料中的重要成分或调味料，能促进消化，防止腐败，增加食欲，改良风味。

10.1.6.1　影响酸味的主要因素

不同的酸具有不同的味感，酸的浓度与酸味之间并不是一种简单的相互关系。酸的味感是与酸性基团的特性、pH 值、滴定酸度、缓冲效应及其他化合物尤其是糖的存在与否有关。

一般来说，酸味与溶液的氢离子浓度有关，氢离子浓度高酸味强，但两者之间并没有函数关系，在氢离子浓度过大（pH<3.0）时，酸味令人难以忍受，而且很难感到浓度变化引起的酸味变化。酸味还与酸味物质的阴离子、食品的缓冲能力等有关。例如，在相同 pH 值时，酸味强度为醋酸>甲酸>乳酸>草酸>盐酸。酸味物质的阴离子还决定酸的风味特征，如柠檬酸、维生素 C 的酸味爽快，葡萄糖酸具有柔和的口感，醋酸刺激性强，乳酸具有刺激性的臭味，磷酸等无机酸则有苦涩感。

当酸味剂的结构上具备其他味感物的条件时，它还可能被其他味受体竞争吸附而产生另一种味感，若另一种味感较弱，通常也叫副味。如图 10-13 所示。

在酸味剂溶液中加入糖、食盐或乙醇，均会降低其酸味。例如，一般无机酸的阈值约为 pH 值 4.2～4.6，若加入 3% 砂糖（或等甜度的糖精），其 pH 值不变，而酸的强度降低 15%。酸味和甜味的适当混合，是构成水果和饮料风味的重要因素。咸酸适宜是食醋的风味特征。若在酸中加入适量的苦味剂，也能形成食品的特殊风味。

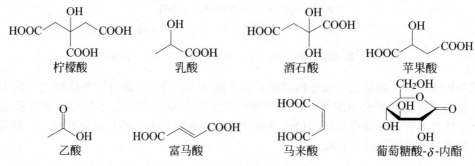

图 10-13　酸味与副味

10.1.6.2　主要酸味物质

主要酸味物质如图 10-14 所示。

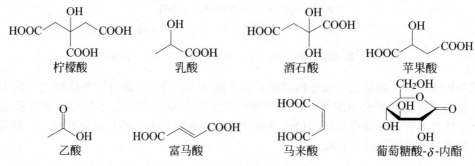

图 10-14　主要的酸味物质

（1）食醋　食醋（vinegar）是我国最常用的酸味料，是采用淀粉或饴糖为原料经发酵制成。其成分除含 3%～5% 的乙酸（acetic acid）外，还含有少量其他有机酸、氨基酸、糖、醇、酯等。它的酸味温和，在烹调中除用作调味外，还有防腐败、去腥臭等作用。由工业生产的乙酸为无色的刺激性液体，能与水任意混合，可用于调配合成醋，但缺乏食醋风味。

（2）柠檬酸　柠檬酸（citric acid）是酸味的代表物质，是在果蔬中分布最广的有机酸，为斜方晶系三棱晶体，难溶于乙醚，溶于水及乙醇，在冷水中比在热水中易溶。它可形成 3 种形式的盐，但除碱金属盐外其他柠檬酸盐大多不溶或难溶于水。它的酸味圆润、滋美、爽快可口，入口即达最高酸感，后味延续时间短。柠檬酸广泛用于清凉饮料、水果罐头、果冻、糖果等中，通常用量为 0.1%～1.0%。它还具有良好的防腐性能及抗氧化增效功能。

（3）苹果酸　苹果酸（malic acid）多与柠檬酸共存，为无色或白色针状结晶，易溶于水及乙醇，吸湿性强，保存中易受潮。其酸味为柠檬酸的 1.2 倍，酸味爽口，略带刺激性，稍有苦涩感，呈味速度较缓慢，酸感维持时间长于柠檬酸，与柠檬酸合用时有强化酸味的效果。常用于调配饮料等，尤其适用于果冻，通常使用量为 0.05%～0.5%。其钠盐有咸味，可供病人作咸味剂。

（4）酒石酸　酒石酸（tartaric acid）为无色或白色晶体，易溶于水及乙醇。其酸味比柠檬酸和苹果酸都强，约为柠檬酸的 1.3 倍，但稍有涩感。其用途与柠檬酸相同，多与其他酸合用，一般使用量为 0.1%～0.2%。但它不适合于配制起泡的饮料或用作食品膨

240

胀剂。

（5）乳酸　乳酸（lactic acid）来自乳酸发酵，在水果、蔬菜中很少存在，在发酵乳制品和泡制蔬菜中含量较高，现多用人工合成品。纯品乳酸为无色液体或浅黄色液体，溶于水及乙醇，有防腐作用，酸味稍强于柠檬酸。可用作 pH 值调节剂，也可用于清凉饮料、合成酒、合成醋、辣酱油等中。用其制泡菜或酸菜，不仅调味，还可防止杂菌繁殖。

（6）抗坏血酸　抗坏血酸（ascorbic acid）为白色结晶，易溶于水，有爽快的酸味，但易被氧化。在食品中可作为酸味剂和维生素 C 添加剂，还有防氧化和褐变作用。

（7）葡萄糖酸　葡萄糖酸（gluconic acid）由葡萄糖氧化制得，为无色固体，易溶于水，酸味爽快。干燥时易脱水生成 γ- 或 δ-葡萄糖内酯，此反应可逆。利用这一特性可将其用于某些最初不能有酸性而在水中受热后又需要酸性的食品。例如将葡萄糖内酯加入豆浆内，遇热即会生成葡糖酸而使大豆蛋白凝固，得到嫩豆腐。此外，将其内酯加入饼干中，烘烤时即成为缓释膨胀剂。葡萄糖酸也可直接用于调配清凉饮料、食醋等，可作方便面的防腐调味剂，或在营养食品中代替乳酸。

（8）磷酸　磷酸（phosphoric acid）的酸味强度为柠檬酸的 2.3～2.5 倍，酸味爽快温和，略带涩味。在饮料业中用来代替柠檬酸和苹果酸，可用于清凉饮料，但用量过多会影响人体对钙的吸收。

（9）琥珀酸及延胡索酸　在未成熟的水果中存在较多的琥珀酸（succinic acid）及延胡索酸（fumaric acid），也可用作酸味剂，但不普遍。因不溶于水，很少单独使用，多与柠檬酸、酒石酸并用生成水果似的酸味。又可利用其难溶性，用作缓释膨胀剂，还可用作粉状果汁的持续性发泡剂。

10.1.7　辣味和辣味物质

辣味（piquancy）是辛香料和蔬菜中一些成分所引起的刺激的感觉，它不是食品的基本味觉，属于一种尖利的刺痛感和特殊的灼烧感的总和。它是刺激口腔黏膜、鼻腔黏膜、皮肤、三叉神经引起的一种痛觉。适当的辣味可增进食欲，促进消化液的分泌，在食品烹调中经常使用辣味物质作调味品。主要辣味物质介绍如下。

天然食用辣味物质按其味感的不同大致可分成下列三大类：第一类为无芳香的辣味物，即热辣（火辣）味物质，为一些食品原料所固有，性质很稳定；第二类为具有芳香性的辣味物，即辛辣味物质，也为一些原料所固有；第三类为刺激辣味物质，在食品原料中只存在其前体物，当组织被破碎后前体物受酶的作用才产生这类风味物，它们的性质很不稳定，遇热将分解。

（1）热辣（火辣）味物质　热辣味物质是一种无芳香的辣味，在口中能引起灼烧感觉。主要有辣椒、胡椒和花椒中的辣味成分。它们的结构较相似，共同的特点是含有不饱和疏水烃基酚胺，而且分子的一头为极性基、另一头为非极性基。一些研究资料表明，这些辣味物的辣味随非极性基碳链长度的增加而加剧。例如辣椒素中 R 基的碳数为 8 时最辣，但碳链长度再增加时辣味迅速降低。

① 辣椒　辣椒（capsicum）主要辣味成分为类辣椒素，是一类碳链长度不等（$C_6 \sim C_{11}$）的不饱和单羧酸香草基酰胺，同时还含有少量含饱和直链羧酸的二氢辣椒素（图 10-15）。不同辣椒的辣椒素含量差别很大，甜椒通常含量极低，红辣椒约含 0.06%，牛角红椒含 0.2%，印度萨姆椒含 0.3%，乌干达辣椒可高达 0.85%。

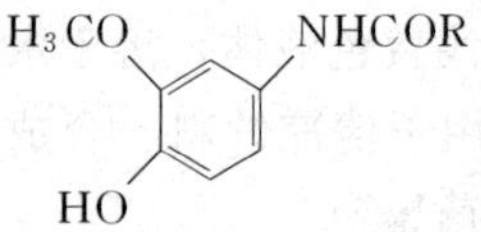

结　构		名　称	相对强度
H₃CO—⟨⟩—NHCOR HO	$R=(CH_2)_4CH{=\!=}CHCH(CH_3)_2$	辣椒素	100
	$R=(CH_2)_6CH(CH_3)_2$	二氢辣椒素	100
	$R=(CH_2)_5CH(CH_3)_2$	去二甲二氢辣椒素	57
	$R=(CH_2)_5CH{=\!=}CHCH(CH_3)_2$	同辣椒素	43
	$R=(CH_2)_6CH(CH_3)_2$	同二氢辣椒素	50

图 10-15　辣椒素分子结构和相对辣味强度

几种辣椒素的辣味强度各不相同，以侧链为 $C_6 \sim C_{10}$ 时最辣，双键并非是辣味所必需的。在辣椒中前两种同系物占绝对多数。辣椒素的结构较为简单，二氢辣椒素已经可以人工合成。

② 胡椒　常见的胡椒（pepper）有黑胡椒和白胡椒两种，由果实加工而成，尚未成熟的绿色果实可制得黑胡椒，用色泽由绿变黄而未变红时收获的成熟果实可制取白胡椒。它们的辣味成分除少量类辣椒素外主要是胡椒碱。胡椒碱是一种酰胺化合物，其不饱和烃基有顺反异构体，其中顺式双键越多时越辣；全反式结构也叫异胡椒碱（图 10-16）。胡椒经光照或贮存后辣味会降低，这是顺式胡椒碱异构化为反式结构所致。

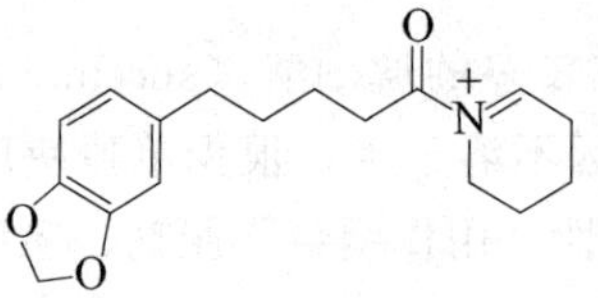

胡椒碱：　(2E)和(4E)构型,辣味最强
异胡椒碱：(2Z)和(4E)构型,辣味较弱
异黑椒素：(2E)和(4Z)构型,辣味较强
黑椒素：　(2Z)和(4Z)构型,辣味仅次于胡椒碱

图 10-16　胡椒中的主要辣味化合物及强度

③ 花椒　花椒（xanthoxylum）主要辣味成分为花椒素（图 10-17），也是酰胺类化合物，此外还有少量异硫氰酸烯丙酯等。它与胡椒、辣椒一样，除辣味成分外，还含有一些挥发性香味成分。

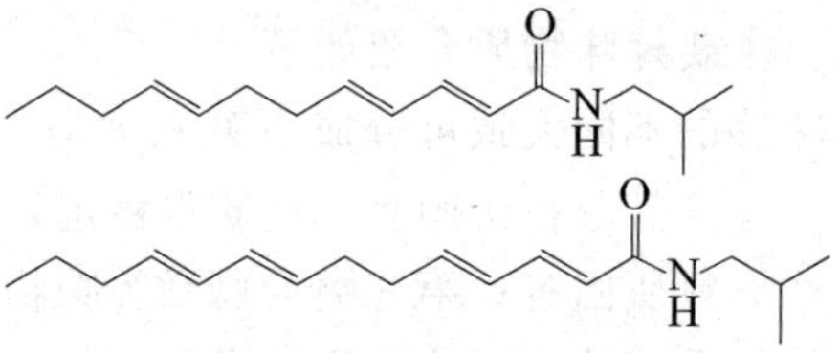

图 10-17　花椒素的化学结构

（2）辛辣（芳香辣）味物质　辛辣味物质是一类除辣味外还伴随有较强烈挥发性的芳香味物质，如生姜、丁香和其他香辛料中的辣味成分。它们是一些芳香族化合物，许多为邻甲基酸或邻甲氧基酸类，是具有味感和嗅感双重作用的成分。

① 姜　新鲜姜的辛辣成分是一类邻甲氧基酚基烷基酮（图 10-18），其中最具活性的是 6-姜醇。它们的分子中环侧链上羟基外侧的碳链长度各不相同（$C_5 \sim C_9$）。鲜姜经干燥贮存，姜醇会脱水生成姜酚类化合物，后者较姜醇更为辛辣。当姜受热时，环上侧链断裂生成姜酮，辛辣味较为缓和。

② 肉豆蔻和丁香　肉豆蔻（nutmeg）和丁香（clove）辛辣成分主要是丁香酚和异丁香酚，如图 10-19 所示，这类化合物也含有邻甲氧基苯酚基团。

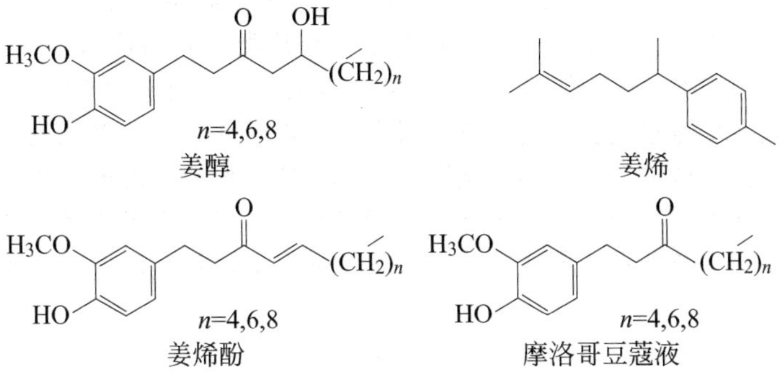

图 10-18　姜中的辣味成分

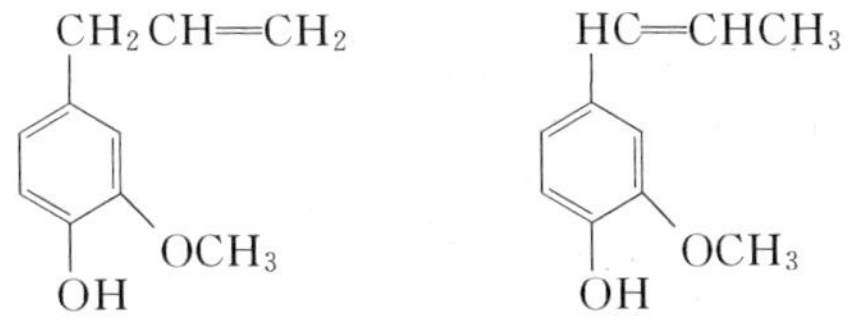

图 10-19　丁香酚（左）和异丁香酚（右）的化学结构

（3）刺激辣味物质　刺激辣味物质是一类除能刺激舌和口腔黏膜外还能刺激鼻腔和眼睛，具有味感、嗅感和催泪性的物质，属于异硫氰酸酯类或二硫化合物。主要有以下几种。

① 蒜、葱、韭菜　蒜的主要辣味成分为蒜素、二烯丙基二硫化物、丙基烯丙基二硫化物3种，其中蒜素的生理活性最大（图10-20）。大葱、洋葱的主要辣味成分是二丙基二硫化物、甲基丙基二硫化物等。韭菜中也含有少量上述二硫化合物。这些二硫化物在受热时都会分解生成相应的硫醇，所以蒜、葱等在煮熟后不仅辛辣味减弱，而且还产生甜味，影响食品的风味。

$CH_2{=}CHCH_2{-}S{-}S({=}O){-}CH_2CH{=}CH_2$

蒜素

$CH_2{=}CHCH_2{-}S{-}S{-}CH_2CH_2CH_3$

二烯丙基二硫化物

$CH_2{=}CHCH_2{-}S{-}S{-}CH_2CH{=}CH_2$

丙基烯丙基二硫化物

$CH_3CH_2CH_2{-}S{-}S{-}CH_2CH_2CH_3$

二丙基二硫化物

$CH_3{-}S{-}S{-}CH_2CH_2CH_3$

甲基丙基二硫化物

图 10-20　蒜、葱、韭菜中的辣味成分

② 芥末、萝卜　芥末的辣味主要成分是芥子酶分解异硫氰酸丙酯糖苷产生的，白芥子中的辣味主要是异硫氰酸对羟基苄酯，其他的一般是异硫氰酸丙酯。在萝卜、山嵛菜等中的辣味物质也是异硫氰酸酯类化合物。异硫氰酸丙酯也叫芥子油，刺激性辣味较为强烈。它们在受热时会水解为异硫氰酸，辣味减弱。

10.1.8　其他味感

10.1.8.1　涩味

当口腔黏膜的蛋白质凝固时，所产生的收敛结果就会使人感到涩味，口腔感觉为发干、粗糙，故此涩味也不是食品的基本味觉，而是物质刺激神经末梢造成的结果，涩味与苦味有时会相互混淆，因为一些能够产生涩味的物质同时也会产生苦味。食品中广泛存在的多酚化

合物是主要的涩味化合物（图 10-21），典型例子就是未成熟的柿子、水果中大量存在的单宁、无色花青苷以及茶叶中的茶多酚等，其次是一些盐类（如铝盐），还有一些有机酸也具有涩味（如草酸、奎宁酸），此外，明矾、醛类等也会产生涩感。单宁分子具有很大的横截面，易于同蛋白质发生疏水结合，同时它还含有许多能转变为醌式结构的苯酚基团，也能与蛋白质发生交联反应，这种疏水作用和交联反应都可能是形成涩感的原因。柿子、茶叶、香蕉、石榴等果实中都含有涩味物质。茶叶、葡萄酒中的涩味人们能接受，但未成熟的柿子、香蕉的涩味必须脱除。随着果实的成熟，单宁类物质会形成聚合物而失去水溶性，涩味也随之消失。

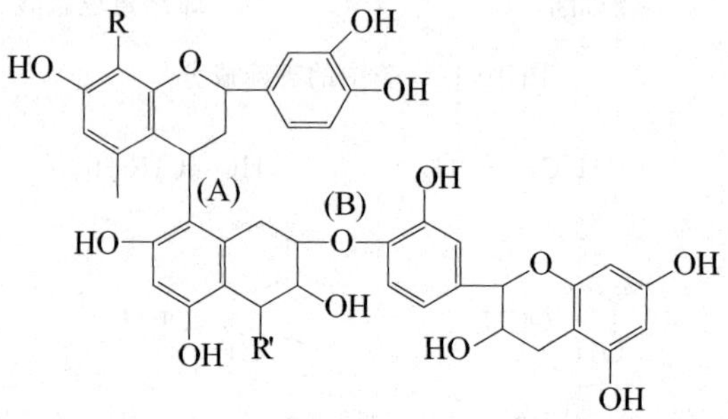

图 10-21　一种原花色苷单宁的结构

(A) 缩合单宁的化学键；(B) 可水解单宁的化学键

食物中的涩味物质常对食品风味产生不良影响。未成熟柿子的涩味是典型的涩味。涩柿的涩味成分是以原花色素为基本结构的糖苷，属多酚类化合物，易溶于水。当未成熟柿子的细胞膜破裂时，它从中渗出并溶于水而呈涩味。在柿子成熟过程中，多酚化合物在酶的催化下氧化并聚合成不溶性物质，故涩味消失。常用的生柿人工脱涩法有：水浸法（在 40℃温水中浸 10～15h），酒浸法（用 40%酒精喷撒后密置 5～10 天），干燥法（剥皮后在空气中自然干燥，制成"柿饼"），二氧化碳法（放入含 50%二氧化碳的容器内数天），乙烯法（在密封容器中通入乙烯，放置数天），以及冷冻法、射线照射法等。这些方法的原理可能都是促使可溶性多酚物反应生成不溶性物质。生香蕉的涩味成分主要也是原花色素，香蕉成熟或催熟后其涩味也减弱。橄榄果的涩味物质主要是橄榄苦苷，用稀酸或稀碱加热，由于糖苷水解而脱涩。

茶叶中亦含有较多的多酚类物质，由于加工方法不同，制成的各种茶所含的多酚类各不相同，因而它们的涩味程度也不相同。一般绿茶中多酚类含量多。而红茶经过发酵后多酚类被氧化，其含量减少，涩味也就不及绿茶浓烈。

有时涩味的存在对形成食品风味也是有益的。茶水的涩感是茶的风味特征之一，主要由可溶性单宁形成。红葡萄酒是同时具有涩、苦和甜味的酒精饮料，其涩味和苦味都是由多酚类物质产生。人们通常不希望葡萄酒的涩味太强，因而在生产过程中也要设法降低涩味物。

10.1.8.2　清凉味

清凉感（或清凉味）是指某些化合物与神经或口腔组织接触时刺激特殊受体而产生的清凉感觉，典型代表物有薄荷醇、樟脑等，包括留兰香和冬青油风味。这些物质的清凉味同葡萄糖固体的清凉感是完全不同的，它们在一些具有特殊风味的食品中起重要作用，如在糖果、饮料中作为风味物质。很多化合物都能产生清凉感，常见的有 L-薄荷醇、D-樟脑等（图 10-22），它们既有清凉嗅感又有清凉味感。薄荷醇可用薄荷的茎、叶进行水蒸气蒸馏而得，它有 8 个旋光体，是食品加工中常用的清凉风味剂，在糖果、清凉饮料中使用较广泛。

葡萄糖、山梨醇、木糖醇固体在进入口腔后也能够产生清凉感，但这是由于固体在唾液

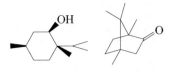

图 10-22 L-薄荷醇（左）和 D-樟脑（右）的化学结构

中溶解时吸收口腔接触部位的热量所致。由于后二者的溶解热分别为 94J/g、110J/g，明显地较蔗糖的溶解热（18J/g）大，所以其清凉感比蔗糖明显。

10.1.8.3 碱味和金属味

碱味往往是在加工过程中形成的。例如，为了防止蛋白饮料沉淀，就需加入 $NaHCO_3$ 使其维持 pH>4.0，从而呈现碱味。它是羟基负离子的呈味属性，溶液中只要含有 0.01% 浓度的 OH^- 即会被感知。目前普遍认为碱味没有确定的感知区域，可能是刺激口腔神经末梢引起的。

与碱味不同，在舌和口腔表面可能存在一个能感知金属味的区域，其阈值在 20～30mg/kg 离子含量范围。这种味感也往往是在食品的加工和贮藏过程中形成的。一些存放时间较长的罐头食品常有这种令人不快的金属味感。欧美许多人喜吃芦笋罐头而不讨厌金属味，芦笋罐头中的金属味可能是 Sn 离子与天冬氨酸作用后形成的。乳制品中也发现有一种非金属物质 1-辛烯-3-酮能带来金属味。

10.2 食品的香气和呈香物质

10.2.1 嗅觉与嗅觉分类

嗅觉（olfaction）是指挥发性物质刺激鼻腔嗅觉神经而在中枢神经中引起的综合感觉，比味感更复杂、更敏感。在人的鼻腔前庭部分有一块嗅觉上皮区域叫嗅黏膜，膜上密集排列着许多嗅细胞，嗅觉细胞和其周围的支持细胞、分泌粒并列形成嗅黏膜。支持细胞上面的分泌粒分泌出的嗅黏液覆盖在嗅黏膜表面，液层厚约 100μm，具有保护嗅纤毛、嗅觉细胞组织以及溶解 Na^+、K^+、Cl^- 等功能。嗅觉细胞就其本质而言就是神经细胞，集合起来形成嗅觉神经，一端伸向大脑的中枢神经，一端伸入鼻腔，构成嗅觉感受器。吸入到鼻腔的挥发性风味成分刺激嗅细胞一端的嗅纤毛，产生神经冲动，通过神经纤维将信息传导至大脑，就产生了对气味的印象。嗅觉比味觉更复杂、更敏感，一般从闻到香味物质开始到产生嗅觉仅需 0.2～0.3s。

食品风味的化学组分非常复杂，一般有几百种以上，目前尚未有统一的嗅觉分类方法。有人认为存在 7 种基本气味，即清淡气味、樟脑气味、发霉气味、花香气味、薄荷气味、辛辣气味和腐烂气味，其他众多的气味则可能由这些基本气味的组合所引起。也有人在结构-气味关系研究中，把气味分为龙涎香（ambergris）气味、苦杏仁（bitter almond）气味、麝香（musk）气味和檀香（sandalwood）气味。在嗅觉分类中最为重要的是如何度量两种气味之间的相似性，也就是类别划分的标准，这也是导致气味类别划分各异的重要原因。

10.2.2 植物性食品的风味

10.2.2.1 蔬菜类香气

一般来说，蔬菜的气味较弱，但多种多样，它们主要含有以甲氧烷基吡嗪化合物、含硫化合物、醇、萜烯类为主体的香气成分（表 10-3）。

表 10-3　某些蔬菜的香气成分

蔬菜	香气成分	气味
大蒜	二丙烯基二硫化合物、甲基丙烯基二硫化物、丙烯硫醚	辣辛气味
洋葱	S-氧化硫代丙醛、硫醇、二硫化合物、三硫化合物、噻吩类化合物	刺激性辣味
葱类	丙烯硫醚、丙基丙烯基二硫化物、甲基硫醇、二丙烯基二硫化合物、二丙基二硫化合物	香辛气味
萝卜	甲基硫醇、异硫氰酸丙酸烯	刺激性辣味
芥菜	硫氰酸酯、异硫氰酯、二甲基硫醚	刺激性辣味
黄瓜	2-反-6-顺壬二烯醛、反-2-壬烯醛、2-反-6-顺壬二烯醇	清鲜气味
番茄	顺-3-己烯醛/醇、己烯醛/醇、1-庚烯-3-酮、3-甲基丁醇/醛	清甜气味
菇类	3-辛烯-1-醇、庚烯醇	鲜香气味

　　新鲜蔬菜具有较清香的泥土气味，主要是由甲氧烷基吡嗪化合物产生的，如新鲜马铃薯和豌豆中的甲氧基异丙基吡嗪、青椒中的 2-甲氧基异丁基吡嗪、红甜菜根中的甲氧基仲丁基吡嗪。这些风味物质一般是以亮氨酸等为前体生物合成的，途径如图 10-23 所示。

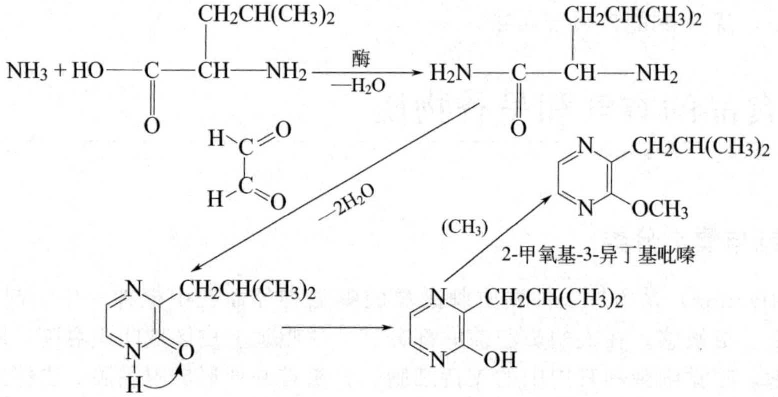

图 10-23　甲氧烷基吡嗪的生成途径

　　百合科蔬菜主要包括大葱、洋葱、蒜、韭菜、芦笋等，其最重要的风味物质是一些含硫化合物。当组织细胞受损时，不同蔬菜作物特有的风味酶释出，与细胞质中的香味前体底物结合，催化产生各种挥发性香气物质。如洋葱在组织破损后能迅速产生具有极强穿透力、刺激性的挥发性含硫化合物氧化硫代丙醛。洋葱中的蒜氨酸酶在细胞破损之后被激活，水解风味前体物质 S-(1-丙烯基)-L-半胱氨酸亚砜，生成丙烯基次磺酸和丙酮酸中间体。氨与丙酮酸、次磺酸能进一步重排产生硫丙醛-S-氧化物，还有硫醇、二硫化合物、三硫化合物及噻吩类化合物，共同形成洋葱的风味（图 10-24）。

　　十字花科蔬菜最重要的风味物质也是含硫化合物。例如，卷心菜以硫醚、硫醇和异硫氰酸酯及不饱和醇与醛为主体风味物质，萝卜、芥菜和花椰菜中的异硫氰酸酯是主要的特征风味物质，有强烈的辛辣芳香气味。这主要是硫葡糖苷酶作用于硫葡糖苷前体所产生的异硫氰酸酯所引起的（图 10-25）。

10.2.2.2　水果类香气

　　水果的香气清爽宜人，主要包括酯、醛、醇和萜烯类化合物，还有醚类和挥发酸（表10-4）。其香味浓郁程度与成熟度密切相关。香蕉、苹果、梨、杏、芒果、菠萝和桃子充分

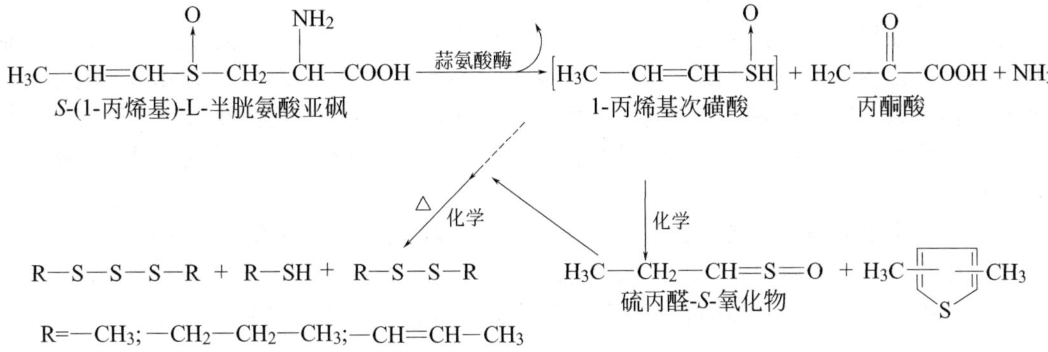

图 10-24　洋葱气味的形成

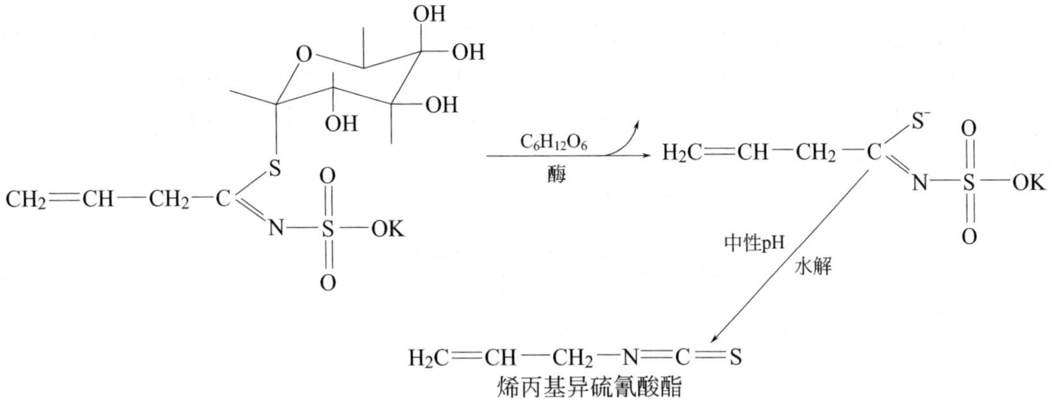

图 10-25　十字花科植物中异硫氰酸酯的形成

成熟时芳香气味浓郁；草莓、葡萄、荔枝、樱桃在果实保持完整时特征气味不明显，但打浆后香气浓郁。

表 10-4　水果的香味物质

水果类型	主要香气成分
苹果	异戊酸乙酯、乙醛、反-2-己烯醛
柑橘	癸醛、辛醛、乙醛
柠檬	柠檬醛、α-蒎烯、β-蒎烯、α-芹子烯、α-甜没药烯、γ-松油烯、石竹烯、α-香柠檬烯、橙花醇、香叶醇、壬醛、甲基庚烯酮、十一醛、香茅醛、乙酸芳樟酯和乙酸香叶酯等
桃	$C_6 \sim C_{11}$ 的 γ-内酯及 d-内酯，桃醛、苯甲醛
葡萄	邻氨基苯甲酸甲酯
西瓜	己醛、反-2-己烯醛、反-2-壬烯醛、反,顺-2,6-壬二烯醛、乙酸乙酯
草莓	丁酸乙酯、己酸乙酯、沉香醇、呋喃酮、丁酸甲酯、己酸甲酯、2-庚酮、橙花叔醇
香蕉	乙酸异戊酯、异戊酸异戊酯、己醇、己烯醛
菠萝	己酸甲酯、乙酸乙酯

10.2.2.3　茶叶香气

茶主要分为非发酵茶、发酵茶和半发酵茶。茶的香型和特征香气与茶树品种、采摘季节、叶龄、加工方法、温度、炒制时间、发酵过程等多种因素有关，是决定茶叶品质的重要因素。鲜茶叶中原有的芳香物质只有几十种，而茶叶香气化合物多达 500 种以上。

非发酵茶如绿茶以清香为主，主体化合物是反式青叶醇（醛），其他主要香气成分包括芳樟醇及其氧化物、水杨酸甲酯、香叶醇（顺-3-己烯醇、顺-2-己烯醇）、己酸顺-3-己烯酯、丁香烯、法尼烯、橙花叔醇、茉莉酮酸甲酯、6,10,14-三甲基十五烷酮及邻苯二甲酸二丁酯等。高沸点的芳香物质如芳樟醇、苯甲醇、苯乙醇、苯乙酮具有良好的香气，是构成绿茶香气的重要成分。

乌龙茶是半发酵茶的代表，其茶香成分主要是香叶醇、顺-茉莉酮、茉莉内酯、茉莉酮酸甲酯、橙花叔醇、苯甲醇氰醇、乙酸乙酯等。红茶是发酵茶的代表，其茶香浓郁，主要的香气化合物中醇、醛、酸、酯的含量较高，特别是紫罗兰酮类化合物对红茶的特征茶香起重要作用。

10.2.3 动物性食品的风味物质

新鲜畜禽肉类都带有腥膻气味，其风味物质包括硫化氢、硫醇（CH_3SH、C_2H_5SH）、醛酮类（CH_3CHO、CH_3COCH_3、$CH_3CH_2COCH_3$）、甲（乙）醇和氨等挥发性化合物，有典型的血腥味。鲜肉经过加工后产生浓郁的香气。对各种熟肉风味起重要作用的有三大风味成分——硫化物、呋喃类和含氮化合物，另外还有羰基化合物、脂肪酸、脂肪醇、内酯、芳香族化合物等。如表 10-5 所示为常见肉类中的风味化合物。

表 10-5　常见肉类中的风味化合物

化合物类别	牛肉		鸡肉		猪肉		羊肉	
	数量	%	数量	%	数量	%	数量	%
酯类	33	4.8	7	2.0	20	6.4	5	2.2
酚类	3	0.4	4	1.2	9	2.9	3	1.3
内酯类	33	4.8	2	0.6	2	0.6	14	6.2
呋喃类	40	5.9	13	2.8	29	9.2	6	2.7
醛类	66	9.7	73	21.0	35	11.2	41	18.1
醇类	61	9.0	28	8.1	24	1.6	11	4.9
酮类	59	8.7	31	8.9	38	12.1	23	10.2
嘧啶类	10	1.5	10	2.9	5	1.6	16	7.1
酸类	20	2.9	9	2.6	5	1.6	46	20.4
烃类	123	18.1	71	20.5	45	14.3	26	11.5
吡嗪类	48	7.0	21	6.1	36	11.5	15	6.6
其他含氮化合物	37	5.4	33	9.5	24	7.6	8	3.5
含硫化合物	126	18.6	33	9.5	31	9.9	12	5.3

新鲜鱼和海产品有很淡的清鲜气味，这些气味是鱼的多不饱和脂肪酸受内源酶作用产生的 C_6、C_8、C_9 不饱和羰基化合物（醛、酮、醇类化合物）产生的，如顺-1,5-辛二烯-3-酮、2-壬烯醇、1-辛烯-3-酮、1-辛烯-3-醇、1-壬烯-3-醇、2-辛烯醇、反-2-壬烯醛等。其中 1-辛烯-3-醇是亚油酸的一种氢过氧化物的降解产物，具有类似蘑菇的气味，普遍存在于淡水鱼及海水鱼的挥发性香味物质中。

鱼的腥气是因为鱼死后在腐败菌和酶的作用下体内固有的氧化三甲胺转变为三甲胺，ω-3 不饱和脂肪酸转化为 2,4-癸二烯醛和 2,4,7-癸三烯醛，赖氨酸和鸟氨酸转化为六氢吡啶、

δ-氨基戊醛、δ-氨基戊酸的结果（图 10-26）。δ-氨基戊醛和 δ-氨基戊酸具有强烈的腥味，鱼类血液中因含有 δ-氨基戊醛也有强烈的腥臭味，三甲胺常被用作未冷冻鱼的腐败指标。

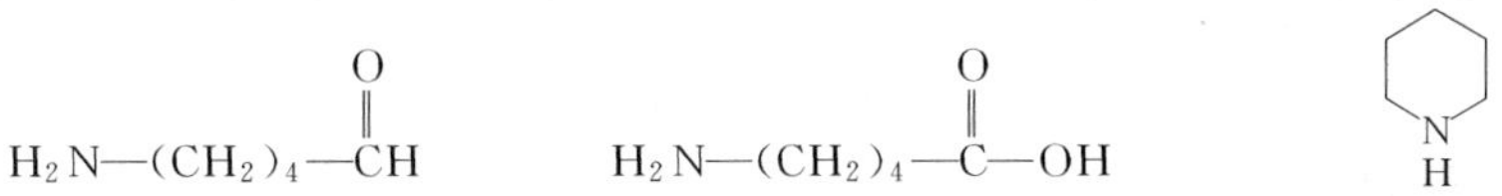

$$H_2N\!-\!(CH_2)_4\!-\!\overset{\overset{\displaystyle O}{\|}}{C}H \qquad\qquad H_2N\!-\!(CH_2)_4\!-\!\overset{\overset{\displaystyle O}{\|}}{C}\!-\!OH$$

δ-氨基戊醛   δ-氨基戊酸   六氢吡啶

图 10-26　δ-氨基戊醛（左）、δ-氨基戊酸（中）
和六氢吡啶（右）的化学结构

10.2.4　发酵食品的香气及香气成分

发酵食品及调味料的香气成分主要是由微生物作用于蛋白质、糖、脂肪及其他物质而产生的，主要有醇、醛、酮、酸和酯类物质。由于微生物代谢产物繁多，各种成分比例各异，使发酵食品的香气各有特色。

10.2.4.1　酒类的香气

各种酒类的芳香成分极为复杂，其成分因品种而异。如茅台酒的主要呈香物质是乙酸乙酯及乳酸乙酯；泸州大曲的主要呈香物质为己酸乙酯及乳酸乙酯；乙醛、异戊醇在这两种酒中含量均较高；此外，在酒中鉴定出的其他微量、痕量挥发成分还有数十种之多。

10.2.4.2　酱及酱油的香气

酱和酱油都是以大豆、小麦为原料，由霉菌、酵母菌和细菌发酵而成的调味料。酱和酱油的香气成分极为复杂，其中醇类主要有乙醇、正丁醇、异戊醇和 β-苯乙醇等，以乙醇最多；酸类主要有乙酸、丙酸、异戊酸和己酸等；酚类以 4-乙基愈创木酚、4-乙基苯酚和对羟基苯乙醇为代表；酯类主要是乙酸戊酯、乙酸丁酯及 β-苯乙醇乙酸酯；羰基化合物主要有乙醛、丙酮、丁醛、异戊醛、糖醛、饱和及不饱和酮醛等，α-羟基异己醛二乙缩醛和异戊醛二乙缩醛也是两种重要的香气成分。酱油香气成分中还有由含硫氨基酸转化而来的硫醇、甲硫醇等，甲硫醇是构成酱油特征香气的主要成分。

10.2.5　其他

10.2.5.1　乳品的香气和香气成分

新鲜优质的牛乳具有一种鲜美可口的香味，其香味成分主要是低级脂肪酸和羟基化合物，如 2-己酮、2-戊酮、丁酮、丙酮、乙醛、甲醛等以及极微量的乙醚、乙醇、氯仿、乙腈、氯化乙烯和甲硫醚等。甲硫醚在牛乳中虽然含量微少，然而却是牛乳香气的主香成分。甲硫醚香气阈值在蒸馏水中大约为 $1.2\times10^{-4}\,mg/L$。如果微高于阈值，就会产生牛乳的异臭味和麦芽臭味。

10.2.5.2　烘烤食品的香气及香气成分

许多食品在焙烤时都发出诱人的香气，这些香气成分形成于加热过程中发生的糖类热解、羰氨反应、油脂分解和含硫化合物（硫胺素、含硫氨基酸）分解的产物，综合而成各类食品特有的焙烤香气。

糖类是形成香气的重要前提。当温度在 300℃ 以上时，糖类可热解形成多种香气物质，其中最重要的有呋喃衍生物、酮类、醛类和丁二酮等。羰氨反应也会形成多种香气物质，如亮氨酸、缬氨酸、赖氨酸、脯氨酸与葡萄糖一起适度加热时都可产生诱人的气味，而胱氨酸及色氨酸则产生臭气。

10.3 风味化合物的形成途径

10.3.1 酶促反应

10.3.1.1 脂肪氧化酶途径

在植物组织中存在脂肪氧化酶,可以催化多不饱和脂肪酸氧化(多为亚油酸和亚麻酸),反应具有底物专一性、作用位置的专一性。生成的过氧化物经过裂解酶作用后,生成相应的醛、酮、醇等化合物。己醛是苹果、草莓、菠萝、香橙等多种水果的风味物质,它是以亚油酸为前体合成的(图 10-27)。大豆在加工中,由亚油酸被脂肪氧化酶氧化产生的己醛是所谓"青豆味"的主要原因。2-反-己烯醛和 2-反-6-顺-壬二烯醛分别是番茄和黄瓜中的特征香气化合物,它们以亚麻酸为前体物质生成(图 10-28)。

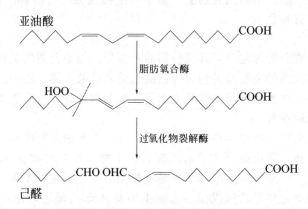

图 10-27 亚油酸氧化生成己醛

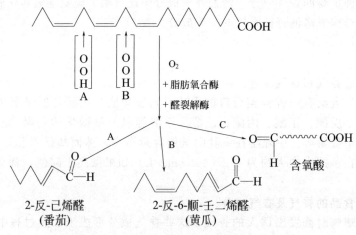

图 10-28 亚麻酸在脂肪氧化酶作用下形成醛

脂肪氧化酶途径生成的风味化合物中,通常化合物产生青草的香味,C_6 化合物产生类似黄瓜和西瓜的香味,C_8 化合物有蘑菇或紫罗兰的气味。C_6 化合物一般为醛、伯醇,而 C_8 化合物一般为酮、仲醇。

梨、桃、杏和其他水果成熟时的令人愉快的香味,一般是由长链脂肪酸的 β-氧化生成的中等链长($C_8 \sim C_{12}$)挥发物引起的。如,由亚油酸通过 β-氧化生成的 2-反-4-顺-癸二烯酸乙酯（图 10-29），是梨的特征香气化合物。在 β-氧化中还同时产生 $C_8 \sim C_{12}$ 的羟基酸，这些羟基酸在酶作用下环化生成 γ-内酯或 δ-内酮，$C_8 \sim C_{12}$ 内酯具有类似椰子和桃子的香气。

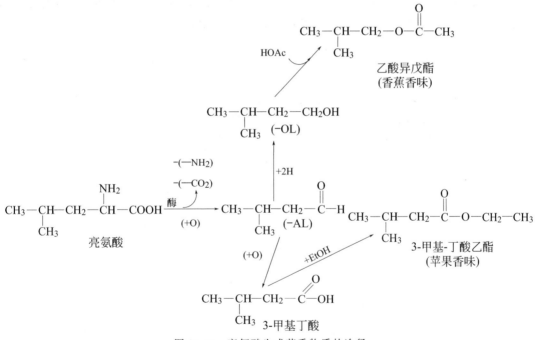

图 10-29　亚油酸的 β-氧化

10.3.1.2　支链氨基酸的降解

支链氨基酸是果实成熟时芳香化合物的重要风味前体物，香蕉、洋梨、猕猴桃、苹果等水果在后熟过程中生成的特征支链羧酸酯如乙酸异戊酯、3-甲基丁酸乙酯都是由支链氨基酸产生的（图 10-30）。

图 10-30　亮氨酸生成芳香物质的途径

OL 代表醇；AL 代表醛

10.3.1.3　莽草酸合成途径

在莽草酸合成途径中能产生与莽草酸有关的芳香化合物，如苯丙氨酸和其他芳香氨基酸，除了芳香氨基酸产生风味化合物外，莽草酸还产生其他挥发性化合物（图 10-31）。

10.3.1.4　萜类化合物的合成

在柑橘类水果中，萜类化合物是重要的芳香物质。萜类化合物是由异戊二烯途径合成（图 10-32）。萜类化合物中，二萜分子大，不挥发，不能直接产生香味。倍半萜中甜橙醛、努卡酮分别是橙和葡萄柚特征芳香成分。单萜中的柠檬醛和苧烯分别具有柠檬和酸橙特有的

251

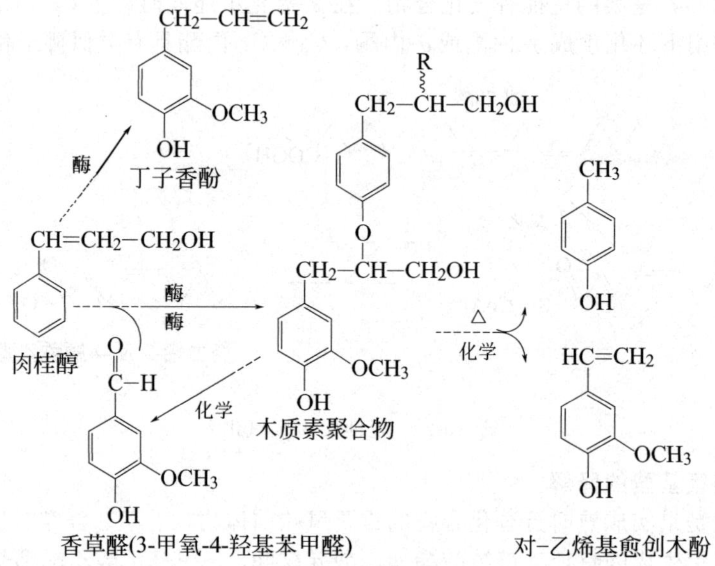

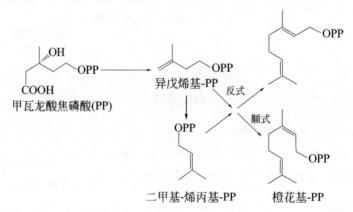

图 10-31　莽草酸合成途径中生成的一些风味化合物

香味。萜烯对映异构物具有很不同的气味特征，L-香芹酮[4-(R)-(一)-香芹酮] 具有强烈的留兰香味，而 D-香芹酮[4-(S)-(＋)-香芹酮] 具有黄蒿的特征香味（图 10-33）。

图 10-32　萜类的生物合成途径

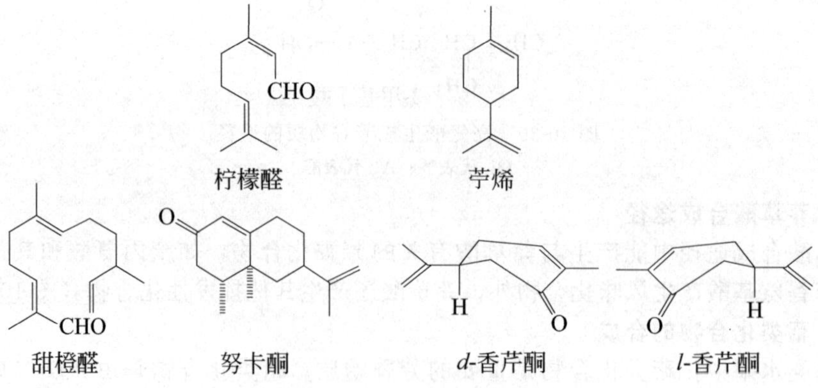

柠檬醛

苧烯

甜橙醛

努卡酮

d-香芹酮

l-香芹酮

图 10-33　几种重要的萜类化合物

252

10.3.1.5 乳酸-乙醇发酵中的风味

在发酵乳制品和酒精饮料的生产中微生物发酵产生的风味物质对产品的风味非常重要。乳酸菌异型发酵所产生的各种风味化合物中，乳酸、丁二酮（双乙酰）和乙醛是发酵奶油的主要特征香味，而同型发酵乳酸菌（例如乳酸杆菌或嗜热杆菌）仅产生乳酸、乙醛和乙醇。乙醛是酸奶的特征效应化合物，丁二酮也是大多数混合发酵的特征效应化合物。乳酸不仅产生特殊气味，同时也为发酵乳制品提供酸味。

酒精饮料的生产中，微生物的发酵产物形成了酒类风味的主体。啤酒中影响风味的主要有醇、酯、醛、酮、硫化物等。啤酒酒香的主要成分是异戊醇、α-苯乙醇、乙酸乙酯、乙酸异戊酯、乙酸苯乙酯。而乙醛、双乙酰、硫化氢形成嫩啤酒的生青味，在后发酵中要降低到要求范围，一般成熟的优质啤酒中乙醛含量<8mg/L，双乙酰含量<0.1mg/L，硫化氢含量<5μg/L。中国白酒中醇、酯、羰基化合物、酚、醚等化合物对风味影响很大。醛类化合物（以乙醛为主）在刚蒸馏出来的新酒中较多，使酒带有辛辣味和刺鼻感；糠醛通常对酒的风味有害，但在茅台酒中却是构成酱香味的重要成分，含量达到 29.4mg/L；酯类对中国白酒的香味有着决定性作用，对酒香气影响大的主要是 $C_2 \sim C_{12}$ 脂肪酸的乙酯和异戊酯、苯乙酸乙酯、乳酸乙酯、乙酸苯乙酯等。

10.3.2 非酶促反应

食品在加工中风味化合物的产生一般认为在相当程度上是由于热降解反应（部分蔬菜和水果的风味则主要是酶反应的结果）。食品中最基本的热降解反应有三种：①维生素的降解反应（特别是维生素 B_1）；②碳水化合物和蛋白质的降解反应；③美拉德（Maillard）反应，特别是 Strecker 降解反应。美拉德反应在其中占有重要的地位，特别是对动物性食品。

10.3.2.1 Maillard 反应

Maillard 反应的产物非常复杂，一般来说，当受热时间较短、温度较低时，反应主要产物除了 Strecker 醛类外，还有香气的内酯类、吡喃类和呋喃类化合物；当受热时间较长、温度较高时，还会生成有焙烤香气的吡嗪类、吡咯类、吡啶类化合物。

吡嗪化合物是所有焙烤食品、烤面包或类似的加热食品中的重要风味化合物，一般认为吡嗪类化合物的产生与 Maillard 反应有关，它是反应中生成的中间物 α-二羰基化合物与氨基酸通过 Strecker 降解反应而生成。反应中氨基酸的氨基转移到一羰基化合物上，最终通过分子的聚合反应形成吡嗪化合物（图 10-34）。反应中同时生成的小分子硫化物也对加工食品气味起作用，甲二磺醛是煮马铃薯（土豆）和干酪饼干风味的重要特征化合物。甲二磺醛容易分解为甲烷硫醇和二甲基二硫化物，从而使风味反应中相对分子质量低的硫化物含量增加。

在加热产生的风味化合物中，通过 H_2S 和 NH_3 形成的含有硫、氮的化合物也是很重要的。例如，在牛肉加工中半胱氨酸裂解生成的 H_2S、NH_3 和乙醛，它们可以与从 Maillard 反应中的生成物羟基酮反应，产生煮牛肉风味的噻唑啉（图 10-35）。

10.3.2.2 热降解反应

（1）糖类、蛋白质、脂肪的热分解反应　糖类在没有胺类情况下加热，也会发生一系列的降解反应，生成各种风味物质。

单糖和双糖的热分解生成以呋喃类化合物为主的风味物质，并有少量的内酯类、环二酮类等物质。反应途径与 Maillard 反应中生成糠醛的途径相似，继续加热会形成丙酮醛、甘油酸、乙二醛等低分子挥发性化合物。

淀粉、纤维素等多糖在高温下直接热分解，400℃以下主要生成呋喃类和糠醛类化合物，以及麦芽酚、环甘素、有机酸等低分子物质。

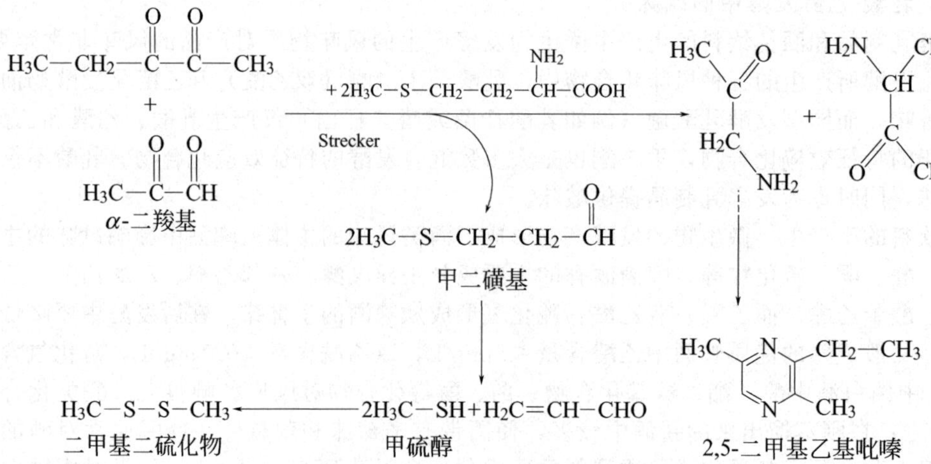

H3C—CH2—C—C—CH3 （O O）

＋

H3C—C—C—CH （O O）

α-二羰基

+2H3C—S—CH2—CH2—CH—COOH（NH2）

Strecker

2H3C—S—CH2—CH2—CH（O）

甲二磺基

H3C—C—CH2—NH2（O）

＋

H2N—CH—CH2—CH3（CH / C—CH3 O）

H3C—S—S—CH3 ← 2H3C—SH + H2C=CH—CHO

二甲基二硫化物   甲硫醇

2,5-二甲基乙基吡嗪

图 10-34　吡嗪化合物的一种形成途径

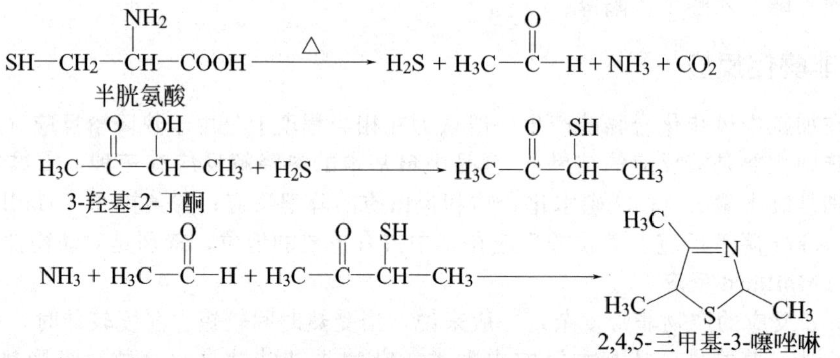

SH—CH2—CH—COOH（NH2） △ H2S + H3C—C—H（O） + NH3 + CO2

半胱氨酸

H3C—C—CH—CH3（O OH）+ H2S → H3C—C—CH—CH3（O SH）

3-羟基-2-丁酮

NH3 + H3C—C—H（O）+ H3C—C—CH—CH3（O SH）→ 2,4,5-三甲基-3-噻唑啉

图 10-35　蛋氨酸与羰基化合物生成噻唑啉

　　蛋白质或氨基酸热裂解生成挥发性物质时，会产生硫化氢、氨、吡咯、吡啶类、噻唑类、噻吩含硫化合物等，这些化合物大多有强烈的气味。脂肪也会因热氧化产生刺激性气味。

　　（2）维生素的降解　维生素在加热时，生成许多含硫化合物、呋喃和噻吩，一些生成物具有肉香味。维生素 C 很不稳定，在有氧条件下热降解，生成糠醛、乙二醛、甘油醛等低分子醛类。反应产生的糠醛类化合物是烘烤后的茶叶、花生香气及熟牛肉香气的重要组成成分之一。

10.3.2.3　脂肪的氧化

　　脂肪的非酶促氧化产生的过氧化物分解产生醛、酮化合物，使食品产生所谓的哈败味。但是在一些加工食品中，脂肪氧化分解物以适当浓度存在时，却可以赋予食品以需要的风味（例如面包）。脂肪的氧化机制参考第 6 章的有关内容。

（饶瑜　朴春红）

254

11 现代生物化学技术在食品中的应用及展望

在食品科学与工程领域的发展进程中,基于传统生物化学技术而发展起来的现代生物化学技术(如基因工程技术、现代生化分离技术及现代生化分析检测技术等)正在发挥着越来越重要的作用。本章重点介绍基因工程技术、膜分离技术、萃取技术、分子蒸馏技术、色谱分析检测技术、免疫分析检测技术、芯片分析检测技术等常用现代生物化学技术在食品中的应用和展望,旨在拓宽研究思路,共同推进食品行业的快速发展。

11.1 基因工程技术及其在食品中的应用及展望

运用基因工程技术对动物、植物、微生物的基因进行改良,不仅可以为食品工业提供营养丰富的动植物原材料、性能优良的微生物菌种以及高活性而价格适宜的酶制剂,而且还可以赋予食品多种新的生理功能并开发出新型的功能性食品。因此,基因工程技术的广泛应用将使食品工业产生巨大的变革。

11.1.1 基因工程技术概述

基因工程技术(gene engineering technology),又称为重组 DNA 技术(recombinant DNA technology)、遗传工程技术(genetic engineering technology)、基因操作技术(gene manipulation techniques)和分子克隆技术(molecular cloning techniques)等,是指在体外将核酸分子插入病毒、质粒或其他载体分子,构成遗传物质的新组合,并使之掺入到原先没有这类分子的寄主细胞内,而能持续稳定地繁殖。此技术的基本内容是按照人们预先的设计,在离体的条件下,将一段外源(供体)脱氧核糖核酸(DNA)片段,即需要的目的基因遗传物质的基本单元(它是 DNA 分子上具有特殊遗传功能的片段),与一个在宿主(受体)中能自我复制的 DNA 载体,由酶催化拼接成重组质粒,然后转入受体细胞,使重组质粒在受体细胞中复制、表达和遗传。

基因工程技术是一种可以按照人们的意志设计、改造和重组生物品种(包括进行微生物性能改良)的新技术。它虽问世不久,但已充分显示了它的巨大的影响力和深远的发展潜力。

现代分子生物学领域理论上的三大发现和技术上的一系列发明对基因工程技术的诞生和发展起了决定性作用。其中包括孟德尔的豌豆杂交试验;美国微生物学家埃弗利等通过细菌转化研究,证明了基因的载体是 DNA 而不是蛋白质,从而确立了遗传的物质基础;美国遗传学家华生和英国生物学家克里克揭示 DNA 分子双螺旋模型和半保留复制机理,解决了基因的自我复制和传递问题;雅各和莫诺德提出的操纵子学说以及所有 64 种密码子的破译,这些发现都为基因工程技术的发展奠定了坚实的理论基础。而限制性核酸内切酶和 DNA 连接酶的发现和应用,使人们可以对 DNA 分子进行体外切割和连接,这项技术是基因工程研究中的一项重大突破,并成为基因工程的核心技术。基因工程另一项重大难题(DNA 片段

255

不能自我复制）的攻克，使外源 DNA 片段能够在寄主细胞中繁殖和表达。人们通过研究发现，病毒、噬菌体及质粒具有分子小、易于操作和有筛选标记等优点，是外源 DNA 片段的理想载体，至此，基因克隆载体的问题得到了解决。1972 年，美国斯坦福大学的 P. Berg 构建了世界上第一个重组 DNA 分子，发展了 DNA 重组技术，并因此而获得 1980 年度诺贝尔化学奖。这是基因工程发展史上第一次实现重组转化成功的例子，基因工程从此诞生。

利用基因工程技术将一些植物、动物或微生物的基因植入另一种植物、动物或微生物中，接受的一方由此获得了一种它所不能自然拥有的品质，得到的相关产品可分为：转基因植物、转基因动物和基因工程菌，但它们的获得方法大致是相同的，主要包括以下 6 个步骤：

① 从生物有机体复杂的基因组中，分离出带有目的基因的 DNA 片段。

② 在体外，将带有目的基因的 DNA 片段连接到能够自我复制并具有选择标记的载体分子上，形成重组 DNA 分子。

③ 将重组 DNA 分子引入到受体细胞（亦称宿主细胞或寄主细胞）。

④ 带有重组体的细胞扩增，获得大量的细胞繁殖体。

⑤ 从大量的细胞繁殖群体中，筛选出具有重组 DNA 分子的细胞克隆。

⑥ 将选出的细胞克隆的目的基因进一步研究分析，并设法使之实现功能蛋白的表达。

11. 1. 2　基因工程技术在食品中的应用

基因工程技术预示着可以按照人们的意愿改变物种的基因构成和机能。20 世纪 80 年代，蛋白质晶体学、计算机技术与基因工程手段结合，出现了第二代基因工程技术——蛋白质工程。它的产生从理论上和原则上实现了人们梦寐以求的幻想，即按照人们的意志创造出适合人类需求的具有特定功能的蛋白质，创造出世界上原来并不存在的新基因、新蛋白质及其与之相关的新产品，其经济效益和社会效益是难以估量的。基因工程在食品中的应用主要体现在以下几方面：

11. 1. 2. 1　改良食品原料品质和加工性能

在食品品质的改良上，基因工程技术得到了广泛的应用，并取得了丰硕成果。主要集中在改良蛋白质、碳水化合物及油脂等食品原料，提高它们的产量或改良它们的品质，从而提高其加工性能和利用效率。

（1）改良蛋白质类食品　蛋白质是人类赖以生存的营养素之一，包括动物蛋白、植物蛋白和单细胞蛋白。

植物是人类的主要蛋白供应源，蛋白原料中有 65％来自植物。与动物蛋白相比，植物蛋白的生产成本低，而且便于运输和贮藏，但缺点是其营养成分含量也较低。例如，谷类蛋白质中赖氨酸（Lys）和色氨酸（Trp），豆类蛋白质中甲硫氨酸（Met）和半胱氨酸（Cys）等一些人类所必需的氨基酸含量较低。所以可以通过采用基因导入技术，即通过把人工合成的基因、同源基因或异源基因导入植物细胞的途径，可获得高产蛋白质的作物或高产必需氨基酸的作物。

植物体中有一些蛋白质的含量较低，但氨基酸组成却十分合理，如果能把编码这些蛋白质的基因分离出来，并重复导入同种植物中去使其过量表达，理论上就可以大大提高蛋白质中必需氨基酸含量及其营养价值。小麦中有一种富含赖氨酸的蛋白质，在其 270—370 位区间有富含赖氨酸的片段，Singh 在 1993 年成功地克隆了编码该蛋白质的 cDNA 序列，并把该基因确定为小麦蛋白质工程的内源目的基因。目前同源基因的研究工作尚停留在目的基因的分离和鉴定阶段。

异源基因是指从分类学关系较远的植物中分离获得的目的基因。巴西豆 BN2s 白蛋白富含 Met(18%) 和 Cys(8%)，Altenabch 在 1991 年把巴西豆编码 BN2s 白蛋白的基因转移到烟草和油菜中去，发现 BN2s 基因在转基因烟草中和油菜中能很好地表达，表达水平达 8%。进一步研究还发现，构建的嵌合基因启动子的种类会影响到 BN2s 基因的表达水平。

（2）改良油脂类食品　人类日常生活及饮食所需的油脂有 70% 来自植物。高等植物体内脂肪酸的合成由脂肪合成酶（FAS）的多酶体系控制，因而改变 FAS 的组成就可以改变脂肪酸的链长和饱和度，以获得高品质、安全及营养均衡的植物油。目前，控制脂肪酸链长的几个酶的基因和控制饱和度的一些酶的基因已被成功克隆，并用于研究改善脂肪的品质。如通过导入硬脂酸-ACP 脱氢酶的反义基因，可使转基因油菜种子中硬脂酸的含量从 2% 增加到 40%。

（3）改良碳水化合物类食品　利用基因工程技术来调节淀粉合成过程中特定酶的表达量或几种酶之间的比例，从而达到增加淀粉含量或获得独特性质、品质优良的新型淀粉的目的。高等植物体内涉及淀粉生物合成的关键性酶类主要有：ADP 葡萄糖焦磷酸化酶（ADP glcpyrophosphorylase，AGPP）、淀粉合成酶（starch synthase，SS）和淀粉分枝酶（starchbranchingenzyme，SBE）。其中淀粉合成酶又包括颗粒凝结型淀粉合成酶（granule-bound starch synthase，GBSS）和可溶性淀粉合成酶（soluble starch synthase，SSS）。

淀粉含量的增加或减少，对作物而言，都有其利用价值。增加淀粉含量，就可能增加干物质含量，使其具有更高的商业价值；减少淀粉含量，减少淀粉合成的碳源，则可生成其他贮存物质，如贮存蛋白的积累增加。目前，在增加或减少淀粉含量的研究方面都有成功的报道。Stark 等利用突变的大肠杆菌菌株 618 来源的 AGPP 基因和 CMV35 启动子构建了一个嵌合基因，并把此基因导入烟草、番茄和马铃薯中去，结果得到数量极少的转基因植物，表明 AGPP 基因的组成性表达对植物的生长、发育是有害的。后来改用块茎特异表达的启动子来构建嵌合基因，就得到了相当多的转基因马铃薯，且转基因马铃薯块茎中淀粉的含量比传统的马铃薯提高了 35%。在减少淀粉含量方面，Mulle 等利用不同的启动子和 AGPP 基因构建反义载体，转化马铃薯，在转基因马铃薯植株中，叶片的 AGPP 活性仅为野生型的 5%～30%，块茎中 AGPP 活性降得更低，活性仅为野生型的 2%。分析转化植株淀粉含量，结果表明转化植株块茎淀粉含量仅为野生型的 5%～35%。伴随淀粉含量的下降，转化植株细胞内可溶性糖显著升高，蔗糖和葡萄糖分别占块茎干重的 30% 和 8%。在已有的改变淀粉含量的研究之中，多数是针对 AGPP 的，反映出 AGPP 在控制淀粉合成速率方面的重要性。

淀粉由直链淀粉和支链淀粉组成。直链淀粉和支链淀粉的比例决定了淀粉粒的结构，进而影响着淀粉的质量、功能和应用领域。改变淀粉结构有着很多潜在的应用价值。高、低支链或高、低直链的淀粉都有着广泛的工农业用途。基因工程技术改变淀粉质量集中在对 GB-SS、SSS 和 SBE 三种酶的操作上。Visse 等利用反义 RNA 技术，向马铃薯中导入反向连接的 GBSS 基因，导致 GBSS 基因表达量和活性下降，进而导致马铃薯块茎中直链淀粉含量减少 70%～100%。相反，在无直链淀粉的马铃薯块茎中导入 GBSS 基因，成功地弥补了直链淀粉的缺乏。同样地，利用反义 RNA 技术，在木薯、水稻等植物中，也获得了低（或无）直链淀粉的转化体。可以说，对 GBSS 的操作是控制直链淀粉含量的可靠途径。

对动物类食品原料的基因改造研究远不如植物类那样普及，但也取得了很大的进展。其研究内容主要集中在家畜、家禽的经济性状改良和通过转基因动物进行药物或蛋白质的生产等几个方面。1982 年 Palmiter 等将人的生长素基因导入小鼠受精卵，育成超级转基因"硕鼠"，新型"硕鼠"比普通小鼠生长速度快 2.4 倍、体型大 1 倍。现已获得转基因兔、转基因羊、转基因猪、转基因牛和转基因鸡等多种转基因动物。如美国伊利诺伊大学研究出一种带有牛基因的猪，这种转基因猪生长快、个体大、瘦肉率高、饲料利用率高，可望给养猪业带来丰厚的经济效益。

（4）改良果蔬采收后品质　随着对番茄、香蕉、苹果、菠菜等果蔬成熟及软化机理的深入研究和基因工程技术的迅速发展，使通过基因工程的方法直接生产耐储藏果蔬成为可能。事实上，现在无论在国外还是国内都已经有了商品化的转基因番茄。促进果实和器官成熟和衰老是乙烯最主要的生理功能。在果实中乙烯生物合成的关键酶主要是 1-氨基环丙烷-1-羧酸合成酶（ACC 合成酶）和 ACC 氧化酶。在果实成熟过程中这两种酶的活力明显增加，导致乙烯含量急剧上升，促进果实成熟。在对这两种酶基因克隆成功的基础上，可以利用反义基因技术抑制这两种基因的表达，从而达到延缓果实成熟、延长保质期的目的。Hamilton 等于 1990 年首次构建了 ACC 氧化酶反义 RNA 转基因番茄，在纯合的转基因番茄果实中，乙烯的合成被抑制了 97%，从而使果实的成熟延迟，储藏期延长。导入 ACC 合成酶反义基因的番茄也得到了类似的结果，转基因番茄的乙烯合成被抑制了 99.5%，果实中不出现呼吸跃变，叶绿素降解，并且番茄红素合成也被抑制了。因此，利用反义基因技术可以成功地培育耐储藏果蔬。目前，有关的研究正在继续进行，并且研究对象已经扩大到了草莓、梨、香蕉、芒果、甜瓜、桃、西瓜、河套蜜瓜等。

（5）改良发酵制品的品质　酱油风味的优劣与酱油在酿造过程中所生成氨基酸的量密切相关，而参与此反应的羧肽酶和碱性蛋白酶的基因已被克隆并转化成功，在新构建的基因工程菌株中碱性蛋白酶的活力可提高 5 倍，羧肽酶的活力可提高 13 倍。酱油制造中和压榨得率有关的多聚半乳糖醛酸酶、葡聚糖酶、纤维素酶、果胶酶等的基因均已被克隆，当用纤维素酶活力较高的转基因米曲霉生产酱油时，可使酱油的产率明显提高。另外，在酱油酿造过程中，木糖可与酱油中的氨基酸反应产生褐色物质，从而影响酱油的风味，而木糖的生成与制造酱油用曲霉中木聚糖酶的含量与活力密切相关，现在米曲霉中的木聚糖酶基因已被成功克隆，用反义 RNA 技术抑制该酶的表达所构建的工程菌株酿造酱油，可大大地降低这种不良反应的进行，从而酿造出颜色浅、口味淡的酱油，以适应特殊食品制造的需要。

把糖化酶基因引入酿酒酵母，构建能直接利用淀粉的酵母工程菌用于酒精工业，可减少传统酒精工业生产中的液化和糖化步骤，实现淀粉质原料的直接发酵，达到简化工艺、节约能源和降低成本的效果。目前已有美国的 Cetus 公司和日本的 Suntory 公司分别把泡盛酒曲霉和米根霉的糖化基因转入酿酒酵母获得成功的报道。国内也有许多学者正在从事这方面的研究，如罗进贤等将大麦淀粉酶基因及黑曲霉糖化酶 cDNA 重组进大肠杆菌-酵母穿梭质粒，构建含双基因的表达分泌载体 PMAG15，用原生质体转化法将之引入酿酒酵母，实现了大麦 α-淀粉酶和糖化酶的高效表达，99% 以上的酶分泌至培养基中。

11.1.2.2　食品卫生检测

随着人民生活水平的提高，人们对食品的安全性也更加重视。目前，一些法定的微生物及其毒素的检测方法，往往需很长时间才能得到结果，已不适应现代社会快速发展的需要。因此，开发和寻找实用且快速、准确的检测食品微生物及其毒素的方法已成为当务之急。利用生物技术开发出来的快速准确检测方法有酶免疫分析法、放射免疫分析法、单克隆抗体法、DNA 探针法。DNA 探针检测食品中病原微生物的一般程序是，首先对样品中的目标 DNA 进行 PCR 特异性扩增，然后用相应的各种 DNA 探针检测 PCR 扩增产物。

近年来探针杂交技术在食品微生物检测中的应用研究十分活跃，目前已可以用探针检测食品中的大肠杆菌、沙门菌、志贺菌、李斯特菌、金黄色葡萄球菌等。用探针技术检测食品中微生物的关键是探针的构建。为了保证检测方法的高度特异性，必须根据具体的检测目标，构造各种不同的探针。探针杂交与 PCR 技术联合使用检测食品中的微生物具有特异性强、灵敏度高、操作简便、快速等特点，将是今后食品微生物检测技术的一个重要研究方向。目前利用探针技术检测食品中的微生物已取得了不少成果。美国的一个公司已开发出大肠杆菌的商品化 DNA 探针系统。该系统最快可在 1h 内完成检测操作，灵敏度为大肠杆菌

细胞 10^3 cfu/g 或 10^3 cfu/mL 食品样品。美国环保署早在 1990 年就已正式使用 DNA 探针杂交技术检测饮用水中大肠杆菌总数。我国目前利用基因技术检测食品中微生物的研究报道尚不多见，但随着基因技术的快速发展，特别是基因测序技术的发展，各种新的 DNA 探针杂交检测技术的出现，将会使该项技术在食品卫生检测中的应用更加广泛。

11.1.3 展望

近 20 年来在欧洲各国、美国、日本等，生物技术不仅得到了高度重视，而且也作为一种生物技术产业在各国的经济发展中起到越来越重要的作用。我国政府把生物技术列于微电子、信息、航天、新能源、新材料等高技术的首位，组织跟踪和攻关，并给予高度支持。尽管目前还难以让人们从观念上完全接受基因工程对食品工业的改造，但是利用分子生物学技术生产转基因食品的研究工作从未停步，从牛奶、奶酪到水果、蔬菜以及玉米、大豆等主要农产品范围广泛，前景诱人，其发展势在必行。

基因工程的应用已经渗透到工业生产的许多领域，毫无疑问，现代基因工程技术将为农业带来新的绿色革命，给人们带来更加丰富、更有利于健康、更富有营养的食品，将为人类的衣、食、住、行和健康发挥无尽的潜力。

基因工程技术是一门诞生不久的新兴技术，正如其他一些新技术的产生过程一样，由于人们一开始对新技术的了解程度不够，由此而产生的疑虑和争论是可以理解的，更何况基因工程技术研究的产品与人类健康息息相关。虽然现在对基因工程技术仍有许多争论，但目前科学界已基本上达成共识，即基因工程技术本身是一门中性技术，只要能正确地使用该项技术，就可以造福于人类。目前，包括我国在内的各国政府对基因工程技术在农业和食品工业中的应用都制定了相关的管理条例，因此只要合理地使用，基因工程技术将是发展绿色食品产业的有效手段。可以预言，在 21 世纪，以基因工程技术为核心的生物技术必将给食品工业带来巨大的变革。基因工程技术在食品工业上的应用具有极为广阔的前景和美好的未来。

11.2 现代生化分离技术及其在食品中的应用和展望

随着科学技术的发展，食品工业对分离技术的要求越来越高，新型的分离技术不断向食品加工领域渗透，并在其中得到应用和提高。现代分离技术主要是相对于沉淀分离技术、离心分离技术和色谱分离技术等传统技术而言，伴随着近年来新材料、新工艺及新方法的迅速发展而出现的新型分离技术，主要包括膜分离技术、超临界流体萃取技术、微波萃取技术和分子蒸馏技术等。

11.2.1 现代生化分离技术概述

11.2.1.1 膜分离技术

膜分离技术（membrane separation technique）是指利用天然或人工合成的高分子膜，以外界压力或化学电位差为推动力，对双组分或多组分的溶液进行分离、分级、提纯或富集的方法。它与传统过滤的不同之处在于，膜可以在分子范围内进行分离，并且这个过程是一种物理过程，不需发生相的变化和添加助剂。

此外，膜分离除了选择性好、可在分子级内进行物质分离以外，还具有以下特点：可在常温下进行，能大大减少有效成分的损失，特别适用于热敏性物质，如抗生素、果汁、酶、蛋白质的分离与浓缩；无相态变化，保持原有的风味，能耗极低，其费用约为蒸发浓缩或冷冻浓缩的 $1/8 \sim 1/3$；无化学变化，典型的物理分离过程，不用化学试剂和添加剂，产品不受污染；适应性强，处理规模可大可小，可以连续也可以间歇进行，工艺简单，操作方便，易于自动化。

膜分离是在 20 世纪初出现，60 年代后迅速崛起的一门分离新技术。1961 年，Schmidt 用牛心包膜分离阿拉伯树胶，这是世界上第一次超滤分离实验。后来 Martin、Borrel、Zsigmondy、Asheshor 等对超滤膜分离蛇毒、病毒及超滤膜的生产方法进行了研究。1963 年，Michaels 制备了不同分子截流量的超滤膜，使超滤膜进入了商品化时代。我国膜科学技术的发展是从 1958 年研究离子交换膜开始的；1965 年着手反渗透的探索，1967 年开始的全国海水淡化会战，大大促进了我国膜科技的发展；70 年代进入开发阶段，这个时期，微滤、电渗析、反渗透和超滤等各种膜和组器件都相继研究开发出来；80 年代跨入了推广应用阶段，同时气体分离和其他新型膜的开发研究也相继展开。

膜分离技术研究的历史虽然不长，但由于其兼有分离、浓缩、纯化和精制的功能，又有高效、节能、环保、分子级过滤及过滤过程简单、易于控制等特点，因此，目前已广泛应用于食品、医药、生物、环保、化工、冶金、能源、石油、水处理、电子、仿生等领域，产生了巨大的经济效益和社会效益，已成为当今分离科学中最重要的手段之一。

11.2.1.2　萃取分离技术

萃取分离是一种新型的分离技术，即在原料液中加入一个与其基本不相混溶的液体作为溶剂，造成第二相，利用原料液中各组分在两个液相之间的不同分配关系来分离液体混合物。萃取分离是重要的单元操作之一，具有提取率高、产品纯度好、能耗低等优点。这项技术广泛用在食品、化工、香料和医药等方面。随着各种相关技术的发展，萃取分离技术不断改进优化，新型萃取分离技术不断出现并完善，这项技术在未来具有广阔的发展前景。萃取分离技术包括超临界萃取技术（supercritical fluid extraction，SFE）、微波萃取技术（microwave extraction）、双水相萃取技术（aqueous two-phase extraction）和反胶束萃取技术（reverse micelle extraction）等，其中以超临界萃取技术和微波萃取技术应用最为广泛。

（1）超临界萃取技术　超临界流体是指被加热或压缩至高于临界温度及临界压力的流体。如果某种物质气态时处于临界温度以上，则无论在多高的压力下均不能被液化。因此，超临界流体是介于其气态和液态性质之间的，它具有与液体相近的密度，但其扩散系数远高于典型的液态扩散系数，黏度也低于液态，所以显示出较强的溶解能力和较高的传递特性。超临界流体萃取就是利用这种在临界点附近具有特殊性的物质作为溶剂进行萃取的一种分离方法。

超临界流体萃取技术具有以下特点：极强的选择性，特别是对溶解度相近的两种成分的分离极为有利，且萃取后溶剂与溶质的分离很容易；萃取过程可在低温下进行，这对分离热敏性物料极为有利；萃取过程中传质阻力小，这对多孔疏散的固态物质和细胞材料中的化合物的萃取特别重要；有利于高效分离的实现；具有低的化学活泼性和毒性。但由于萃取过程要求在高压下进行，故萃取设备投资较高，且能耗较大。

如上所述，超临界萃取是具有特殊优势的分离技术，国际上越来越多的科研工作者对其展开了深入的应用研究，并取得了一系列的进展。尤其是德国的 SKW 公司于 1982 年率先投产了世界上第一套大规模的 SFE-CO$_2$ 工业装置，其年处理量为 5000t 啤酒花。我国在这方面的研究也取得了一定的成果：雷小刚等在工艺与装置上做了探索性工作，利用 SFE 实验装置从稀乙醇溶液中成功地获取了无水乙醇；从 1993 年起我国相继建立了多套上百升的生产装置，表明我国 SFE 工业化装置制造水平在不断地提高。

（2）微波萃取技术　又称微波辅助提取技术，是指使用微波及合适的溶剂在微波反应器中从物质中提取各种化学成分的技术和方法。从宏观上看，微波萃取的本质实际上是微波对萃取溶剂和物料的加热作用。从微观角度看，在微波所产生的电磁场的作用下，物料中待萃取组分的分子（如水分子）高速旋转而成为激发态，这种不稳定的高能量激发态或者使水分子气化，加强萃取组分的驱动力；或者水分子本身释放能量回到基态，所释放的能量传递给其他分子，加速其热运动，缩短萃取组分分子由物料内部扩散到萃取溶剂界面的时间。食品物料中的蛋白质、脂肪、碳水化合物及其香味成分都具有与水分子类似的作用机理。但不同的物质对微波具有不同的吸收能力。利用物质的这种特性，可以通过改善微波辐射频率和功率来达到提高萃取速率和选择性萃取某个组分的目的。

微波萃取有如下特点：热效率及能量利用率高；迅速省时，微波能穿透萃取溶剂和物料，使萃取体系均匀加热，迅速升温；产品质量高，微波萃取可在低温下短时完成，这对功能性和挥发性成分的萃取相当有利；原料利用率高，短时低温萃取对原料中其他组分基本上没有破坏作用。

11.2.1.3 分子蒸馏技术

分子蒸馏（molecular distillation）技术又称短程蒸馏（shortpath distillation）技术，是一种非平衡蒸馏。不同物质的分子由于运动速度和有效分子直径不同，而具有不同的分子运动平均自由程，分子蒸馏就是利用这一差别在高真空（＜1Pa）下实现物质的分离，待分离组分在远低于常压沸点的温度下挥发，分子蒸馏受热液体呈 0.5mm 左右薄膜状，加热面与冷凝面间距小于轻分子的平均自由程，液面逸出的轻分子几乎未经碰撞就到达冷凝面，在蒸馏温度下一般只停留几秒至几十秒。分子蒸馏特别适合分离高沸点、黏度大、热敏性的天然物料，可有效避免物质的氧化分解，脱除混合液中的低分子物质（如有机溶剂、臭味物等）。

国外在 20 世纪 30 年代出现分子蒸馏技术，并在 60 年代开始工业化应用。日本、美国、德国都设计制造了各种样式的分子蒸馏装置，并不断对分子蒸馏设备进行改进和完善。我国在 20 世纪 30 年代中期开始分子蒸馏技术应用开发，并从国外引进了用于生产单甘酯的分子蒸馏装置。现阶段分子蒸馏已成功应用于食品工业、医药、化妆品、精细化工、香料工业等行业，用于单甘酯、双甘酯、长链脂肪酸、维生素 E 等物质的浓缩和提取。

11.2.2 生化分离技术在食品中的应用

生化分离技术在食品工业中占有重要地位，绝大多数食品工业都离不开分离技术，膜分离技术、超临界流体萃取技术、微波萃取技术和分子蒸馏技术在食品工业中有着极其广泛的应用前景。

11.2.2.1 膜分离技术在食品中的应用

膜分离技术在水处理、工业分离、废水处理、食品和发酵工业等方面的应用都取得了重大突破。由于膜分离具有许多其他分离方法所没有的优点，所以近年来随着食品工业的发展，膜技术在食品工业上得到了越来越广泛的应用。

（1）膜分离技术在果蔬食品加工业中的应用 自从 1977 年 Heatherbell 等成功运用超滤技术制得了稳定的苹果澄清汁之后，超滤技术在果蔬汁澄清和浓缩中的研究与应用发展很快，美国 DuPont 公司在 20 世纪 80 年代末已出售反渗透橘子汁浓缩装置，用的是中空纤维反渗透组件，操作压力为 10.5～14.0MPa，可以生产 45°brix 的橘子汁。若用氮气保护，生产温度小于 10℃，则可以提高到 55°brix。1984 年，意大利建立了世界上第一条反渗透浓缩番茄汁生产线，可把 4.5°brix 的番茄汁浓缩到 8.5°brix。应用超滤技术进行果蔬汁的澄清、浓缩，可有效地简化工艺，提高果蔬汁产量和质量，降低成本。有研究表明，反渗透膜浓缩所需能量约为蒸发浓缩的 1/7、冷冻浓缩的 1/2。我国近几年果蔬汁加工业发展迅速，超滤技术的应用日渐广泛，已在猕猴桃汁、冬瓜汁、葡萄汁、南瓜汁、草莓汁、梨汁和苹果汁等果蔬制品的澄清、浓缩方面进行了成功的应用。

（2）膜分离技术在乳制品加工业中的应用　膜技术应用在乳制品加工中，主要用于浓缩鲜乳、分离乳清蛋白和浓缩乳糖、乳清脱盐、分离提取乳中的活性因子和牛奶杀菌等方面。1969 年出现了膜浓缩全奶的技术，其目的是采用膜过滤来制备高蛋白质含量（超过 20%～22%）的液态奶酪，作为制备软奶酪或半硬奶酪的原料。乳制品加工中引入膜分离技术，在国外已得到较普遍的应用，并不断地进行技术改进和扩大应用范围。例如，将巴氏杀菌过程和膜分离相结合，生产浓缩的巴氏杀菌牛奶，在 20 世纪 80 年代后期已实现了工业化生产。利用反渗透技术可将全脂鲜奶浓缩 5 倍、脱脂奶浓缩 7 倍。由于鲜乳进行了浓缩，抗腐败性也大大提高，可在 45℃以下的温度中保存 8d。当前，几乎所有的国际乳品加工厂都采用了工业化反渗透（RO）和超滤（UF）装置加工脱脂乳和乳清液，尤其是利用膜过滤技术分离浓缩乳清蛋白已形成了相当规模的生产能力。

（3）膜分离技术在粮油加工业中的应用　主要用于谷物蛋白的分离和大豆乳清中功能性成分的分离，以及谷物油脂的精炼。在生产谷物蛋白的同时，还能有效地脱除其中含有的一些抗营养因子。例如，生产大豆浓缩蛋白和分离蛋白时，使用截留分子量为 10000～30000 的膜组件，可除去大豆中 98% 的水苏糖和棉子糖。这种大豆制品可制成高品质的大豆粉，用于制作大豆汤料、饮料以及增稠剂。采用超滤-纳滤组合工艺对大豆乳清废水进行了处理试验。经超滤处理后的乳清废液，再经纳滤浓缩 10 倍后，浓缩液中总糖约有 77% 被截留，其中功能性低聚糖（包括水苏糖和棉子糖）的截留率高达 90% 以上，既回收了蛋白质和低聚糖，又大大降低了废水排放量，为乳清废水处理提供了新思路。

（4）膜分离技术在酿造业中的应用　膜分离技术较多地应用于发酵行业，如调味品、有机酸和氨基酸等产品的生产。日本较早将该技术成功地用于酱油和食醋的生产过程。由于传统的过滤方法和过滤工艺不能解决微生物超标问题，而采用中空纤维超滤膜分离技术，可在保留原有盐分、氨基酸、总酸度和还原糖等有效成分的同时，去除细菌、大分子有机物、悬浮颗粒杂质及部分有毒和有害物质。目前，国内很多生产厂家已采用超滤技术进行酱油和醋的除菌、除浊等。采用 HW2 型卷式超滤器（配用 SPES200 型滤膜）过滤固态醋，得到的食醋成品清澈透明，各项成分符合质量标准。HW2 型卷式超滤器的过滤通量为 $34L/m^2$ 时，收率可达 95% 以上。1968 年，日本就开始把膜分离技术用于生啤酒生产的试验，其目的在于：除去浑浊漂浮物（酒花树脂、单宁和蛋白质等）；除去或减少产生混浊的物质；除去酵母和乳酸菌等微生物；改善香味和提高透明度。超滤技术现已广泛应用于酿酒行业，在白酒、啤酒、果酒、保健酒的澄清和杀菌等方面都有很好的应用。

（5）膜分离技术在制糖业中的应用　膜分离技术应用于甘蔗制糖及甜菜制糖的研究始于 1971 年（丹麦的 DDS 公司），初期的研究是应用于对加灰汁的清净处理。目前，糖业上采用膜技术处理的对象非常广泛，包括淀粉糖浆、甘蔗与甜菜制糖的粗汁（混合汁）、原糖的回溶糖浆及其他物料，如清汁、各段糖蜜和甜菜粕的脱水汁处理等。Ghosh 等用卷式膜组件分别对粗汁和清汁进行超滤处理，与传统的磷酸亚硫酸法相比，粗汁超滤所得的超滤汁色值低、清亮度好、CaO 的含量低，纯度提高 2 个单位以上；而用同样的方法对澄清汁进行处理，则超滤汁的纯度可提高 1.5 个单位以上。国内研究表明，混合汁的超滤有显著的降色除浊效果。用截留分子量为 10000、20000 和 70000 的聚醚砜膜对混合汁进行处理，与超滤前的混合汁相比，超滤液色值分别降低 83.5%、83.2% 和 81.1%，浊度分别下降了 97.5%、97.1% 和 95.9%，纯度分别提高 1.96%、1.81% 和 1.62%。

（6）膜分离技术在酶制剂工业中的应用　目前，酶制剂工业已成为一个重要的产业，在食品工业、饲料、医药和造纸等许多行业都需要酶制剂。20 世纪 60 年代中期开始采用膜分离技术对酶液进行浓缩和提纯。20世纪80年代初开始，我国也在此领域进行了大量的工作，利用各种膜研究了分离浓缩糖化酶、植酸酶、溶菌酶、蛋白酶、淀粉酶等酶制剂的效果，并应用于生产，产生了明显的经济效益。与常规的蒸发浓缩相比，采用超滤法浓缩酶制剂不仅节能，而且由于操作温度低，可降低酶的失活程度，提高酶的回收率；与盐析法和沉淀法比较，采用膜技术可节省盐析剂和沉淀剂。有的企业应用截留分子量5000和10000的超滤平面膜组件，直接从去除菌体的发酵液中浓缩回收果胶酶，在浓缩倍率20倍以下，取得98.3%的高回收率，展示出该技术诱人的应用前景。

（7）膜分离技术在饮料和纯净水加工业中的应用　生产不同的饮料，其水质要求也各不相同。传统的方法为电渗析法和离子交换法，前者电耗、水耗较高，后者操作麻烦，污染排放较大，运转成本也较高。采用新的电渗析、纳滤和反渗透技术来代替传统的水处理技术，对降低饮料、纯净水生产成本，保证水质，简化操作和减少环境污染等都是十分有利的。在茶饮料工业中，首先对茶饮料进行超滤澄清，然后用反渗透浓缩茶汁，采用这种先进的膜浓缩工艺生产的茶浓缩汁，其中茶多酚、氨基酸、儿茶素、咖啡碱和碳水化合物的保留量明显提高，而浓缩汁的蛋白质和果胶含量明显下降。膜分离技术（尤其是超滤和反渗透技术）在茶饮料以及其他软饮料的加工中已实现了工业化应用。

11.2.2.2　萃取分离技术在食品中的应用

（1）超临界流体萃取技术在食品中的应用　在食品加工方面，超临界萃取技术已被广泛用于脱咖啡因，萃取香精油和风味物质，生产啤酒花浸膏，从各种动植物油中萃取脂肪酸，从奶油和鸡蛋中去除胆固醇，从天然产物中提取药用有效成分，以及食用天然色素的萃取等。

① 咖啡因的去除　咖啡中含有咖啡因，多饮对人体有害，因此必须将咖啡因从咖啡中除去。工业上传统的方法是用二氯乙烷来提取，但二氯乙烷不仅提取咖啡因，也提取掉咖啡中的芳香物质，而且残存的二氯乙烷不易除净，影响咖啡质量。联邦德国Max-plank煤炭研究所的Zesst博士开发的用超临界二氧化碳从咖啡豆中萃取咖啡因的专题技术，现已由Hag公司实现了工业化生产，并被世界各国普遍采用。这一技术的最大优点是取代了原来在产品中仍残留对人体有害的微量卤代烃溶剂，咖啡因的含量可从原来的1%左右降低至0.02%，而且CO_2的良好的选择性可以保留咖啡中的芳香物质。日本Furukawa等采用超临界CO_2流体萃取黑茶，加上20%乙醇在40℃、0.304MPa下，可获得脱咖啡因率达90%以上的茶叶饮料。

② 功能性成分的提取　超临界萃取技术在功能性成分的提取中占有非常重要的地位，为第三代功能性食品的开发和生产提供了有效的途径。生产上主要用于挥发油类、黄酮类化合物、生物碱类、萜类和皂苷的提取。

挥发油也称香精油，是一类可随水蒸气蒸馏的油状液体，芳香而有辛辣味，存在于植物的根、茎、叶、花、果实中，具有广泛的生物活性，临床上主要用于止咳、平喘、发汗、祛痰等。其传统的提取方法主要有水蒸气蒸馏法、有机溶剂浸提法和压榨法等，其中以水蒸气蒸馏法最为常用。传统的提取方法不仅收率低，而且由于芳香性成分的大量损失及某些成分的分解变化而使最终产品质量较差。挥发油类成分分子量较小，具有亲脂性和低沸点，采用SFE-CO_2易得到，且操作温度低，可大量保存热不稳定及易氧化的成分。SFE-CO_2提取挥发油成分的最显著特点是油的收率高、产品质量好、提取速度快。

胡耀辉等用SFE-CO_2萃取与普通水蒸馏法分别对藿香、香薷、紫苏、五味子中的有效成分进行提取，用GC-MS对萃取物进行分析。结果表明，与水蒸馏法传统提取方法相比，SFE-CO_2萃取具有操作温度低、萃取时间短、选择性高、热不稳定化合物不分解、产品纯度高且无溶剂残留等优点，得到四种天然可用于功能性调味料生产的调味精油原液，其中五味子、香薷、藿香、紫苏精油中有效成分含量分别为 62.32%、85.02%、69.82%、80.61%，分别比普通水蒸馏法高 2～3 倍。

生物碱是自然界中广泛存在的一类天然含氮有机化合物，有比较特殊而显著的生理活性，是许多植物的功能性成分。超临界流体方法萃取银杏叶有效成分银杏黄酮和内酯，质量高于国际公认的标准；丹参是一味常用中草药，其脂溶性有效成分之一为丹参酮，用超临界 CO_2 萃取法提取，可以减少丹参酮的降解，提取率比传统的醇提工艺大大提高，达 90% 以上，综合评价高于醇提工艺；紫杉醇是短叶红豆杉树皮中的具有抗癌活性的二萜类化合物，采用含夹带剂的超临界 CO_2 萃取法对紫杉醇进行萃取，萃取效果比传统工艺方法提高 1.29 倍。

③ 在天然香料、色素提取方面的应用　植物中的挥发性芳香成分又称精油，它是香料工业中的重要原料，这些成分多是不稳定物质，遇热易变质或挥发，因此应用操作温度低的超临界 CO_2 流体萃取成为了理想的精油提取方法。因此，用 SFE-CO_2 法萃取香料不仅可以有效地提取芳香组分，而且还可以提高产品纯度，能保持其天然香味，如从桂花、茉莉花、菊花、梅花、米兰花、玫瑰花中提取花香精，从胡椒、肉桂、薄荷中提取香辛料，从芹菜籽、生姜、茴香、砂仁、八角、孜然等原料中提取精油，不仅可以用作调味香料，而且一些精油还具有较高的药用价值。

④ 生产啤酒花浸膏　啤酒花是啤酒酿造中不可缺少的添加物，具有独特的香气、清爽度和苦味。传统方法生产的啤酒花浸膏不含或仅含少量的香精油，破坏了啤酒的风味，而且残存的有机溶剂对人体有害。超临界萃取技术为酒花浸膏的生产开辟了广阔的前景。美国 SKW 公司从啤酒花中萃取啤酒花油，已形成生产规模。

⑤ 动物生理活性成分的提取　一些生理活性物质易受常规分离条件的影响而失去生理活性功效。超临界流体萃取由于分离条件十分温和，而在这个领域有十分广阔的前景。鱼油中含有大量的 EPA 和 DHA 这类具有生理活性的不饱和脂肪酸，由于多不饱和脂肪酸分子结构的特点，EPA 和 DHA 极易被氧化，易受光热破坏，传统的分离方法很难解决高浓度的 EPA、DHA 提取问题。超临界 CO_2 萃取可将 EPA 和 DHA 从鱼油中分离。刘伟民等用超临界 CO_2 连续浓缩鱼油 EPA 和 DHA，得到 EPA＋DHA 的浓度为 83%，回收率达到 84%。

(2) 微波萃取技术在食品中的应用　微波萃取技术可用于植物天然成分的提取和食品添加剂制备工艺中，现已广泛应用到香料、调味品和天然色素、中草药有效成分生产等领域，并在提取薄荷、海藻等有效成分的生产线中获得成功应用。

① 利用微波萃取制备食品添加剂　微波能破坏细胞壁结构，使胞内物质快速溶出，而短时加热又避免了胞内物质的损失。B. Sushmita 等以孜然芹果为原料，比较了微波加热与传统加热对孜然芹果挥发性组分的影响。结果表明，微波加热不仅效率高，而且对样品的破坏小，很好地保留了样品中的挥发性成分。

② 微波萃取食品物料有效成分　微波萃取工艺主要用于天然物料中各种有效成分的分离。微波萃取可用于非挥发性食品有效成分、低挥发性香料的提取处理，用微波提取可大幅度提高以上物质的提取速度，同时各种有效成分，特别是热敏性成分不发生改变。如将橘皮用微波加酸液萃取果胶，与传统法相比，工时缩短 1/3 左右，酒精用量节约 2/3，且耗能低，工艺操作容易控制，劳动强度小，产品质量有保证，在色泽、溶解性、黏度等方面更佳。M. A. Ortiz 等用微波萃取从鳄梨中提取了油脂，发现微波萃取的得率可达到 67%，而正己烷及丙酮萃取法的得率（59% 和 12%）明显低于微波萃取法。与一般的提取方法相比，用微波萃取鱼肝油的脂溶性维生素破坏较少。

③ 微波萃取食品分析样品　微波萃取还有一个比较突出的特点是提取时间短，速度快。

例如果品中的总酸度是食品检测分析中重要的检测参数之一，传统的标准分析方法，不但操作复杂费事，且一次只能处理数个样品，耗时长，测定效率低。而利用微波萃取法，样品在很短时间内得以较完全地提取，5min 内可一次性完成 20 个样品的浸提，大大简化了操作步骤，提高了分析速度，其 RSD≤1.3%，分析结果较为可靠。在土壤中农药残留萃取和植物中棉酚或生物碱提取的应用中，仅用 1/2 常规方法用量的萃取溶剂和几十分钟的时间即可完成萃取。

11.2.2.3　分子蒸馏技术在食品中的应用

由于分子蒸馏技术能够尽量保持食品的纯天然性，且具有加工温度不高、无毒、无害、无残留物、无污染、分离效率高、适用于热敏性天然成分的提取等特点，在食品行业中得到了广泛的应用。

（1）抗氧化剂的分离提取　维生素 E 又名生育酚，具有抗氧化作用。天然维生素 E 主要存在于一些植物组织（如大豆油、花生油）中。因维生素 E 具有热敏性、沸点高等特点，用普通的蒸馏方法很容易使其分解，利用分子蒸馏可以避免常规蒸馏带来的问题，得到高浓度的产品。应用刮膜式分子蒸馏设备对天然维生素 E 粗产品原料进行提纯，经过三级分离操作就可以将原料中的天然维生素 E 含量由 3% 提高到 80%。E. B. Moraes 等利用降膜分子蒸馏装置从大豆油中提取生育酚。已有利用分子蒸馏技术从大豆油中分离出纯度达到 50% 以上的维生素 E 产品，利用分子蒸馏技术从小麦胚芽中提取维生素 E，得到含 50% 以上的维生素 E 产品。

（2）天然色素的提取　随着人们生活水平的提高及对合成色素危害认识的加深，天然色素越来越受到人们的关注，利用分子蒸馏温度低、无有机溶剂残留等特点，可提取天然色素。其中，类胡萝卜素是一类很重要的天然色素。

类胡萝卜素是一种天然色素，具有抗菌和防治疾病的作用。传统的类胡萝卜素提取方法由于溶剂残留等问题，使产品质量受到影响。利用分子蒸馏技术，Batistella 等从棕榈油中成功分离出类胡萝卜素，其含量达 3000mg/kg。钟耕等以脱蜡的甜橙油为原料采用分子蒸馏法进一步提取得到类胡萝卜素，不含外来有机溶剂，而且产品的色价很高。辣椒红色素是从辣椒果皮中提取的一种优良的天然类胡萝卜素，由于具有良好的耐受性和强的着色能力，广泛应用于食品、医药、化妆品等行业。传统上采用溶剂浸提，经过普通真空蒸馏脱溶剂处理后，辣椒红色素中仍然残留 1%～2% 的溶剂，不能达到产品的卫生标准。采用分子蒸馏对辣椒红色素进行处理后，1kg 产品中残留的溶剂小于 50mg，产品指标达到和超过了 FAO/WHO 和我国的国家标准。

（3）分离不饱和脂肪酸　ω-3 型不饱和脂肪酸是人类必需的脂肪酸，其中的二十二碳六烯酸（DHA）和二十碳五烯酸（EPA）具有良好的保健功能。利用分子蒸馏法从海鱼或其下脚料制取 DHA 和 EPA 的生产工艺已经工业化应用。徐世民等用分子蒸馏法富集海狗油中的多不饱和脂肪酸，进料速率 80mL/h，预热温度 80℃，刮膜器转速 250r/min，蒸馏温度 120℃，压力 15Pa，经过一级分子蒸馏，得到 EPA 和 DHA 总含量为 54.86% 的海狗油产品，收率为 92.7%。

二十八烷醇是一种从米糠蜡、蜂蜡中分离提取的有机物。它属于多不饱和脂肪酸，与之类似的物质还有二十二烷醇、二十六烷醇等。二十八烷醇具有增进体力、精力，提高反应灵敏性和应激能力，提高机体代谢率，改善心肌功能，降低血清胆固醇和甘油三酯的含量，降低收缩期血压等功能。但是，由于二十八烷醇易氧化，还具有热敏性，它的沸点只有 70℃左右，所以用一般的蒸馏方法很容易使其分解。分子蒸馏技术恰恰解决了这一问题，使其得到较好的分离效果，并且产品的性价比较高。2005 年，Fang Chen 等对从米糠蜡中提取二十八烷醇作了深入研究，并确定了其分离条件。

11.3 现代生化分析检测技术及其在食品中的应用

现代食品的显著特点是食品的营养化、功能化、方便化，并保证食品质量与安全，这就要求食品加工从原料的选择、加工过程到最终产品保藏的整个链条中，对食品的成分及其变化有全面的把握和认识。传统的分析手段和分析方法尽管能从宏观上了解和掌握成分及其变化，但已不能完全适应现代食品加工业的要求。现代生化分析技术已经成为食品分析中不可缺少的重要分析手段，其中主要包括色谱分析技术、免疫分析技术、生物芯片技术等。

11.3.1 现代生化分析检测技术概述

11.3.1.1 色谱分析检测技术

色谱是一种有效的分离方法，它利用物质在两相间的吸附或分配差异来实现分离。"色谱简单地说就是有颜色的谱带，比如我们把胡萝卜汁倒进色谱柱中用溶剂淋洗，就会分出6～7个有颜色的层带，每一层就是一种化合物。还有，我们靠色谱分析，发现了香烟里有5000多种化学成分，就连一瓶茅台酒里都有900多种化学成分。"中国色谱界的资深院士卢佩章教授曾这样讲述这门高深的技术。

色谱技术起源于 20 世纪初，即在 1903 年俄国植物学家 M. S. Tswett 发表了题为《一种新型吸附现象及在生化分析上的应用》的研究论文。1906 年，他命名这种应用吸附原理分离物质的新方法为色谱法，奠定了经典色谱法的基础。1940 年 Martin 和 Synge 提出了液-液分配色谱法；1944 年 Consden 发明了纸色谱；1949 年 Macllean 发明了薄层色谱，后两种方法由于简便、快捷而一直被用于物质的初步分离。1952 年 James 和 Martin 发明了气相色谱法；1957 年 Golay 开创了毛细管气相色谱法。高效液相色谱（HPLC）崛起于 20 世纪 60 年代末，经过数十年的发展，在理论和实践等方面都日趋完善。20 世纪 80 年代初，毛细管超临界色谱得以发展，与此同时，Jorgenson 等发展了毛细管电泳（CE）；20 世纪 90 年代出现了电色谱，由于其兼具 HPLC 和 CE 的优点，成为研究和应用的热点。

进入 21 世纪，色谱技术蓬勃发展，在科学研究和工业生产领域的应用更加广泛，出现了超高效液相色谱、多维色谱、色谱与其他技术的联用和高速逆流色谱等新的色谱分析检测技术，气相色谱（GC）、液相色谱（LC）及其与其他仪器联用是最常用的检测技术。

11.3.1.2 免疫分析检测技术

免疫分析法（immunoassay，IA）是基于抗原和抗体特征性反应的一种技术。由于免疫分析试剂在免疫反应中所体现出的独特的选择性和极低的检测限，使这种分析手段在食品检测、临床、生物制药和环境化学等领域得到广泛应用。各种标记技术（放射性标记、荧光标记、化学发光、酶标记等）的发展，使免疫分析的选择性更加突出。

免疫分析法起始于 20 世纪 50 年代，首先应用于体液大分子物质的分析。1960 年，美国学者 Yalow 和 Berson 等将放射性同位素示踪技术和免疫反应结合起来测定糖尿病人血浆中的胰岛素浓度，开创了放射免疫分析方法的先河。1968 年，Oliver 将地高辛同牛血清白蛋白结合，使之成为人工抗原，用其免疫动物后成功获得了抗地高辛抗体，从而开辟了用免疫分析法测定小分子药物的新领域。在放射免疫测定（RIA）的基础上，随着新的标记物质的发现及新的标记方法的使用，以及电子计算机、自动控制技术的广泛应用，派生出许多新的检测技术，使免疫分析法逐渐发展成为一门新型的独立学科。

11.3.1.3 生物芯片分析检测技术

生物芯片是 20 世纪 90 年代初发展起来的一种全新的微量分析技术，综合了分子生物学、免疫学、微电子学、微机械学、化学、物理、计算机等多项技术。虽然生物芯片的研究与开发仅有 10 年时间，但其的飞速发展引起了世界各国的广泛关注。

人类最早开发的生物芯片是微阵列式基因芯片。其原理基于一个多世纪前，由 Southern 发明的核酸分子杂交检测方法，即 Southern 印迹（Southern blot）法，可被看作是最早的基因芯片雏形。随后，建立了以各种膜片为基础的克隆库扫描技术以及克隆库的分格处理技术，将 mRNA 与分格固化在尼龙膜上的 DNA 文库杂交，进行表达分析实验。随着科学技术尤其是计算机科学、新材料科学、微加工技术、有机合成技术的迅猛发展，制备真正意义上的基因芯片将变成现实。

生物芯片的概念是由美国 Affymetrix 公司最早提出，又称 DNA 芯片、基因芯片等。目前发展了基因芯片、蛋白质芯片和芯片缩微实验室 3 类主要产品。即在 $1 \sim 2 cm^2$ 左右的硅片或玻璃片片基上，将大量的生物探针（基因探针、基因片段、抗原、抗体）按特定方式固定，形成可供反应的微阵列。与样品作用后，借助扫描仪等光学仪器进行数据采集和分析，使生命科学研究中不连续的分析过程集成在芯片上完成，实现样品检测分析过程的连续化、集成化、微型化和信息化。

11.3.2 现代生化分析检测技术在食品中的应用

11.3.2.1 色谱分析检测技术在食品中的应用

（1）高效液相色谱及其与质谱联用在食品中的应用 在食品分析中应用较广泛的是高效液相色谱法。近几年发展起来的液相色谱-质谱联用技术（HPLC-MS），结合液相色谱对复杂基体化合物的高分离能力和质谱独特的选择性、灵敏度、相对分子质量及结构信息于一体，广泛应用于食品、生物、医药、环境等方面，为食品工业中原材料筛选、生产过程中质量控制、成品质量检测等提供了有效的分析手段。

① 食品中营养成分的分析 主要用于食品中糖、蛋白质、有机酸、维生素和黄酮类化合物等营养成分的分析。

糖的检测一般采用示差折光检测器检测，对糖的检测限可达到 μg 级水平，若将糖经化学反应转变成具有紫外吸收性或荧光性的衍生物，则可应用灵敏度高的紫外吸收检测器或荧光检测器，使检测限提高到 ng 级水平，可见，HPLC 检测灵敏度非常高。而如果利用 HPLC-MS，不仅可以对糖的含量进行检测，并且还能得到糖的结构和相对分子质量等信息，因此 HPLC-MS 成为糖类测定的首选方法之一。

食品中有机酸和酸味剂是食品酸味和鲜味的重要成分，也对食品的防腐保鲜起重要作用。食品中的有机酸主要有乙酸、乳酸、丁二酸、柠檬酸、酒石酸、苹果酸等，少量存在的有机酸还有甲酸、顺丁烯二酸、马来酸、草酸等。HPLC 分析有机酸不仅简便快速，而且选择性好，准确度高。用 HPLC 法检测食品中的有机酸，一般用反相 C_{18} 柱进行分离，流动相为磷酸盐缓冲溶液，以磷酸调 pH 至 2.5～2.9，常用的磷酸盐为磷酸二氢钾、磷酸二氢铵等。

② 食品添加剂用量的测定 食品添加剂是指为改善食品的品质和色香味以及防腐、加工工艺的需要而加入食品中的天然和化学合成物质，主要分为防腐剂、抗氧化剂、甜（香）味剂和天然或人工合成色素。食品添加剂对人体具有一定的毒性，尤其当过量使用时，会损害消费者的健康，因此在食品添加剂的使用中，明确制定了卫生标准，限定了食品添加剂的种类、名称、应用范围、最大使用量和残留量。所以食品添加剂用量的测定就变得非常重要，而 HPLC 方法是快速准确测定食品添加剂用量的有效手段，例如，防腐剂苯甲酸钠在食品中最高允许使用量为 1‰以下，如果检测方法不灵敏很容易造成误差，HPLC 则完全可以满足这种要求。

③ 食品中激素的测定 激素是由内分泌腺和散在其他器官的内分泌细胞所分泌的微量生物活性物质，它有调节、控制组织器官生理活动和代谢机能的作用。激素在动物和人体内正常时含量甚微，但起的作用很大。在食用组织中尽管含量很少，一旦进入人体，将对人体产生很大副作用。例如，残留于动物性食品中的激素常为性激素，人食用这种有性激素残留的食品后，会导致体内性激素含量增加，当性激素超过人体正常水平时，会破坏机体的正常生理平衡而呈现不良后果，对儿童的影响更加显著，容易造成儿童的早熟。因此，对食品中激素残留的测定方法的研究十分重要。许多常见的激素都可以利用 HPLC 技术进行快速定量，如雌三醇、雌二醇、雌酮、醋酸氯地孕酮、戊酸雌三醇、炔雌醇、己烯雌酚和双烯雌酚等。

④ 食品中污染物的分析 食品在生产和贮藏过程中经常受到微生物、农药、兽药等污染物的污染，导致食品携带有毒物质而无法食用，能否准确无误地检测到这些毒性物质，与人类生活息息相关。

例如食品中普遍存在的霉菌毒素——黄曲霉毒素，是一类稠环类固醇化合物，有致癌作用。世界卫生组织推荐食品、饲料中黄曲霉毒素最高允许量标准为 15ng/kg。黄曲霉毒素毒性为氰化钾的 10 倍、为砒霜的 68 倍，如果对其含量不能精确定量，后果不堪设想。黄曲霉毒素存在 B_1、B_2、G_1、G_2、M_1、M_2 几种结构形式，它们在 $360 \sim 365nm$ 具有强紫外吸收，并能产生强荧光。使用反相键合相色谱柱就可以精确分析坚果、动物饲料、牛奶及日常用品中残留的黄曲霉毒素量。

分析食品（尤其是水果和蔬菜）中的农药残留也十分重要，有许多基本分析方法可以检测农药残留，气相色谱无疑是最常用的一种，但并不适用于热不稳定性或极性大的农药的检测。HPLC 是分离分析热不稳定和难挥发性化合物的有效方法，因此目前使用的许多农药以及它们的降解产物只能采用液相方法分离。如 R. Dommarco 等用 HPLC 同时检测了敌草隆、利谷隆等 13 种除草剂。

（2）高效液相色谱及其与质谱联用在食品中的应用 高效液相色谱法作为基本分析方法在食品工业上应用已经十分广泛，液相色谱-质谱联用技术解决了传统液相检测器灵敏度和选择性不够的缺点，提供了可靠、精确的相对分子质量及结构信息，简化了试验步骤，节省了样品准备时间和分析时间，特别是适合亲水性强、挥发性强的有机物以及热不稳定化合物及生物大分子的分离分析，因此是对食品的生产、运输等过程进行质量监控的有效分析手段，在食品工业中一定会得到更加广泛的应用。

11.3.2.2 免疫分析检测技术在食品中的应用

近些年来，国内外许多专家学者致力于食品检验免疫学方法的研究，出现了许多快速检验新技术，如：放射免疫测定法、酶联免疫吸附测定、免疫传感器技术、胶体金免疫色谱技术等。

（1）放射免疫测定法（RIA） 又称放射免疫技术，是放射性同位素和免疫化学技术相结合测定超微量物质的新技术，这一测定法既有放射性同位素技术的敏感性，又有免疫学反应的特异性，可检测病毒、细菌、寄生虫、肿瘤以及小分子药物等。

Ercegovich 等用 RIA 检测了蔬菜等提取物中的对硫磷，不需要任何纯化，直接分析。首次在人体血液和莴苣叶片上建立对硫磷的放射免疫分析，它的检测限为 $10 \sim 20ng/mL$。Bowles 等报道了百草枯的放射性免疫分析方法，用百草枯特异的单克隆抗体测定血清和尿中的百草枯，其灵敏度为 $0.146mg/L$。

目前 RIA 技术有很多改进，如竞争性放射免疫测定法及免疫放射测定法的运用，使操作更为简单化、自动化。这一方法可用于检测有机农药、真菌、细菌、病毒、有毒物质污染的食品。

（2）酶联免疫吸附测定（ELISA） 是将酶分子与抗体分子连接成一个酶标分子，当它与固相免疫吸附中相应抗原或抗体复合物相遇时，形成酶-抗原-抗体结合物，加入酶底物，底物被催化成可溶性或不溶性呈色产物，可用肉眼或分光光度计定性或定量，根据呈色深浅，确定待测抗原或抗体的浓度与活性。酶免疫分析（EIA）是在 RIA 理论的基础上发展起来的一种非放射性标记免疫分析技术。它利用酶标记物同抗原-抗体复合物的免疫反应与酶的催化放大作用相结合，既保持了酶催化反应的敏感性，又保持了抗原-抗体反应的特异性，极大地提高了灵敏度，且克服了 RIA 操作过程中放射性同位素对人体的伤害。

目前 ELISA 检测的农/兽药残留种类主要包括：有机磷农药、拟除虫菊酯类农药、有机氯类农药、氨基甲酸酯类、β 类兴奋剂、莱克多巴胺、氯霉素类等。并且 20 世纪 90 年代以来已有众多农/兽药免疫分析商业试剂盒问世，其最小检出浓度达 $2\mu g/kg$（有机磷类）和 $300\mu g/kg$（氨基甲酸酯类）。Selisker 等采用竞争 ELISA 法用兔抗百草枯抗体包被磁珠，固相检测百草枯，从各种水果、蔬菜中提取百草枯只用 30min，检出限为 $10ng/g$，平均回收率达 99%。Schlappi 等运用直接竞争 ELISA 法和间接竞争 ELISA 法分别检测土壤中的异丙甲草胺，产生的抗异丙甲草胺单克隆抗体有极强的特异性，与其代谢产物无交叉反应，直接和间接竞争 ELISA 法对土壤中异丙甲草胺的回收率分别是 98% 和 99%。

ELISA 检测微量的特异性抗原和抗体，具有使用简便、检测快速、灵敏度高、性能稳定、重复性及线性关系好等特点，被广泛地应用于测定动物食品的掺杂，测定被有机农药、真菌、细菌、病毒、细菌与病毒产生的毒素、寄生虫以及天然毒素污染的食品。

（3）免疫传感器技术 免疫传感器是电极型生物传感器的一种。它是利用生物传感器分子识别抗原对抗体的识别和结合功能，通过传导元件将其浓度转换成电信号，从而用于检测和监控抗原-抗体之间的反应。由于免疫传感器具有能将输出结果数字化的精密换能器，不但能达到定量检测的效果，并且分析时间短、设备微型化、灵敏度高、检测下限低、特异性强、检测易于实现自动化。因此，免疫传感器目前在检测食品中农/兽药残留、毒素、细菌等方面均有很好的应用。

N. J. Ngeh 等最早研究成功了对硫磷的生物传感，此后 Wan-Li Xing 等研制了便携式的光纤免疫传感器检测甲基对硫磷，其最小检测限为 $0.1\mu g/mL$。Ase 等采用表面等离子体共振（SPR）免疫传感器快速测定了脱脂牛奶和生牛奶中的硫胺二甲基嘧啶残留物，检出限低于 $1\mu g/mL$。

（4）胶体金免疫色谱技术 免疫色谱是出现于 20 世纪 80 年代初期的一种独特的免疫分析方式，近年来被广泛用于检测农兽药等小分子物质。

以胶体金为标记物应用于免疫分析是 20 世纪 70 年代由 Faulk 等发明的，胶体金标记免疫分析具有简便、快速的优点，除了试剂外不需要任何仪器设备，试剂稳定，特别适用于快速检测。目前胶体金标记免疫分析应用领域很广，但不能准确定量。胶体金具有胶体的性质，其颗粒分散，胶体金可以作为探针进行细胞表面和细胞内多糖、蛋白质、多肽、抗原、激素、核酸等生物大分子的精确定位，也可以用于日常的免疫诊断，进行免疫组化定位，因而在临床诊断及药物检测等方面的应用已受到广泛的重视。

胶体金技术可用于食品中违禁药物的检测。近几年来，某些餐饮经营者为诱使食用者成瘾，牟取暴利，无视国家食品卫生的相关法律法规，将罂粟壳加到火锅汤料、调料等食品中，危害了公众健康。罂粟壳中含有吗啡、罂粟碱、可卡因等成分，因而可以以此类物质作为判断食品中是否掺入罂粟壳的指标。这类物质同样属于小分子物质，对其的检测方法与检测农药、兽药等的残留类似。采用竞争免疫色谱法检测食品中的吗啡，最小检测量可达到 $45\mu g/mL$。采用竞争性免疫色谱技术检测食品中的罂粟碱，得到的试纸条检出限为 $0.2\mu g/mL$，正确检出率约为 97%。

11.3.2.3　生物芯片分析检测技术在食品中的应用

目前，生物芯片根据检测分析的生物组不同分为：基因芯片（包括寡核苷酸芯片和cDNA芯片）、蛋白质芯片、细胞芯片和组织芯片。其中基因芯片和蛋白质芯片应用较为广泛。

（1）食品中病原微生物的分析检测　病原微生物是食品生物性污染的最主要因素，也是引发人体食源性疾病的主要原因。传统的检测方法是培养分离法，整个过程耗时费力，已不能满足目前食品质量与安全控制体系的要求。Howell 等采用俗称软蚀刻的微接触印刷技术（micro-contact printing，μCP）对抗体进行修饰，以保持其生物活性，再将其物理吸附于硅烷化修饰的玻片上，通过高分辨率的扫描探针显微镜（scanning probe microscopy，SPM）进行分析，制作了一种可用于检测大肠杆菌 *E. coli* O157：H7 和鲑肾杆菌（*Renibacterium salmoninarum*）的抗体微阵列。实验结果显示，该芯片与其他病原菌的交叉反应少，检出浓度为 $7 \times 10^7 \text{cfu/mL}$，检测时间为 40min。由此说明，蛋白质微阵列是一种很有效的微生物检测方法。

（2）食品中真菌毒素的分析检测　真菌毒素是真菌在适合的条件下产生的有毒次生代谢产物，常会导致家畜和人发生食物中毒，甚至可能造成致畸、致突变和致癌等严重危害。它们非常稳定，仅通过加热等处理很难将其去除。因此加强对真菌的检测，防止毒素超标的食品进入人类食物链就显得非常重要。目前真菌毒素的检测一般采用高效液相色谱法（HPLC）或酶联免疫吸附法（ELISA）。前者检测灵敏度高，但样品前处理烦琐、操作复杂、时间长；后者操作简便、快速，但在灵敏度上仍有待进一步提高。Tudos 等将酪蛋白与脱氧雪腐镰刀菌烯醇（DON）共轭连接制成人工抗原，固定在芯片上，再加入含有 DON 抗体的待检测溶液，通过 SPR 技术检测反应信号，从而构建了一种用于对小麦中 DON 进行定量分析的免疫芯片。该芯片用盐酸胍处理可反复使用 500 次，最佳检测范围为 $2.5 \sim 30 \text{ng/mL}$，检测结果与使用气-质联用（GC/MS）检测一致。

（3）食品中抗生素残留的分析检测　抗生素是指微生物在代谢过程中产生的、在低浓度下就能抑制其他微生物的生长和活动、甚至杀死其他微生物的化学物质。在食品（特别是动物性食品及制品）中，抗生素残留是否对人体健康有影响仍处于争议之中。现已普遍接受的观点主要是其对人体造成的过敏和变态反应、细菌耐药性和菌群失调。以往的检测方法主要有微生物检验方法、仪器分析方法和免疫学检测方法，但它们都有其各自的缺点。Knecht 等报道了一种可快速、自动、平行测牛奶中 10 种抗生素残留的蛋白质微阵列，该阵列采用间接竞争 ELISA 模式，通过灵敏的 CCD 照相记录反应过程中产生的化学发光信号，单个组分检测所用时间不到 5min，10 种组分的检测限在 $0.12 \sim 32 \mu g/L$ 之间，均符合检测要求，这表明蛋白质微阵列将有可能用于更多抗生素的平行检测，从而对乳品质量进行监控。Zuo（2006）等构建了一种可同时检测食品中 3 种兽药残留的小分子微阵列（small molecule microarray，SMM），检测时间不超过 2h，待测样品检测与加标回收实验结果表明，所构建的微阵列具有良好的可靠性。

（4）食品中农药残留的分析检测　农药残留是农药使用后残存于食品中的微量农药原体、有毒代谢物、降解物和杂质的总称。食品中高农药残留不仅是化学性食物中毒的主要因素，而且能造成对人体的潜在慢性危害。预防这种危害的最有效方法就是加强对食品中农药残留检测的力度，因此检测食品中的农药残留同样有重要意义。目前研究较多的检测技术主要有活体检测法、化学检测法、酶抑制法和仪器分析法等，但它们无法在时间和成本上同时满足实际应用的需要。Belleville 等以小分子的农药敌草腈代谢物 2,6-二氯苯甲酰胺和阿特拉津为对象，以 IC_{50} 值为指标，研究了在定量分析检测时影响竞争免疫微阵列灵敏度的各种因素，包括抗体的荧光标记方式和点样缓冲液等，以获得制备微阵列的最佳条件；再将所构建的微阵列用于水样中两种农药的定量检测，其最低检测限分别为 1ng/L 和 3ng/L，实验结果明显优于 ELISA 和 GC/MS 检测方法。

（5）在食品营养学研究中的应用　采用基因芯片技术研究营养素与蛋白质和基因表达的关系，为揭示肥胖的发生机理及预防打下了基础。此外，DNA 芯片技术还可应用于营养与肿瘤相关基因表达的研究，如癌基因、抑癌基因的表达与突变研究；营养与心脑血管疾病关系的分子水平研究；营养与高血压、糖尿病、免疫系统疾病、神经、内分泌系统关系的分子水平研究。还可以利用生物芯片技术研究金属硫蛋白基因、锌运转体基因等与锌等微量元素的吸收、运转与分布的关系；视黄醇受体、视黄醇受体基因与维生素 A 的吸收、运转与代谢的关系等。

（于寒松　徐宁）

参 考 文 献

[1] 王希成主编. 生物化学. 第2版. 北京：清华大学出版社，2006.
[2] 佚名主编. 生物化学. 北京：高等教育出版社，2005.
[3] 刘用成主编. 食品生物化学. 北京：中国轻工业出版社，2005.
[4] 李培青主编. 食品生物化学. 北京：中国轻工业出版社，2005.
[5] 于自然，黄熙泰主编. 现代生物化学. 第2版. 北京：化学工业出版社，2005.
[6] 厉朝龙主编. 生物化学. 杭州：浙江大学出版社，2004.
[7] 谢达平主编. 食品生物化学. 北京：中国农业出版社，2004.
[8] Owen R Fennena. 食品化学. 第3版. 北京：中国轻工业出版社，2003.
[9] 魏述众主编. 生物化学. 北京：中国轻工业出版社，2003.
[10] 刘祥云，覃广泉，张云贵主编. 生物化学. 第2版. 北京：中国农业出版社，2002.
[11] 罗云波主编. 食品生物技术导论. 北京：中国农业大学出版社，2002.
[12] 周德庆主编. 微生物学教程. 第2版. 北京：高等教育出版社，2002.
[13] 王镜岩，朱圣庚，徐长法主编. 生物化学. 第3版. 北京：高等教育出版社，2002.
[14] 王浩主编. 生物化学. 北京：人民卫生出版社，2002.
[15] 于自然，黄熙泰主编. 现代生物化学. 第3版. 北京：化学工业出版社，2012.
[16] 厉朝龙主编. 生物化学与分子生物学. 北京：中国医药科技出版社，2001.
[17] 郭蔼光主编. 基础生物化学. 北京：高等教育出版社，2001.
[18] 张曼夫主编. 生物化学. 北京：中国农业大学出版社，2000.
[19] 谭景莹，黄志伟. 英汉生物化学及分子生物学词典. 北京：科学出版社，2000.
[20] 宁正祥，赵谋明主编. 食品生物化学. 广州：华南理工大学出版社，2000.
[21] 聂剑初，吴国利，张翼伸等合编. 生物化学简明教程. 第3版. 北京：高等教育出版社，1999.
[22] 彭志英主编，食品生物技术. 北京：中国轻工业出版社，1999.
[23] 郑集，陈钧辉编著. 普通生物化学. 第3版. 北京：高等教育出版社，1998.
[24] 朱玉贤，李毅主编. 现代分子生物学. 北京：高等教育出版社，1997.
[25] 高培基等. 微生物生长与发酵工程. 北京：高等教育出版社，1990.
[26] 陈永青等. 微生物遗传学导论. 上海：复旦大学出版社，1990.
[27] 吴东儒主编. 糖类的生物化学. 北京：高等教育出版社，1987.
[28] 陶慰孙主编. 蛋白质分子基础. 北京：人民教育出版社，1982.
[29] 德·卡尔森. 生化学精华. 张增明译. 上海：上海科学出版社，1989.
[30] [美] D. 沃伊特等著. 基础生物化学. 朱德煦，郑昌学译. 北京：中国轻工业出版社，1983.
[31] 张力田主编. 淀粉糖. 北京：轻工业出版社，1986.
[32] [美] A. 怀特. 生物化学原理：上册. 北京：科学出版社，1978.